西北地区抗逆农作物种质资源调查

王述民　景蕊莲　主编

科学出版社

北京

内 容 简 介

本书基于历时五年对我国山西、陕西、内蒙古、宁夏、甘肃、青海、新疆7省(自治区)的抗逆农作物种质资源普查和调查资料的分析,系统阐述了近30年上述地区的自然地理和气候条件、农作物种植历史与演变趋势,以及抗旱、耐盐碱、耐瘠薄的农作物种质资源历史沿革和现状,包括其地理分布、生态环境、生物学特性、利用价值、濒危状况等信息。全书分为九章,第一章总体介绍调查的背景和主要成果,第二章至第八章分别介绍各省(自治区)的调查结果,第九章介绍西北干旱地区野生大豆资源的考察情况。通过对普查和调查结果的综合分析,作者提出了我国西部地区抗逆农作物种质资源保护与利用的建议。

本书可供农作物种质资源和育种领域的科技工作者,农学、植物学、生态学等专业的大专院校师生,以及政府相关主管部门的工作人员阅读参考。

审图号: 青 S(2018)042 号

图书在版编目(CIP)数据

西北地区抗逆农作物种质资源调查/ 王述民,景蕊莲主编. —北京: 科学出版社,2018.6
  ISBN 978-7-03-057389-6

Ⅰ. ①西… Ⅱ. ①王… ②景… Ⅲ. ①抗逆品种–作物–种质资源–资源调查–西北地区 Ⅳ. ①S332

中国版本图书馆 CIP 数据核字(2018)第 095811 号

责任编辑: 王海光 赵小林 / 责任校对: 严 娜
责任印制: 肖 兴 / 封面设计: 刘新新

科 学 出 版 社 出版
北京东黄城根北街 16 号
邮政编码: 100717
http://www.sciencep.com

北京通州皇家印刷厂 印刷
科学出版社发行 各地新华书店经销

*

2018 年 6 月第 一 版 开本: 787×1092 1/16
2018 年 6 月第一次印刷 印张: 27 3/4
字数: 635 000

定价: 298.00 元
(如有印装质量问题,我社负责调换)

《西北地区抗逆农作物种质资源调查》
编委会名单

主　编　王述民　景蕊莲

第一章　王述民　景蕊莲　方　沩　陈彦清　昌小平　高卫东
第二章　乔治军　穆志新　秦慧彬　李登科　郝晓鹏　李　萌
第三章　吉万全　王亚娟
第四章　牛素清　郭富国　贾利敏　贾　明　罗中旺　杨文耀
　　　　范洪伟　刘锦川　郭晓春
第五章　袁汉民　何进尚　袁海静　陈盛瑞
第六章　祁旭升　张彦军　苟作旺　王兴荣
第七章　马晓岗　蒋礼玲　刘小利　孔小平　侯志强　闫殿海
　　　　许媛君　任建东
第八章　刘志勇　刘　宁　邱　娟　谭敦炎
第九章　王克晶　李向华

总校审　祁旭升

序

随着人口增长、城镇化进程加快和全球气候变化，确保粮食安全已经成为国家的重大需求。农作物种质资源对粮食安全、农业可持续性和乡村振兴都具有十分重要的现实意义。培育抗逆高效新品种是抵御逆境的有效途径之一，抗逆种质资源的发掘与利用是关键。我国西北地域辽阔，自然条件严酷，经过长期的自然选择和人工选择，孕育了丰富的抗逆农作物种质资源。

在国家"科技基础性工作专项"的支持下，项目组历时五年，首次对近 30 年我国山西、陕西、内蒙古、宁夏、甘肃、青海、新疆 7 省(自治区)80 县(市、区、旗)抗逆农作物种类、品种、面积、分布、利用途径，以及抗逆农作物野生近缘植物的分布特点进行了全面普查，对其中 49 个重点县(市、区、旗)进行了系统调查，包括抗逆农作物种质资源的种类、地理分布、濒危状况、伴生植物、生物学特性，以及各类资源所在地的气候生态条件等。抢救性收集各类农作物种质资源样本 5302 份，鉴定筛选出优异抗逆农作物种质资源 603 份，建立了西部地区抗逆农作物种质资源数据库，进一步促进了我国作物种质资源的保护与利用工作。

通过综合分析西北地区抗逆农作物种质资源普查和调查数据，基本明确了该地区农作物种质资源的变化历史和现状。在过去 30 年间，我国西北干旱地区的生态环境和种植业结构都发生了巨大变化，作物种质资源遗传多样性下降，一些重要抗逆农作物种质资源处于严重濒危状态，应采取有效措施，不断提高公众意识，探索种质资源保护与利用协同发展的新模式，提升鉴定评价和共享能力，开发利用特色优异种质资源，为乡村振兴战略的实施做出更大贡献。

中国工程院院士
2018 年 2 月

前　言

　　干旱缺水、土壤盐渍化和肥力不足等非生物逆境是全球农业生产面临的严重问题，开发利用抗逆农作物种质资源，培育新品种是抵御逆境的最有效途径之一，也是保障粮食安全和生态安全的紧迫任务。我国西北、华北干旱区地域辽阔，水资源匮乏，自然条件恶劣，严酷的自然条件孕育了极其丰富的优异抗逆农作物种质资源。2011 年 6 月，在国家"科技基础性工作专项"的支持下，项目组历时五年，对我国山西、陕西、内蒙古、宁夏、甘肃、青海、新疆 7 省(自治区)80 县(市、区、旗)抗逆农作物种质资源基础数据进行了全面普查，对其中 49 县(市、区、旗)进行了重点调查，抢救性收集优异种质资源，并建立了西部地区抗逆农作物种质资源数据库。在综合分析普查和调查结果的基础上撰写了本书。

　　通过普查和调查，基本摸清了最近 30 年普查区气候和植被的变化情况，掌握了主要农作物种植面积、产量和品种变化情况，初步明确了农业总产值及占比变化情况，收集到农作物种质资源样本 5302 份，筛选出抗旱、耐盐、抗寒、抗病、优质农作物种质资源 603 份，以及濒危农作物种质及其野生近缘植物 6 份。同时，对西部地区野生大豆进行了系统考察，收集到野生大豆资源 192 份，根据蛋白质组学(胰蛋白酶抑制剂蛋白)和代谢组学(皂角苷)类型分析结果，确认我国西部甘陕地区的渭河流域是最早的栽培大豆驯化地。在综合分析我国西北干旱地区农作物种质资源发展历史和现状的基础上，提出了作物种质资源有效保护与高效利用的建议，为政府决策提供参考。

　　中国农业科学院作物科学研究所王述民研究员作为该项目的负责人，研究部署了项目调查、数据分析及书稿撰写的提纲，并牵头完成了第一章的写作。山西省农业科学院乔治军研究员、西北农林科技大学吉万全教授、内蒙古农牧业科学院牛素清研究员、宁夏农林科学院袁汉民研究员、甘肃省农业科学院祁旭升研究员、青海省农林科学院马晓岗研究员、新疆农业科学院刘志勇研究员，分别牵头完成了第二章至第八章的资料分析和撰写，中国农业科学院作物科学研究所王克晶研究员完成了第九章的资料整理和撰写。本书凝结了项目组全体成员的辛勤工作和集体智慧。

　　在本书即将出版之际，我们衷心感谢国家"科技基础性工作专项"项目"西北干旱区抗逆农作物种质资源调查"(2011FY110200)的支持。感谢刘旭院士为本书提出宝贵建议，并欣然作序。感谢科学出版社工作人员对书稿的精心编校。

　　由于时间和作者水平所限，书中难免有疏漏之处，敬请同行、专家和广大读者批评指正，以期改进并完善我们的工作。

作　者

2018 年 1 月

目　　录

第一章 总 论

非生物逆境是全球农业生产面临的严重问题。我国许多地区干旱缺水、土壤盐渍化程度重、土壤瘠薄，这是限制农业生产发展的主要因素。因此，开发利用具有非生物抗性的农作物种质资源，培育抗逆农作物新品种是抵御非生物胁迫最有效的途径，是保障粮食安全和生态安全的紧迫任务。我国西北、华北干旱区地域辽阔、水资源匮乏、自然条件恶劣、土地贫瘠，但是严酷的自然条件孕育了极其丰富的抗旱、耐盐碱、耐瘠薄的优异农作物种质资源。然而，我国尚未对西北、华北干旱区的抗逆农作物种质资源进行系统的调查与收集，使我国能够用于抗旱、耐盐碱、耐瘠薄品种培育的农作物种质资源十分缺乏。随着西部地区社会和经济的快速发展，这些宝贵的农作物种质资源正面临着丧失的危险。因此，开展西北、华北干旱区抗旱、耐盐碱、耐瘠薄等优异农作物种质资源的系统调查，对于提高我国干旱、半干旱地区及盐碱地的农业综合生产能力，保障粮食安全、生态安全，实现农业可持续发展具有重大的战略意义。

第一节 概 述

一、调查目的和意义

(一)干旱和盐碱已严重危及我国粮食安全

我国干旱、半干旱地区面积占国土面积的 52.5%，集中分布在西北和华北干旱区。随着全球气温升高，干旱、盐碱等自然灾害将越来越严重。我国人均水资源占有量为 2220m^3，仅为世界平均水平的 1/4。预计到 2030 年，人均水资源占有量将继续下降，逼近国际上公认的 1700m^3 的严重缺水警戒线。届时，如果仍未采取有效防控措施，我国将有 162 万 km^2 的国土出现严重的水土流失，土地荒漠化加剧，0.47 亿 hm^2 的农田受旱灾威胁。目前，我国 50%以上的耕地为雨养农业，作物产量低而不稳。20 世纪 90 年代以来，全国每年平均受旱面积达 0.27 亿 hm^2，由此造成的粮食减产达 700 亿～800 亿 kg。另外，我国盐碱地面积近 1 亿 hm^2，其中盐渍化耕地达 0.36 亿 hm^2，占耕地面积的 30% 左右，并且次生盐渍化土壤的面积以每年 3%的速度扩展；此外，我国还有 0.33 亿多公顷盐碱荒地和 266.7 万多公顷的沿海滩涂，盐碱化土地已经延伸到 17 个省区，其中仅新疆、宁夏、甘肃和山西 4 省(自治区)就有盐碱地 0.13 亿 hm^2，干旱和盐碱土地多数肥力较低，土壤瘠薄。研究表明，盐碱地现有农作物品种的产量一般比正常条件下减产 30% 以上。因此，旱灾、盐害等非生物胁迫已严重危及我国粮食安全。

(二)抗逆种质资源是培育突破性新品种、保障粮食安全的物质基础

发掘、利用优异抗逆农作物种质资源，培育抗旱、耐盐碱、耐瘠薄作物新品种，已

成为提高旱地和盐碱地农作物产量最为经济有效的途径。例如，李振声院士将小麦野生近缘种长穗偃麦草的耐旱、耐干热风、抗多种小麦病害的优良基因转移到小麦中，育成了抗逆小偃系列小麦品种，其中，'小偃 54'能高效吸收利用土壤中的磷，已累计推广 46.7 万 hm^2；'小偃六号'到 1988 年累计推广面积达 360 万 hm^2，增产小麦 16 亿 kg。小偃系列小麦品种的推广应用，不仅节约了国家资源，还减少了化肥、农药对环境的污染，在提高小麦产量、保护生态环境工作中发挥了巨大作用。我国利用从美国玉米抗旱杂交种'P78599'中筛选出的具有抗旱、耐瘠薄等优异性状的自交系，已培育出 20 余个杂交种，并在生产上大面积种植，产生了巨大的经济效益。20 世纪 80 年代初，我国以墨西哥抗旱、耐盐品种'索诺拉 64'作母本，宁夏品种'宏图'为父本培育出抗旱耐盐小麦品种'宁春 4 号'，在宁夏、内蒙古、甘肃、新疆等干旱、盐碱地区大面积种植，至 2006 年，已累计推广 0.07 亿 hm^2，为我国干旱盐碱地区的农业生产做出了巨大贡献。

(三)西北、华北干旱区抗逆农作物资源丰富，但严重濒危

我国西北、华北地区地域辽阔，但干旱少雨，属于干旱半干旱地区，土地质量差，生态环境多样复杂，自然条件十分严酷。然而，在这种严酷的自然生态条件胁迫下，进化和孕育出了丰富的抗逆性极强且具有经济价值和生态价值的农作物种质资源。一些地区曾是古老生物物种在第四纪冰川时期的避难所，生物多样性丰富，且活化石生物多，这些特异农作物种质资源在当地的工、农业生产和保护自然生态环境方面发挥了极其重要的作用。例如，青稞农家品种'肚里黄'，小麦农家品种'白老芒麦''小红麦''尕老汉''火燎麦'等都是西北干旱区优良的抗旱、耐盐碱、高效吸收和利用土壤营养元素的农作物地方品种资源。西部还有许多名特优品种和独特类型的作物栽培种，如新疆的吐鲁番葡萄、哈密甜瓜、库尔勒香梨，宁夏的枸杞，甘肃的白兰瓜和百合，内蒙古的燕麦、荞麦、华莱士瓜等。西部也是作物野生近缘植物的宝库，例如，我国共有小麦野生近缘植物 11 属 110 种，西部地区就有其中的 11 属 97 种；西部还分布着许多粮食和油料作物及果、瓜、菜的近缘野生种，如青海祁连山南麓的微孔草(*Microula sikkimensis*)富含 γ-亚麻酸，青海柴达木盆地极为抗旱、抗盐碱的戈壁荒漠生态物种野生罗布麻具有较高的纤维和药用价值。但是，随着我国西部地区经济的迅速发展，对农业资源的长期过度开采利用，如新品种的引进与推广、过度开垦、超载放牧、乱砍滥伐、滥挖药材、过量灌溉、过量施用农药化肥等，加之全球气候变暖的影响，引发了大规模的土地荒漠化、次生盐渍化、农业自身污染等生态环境问题，许多优质和有特殊价值的作物种质资源濒临灭绝的威胁。例如，由于乱挖甘草、搂发菜等，累计破坏草原面积 14.13 亿 hm^2 以上，遭受严重破坏的达 400 万 hm^2 以上，导致草原植被退化、物种濒危。

(四)抗逆农作物种质资源系统调查可为农业科技创新提供支撑

农作物种质资源的系统调查，能够为资源的有效保护与高效利用提供基础信息和材料，也将为农业综合生产能力和可持续发展提供支持。世界农业发展的历史表明，农业科技的重大进步与资源的系统调查和利用密切相关。20 世纪二三十年代，苏联科学家瓦维洛夫在系统调查了世界六大洲 60 多个国家的大量作物及其野生近缘种的基础上，提出

了世界作物八大起源中心学说，极大地推动了作物起源和演化的研究；1926 年，我国丁颖院士在广州东郊进行实地调查时首次发现了野生稻，为水稻起源、分类等研究带来了强大的推动力；20 世纪 70 年代，我国科学家在海南岛实地调查中，首次发现普通野生稻不育株，实现了水稻的三系配套，开创了杂交水稻育种的新纪元。由此可见，抗逆农作物种质资源系统调查将成为农业科技创新的重要支撑。

(五)开展西北、华北干旱区抗逆农作物种质资源调查刻不容缓

近 10 年来，我国西部地区经济发展迅速，但同时生态环境破坏严重，许多作物种质资源濒危。例如，'门源小油菜'是青藏高原优异的油用作物种质资源，也是国家重点生物保护对象，但随着甘蓝型油菜品种的引进和推广，'门源小油菜'及当地的其他芥菜型油菜种植面积逐步缩小，同时由于异花授粉的特性，其种质特性发生漂移和丢失；常异花授粉的蚕豆地方品种的地域保护屏障也已经十分脆弱；陕西华山新麦草具有抗寒、抗旱、耐瘠薄、早熟、优质、高抗小麦条锈病和全蚀病等优良特性，已被列为我国珍稀濒危一级保护植物和急需保护的农作物野生近缘种。随着我国西部地区经济的进一步发展，经济开发和建设的速度不断加快，受人类活动和全球气候变暖等影响，大量抗旱、耐盐碱、耐瘠薄等优异农作物种质资源将加速濒危或灭绝。迄今为止，我国尚未对西北、华北干旱区抗逆农作物种质资源进行全面的系统调查，本底不清，基础数据缺乏。另外，我国干旱、半干旱和盐碱地区农业生产急需抗旱、耐盐碱、耐瘠薄等突破性新品种。因此，开展西北、华北干旱区耐盐碱、耐瘠薄等农作物种质资源调查已刻不容缓。

综上所述，针对西北、华北干旱区抗旱、耐盐碱、耐瘠薄等农作物种质资源开展系统调查，全面了解其地理分布、生态环境、生物学特性、利用价值、濒危状况等信息，对于制定切实可行的抗逆农作物种质资源的有效保护和高效利用战略，提高我国干旱和盐碱地区农业的综合生产能力，保障粮食安全，实现我国农业可持续发展都具有重要的战略意义。

二、调查目标和内容

(一)调查目标

通过本项目的实施，完成西北、华北 7 个省(自治区)80 个县(市、区、旗)抗逆农作物种质资源基础数据的调查，包括 40 个县(市、区、旗)的系统调查、基础样本采集和抗旱、耐盐碱、耐瘠薄等优异种质资源的筛选，建成西北、华北干旱区抗逆农作物种质资源调查基础数据库，明确我国西北、华北干旱区抗逆农作物种质资源的现状及变化趋势，制定西北、华北干旱区抗逆农作物资源有效保护和高效利用战略，为科技创新和政府决策提供基础信息和材料，并实现全社会共享，为提高我国旱地、盐碱地开发和综合生产能力奠定良好的基础，为保障我国粮食安全和实现农业可持续发展提供科技支撑。

(二)调查内容

本项目通过 5 年实施，完成西北、华北 7 个省(自治区)80 个县(市、区、旗)农作物

种质资源的种类、地理分布、生态环境、生物学特性、利用价值、濒危状况等的调查，采集基础样本，并从中筛选抗旱、耐盐碱、耐瘠薄等优异农作物种质资源，明确我国西北、华北干旱区抗逆农作物种质资源的现状及变化趋势，制定西北、华北干旱区抗逆农作物资源有效保护和高效利用战略。具体工作内容如下。

1. 抗逆农作物种质资源调查、收集技术标准制定

根据我国西北、华北干旱区抗逆农作物资源及其野生近缘种的种类、地理分布及其特点，研究制定抗旱、耐盐碱、耐瘠薄等农作物种质资源调查、收集的技术标准，主要包括样点选择、调查方法、取样策略、数据规范等，为获得准确、可靠的抗逆农作物种质资源基础数据和基本材料提供技术支撑。

2. 基础数据普查

研究制定我国西北、华北干旱区抗逆农作物种质资源普查内容、标准、时间节点，编制普查表；在技术培训的基础上，联合西北、华北各省（自治区）农业主管部门，开展西北、华北干旱区抗逆农作物种质资源普查；普查内容主要包括近30年来该地区种植的抗逆农作物种类、品种、面积、分布、利用途径等，以及抗逆农作物野生近缘植物的分布特点，分析其变化规律。

3. 基础数据调查

在普查的基础上，系统调查西北、华北干旱区抗旱、耐盐碱、耐瘠薄等农作物种质资源的种类、地理分布、濒危状况、伴生植物、生物学特性等，采集各类资源所在地的降水量、地形、地貌、植被类型和覆盖率、海拔、经纬度、气温、积温及土壤类型、盐碱度、养分等信息。

4. 基础样本采集与筛选

在系统调查过程中，采集抗逆农作物种质资源基础样本4000～4500份，包括植株标本、种子样品等；同时，根据《农作物种质资源基本描述规范和术语》，在田间和实验室，通过传统方法与现代技术相结合，筛选具有抗旱、耐盐碱、耐瘠薄等突出性状的优异资源350～400份。

5. 基础样本整理及数据库建立

对采集到的西北、华北干旱区抗逆农作物种质资源基础样本进行系统整理，编制目录；以种子繁殖的作物，繁殖足够量的种子，入国家库保存，多年生和无性繁殖作物，入国家种质圃保存；并按照国家《农作物种质资源基本描述规范和术语》建立数据库；编辑出版《西北地区抗逆农作物种质资源多样性图集》。

6. 制定资源保护利用战略

在全面普查和重点系统调查的基础上，对采集的基础数据进行综合整理和分析，撰写《西北地区抗逆农作物种质资源综合调查报告》；根据国家中长期发展纲要的战略需求，结合西北、华北干旱区区域发展规划和国家旱地、盐碱地综合治理计划，研究制定"西北地区抗逆农作物种质资源有效保护与高效利用发展战略报告"。

三、调查方法

本项目由中国农业科学院作物科学研究所牵头,组织西北、华北 7 个省(自治区)32 个优势科研院所和大专院校共同协作,采用普查与系统调查相结合、基础信息调查与样本采集相同步、有效保护与合理利用相协调的方法,实施本项目。

(一)调查范围

本项目以山西、陕西、内蒙古、宁夏、甘肃、青海和新疆 7 个省(自治区)的 80 个代表县(市、区、旗)为普查与调查范围,其中重点系统调查 40 个县(市、区、旗)。

(二)调查对象

以粮食、油料、糖料、烟草、纤维、果树、蔬菜等农作物及其野生近缘植物为主要调查对象,以抗旱、耐盐碱、耐瘠薄等优异种质资源为调查重点。

(三)调查方法

采取普查与系统调查相结合,基础信息调查与样本采集相同步,有效保护与合理利用相协调的方法,实施本项目,即普查以县农业局为实施主体,采取资料考证和填写普查表的形式进行;系统调查由项目主持单位制定统一的调查方案,分头在 7 个省(自治区)组织调查队,按计划和时段,进行实地调查。

四、组织管理

借鉴过去国家重大项目中的成功经验,在科学技术部、农业部的领导下,本着公平、公正的原则,择优选择基础条件好的协作单位进行跨部门、跨专业、跨地区联合实施,保证预期目标的顺利完成。

(一)加强组织领导和统筹协调,提高执行合力

成立"西北地区抗逆农作物种质资源调查"项目领导小组,负责项目的总体部署和项目组织与实施中重大问题的决策和协调,负责对项目工作的管理和引导。建立地方科研院校和政府部门对项目基础数据普查和重点地区资源系统调查工作的推动机制,充分发挥各地方、各部门的积极性和主动性,形成科研部门与地方政府部门联动的项目组织模式,实现资源的优化配置,实行"统一领导、协同推进、优势互补"的项目管理和实施机制。

在项目领导小组的直接领导下,成立项目管理办公室,负责贯彻落实项目领导小组确定的各项决策,具体组织项目实施及其日常管理工作。

建立项目专家咨询会议制度。成立由高层专家组成的项目专家委员会,负责项目的技术咨询、论证和评估等工作,指导《西北地区抗逆农作物种质资源综合调查报告》的撰写和《西北地区抗逆农作物种质资源有效保护与高效利用发展战略报告》的制定工作等。

（二）统一规划，合理分工，分步实施

集中优势单位，集成优势力量，组建由种质资源、植物分类、植物生理、遗传育种、土壤、信息等领域的专家和地方农业管理人员组成的协作攻关组，加强与国家科技基础性工作专项等其他相关项目的有机衔接，按照项目计划目标及主要工作内容，进行科学分解，分步实施。

（三）加强技术培训，确保实施过程的规范化

为规范化实施"西北地区抗逆农作物种质资源调查"项目，根据实际工作需要，对项目人员进行调查方法、技术规范、管理制度等技术培训，提高项目的实施质量，培训内容包括项目执行中的所有技术标准、规范，如《农作物种质资源收集技术规程》《农作物种质资源整理技术规程》《农作物种质资源基本描述规范和术语》《农作物种质资源保存技术规程》《农作物抗旱性鉴定评价技术规范》《农作物耐盐性鉴定评价技术规范》等。

（四）加强过程管理，建立"重点评估、目标管理、动态调整"的考评机制

目标管理与过程管理相结合。根据课题的目标任务，强化目标管理，制定科学合理的分项考核目标。建立规范的过程监督和动态调整机制。建立中期巡查和年度检查制度，充分发挥项目专家组的作用，对各承担单位的项目进度、指标、财务等情况进行动态评估和有效监督，及时发现并解决实施过程中存在的关键问题。根据巡查、检查结果，对项目实施滚动支持、动态调整、绩效优先的管理机制。

（五）加强宣传，提高公众意识

利用网络、新闻媒体等多种手段进行宣传报道，提高公众对抗逆农作物种质资源调查与保护的认识与参与度，凝聚社会各界力量，确保项目内抗逆农作物种质资源的安全保存与高效利用。

第二节 主 要 成 果

一、基本摸清了普查区气候和植被变化情况

（一）气候变化

从被普查的7省（自治区）80个县（市、区、旗）1985～2010年的气象数据来看，西北地区总体呈现降水量减少、气温升高的趋势。该区域平均降水量从1985年的384.9mm降到2010年的349.4mm，最高降水量出现在1990年，为388.9mm，最低是2000年，为319.7mm，相差62.9mm，其中山西、陕西和宁夏的年均降水量达400mm以上，而新疆仅为118.2mm，为7省（自治区）最干旱的地区；年际降水量变幅最大的为宁夏，极差达207.0mm，最小的为陕西，极差为42.3mm（表1-1）。普查地区的平均气温由1985年的

7.0℃升至 2010 年的 8.1℃，升高了 1.1℃，最低气温发生于 1985 年，为 7.0℃，最高气温出现在 2010 年，为 8.1℃，其中陕西、新疆的年均气温分别高达 10.0℃和 9.3℃，青海仅为 5.3℃；极差最大的是青海和新疆，为 1.8℃，极差最小的是陕西，为 0.8℃（表 1-2）。

表 1-1　1985～2010 年各农/牧区年降水量　　　　（单位：mm）

地区	1985 年	1990 年	1995 年	2000 年	2005 年	2010 年	年均	极差
山西 12 县	514.0	504.0	514.0	440.0	416.0	442.0	472.0	98.0
陕西 14 县	504.3	489.1	462.7	462.0	462.3	476.2	476.1	42.3
内蒙古 10 旗(县)	303.0	338.0	336.0	263.0	271.0	328.0	307.0	75.0
宁夏 10 县	496.0	528.0	392.0	321.0	346.0	395.0	413.0	207.0
甘肃 8 县	401.0	426.0	324.0	326.0	335.0	317.0	355.0	109.0
青海 10 县	403.0	322.0	319.0	300.0	363.0	344.0	342.0	103.0
新疆 14 县	72.8	115.0	99.5	126.1	152.3	143.3	118.2	79.5
总均值	384.9	388.9	349.6	319.7	335.1	349.4	354.8	(62.9)[*]

*表示最高与最低总均值的极差。以下相同

表 1-2　1985～2010 年各农/牧区年均气温　　　　（单位：℃）

地区	1985 年	1990 年	1995 年	2000 年	2005 年	2010 年	年均	极差
山西 12 县	7.1	8.2	7.8	8.1	8.1	8.3	7.9	1.2
陕西 14 县	9.5	10.1	9.9	10.0	10.1	10.3	10.0	0.8
内蒙古 10 旗(县)	5.3	6.1	6.1	6.3	6.8	6.1	6.1	1.5
宁夏 10 县	6.7	7.6	7.4	8.0	7.8	8.1	7.6	1.4
甘肃 10 县	7.2	7.8	7.7	8.1	8.2	8.3	7.9	1.1
青海 10 县	4.5	5.1	4.6	5.5	5.7	6.3	5.3	1.8
新疆 14 县	8.5	10.3	9.1	9.6	9.0	9.3	9.3	1.8
总均值	7.0	7.9	7.5	7.9	8.0	8.1	7.7	(1.1)[*]

*同表 1-1

　　总之，气温升高、降水量减少直接影响产业结构调整、种植制度变革和作物品种的更新换代。例如，内蒙古地区 20 世纪 90 年代以来，喜温作物的种植面积逐渐扩大，春小麦播种面积不断减少，1985～2010 年玉米、马铃薯和水稻的种植面积扩大，玉米种植界限向北延伸。1995 年以前阴山北部丘陵区基本无玉米种植，2000 年种植面积已占到总播种面积的 23.9%，种植北界扩展了 100～150km；马铃薯因秋季增温而收获期普遍推迟，极端气候灾害增多，农业生产的不稳定性增加，产量波动性也在增大。

(二)植被变化

　　被普查县(市、区、旗)的植被总覆盖率和森林覆盖率呈逐年增加趋势，农作物覆盖率波动不大。1985～2010 年，植被总覆盖率增加了 8.7 个百分点，森林覆盖率增加了 6.4 个百分点，农作物覆盖率仅增加了 1.0 个百分点。可见农作物种植总面积基本稳定，但种植业内部结构调整非常剧烈。从各省(自治区)普查结果看,新疆的植被总覆盖率最低,平均在 10%以下,但植被总覆盖率增长速度高于内蒙古和青海,森林覆盖率增长缓慢,农作物覆盖率稳中有升;陕西的总植被、森林和农作物覆盖率均呈现大幅度上升,分别增加了21.5、10.3 和 11.2 个百分点。植被总覆盖率从 1985 年的47.2%增加到 2010 年的55.9%,净增 8.7 个百分点,其中增加最多的是陕西省,从 37.2%增加到58.7%;新疆虽然基数低,也净增了 6.1 个百分点;内蒙古的植被总覆盖率虽然增加得不多,只有 2.8%,但是基数一直很高,年均覆盖率保持80.7%(表 1-3)。森林覆盖率平均值也呈现逐年增加趋势,从 1985 年的14.2%,增加到了 2010 年的20.6%,增加了 6.4 个百分点,增加最高的仍是陕西,从 24.3%增加到了 34.6%(表 1-4)。农作物覆盖率总体呈现均衡发展的趋势,1985 年为 16.9%,1990～2010 年徘徊在 17.4%～17.9%。除宁夏年均达到30.1%、新疆只有 4.2%外,其余都在 14.3%～19.3%(表 1-5)。农作物覆盖率降低的例子是山西右玉县,其农作物覆盖率由 1985 年的28.4%减少到 2010 年的22.4%,究其原因是右玉县地处晋北干旱区,风沙大降水少,大面积退耕还林,农作种植面积减少,也使得部分作物种类和品种不再种植,最终丢失。

表 1-3 1985～2010 年各农/牧区植被总覆盖率(%)

地区	1985 年	1990 年	1995 年	2000 年	2005 年	2010 年	年均	极差
山西 12 县	52.7	54.1	56.5	58.9	60.8	63.3	57.7	10.6
陕西 14 县	37.2	41.6	46.7	49.5	55.3	58.7	48.2	21.5
内蒙古 9 旗(县)	80.0	80.1	81.3	81.1	82.1	79.3	80.7	2.8
宁夏 10 县	65.4	62.3	65.3	66.3	72.1	75.4	67.8	13.1
甘肃 10 县	31.4	35.7	37.8	38.6	46.8	46.6	39.5	15.4
青海 10 县	56.6	56.4	52.5	54.3	51.1	55.2	54.4	5.5
新疆 14 县	7.4	7.8	6.8	8.7	9.4	12.9	8.8	6.1
总均值	47.2	48.3	49.6	51.1	53.9	55.9	51.0	(8.7)*

*同表 1-1

表 1-4 1985～2010 年各农/牧区森林覆盖率(%)

地区	1985 年	1990 年	1995 年	2000 年	2005 年	2010 年	年均	极差
山西 12 县	14.4	15.7	17.0	18.8	20.6	22.9	18.2	8.5
陕西 14 县	24.3	27.0	31.5	32.5	33.8	34.6	30.6	10.3
内蒙古 8 旗(县)	16.3	15.6	16.6	14.7	17.1	19.8	16.7	5.1
宁夏 10 县	16.8	18.5	20.4	22.7	22.8	25.1	21.1	8.3
甘肃 10 县	7.5	8.8	9.9	11.1	12.8	14.2	10.7	6.7
青海 10 县	16.9	13.8	15.3	17.2	18.4	21.9	17.3	8.1
新疆 14 县	3.3	4.0	3.5	4.6	4.6	5.4	4.2	2.1
总均值	14.2	14.8	16.3	17.4	18.6	20.6	17.0	(6.4)*

*同表 1-1

表 1-5 1985~2010 年各农/牧区农作物覆盖率(%)

地区	1985 年	1990 年	1995 年	2000 年	2005 年	2010 年	年均	极差
山西 12 县	20.5	19.5	19.2	19.9	17.4	18.4	19.2	3.1
陕西 14 县	12.9	14.6	15.2	17	21.5	24.1	17.6	11.2
内蒙古 7 旗(县)	17.7	20.7	20.8	19.6	19.4	17.3	19.3	3.5
宁夏 10 县	30.1	28.2	32.2	30.9	29.5	29.6	30.1	4.0
甘肃 10 县	16.2	16.8	17.7	17.4	18.2	17.4	17.3	2.0
青海 10 县	16.7	18.9	13.2	13	12	12	14.3	6.9
新疆 14 县	4.1	3.8	3.5	3.7	4	6.3	4.2	2.8
总均值	16.9	17.5	17.4	17.4	17.4	17.9	17.4	(1.0)*

*同表 1-1

普查资料表明新疆青河县邻近山区、纬度较高的县市,年均气温偏低、降水充沛,森林覆盖率高而作物覆盖率低,而泽普县则是远离山区,纬度低,年均气温高、降水偏少,森林覆盖率低而作物覆盖率高。陕北黄龙山森林覆盖率达 32.6%,有效地改善了本地区小气候,但是还没有影响西北干旱区总体温度升高 1.1℃、降水减少 62.9mm 的大气候,因此,各级政府还需要努力贯彻中央退耕还林还草的规划,加强退耕还林还草的力度,为改变西北干旱地区的大气候做出贡献。

二、掌握了主要农作物种植面积、产量和品种变化情况

大宗作物玉米和薯类近年来无论是种植面积还是产量均呈现出增加的趋势,是普查区各省的普遍现象,与农业部分析玉米"镰刀弯"产区的趋势相似;而小麦和谷子则稳中有降;食用豆和青稞等小宗作物播种面积和产量大幅度下降;棉花和油菜等经济作物的播种面积和产量则大幅度上升。这说明我国西北干旱地区的种植业产业结构调整和优势农产品规划起到了一定的调节作用,农业机械化和优良品种推广力度加大,使得项目区种植品种逐渐单一化,其中育成品种持续增多,部分农家种因产量低种植面积逐渐减少。

(一)玉米

从普查的 81 个县统计数据看出,玉米面积由 1985 年的平均 0.8 万 hm² 增加到 2010 年的 5.1 万 hm²,增加了 5.4 倍,总产量由 1985 年的平均 3742.9 万 kg 增加到 2010 年的 31 302.3 万 kg,增加了 7.4 倍,其中 2005~2010 年为快速增长阶段,甘肃和宁夏为增幅最大的省(自治区)(表 1-6)。例如,甘肃大力推广覆膜(全膜、半膜)、双垄沟播配套栽培等新型模式,使玉米种植海拔提高了 200m,扩展了玉米种植区域,加之杂交种的大面积推广应用,播种面积和产量均得以稳步提高;山西实现了玉米机械化播种和收获,加上推广生育期短、抗病抗旱性强、适应性广的新品种,以及玉米价格上涨等因素,玉米面积逐年增加,五寨县和右玉县在 1985 年几乎不种植玉米,到 2010 年分别种植 1.07 万 hm² 和 0.4 万 hm²。玉米总面积的增加,必然挤占豌豆、绿豆、小豆和高粱等杂粮作物种植

面积。

表 1-6　1985～2010 年农/牧区玉米种植面积和产量

地区	1985 年		1990 年		1995 年		2000 年		2005 年		2010 年	
	面积	产量	面积	产量	面积	产量	面积	产量	面积	产量	面积	产量
山西 12 县	0.5	2 522.0	0.6	3 132.5	0.7	3 507.1	0.8	4 151.8	1.1	5 928.9	1.5	9 872.8
陕西 14 县	0.6	3 780.2	0.5	3 225.2	0.5	3 350.3	0.6	4 000.3	0.6	4 050.8	0.6	4 120.3
内蒙古 10 旗(县)	0.2	1 035.7	0.5	2 816.5	0.7	3 795.9	1.0	4 508.5	1.1	7 426.0	2.1	15 674.6
宁夏 10 县	1.1	5 976.8	1.5	8 200.7	2.0	12 787.9	4.8	23 351.4	7.2	47 464.6	10.8	77 012.9
甘肃 10 县	2.0	9 019.9	3.3	40 213.2	3.9	23 323.9	5.1	26 854.8	6.5	34 073.4	19.7	104 748.7
青海 10 县	0.3	1 233.2	0.2	1 003.3	0.3	1 112.2	0.3	1 789.2	0.2	1 088.4	0.2	1 325.2
新疆 15 县	0.7	2 632.5	0.5	2 140.4	0.5	2 614.8	0.5	3 778.0	0.6	4 329.5	0.78	6 361.7
总均值	0.8	3 742.9	1.0	8 676.0	1.2	7 213.2	1.9	9 776.3	2.5	14 908.8	5.1	31 302.3

注：面积的单位为万 hm²；产量的单位为万 kg

　　玉米品种数量在 25 年间年平均为 2.7～4.3 个，年均 3.4 个。除新疆的玉米品种数量年均 6.2 个外，其他省(自治区)只有 2.1～3.7 个，品种单一化现象比较突出，尤其是甘肃，年均 2.1 个(从 1985 年 2.8 个减少到 2010 年的 1.8 个)(表 1-7)，品种数量虽然在减少，但种植面积和产量数量很大。另外也说明有些老品种的生命力很强，陕西府谷县 1985 年主要种植 '中单 2 号''丹玉 13 号'，到 2010 年 '中单 2 号''丹玉 13 号'仍是主栽品种，仅在 1995 年新推广了 '陕单 911'，由此可见，玉米品种更替比较缓慢。

表 1-7　1985～2010 年各农/牧区玉米作物品种数目变化趋势

地区	1985 年	1990 年	1995 年	2000 年	2005 年	2010 年	年均	极差
山西 12 县	2	2	2	3	3	4	2.7	2.0
陕西 14 县	2.3	2.6	3.2	3.6	3.3	3.7	3.1	1.4
宁夏 10 县	3.1	3.3	3.3	3.9	4.3	4.3	3.7	1.2
甘肃 10 县	2.8	1.8	1.9	2.2	1.8	1.8	2.1	1.0
青海 10 县	3	2	2	4	3	3	2.8	2.0
新疆 15 县	3	5	6	8	6	9	6.2	6
总均值	2.7	2.8	3.1	4.1	3.6	4.3	3.4	(1.6)[*]

*同表 1-1

(二)小麦

　　从被普查的 6 个省区 71 个小麦产区的统计资料看，小麦产量虽然有一定的提高，但种植面积逐年下降，从 1985 年的 1.41 万 hm²，降到 2010 年的 0.89 万 hm²，尤其是甘肃和陕西，从 1985 年的 2.1 万～2.6 万 hm²，降到 2010 年的 1.1 万～1.4 万 hm²(表 1-8)，大量的小麦种植面积被玉米和马铃薯所替代。小麦品种数量变化以 2000 年为最高，年均 5.7 个，其中新疆和青海 2000 年年均 10 个以上。其余 4 省(自治区)的调查区年均比较平衡(表 1-9)。

表 1-8　1985～2010 年农/牧区小麦种植面积和产量

地区	1985 年		1990 年		1995 年		2000 年		2005 年		2010 年	
	面积	产量	面积	产量	面积	产量	面积	产量	面积	产量	面积	产量
陕西 14 县	2.1	9 513.0	2.1	9 623.2	2.0	10 230.1	1.8	11 230.5	1.4	8 890.3	1.4	8 920.7
山西 12 县	0.08	167.3	0.08	173.2	0.08	148.3	0.03	71.3	0.02	38.0	0.01	26.3
内蒙古 10 旗(县)	1.4	2 246.1	1.7	3 210.4	1.4	3 455.1	0.8	1 565.0	0.7	2 676.5	1.0	6 138.4
青海 10 县	1.1	4 525.1	1.2	4 826.3	1.2	4 859.3	1.0	3 968.3	0.7	2 334.8	0.6	2 305.9
甘肃 10 县	2.6	5 232.3	2.5	5 470.4	2.3	4 014.4	2.0	5 681.9	1.7	4 204.7	1.1	3 370.9
新疆 15 县	1.2	2 830.6	1.1	3 238.0	0.9	3 774.4	0.9	4 055.5	0.9	4 776.7	1.2	6 612.0
总均值	1.41	4 085.73	1.45	4 423.58	1.31	4 413.60	1.09	4 428.75	0.90	3 820.2	0.89	4 562.37

注：面积的单位为万 hm^2；产量的单位为万 kg

表 1-9　1985～2010 年各农/牧区小麦作物品种数目变化趋势

地区	1985 年	1990 年	1995 年	2000 年	2005 年	2010 年	年均	极差
山西 12 县	0.2	0.2	0.2	0.2	0.2	0.3	0.2	0.1
陕西 12 县	3.0	3.5	3.8	4.0	4.0	4.2	3.8	1.2
宁夏 10 县	3.8	4.2	4.3	3.6	3.9	3.9	4.0	0.7
甘肃 10 县	4.6	3.1	2.6	2.2	1.8	1.1	2.6	3.5
青海 10 县	4.0	6.0	8.0	10.0	8.0	6.0	7.0	6
新疆 15 县	5.0	9.0	10.0	14.0	9.0	6.0	8.8	9
总均值	3.4	4.3	4.8	5.7	4.5	3.6	4.4	(2.3)[*]

*同表 1-1

(三)棉花、油菜

由于地域的特殊性，新疆棉花和青海油菜的播种面积和产量呈逐年上升趋势，面积从 1985 年的 0.4 万 hm^2 上升到 2010 年的 1.1 万 hm^2。其中棉花的产量从 1985 年的 315.2 万 kg 增加到 2010 年的 1436.4 万 kg，增加了 3.6 倍；油菜的产量从 1985 年的 870.3 万 kg 增加到 2010 年的 2898.5 万 kg，增加了 2.3 倍(表 1-10)。品种数量方面，棉花从 1 个增加到 4 个，油菜从 1.9 个增加到 2.1 个(表 1-11)。新疆棉花和青海油菜已经逐渐成为当地的主要作物，为当地的经济注入了活力。

表 1-10　1985～2010 年棉花和油菜种植面积和产量

地区和作物	1985 年		1990 年		1995 年		2000 年		2005 年		2010 年	
	面积	产量	面积	产量	面积	产量	面积	产量	面积	产量	面积	产量
新疆 15 县棉花	0.4	315.2	0.7	738.6	1.0	1055.7	1.1	1405.5	1.0	1518.8	1.1	1436.4
青海 10 县油菜	0.4	870.3	0.5	1019.9	0.6	1397.5	0.9	2150.0	1.0	2854.5	1.1	2898.5

注：面积的单位为万 hm^2；产量的单位为万 kg

表 1-11 1985～2010 年新疆各农/牧区棉花、油菜品种数目变化趋势

地区	1985 年	1990 年	1995 年	2000 年	2005 年	2010 年	年均	极差
新疆 15 县棉花	1.0	3.0	3.0	6.0	8.0	4.0	4.2	7
青海 10 县油菜	1.9	1.9	2.1	2.3	2.3	2.1	2.1	0.4

（四）薯类

薯类主要是马铃薯的种植面积总体上和玉米发展趋势一样，从 1985 年的 1.63 万 hm^2、13 220.89 万 kg，发展到 2010 年的 7.76 万 hm^2、87 783.41 万 kg，面积增加了 6.13 万 hm^2，产量增加了 74 562.52 万 kg，其中宁夏和甘肃是马铃薯种植大省，新疆和山西马铃薯拓展相对较小（表 1-12）。最近几年，受农业部马铃薯主食化政策的推动，我国马铃薯面积在不断扩大，再加上马铃薯营养丰富，加工附加值高，产品类型众多，深受人们喜爱，是西北干旱地区的主要粮食和经济作物，加上近年来价格攀升，也为马铃薯种植创造了有利条件。例如，甘肃 10 个普查县的马铃薯种植面积稳中有增，由 4.39 万 hm^2 增加到 17.43 万 hm^2，净增 13.04 万 hm^2，尤其安定区 2010 年达 6.67 万 hm^2，增加了 6.4 倍；安定区的产量也呈波浪式上升，由 1985 年的 9537.15kg/hm^2 上升到 2010 年的 12 983.85kg/hm^2。

表 1-12 1985～2010 年农/牧区薯类种植面积和产量

地区	1985 年		1990 年		1995 年		2000 年		2005 年		2010 年	
	面积	产量	面积	产量	面积	产量	面积	产量	面积	产量	面积	产量
山西 12 县	0.40	3 133.00	0.50	4 315.30	0.50	4 425.70	0.70	5 301.30	0.50	4 420.90	0.50	4 719.00
陕西 14 县	0.97	12 367.50	1.12	14 532.00	1.35	19 237.50	3.24	53 460.00	5.23	98 062.50	7.60	148 200.00
内蒙古 9 旗(县)	0.39	789.60	0.39	923.30	0.58	1 109.10	1.27	2 696.20	1.10	3 238.80	1.39	4 423.70
宁夏 10 县	3.53	5 247.40	4.34	16 168.60	5.29	10 367.00	17.75	85 354.50	12.31	35 198.60	23.38	203 873.80
甘肃 10 县	4.39	31 739.10	4.68	43 108.10	5.07	55 541.70	8.57	83 699.60	13.10	145 199.80	17.43	162 665.40
青海 10 县	1.73	38 813.00	1.93	43 313.00	2.01	45 225.00	2.38	53 505.00	4.11	92 520.00	3.93	88 335.00
新疆 15 县	0.02	456.60	0.01	172.10	0.01	271.90	0.04	925.20	0.02	433.40	0.09	2 267.00
总均值	1.63	13 220.89	1.85	17 504.63	2.12	19 453.99	4.85	40 705.97	5.20	54 153.43	7.76	87 783.41

注：面积的单位为万 hm^2；产量的单位为万 kg

薯类品种数量总体上变化不大，年均 4.4 个。但是，省（自治区）间的差距比较大，品种数量较多的是青海，年均 14.8 个，新疆和甘肃品种数量最少，年均分别为 1.0 个和 1.7 个（表 1-13）。甘肃 1985～2010 年马铃薯品种更替了两次，主栽品种以陇薯系列、渭薯系列和青薯系列为主。陇薯系列从 1985 年开始不断选育更新，2010 年‘陇薯 6 号’开始大面积种植；渭薯系列从 2000 年以后种植面积逐渐减少，到 2005 年已很少种植。

表 1-13 1985～2010 年各农/牧区马铃薯品种数目变化趋势

地区	1985 年	1990 年	1995 年	2000 年	2005 年	2010 年	年均	极差
山西 12 县	2	2	2	2	2	2	2.0	0.0
陕西 14 县	2	2	3	3	3	4	2.8	2.0
宁夏 10 县	4.0	3.9	4.0	3.9	4.1	4.7	4.1	0.8
甘肃 9 县	3.3	1.4	1.3	1.8	1.2	1.4	1.7	2.1
青海 10 县	15	15	13	17	15	14	14.8	4.0
新疆 15 县	1	1	1	1	1	1	1.0	0.0
总均值	4.6	4.2	4.1	4.8	4.4	4.5	4.4	(0.7)*

*同表 1-1

(五)谷子

谷子的播种面积总体呈现下降趋势,1985 年总体平均为 1.1 万 hm^2,到 2010 年降为 0.4 万 hm^2。宁夏和甘肃是谷子种植面积较大的地区,1985 年各县年均分别为 1.9 万 hm^2 和 2.3 万 hm^2,到 2010 年分别下降为 0.5 万 hm^2 和 0.4 万 hm^2,山西和陕西的谷子种植面积也趋于减少,分别从 1985 年的 0.5 万 hm^2 和 0.6 万 hm^2 降为 2010 年的 0.4 万 hm^2,谷子的产量除山西外,都呈现降低趋势(表 1-14)。山西谷子产量增加的主要原因是大面积推广新品种和新技术,尤其是五寨县和武乡县,1985～2010 年,谷子种植面积增加了 0.1 万～0.15 万 hm^2,产量增加了 750 万～950 万 kg。谷子品种数量除甘肃趋向减少外,其他省(自治区)年份间比较稳定(表 1-15)。谷子品种更新换代变化不大,例如,陕西府谷一直以‘沁州黄’‘张杂谷 5 号’‘秦谷 4 号’‘榆谷 2 号’‘红龙爪酒谷’‘石炮谷’‘大红袍’‘榆谷1 号’为主要种植品种,其中农家品种‘大红袍’一直深受农民的喜爱。陕西府谷的糜子和黍子,在 1985 年的时候主要种植的是农家品种,主要有本地‘大黄糜子’‘大红糜子’‘白黍子’‘红黍子’等,1990 年开始有小面积的育成品种种植,主要有‘榆糜 2 号’‘榆糜 1 号’,直到 2010 年‘榆糜 2 号’‘榆糜 1 号’还有种植,另外,‘伊糜 5 号’‘内糜 6 号’及农家品种‘白黍子’在哈镇、麻镇和武家庄仍有种植。

表 1-14 1985～2010 年农/牧区谷子种植面积和产量

地区	1985 年		1990 年		1995 年		2000 年		2005 年		2010 年	
	面积	产量	面积	产量	面积	产量	面积	产量	面积	产量	面积	产量
山西 12 县	0.5	972.2	0.5	1002.4	0.4	772.6	0.4	870.6	0.3	639.8	0.4	1019.9
陕西 10 县	0.6	1350.7	0.6	1367.2	0.4	965.2	0.3	780.9	0.4	1000.9	0.4	1059.1
内蒙古 9 旗(县)	0.4	725.2	0.2	549.9	0.2	124.5	0.2	148.6	0.1	210.9	0.2	627.5
宁夏 10 县	1.9	841.4	0.3	225.5	1.7	744.9	0.7	151.5	1.1	638.1	0.5	284.8
甘肃 10 县	2.3	4114.4	2.0	4226.4	2.0	3774.5	1.6	2764.5	1.4	3138.0	0.4	1031.3
总均值	1.1	1600.8	0.7	1474.3	0.9	1276.4	0.6	943.2	0.7	1125.5	0.4	804.5

注:面积的单位为万 hm^2;产量的单位为万 kg

表 1-15　1985～2010 年各农/牧区谷子作物品种数目变化趋势

地区	1985 年	1990 年	1995 年	2000 年	2005 年	2010 年	年均	极差
山西 12 县	2.0	2.0	2.0	2.0	2.0	3.0	2.2	1
陕西 14 县	2.3	3.1	3.4	4.2	4.5	5.2	3.8	2.9
宁夏 10 县	2.8	3.7	4.0	4.3	4.0	3.7	3.8	1.5
甘肃 9 县	3.3	1.4	1.3	1.8	1.2	1.4	1.7	2.1
总均值	2.6	2.6	2.7	3.1	2.9	3.3	2.9	(0.7)*

*同表 1-1

（六）小宗作物

由于小宗作物大面积受到玉米和薯类的挤压，很难全面统计数据。现以青海统计数据为例，反映小宗作物的变化情况。青海的青稞、食用豆面积和产量都呈现下降趋势，面积分别从 1985 年的 2.3 万 hm² 和 3.3 万 hm² 降为 2010 年的 1.9 万 hm² 和 2.0 万 hm²，产量分别从 6198 万 kg 和 6500 万 kg 降为 4856 万 kg 和 4848 万 kg（表 1-16），品种数量变化不大（表 1-17）。

表 1-16　1985～2010 年青海小宗作物种植面积和产量

作物	1985 年		1990 年		1995 年		2000 年		2005 年		2010 年	
	面积	产量	面积	产量	面积	产量	面积	产量	面积	产量	面积	产量
青稞	2.3	6198	2.1	5565	0.8	2145	1.4	3596	1.2	3229	1.9	4856
食用豆	3.3	6500	3.6	7180	3.2	7084	3.2	7084	2.3	5568	2.0	4848

注：统计范围为 10 个县；面积的单位为万 hm²；产量的单位为万 kg

表 1-17　1985～2010 年青海 10 个县小宗作物品种数目变化趋势

作物	1985 年	1990 年	1995 年	2000 年	2005 年	2010 年	年均	极差
青稞	1.0	1.2	1.1	1.2	1.1	1.2	1.1	0.2
食用豆	2.2	2.0	1.7	2.0	2.3	1.8	2.0	0.6

三、初步明确了农业总产值及占比变化情况

总体上看农业总产值虽然不断增加，但占当地国民经济的比例呈下降趋势。被普查的 81 个县农业总产值总体上从 1985 年的 23 194.9 万元，增加到了 2010 年的 663 906.9 万元，占当地国民经济的比例从 1985 年的 46.4%，下降到 2010 年的 28.2%，其中下降幅度最高的内蒙古降低了 47.9 个百分点，而青海只降低了 2.1 个百分点，其余省（自治区）平均下降 20 个百分点左右（表 1-18）。被调查区县的产业结构均发生了明显变化，以甘肃为例，从 1990 年开始，第一产业持续下降，第二产业稳中有升，第三产业整体呈上升态势，被普查的 10 个县，尽管农业总产值稳步提升，但其占国民生产总值的比例均呈降低趋势，其中环县降幅最大，达 56.2%，民勤县降幅最小，约 2%，平均降低近 26%。新疆 1980～1995 年农业生产总规模保持相对稳定，农业产值的增量及增速均十分突出，在国民经济中仍占有较大比例，连续 10 多年保持在 40% 左右，但 1990 年之后，由于工业及服务业的迅

速崛起，农业、工业、服务业在 1995 年呈现出"三足鼎立"的均衡发展状态。总之，1985～2010 年随着气温升高、降水减少和产业结构调整，作物种植结构发生了重大变革，比较效益较高的玉米、马铃薯、棉花、油菜、果树、瓜菜等作物的种植面积和产量得到大幅度提升，小麦、杂粮、杂豆等作物因种植效益低下而面积锐减。这种现象导致种植作物种类单一化，一些抗逆性强、品质优而产量较低的作物品种面临灭绝，抗逆优质农作物种质资源的收集和保护压力加大，急需得到政府部门的高度关注。

表 1-18　各农/牧区 1985～2010 年农业总产值及其占比变化趋势

地区	1985 年		1990 年		1995 年		2000 年		2005 年		2010 年	
	总产值	占比	总产值	占比	总产值	占比	总产值	占比	总产值	占比	总产值	占比
内蒙古 10 旗(县)	7 120.6	78.6	10 076.7	73.5	19 551.5	57.4	15 907.2	52.8	46 675.0	47.8	96 022.1	30.7
陕西 14 县	/	/	/	/	/	/	145 100.0	24.6	325 000.0	24.8	1 357 800.0	18.1
山西 12 县	53 744.0	35.7	77 488.0	37.0	147 961.0	38.5	183 433.0	38.5	182 468.0	18.4	376 319.0	12.8
宁夏 10 县	31 702.5	55.1	60 588.4	53.7	101 258.2	42.8	154 686.0	38.1	308 740.2	34.8	1 392 566.0	32.4
甘肃 10 县	61 700.0	61.3	100 100.0	52.3	267 000.0	44.4	334 000.0	38.4	664 000.0	43.0	1 071 800.0	34.9
青海 10 县	4 972.3	31.8	11 896.6	16.7	35 653.9	32.9	43 802.5	27.5	120 479.5	17.9	284 459.7	29.7
新疆 15 县	3 124.9	62.1	7 310.0	59.6	17 090.0	59.5	19 372.5	49.7	31 663.9	43.1	68 381.8	38.9
总均值	23 194.9	46.4	38 208.5	41.8	84 073.5	39.4	128 043.0	38.5	239 860.9	32.8	663 906.9	28.2

注：总产值的单位为万元；占比的单位为%

四、收集到一批重要抗逆农作物种质资源

通过对西北、华北干旱地区 89 个县(比原计划多调查了 9 个县)的系统调查，共获得农作物种质资源样本 5255 份，其中大宗作物(玉米、小麦、大豆、马铃薯)732 份、小宗作物(谷子、黍稷、青稞、食用豆、燕麦、荞麦、高粱)2301 份、棉麻 101 份、油料 388 份、蔬菜 520 份、果树 395 份、其他类 818 份(表 1-19)。在获得的种质资源中，玉米、马铃薯等大宗作物收集数量相对较少，而黍稷、食用豆类等小宗作物收集数量较多。从另外一个方面说明，随着当地农作物种植结构调整，物种单一化程度将会越来越严重，小宗作物多样性越来越少。

表 1-19　收集农作物种质资源总数量统计

地区	总数	玉米	小麦	大豆	马铃薯	谷子	黍稷	青稞	食用豆	燕麦	荞麦	高粱	棉麻	油料	蔬菜	果树	其他
山西 12 县	935	25	6	96	/	52	101	/	212	23	49	51	17	27	12	249	15
陕西 14 县	1049	21	/	133	1	/	53	2	309	81	51	58	29	119	113	25	54
内蒙古 10 旗(县)	737	8	19	105	/	18	216	2	188	32	37	5	/	33	55	/	19
宁夏 10 县	304	17	36	/	/	45	54	/	93	/	/	/	/	33	16	10	
甘肃 18 县	845	26	22	49	1	38	40	19	159	22	35	31	47	84	149	/	123
青海 10 县	678	2	/	47	3	10	4	87	25	23	10	/	/	91	46	98	223
新疆 15 县	707	24	91	/	/	/	1	/	59	1	/	4	/	34	112	7	374
合计	5255	123	221	383	5	163	469	110	1045	182	182	150	101	388	520	395	818

注：新疆的 374 份其他种质资源里包括的各种野生近缘植物为小麦类 134 份，大麦类 17 份，燕麦类 20 份，蔬菜类 42 份，油料类 8 份，饲料类 132 份，果树类 7 份，花卉类 11 份，药用类 3 份等

在获得的种质资源中，经过田间鉴定评价，初步筛选出了具有特殊用途和优良性状的种质资源，为作物育种和开发利用提供了物质和信息基础（详情见第 2~9 章）。这些优异资源包括：抗旱农作物种质资源 633 份，其中大宗作物（玉米、小麦、大豆）157 份、小宗作物（谷子、黍稷、青稞、食用豆、燕麦、荞麦、高粱）333 份、棉麻 2 份、油料 58 份、蔬菜 27 份、牧草 46 份、其他类 10 份（表 1-20）。抗寒农作物种质资源 71 份，其中小麦 4 份、食用豆和燕麦各 1 份、蔬菜 1 份、果树 11 份、牧草 52 份、其他类 1 份（表 1-21）。耐盐农作物种质资源 217 份，其中大豆 53 份、谷子 30 份、黍稷 109 份、燕麦 15 份、食用豆 1 份、果树 9 份（表 1-22）。抗病农作物种质资源 354 份，其中大宗作物（玉米、小麦、大豆、马铃薯）85 份、小宗作物（黍稷、青稞、食用豆、高粱）133 份、油料 88 份、蔬菜 9 份、烟草 4 份、牧草 27 份、其他类 8 份（表 1-23）。优质农作物种质资源 365 份，其中大宗作物（玉米、小麦、大豆、马铃薯）37 份、小宗作物（谷子、黍稷、青稞、食用豆、燕麦、荞麦）108 份、棉麻 2 份、油料 27 份、蔬菜 10 份、果树 97 份、牧草 67 份、其他类 17 份（表 1-24）。濒危农作物种质及其野生近缘植物 6 份，其中布顿大麦、窄颖以礼草、青海以礼草、硬秆以礼草、疏花以礼草和野生大豆各 1 份（表 1-25）。

表 1-20　收集的抗旱农作物种质资源数量统计

地区	总数	玉米	小麦	大豆	谷子	高粱	黍稷	青稞	食用豆	燕麦	荞麦	油料	棉麻	牧草	蔬菜	其他
山西 8 县	64	5	/	13	3	/	37	/	1	/	/	5	/	/	/	/
陕西 14 县	104	9	/	24	11	2	42	/	14	/	/	2	/	/	/	/
内蒙古 10 旗(县)	127	4	7	9	14	/	85	/	8	/	/	/	/	/	/	/
宁夏 10 县	113	10	16	6	26	/	25	/	12	/	/	18	/	/	/	/
甘肃 8 县	43	3	7	10	4	/	8	/	2	/	/	9	/	/	/	/
青海 10 县	161	2	18	/	10	/	/	2	13	4	5	22	2	46	27	10
新疆 15 县	21	10	4	/	/	/	/	/	5	/	/	2	/	/	/	/
合计	633	43	52	62	68	2	197	2	55	4	5	58	2	46	27	10

表 1-21　收集的抗寒农作物种质资源数量统计

地区	总数	小麦	燕麦	食用豆	蔬菜	果树	牧草	其他
山西 7 县	9	/	/	/	/	9	/	/
青海 17 县	62	4	1	1	1	2	52	1
合计	71	4	1	1	1	11	52	1

表 1-22　收集的耐盐农作物种质资源数量统计

地区	总数	大豆	谷子	黍稷	燕麦	食用豆	果树
山西 8 县	52	23	4	/	15	1	9
内蒙古 10 旗(县)	93	10	17	66	/	/	/
陕西 14 县	72	20	9	43	/	/	/
合计	217	53	30	109	15	1	9

表 1-23 收集的抗病农作物种质资源数量统计

地区	总数	玉米	小麦	大豆	马铃薯	青稞	黍稷	高粱	食用豆	油料	烟草	蔬菜	牧草	其他
甘肃 11 县	229	18	12	33	/		38	/	65	59	4	/	/	/
青海 10 县	125	/	17	3	2	25	4	1	/	29	/	9	27	8
合计	354	18	29	36	2	25	42	1	65	88	4	9	27	8

表 1-24 收集的优质农作物种质资源数量统计

地区	总数	玉米	小麦	大豆	马铃薯	青稞	谷子	黍稷	燕麦	荞麦	食用豆	棉麻	油料	蔬菜	果树	牧草	其他
宁夏 10 县	66	9	10	4	/	/	14	15	/	/	5	/	9	/	/	/	/
甘肃 3 县	5	/	5	/	/	/	/	/	/	/	/	/	/	/	/	/	/
青海 10 县	294	/	8	/	1	44	/	18	5	7	2	18	10	97	67	17
合计	365	9	23	4	1	44	14	15	18	5	12	2	27	10	97	67	17

表 1-25 濒危农作物数量统计

地区	总数	布顿大麦	窄颖以礼草	青海以礼草	硬秆以礼草	疏花以礼草	野生大豆
内蒙古 10 旗(县)	1	/	/	/	/	/	1
青海 10 县	5	1	1	1	1	1	/
合计	6	1	1	1	1	1	1

五、对西部地区野生大豆进行了系统考察收集

野生大豆属于大豆属(*Glycine*),以种子大小划分为两种,即百粒重 3g 及以下为典型的野生种(*Glycine soja*)和 3g 以上的半野生大豆(*Glycine gracilis*)。通常称呼的野生大豆是广义上的概念,泛指这两种类型。野生大豆在我国分布广泛,除了西部的青海和新疆及南部的海南岛地区没有野生大豆分布以外,各地区都有分布,但是,局部地区因为干旱和不良生境条件及气候因素也可能没有野生大豆分布。

本项目"西北地区抗逆农作物种质资源调查"地域范围包括山西、内蒙古、陕西、甘肃、宁夏、青海、新疆,地域辽阔,生态、土壤和气候条件多样,自然条件复杂。本项目区域包含了我国北方大部分的干旱和半干旱农业区域,同时也包含了我国西北地区的主要水系,如黄河,黄河主要支流汾河及渭河,渭河主要支流的泾河、千河、藉河、葫芦河,长江主要支流的汉江和嘉陵江及支流西汉水,内蒙古东部赤峰市境内的西辽河及其主要支流老哈河、西拉木伦河、教来河,这些水系及流域构成了湿润的生态区域或小生境环境。

该项目区域由于复杂的地形地貌和干旱半干旱及湿润生态系统环境,造就和蕴藏了丰富的野生大豆遗传资源,为大豆育种和大豆起源演化研究提供了宝贵材料。本项目的实施完善了西部地区野生大豆资源的补充收集,有效地促进了西部地区野生大豆资源保护,对未来野生大豆资源利用提供了遗传基础保障。

2011~2015 年考察了宁夏、陕西、甘肃、山西、内蒙古的 52 个县(市、区、旗)116 个乡镇(场)146 个村(队)。收集到野生大豆资源 192 份,其中半野生大豆 2 份(编号宁夏

201107-4，201107-30)，耐旱野生大豆资源(居群)2 份(编号宁夏 201107-13，201107-14)。在内蒙古赤峰地区发现大豆胰蛋白酶抑制剂蛋白 Tih 和 Tim 两种变异。测定分析显示，西部地区野生大豆含有 A 组、DDMP 组和 Sg-6 组三大组皂角苷的 13 种成分。蛋白质组学(胰蛋白酶抑制剂蛋白)和代谢组学(皂角苷)类型分析结果，确认我国西部甘陕地区的渭河流域是最早栽培大豆的驯化地。

六、建立了西北地区抗逆农作物种质资源数据库

根据西北干旱区农作物种质资源的特点，制定了西北干旱区农作物种质资源普查表和调查表，在此基础上，研制了西北地区抗逆农作物种质资源调查数据标准，同时编制了调查表填报规范，指导调查数据的填写和整理。确定了数据类型和数据处理流程，设计了数据库总体架构，根据已制定的调查数据标准，细化了数据库结构，设计了数据库原型，并根据数据的不同用途，生成了不同格式类型的数据库。针对野外考察工作的特点，研发了基于 Excel 的调查数据录入系统，方便了数据的规范化录入、整理和汇总。根据严格的调查数据标准和数据处理流程进行数据收集和处理，利用调查数据录入系统，对各省份调查数据进行标准化录入，整合西北、华北干旱地区 49 个县的系统调查结果，最终得到有效调查表格 5335 份，经过标准化处理和逐级审核，形成西北地区抗逆农作物种质资源数据库。从分省(自治区)情况来看，甘肃入数据库记录条数为 845 条、内蒙古 737 条、宁夏 515 条、青海 658 条、山西 687 条、陕西 1077 条、新疆 816 条。数据库包含资源基本信息、形态特征和生物学特征、品质特性、抗逆性等多方面的 30 个属性字段，包含 11 554 张资源照片，共计 36Gb。以上信息基本涵盖了调查过程中产生的所有数据，丰富了我国种质资源信息数据库。在收集的 5494 份样本中，筛选出生活力好的资源，并与库中现有资源进行比对，筛除与库内已有资源重复的资源，经过多级筛选，最终资源样本入国家库 4030 份，并进行整理，形成西北地区抗逆农作物种质资源入库目录；对各省鉴定评价的优异资源进行筛选，最终入国家库的优异资源为 603 份，形成西北地区抗旱、耐盐碱、耐瘠薄等性状突出的优异种质资源入库目录。

第三节　作物种质资源保护与利用建议

农作物种质资源对粮食安全、农业可持续性、经济发展和农民增收具有十分重要的现实意义。加强对种质资源的收集、保护、鉴定和利用意义重大，是实现我国由种质资源大国向种质资源强国转变的必然选择。但是，我国西北干旱地区的环境发生了较大变化，给种质资源工作带来了新的挑战，因此建议我国政府高度重视这些问题，采取有效措施开展作物种质资源的有效保护与高效利用。

一、提高公众意识，加强种质资源遗传多样性保护

根据普查和调查资料，我国绝大多数基层农业科技人员、基层干部和农民缺乏种质资源方面的知识，地方政府和农民对种质资源的保护意识淡薄，优异抗逆农作物种质资源丧失严重，特别是地方资源、野生资源及其近缘种濒临灭绝。因此，建议各级政府要

加大抗逆农作物种质资源保护的宣传教育力度,开展全社会生物多样性保护的科普工作,尤其是品种单一化现象严重,会极大降低抵御自然灾害的能力,加大作物生产的风险。这方面有两大经典实例:一是爱尔兰大饥荒,俗称马铃薯饥荒,是一场发生于1845~1852年的饥荒,在这7年的时间内,英国统治下的爱尔兰人口锐减了将近1/4。这个数目除了饿死、病死者,也包括了约100万因饥荒而移居海外的爱尔兰人。造成饥荒的主要因素是马铃薯晚疫病摧毁了品种单一的马铃薯生产。二是20世纪70年代美国玉米小斑病大流行摧毁了美国单一化的玉米生产带。

近年来由于各地种植结构调整和现代农业技术的高度发展,玉米和马铃薯等大宗作物发展较快,在一定程度上挤占了小宗作物的种植面积。同时不少地方品种因产量低、种植效益差等,正面临着消失的危险。这都迫切要求各级政府加大生物多样性宣传工作力度,提高公众生物多样性保护意识,谨防因品种单一化造成毁灭性的灾难,同时要修订和完善生物多样性保护法律法规体系,加强法制教育,开展生物多样性科普教育,包括大力宣传《中华人民共和国种子法》《中华人民共和国草原法》《中华人民共和国森林法》《中华人民共和国野生动物保护法》《中华人民共和国野生植物保护条例》等法律法规,推动《生物多样性保护法》的立法工作等。

二、研究和开发利用收集到的优异抗逆种质资源

在调查中获得的抗旱种质资源和野生近缘植物中,有许多对遗传育种具有重要的利用价值。例如,'灵丘玉米'全生育期2级抗旱,籽粒粗蛋白质含量高达13.55%;'民勤马牙玉米'全生育期1级抗旱,同时具有优质、抗锈病的特性。甘肃省的'和尚头小麦',具有全生育期1级抗旱性,还兼具耐瘠薄、耐盐碱和耐深播性等优良性状,粗蛋白质含量达14.99%,当地用于制作"长寿面""烧锅子"等食品,明清时期作为贡品。宁夏的'老冬麦',窑洞储存30年发芽率仍达49.5%;'章谷子',1级抗旱,全生育期耐盐,既可熬粥又可酿酒;一个光周期敏感小麦品种,含有 $Rht8$ 矮秆基因,是干旱区小麦抗旱、抗倒伏、稳产育种的重要基础材料。新疆'哈巴河糜子'具1级抗旱性,粮饲兼用,是哈萨克牧民奶茶日常食用的必备食材,可作为荒滩戈壁治理先锋作物或复播种植,是抗旱、抗寒育种的好材料。作物的野生近缘植物具有作物不具备的优异基因,本次调查获得的野生近缘植物,如节节麦、冰草、旱麦草、老芒麦等具有耐旱、耐寒及种子产量高等特点,为作物育种和开发利用提供了物质和信息基础(详情见第2~9章)。因此,农业科研教学单位要大力开展联合攻关,研究和开发利用这些抗逆、优质种质资源,培育具有突破性的新品种,为我国粮食安全、生态安全做出应有贡献。

三、推广具有直接开发利用价值的种质资源

经过调查和初步鉴定,有些抗逆、优质种质资源和野生近缘植物可以直接开发利用。例如,内蒙古的燕麦地方品种'赤燕5号',其生育期短、单株有效分蘖高、整齐度好、结实率高达92%、1级抗旱、耐贫瘠,在当地很受欢迎,可直接用于生产。还有'鄂托克架豆',外观好,适于煮食或作豆沙,籽粒较大。'乌拉特灰豌豆'优质、丰产、营养价值较高,籽粒可煮饭,籽粒和秸秆蛋白质含量较高。抗旱'准格尔小红豆',具有药食同源

的功能，入药可行血补血、健脾去湿、利水消肿。'乌拉特绿豆' 1 级抗旱、丰产、优质，也具有药食同源功能，可作豆粥、豆饭、豆酒、豆粉、绿豆糕等，这些食用豆作物可直接用于生产。还有内蒙古赤峰的 '黑荞麦' 和 '小粒荞麦'，在当地有上百年的种植历史，品质好，面条筋度高，抗旱、抗寒、耐贫瘠，籽粒饱满，结实率高，籽粒可磨面粉。甘肃皋兰、永登、景泰等年降水量 200mm 左右的地区在旱砂田上长期种植的地方品种 '和尚头小麦'，具有抗旱、耐瘠、耐深播特性和较高的食用价值，其面粉质量好，尤其是蛋白质含量高，具有滑润爽口、味感纯正、面筋强等特点，市面价格也高出普通面粉的 2 倍多，市场前景看好。因此，建议各级政府和农业推广部门，可以因地制宜，鼓励当地不同的经济形式介入当地优异地方品种的推广和开发，既可以增加农民收入，又可以保护这些优异的地方品种。

四、开展新型种质资源保护与利用模式研究

西北、华北干旱地区生态复杂，孕育了具有抗旱、耐冷、耐盐碱和耐瘠薄等优异特性的地方品种资源，如陕北的马铃薯、南瓜、黄芥和向日葵，内蒙古的胡麻、谷子、高粱、荞麦、糜子、燕麦、大麦和豆类，以及山西的各类小杂粮等，但是随着环境变化和现代农业的发展，有些稀有品种存在流失的危险，如 '平遥槟子'，树龄 50 多年，果实大，平均重 50 多克，品质优良、丰产、抗性强，该品种在当地属于濒危种类，亟待保护。晋西北原来普遍种植荞麦，但目前萎缩严重，因此，具有抗病虫、抗逆特性的优质荞麦种质资源也在不断地流失，本次调查仅收集到 '东会野荞麦'，这是一种野生苦荞，虽然产量较低，但具有抗病虫、抗逆、口感好等优良特性。各级政府可以因地制宜地采取有效措施，鼓励本地农户种植这些优异的地方品种，建立 "农家保存"（farming conservation）模式。而新疆的甘草、麻黄、新源假稻、伊吾赖草、野生油菜，宁夏的野生胡麻，青海的布顿大麦和 4 种以礼草，以及内蒙古的一些野生大豆和新疆的一些小麦野生近缘作物也都处于濒危状态，不同程度地受到乱采滥挖和过度放牧的威胁，建议各级政府和有关部门，在调查摸清濒危灭种的珍稀植物资源原生群落的基础上，进一步建立原生境保护区（in situ conservation）模式，从而避免人为干扰及经济发展（如水电、矿产开采、旅游、非法砍伐等）造成物种灭绝。同时借助各种媒体，加大宣传力度，增强广大民众对抗逆农作物种质资源的保护意识。

五、建立种质资源鉴定基地，提升鉴定评价和共享能力

建立种质资源鉴定基地，对考察收集的种质资源开展深度鉴定评价，发掘其蕴藏的优异特性、基因，对作物抗逆品种改良意义重大。因此，建议各级政府，在不同的生态区建立种质资源鉴定评价基地，承担相应作物种质资源的鉴定评价等基础性研究工作，同时担负优异种质展示任务，邀请用户考察观摩，从田间直接获取可以分享的种质资源。同时可以依托这些基地，进行经常性的种质资源普查、调查、收集和整理，建立多学科多专业联合攻关机制，使种质资源的基础研究、种质创新和品种选育紧密结合，形成一个完整的、密集型的技术体系。基地还可以担负基层种质资源队伍（基层单位负责人和农技人员）培训工作，作为种质资源考察调查队伍建设的重要组成部分，提高我国种质资源

考察收集、鉴定评价和共享能力。

将不同生态区基地鉴定评价出的优异种质资源及其相关信息，经繁殖并分发到当地育种、科研、教学和生产部门，加快优异种质资源的开发利用能力，尽快转化为当地的生产力。目前，甘肃省农业科学院作物研究所已建成了 63 种作物的种质资源信息数据库，每年向省内外科研、教学和农技推广部门提供种质 600 份左右，但是系统还不完善，需要政府部门支持，加快种质资源共享能力建设。

六、适当调整农业产业结构，促进农民持续增收

种质资源保护和利用要与减贫致富协同推进，减轻西北和华北干旱地区居民对自然资源和野生生物资源的过度依赖和对生物多样性的破坏。实现由传统的过粮或过牧，转变为发展特色、保持水土、保护环境的可持续种植业。因此，各地政府应根据自身优势，依托特色农业资源，以产业发展为基础，在一定地域范围内，优化农业区域布局，调整农作物品种结构、品质结构和区域结构，培育具有区域特色的经济带、产业带，以增强市场竞争力，并将具有一定生产经营规模的、以地区特色农产品加工产业为主的产业群进行地理集中，逐步形成专业化、区域化的种植业生产及加工专业带，充分发挥产业集聚的规模经济效应，推动种植业的规模化发展。例如，内蒙古呼伦贝尔市的大豆产业，乌兰察布市的马铃薯、燕麦和胡萝卜产业，巴彦淖尔市的小麦、瓜果和葵花籽产业等，还有陕西府谷和神木的海红果，可以制作果脯和饮料，南瓜子的商品开发，以及苦荞中苦味素的开发利用等，均应进一步挖掘它们的利用价值，通过招商引资的形式，引进企业，采用"企业+基地+农户"的方式，对其进行深加工，增加农民收入；积极推动"种、养、加"一体化，使农户在"种、养、加"的产业链上得以发展壮大。

七、加强野生大豆保护

本项目野生大豆考察收集到的几乎都是湿润环境下生长的资源，在干旱的环境下很难发现野生大豆生长。从大的环境方面而言，加大西部的生态环境保护投入和恢复生态环境是保护野生大豆资源的根本。宁夏的引黄灌溉水渠生态环境是我国特殊的野生大豆资源农场保护系统，也是特有的农田生态景观生态系统。通过引黄灌溉水渠网的保湿作用有效地保护了野生大豆的生境，从而保护了野生大豆资源。然而宁夏野生大豆面临一个现实威胁，即许多农田灌溉水渠使用水泥硬化，没有渗水特性，使原来水渠两侧的野生大豆种群逐渐消亡，应引起人们的注意。

八、建立稳定的财政支持机制

为了使我国的种质资源妥善保存并得到深入研究和充分利用，建议各级政府将现有种质库和种质圃的运转费和种质繁殖更新费纳入年度经常性财政预算，鼓励种子企业、科研机构参与种质资源保护，广泛利用信贷资金和社会资金开展种质资源开发利用。要将种质资源的保护和利用纳入各级政府的经济和社会发展规划，并不断加大各级财政对公益性生物多样性保护的资金投入。在加大财政投入的同时，积极改革和探索在市场经济条件下的政府投入、银行贷款、企业资金、个人捐助、国外投资、国际援助等多元化

投入机制，为种质资源的保护和合理利用提供资金保障，将农作物种质资源收集、保存、研究、利用、创新工作作为国家的一项长期性战略工作。

参 考 文 献

方嘉禾，刘旭，卢新雄，等.2008. 农作物种质资源整理技术规程. 北京：中国农业出版社.

刘旭，曹永生，张宗文，等.2008. 农作物种质资源基本描述规范和术语. 北京：中国农业出版社.

刘旭，王述民，李立会.2013a. 云南及周边地区优异农业生物种质资源. 北京：科学出版社.

刘旭，郑殿升，黄兴奇.2013b. 云南及周边地区农业生物资源调查. 北京：科学出版社.

卢新雄，陈叔平，刘旭，等.2008. 农作物种质资源保存技术规程. 北京：中国农业出版社.

郑殿升，刘旭，卢新雄，等.2007. 农作物种质资源收集技术规程. 北京：中国农业出版社.

中国农业科学院作物科学研究所，农业部作物品种资源监督检验测试中心.2008. 小麦抗旱性鉴定评价技术规范. 标准号：GB/T 21127—2007. 发布单位：中华人民共和国国家质量监督检验检疫总局，中国国家标准化管理委员会.

第二章　山西省作物种质资源调查

第一节　概　述

　　山西省位于北纬 34°36′～40°44′、东经 110°15′～114°32′，居太行山之西而得名。春秋战国时期属晋国地，故简称"晋"；战国初期，韩、赵、魏三分晋国，因而又称"三晋"。全省总面积 15.67 万 km²，总人口 3610.8 万人，辖 11 个地级市，119 个县(市、区)。

　　山西疆域轮廓呈东北斜向西南的平行四边形，是典型的黄土广泛覆盖的山地高原，地势东北高西南低。高原内部起伏不平，河谷纵横，地貌类型复杂多样，有山地、丘陵、台地、平原，山多川少，山地、丘陵面积占全省总面积的 80.1%，平川、河谷面积占总面积的 19.9%。全省大部分地区海拔在 1500m 以上。

　　山西地处中纬度地带的内陆，气候类型属温带大陆性季风气候。具有四季分明、雨热同步、光照充足、南北气候差异显著、冬夏气温悬殊、昼夜温差大等特点。全省各地年均气温介于 4.2～14.2℃，分布趋势为由北向南递增，由盆地向高山递减；全省各地年降水量介于 358～621mm，季节分布不均，夏季 6～8 月降水相对集中，约占全年降水量的 60%，降水分布受地形影响较大，素有"十年九旱"之称。

　　山西共有大小河流 1000 余条，以季节性河流为主，分属黄河、海河两大水系，水量变化的季节性差异大。主要水资源量由地表水资源和地下水资源组成，水资源的主要补给来源为当地降水。由于降水量分布不均及水文下垫面条件的差异，在地域上水资源分布极不均匀，总的趋势是由东南向西北递减。山西是全国水资源贫乏省份之一，且多分布于盆地边缘及省境四周，人均占有量为全国的 17%，亩①均占有水量只有全国的 11%。

　　受地势、气候、地形等多重因素影响，山西省境内有大面积的土地盐碱化，其中大同、忻定、晋中、运城四大盆地集中连片。土地盐碱化，在一定程度上也制约着全省农业生产的持续发展。

　　因此，山西省农作物种植品种较为复杂，从南到北，由东到西，分布着各种适应不同农业生态系统的农作物种类。其中包括小麦、玉米、谷子、大豆、高粱、薯类等主要粮食作物，也包括油料、棉花、麻类、甜菜、烟叶、药材、蔬菜、瓜类、水果等主要经济作物和燕麦、荞麦、黍稷、食用豆等小宗作物。由于水资源匮乏，自然条件恶劣，地形复杂，土地类型多样，为适应不同的生态环境，当地人形成了独具特色的生活习惯和饮食文化，形成了黄土高原特有的农作物种质资源，其中不乏抗旱、耐盐碱、耐瘠薄的优异农作物种质资源。

　　本次项目普查的 12 个县(右玉县、阳曲县、隰县、临县、石楼县、繁峙县、灵丘县、五台县、浑源县、武乡县、五寨县和兴县)均位于山西省中北部地区，这些区域年降水量为 402～

---

①1 亩≈666.7m²

533mm，年蒸发量为 1553～2196mm，年蒸发量均远大于年降水量；年均气温 3.9～9.6℃，光照强度大，且大多为山西省黄土丘陵区和雨养农业区，旱地占耕地面积的 89%，土壤贫瘠，水土流失严重。本次普查的 12 个县基本涵盖了山西省地形地貌特征，并具有各自典型的气候特征。

根据 1985～2010 年调查区的土地面积及人口情况普查数据：12 个普查县土地面积基本无变化，但随着山西省城镇化建设的发展，各县城镇面积逐年增加，乡村面积逐年减少，农业人口变化呈现下降的趋势。以右玉县为例，乡村面积由 1985 年的 0.1883 万 km²减少到 2010 年的 0.1806 万 km²，农业人口占总人口的比例由 1985 年的 90.7%下降到 54.3%，在一定程度上说明了农业种植面积减少和农村从业人口逐渐减少。在普查县经济快速增长的同时，各县农业生产总值也逐年增长，但占总产值的比率均明显下降，说明农业生产在各县经济中所占的比例越来越小。

根据 1985～2010 年调查区的气候和植被普查数据：12 个普查县年降水量总体呈现减少的趋势，而年均气温总体呈现逐年增加的趋势。调查县总体呈现出干旱程度逐年增加的趋势，在一定程度上会导致农作物种植种类和品种发生变化。12 个普查县植被总覆盖率和森林覆盖率平均值表现为逐年增加的趋势。而 12 个普查县的农作物覆盖率平均值总体呈现逐年下降的趋势。农作物覆盖率降低是由于农作物种植面积和产量减少，同时将会使得部分原本在这些环境下种植的作物种类和品种不再种植，最终丢失。

根据 1985～2010 年调查区的大宗作物普查数据：大宗作物玉米近年来无论是种植面积还是产量均呈现出增加的趋势；而谷子、薯类、大豆种植面积相对平稳，但产量增加比较明显。说明种植业产业结构调整和优势农产品规划对项目区种植结构起到了一定的调节作用，农业机械化和优良品种推广力度加大，使得项目区种植品种逐渐单一化，其中育成品种持续增大，部分农家种因产量低，种植面积逐渐减少。

通过近 230 人(次)对五台、临县、隰县、灵丘、兴县、石楼县等部分县的系统调查工作，共收集农作物种质资源 935 份，其中禾谷类 258 份、豆类 308 份、果蔬类 263 份、其他类 106 份。采集的每份资源样本均包含了学名、品种名称、分布的海拔和经纬度、采集的地形及土壤特点、种质类型、种植来源、种植方式、主要特征和用途、相关照片等信息，为进一步了解调查区农作物资源消长变化和深入鉴定评价利用提供了重要的价值。

在收集的种质资源中，有些资源具有特殊用途，有些具有优良性状。我们对部分资源进行了初步鉴定评价，其中抗旱耐盐性鉴定结果表明，有 95 份资源具有抗旱耐盐性，其中 28 份资源 1 级抗旱，12 份资源 1 级耐盐。这些优异资源可为作物育种和开发利用研究提供基础。

在收集的种质资源中，玉米(25 份)、谷子(52 份)、大豆(96 份)等大宗作物种植面积越来越大，但种质资源收集数量相对较少，而黍稷(101 份)、食用豆类(212 份)等杂粮作物种植面积虽小，但收集数量较多。说明随着当地农作物种植结构调整，物种单一化程度越来越严重，未来小宗作物因产量低，种植面积将会逐渐流失，建议种质资源工作部门加大资源收集保护力度。

第二节　作物种质资源普查

一、普查对象、方法与内容

(一)普查对象

选择山西省中北部气候干旱、作物种类多、属偏远地区的右玉县、阳曲县、隰县、临县、石楼县、繁峙县、灵丘县、五台县、浑源县、武乡县、五寨县和兴县12个行政县为普查对象。各县气象数据包括：年降水量、年蒸发量、年均气温、日照时数和大风日数等(表2-1)。

表 2-1　12 个县的气象资料

县名	年降水量(mm)	年蒸发量(mm)	年均气温(℃)	日照时数(h)	大风日数(d)
右玉	411	1777	3.9	2936	286
阳曲	422	1830	9.1	2591	105
隰县	533	1777	8.7	2751	191
临县	468	2196	9.1	2735	125
石楼	474	1993	9.6	2633	155
繁峙	402	1738	8.0	2795	108
灵丘	407	1730	7.4	2747	110
五台	516	1554	6.9	2675	190
浑源	408	1601	6.5	2594	96
武乡	519	1553	9.2	2568	23
五寨	454	1798	5.0	2736	154
兴县	470	2082	8.7	2522	32

(二)普查方法

本次普查主要采取实地调研，并与当地农业部门、气象部门、国土部门和统计部门协作，通过查询、查阅相关资料，并询问当地有关科技人员进行普查。

(三)普查内容

普查内容包括地理信息、气象信息、国土资源信息、农业生产情况、农作物品种等基本情况。主要考察1985~2010年，每5年一个节点共6个年份的气候、植被、作物种类及品种、种植面积、产量的变化情况。

二、普查结果与分析

通过实地调研、各部门协作，查询、查阅各县资料(如县志、农业志及统计年鉴等)，并结合当地农业科技人员填写的普查表反馈信息，完成了对山西省12个县的普查，普查结果如下。

(一)普查地区气候及植被变化情况

普查县历年降水量、极端值和年均气温分别见表 2-2 和表 2-3。

表 2-2　1985～2010 年 12 个县年降水量　　　（单位：mm）

县名	1985 年	1990 年	1995 年	2000 年	2005 年	2010 年	年均降水量	极差
右玉	356	507	447	419	392	443	427	151
阳曲	538	422	543	442	366	361	445	182
隰县	610	484	452	415	524	394	480	216
临县	567	524	601	440	320	509	493	281
石楼	571	523	416	388	482	394	462	183
繁峙	410	473	476	422	393	403	429	83
灵丘	448	516	551	386	425	396	454	165
五台	568	523	564	475	495	583	534	108
浑源	410	402	612	449	363	450	448	249
武乡	640	666	436	423	456	439	510	243
五寨	505	513	631	481	369	503	500	262
兴县	541	501	440	544	409	425	477	135
总均值	514	505	514	440	416	442	472	98

表 2-3　1985～2010 年 12 个县的年均气温　　　（单位：℃）

县名	1985 年	1990 年	1995 年	2000 年	2005 年	2010 年	极差
右玉	3.2	4.6	3.8	4.1	4.2	4.8	1.6
阳曲	8.4	9.7	9.2	9.6	9.6	9.4	1.3
隰县	9.1	9.8	9.5	10.0	9.9	9.6	0.9
临县	8.5	9.5	9.1	9.4	9.6	9.4	1.1
石楼	9.0	10.0	9.7	10.2	10.1	10.1	1.2
繁峙	7.3	8.3	8.1	8.3	8.5	8.6	1.3
灵丘	6.7	7.8	7.6	7.7	7.6	7.9	1.2
五台	6.5	7.1	6.9	7.0	7.0	6.9	0.6
浑源	5.7	7.0	6.5	7.0	6.9	7.4	1.7
武乡	8.7	9.2	9.2	9.6	9.4	9.6	0.9
五寨	4.5	5.5	4.8	5.5	5.2	6.0	1.5
兴县	8.1	9.4	8.8	9.3	9.1	9.6	1.5
总均值	7.1	8.2	7.8	8.1	8.1	8.3	1.2

12 个普查县年降水量总体呈现减少的趋势，1985 年、1990 年和 1995 年，年降水量总体在 500mm 以上，而 2000 年、2005 年、2010 年降水量降为 440mm 及以下。12 个县年均降水量为 427～534mm，其中五台县年降水量最大，年均降水量 534mm，右玉县年降水量最小，年均降水量为 427mm（表 2-2）。

　　1985～2010 年，12 个普查县年均气温总体呈现出先增大后减小，而后又逐年增加的趋势。但就各县来看，从 1995 年、2000 年、2005 年和 2010 年又表现为不同的变化趋势类型。其中右玉县、繁峙县、灵丘县、浑源县、五寨县和兴县大致表现为逐年增加的趋势。阳曲县、隰县和临县大致表现为先增加后减小，而石楼县、五台县和武乡县为增加后基本稳定。各县 6 个节点年均气温极差变化为 0.6～1.7℃，以浑源县极差变化最高，为 1.7℃，五台县最低，为 0.6℃，12 个县平均极差为 1.2℃（表 2-3）。

　　通过分析认为，山西省 12 个普查县总体呈现干旱程度逐年增加的趋势，一定程度上导致农作物种植种类和品种发生变化。

　　12 个普查县植被总覆盖率平均值表现为逐年增加的趋势，森林覆盖率同样呈逐年上升的趋势，而农作物覆盖率呈逐年下降的趋势（图 2-1，表 2-4～表 2-6）。

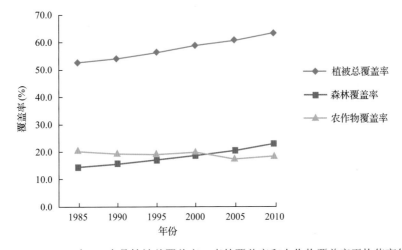

图 2-1　1985～2010 年 12 个县植被总覆盖率、森林覆盖率和农作物覆盖率平均值变化趋势

表 2-4　1985～2010 年各农/牧区植被总覆盖率（%）

县名	1985 年	1990 年	1995 年	2000 年	2005 年	2010 年	极差
右玉	87.0	87.2	88.0	89.0	90.0	92.0	5.0
阳曲	30.6	30.6	32.2	33.2	33.2	33.0	2.6
隰县	36.0	37.9	39.0	41.0	43.0	46.0	10.0
临县	40.3	41.2	42.3	45.9	44.7	45.4	5.6
石楼	39.0	40.0	42.0	45.0	47.5	51.0	12.0
繁峙	52.0	53.0	56.0	60.0	62.0	67.0	15.0
灵丘	54.0	55.5	59.0	62.0	64.5	69.0	15.0
五台	69.0	72.0	72.0	74.0	76.2	78.8	9.8
浑源	59.0	61.0	63.9	67.0	69.0	71.0	12.0
武乡	50.0	52.0	56.0	59.0	61.0	64.0	14.0
五寨	61.0	63.0	67.0	68.0	71.0	73.0	12.0
兴县	54.0	56.0	61.0	63.0	67.0	70.0	16.0
总均值	52.7	54.1	56.5	58.9	60.8	63.3	10.6

表 2-5　1985～2010 年各农/牧区森林覆盖率(%)

县名	1985 年	1990 年	1995 年	2000 年	2005 年	2010 年	极差
右玉	45.0	45.2	47.0	52.0	54.0	57.0	12.0
阳曲	10.3	11.3	12.3	13.3	15.4	15.3	5.1
隰县	20.4	21.2	22.9	24.1	25.2	27.9	7.5
临县	7.2	10.5	11.7	13.5	15.6	17.0	9.8
石楼	9.3	8.9	8.6	8.9	13.6	19.8	11.2
繁峙	17.9	17.0	19.0	20.0	20.0	21.0	4.0
灵丘	11.2	13.1	14.5	18.8	20.1	22.0	10.8
五台	6.0	9.3	12.1	14.1	16.2	18.6	12.6
浑源	9.6	10.2	11.1	12.9	13.1	15.8	6.2
武乡	8.4	9.6	10.8	13.1	17.2	23.0	14.6
五寨	18.4	18.5	18.8	18.5	18.5	18.5	0.4
兴县	9.4	13.6	15.1	16.1	18.1	19.4	10.0
总均值	14.4	15.7	17.0	18.8	20.6	22.9	8.5

表 2-6　1985～2010 年各农/牧区农作物覆盖率(%)

县名	1985 年	1990 年	1995 年	2000 年	2005 年	2010 年	极差
右玉	28.4	26.4	27.0	26.0	21.6	22.4	6.8
阳曲	16.0	16.7	16.3	16.1	14.1	13.9	2.8
隰县	10.5	11.5	12.0	13.7	14.2	15.5	5.0
临县	32.6	30.7	30.5	32.3	29.0	28.4	4.2
石楼	16.8	16.2	16.1	16.3	12.3	16.5	4.5
繁峙	18.0	17.1	16.6	16.1	13.8	16.4	4.2
灵丘	12.9	12.2	12.3	12.8	11.5	11.0	1.9
五台	13.3	12.2	12.0	10.9	9.7	10.1	3.6
浑源	25.7	23.4	23.5	23.4	19.7	22.1	6.0
武乡	19.7	20.4	19.4	19.8	17.4	18.5	3.0
五寨	33.0	28.9	28.8	28.5	25.9	26.2	7.1
兴县	18.5	17.7	16.0	23.2	19.5	19.2	7.2
总均值	20.5	19.5	19.2	19.9	17.4	18.4	3.1

以右玉县为例(图 2-2)，植被总覆盖率由 1985 年的 87%增加到 2010 年的 92%，森林覆盖率由 1985 年的 45%增加到 57%，增加了 12 个百分点，而农作物覆盖率由 1985 年的 28.4%减少到 2010 年的 22.4%。出现上述结果的原因主要是右玉县地处山西省北部，风沙较大，年降水量少，气候干旱，大面积植树造林导致许多耕地被改造为林地。农作物种植面积和产量减少，必然导致农作物覆盖率下降，同时也使得部分原本在这些环境下种植的作物种类和品种不再种植，最终丢失。

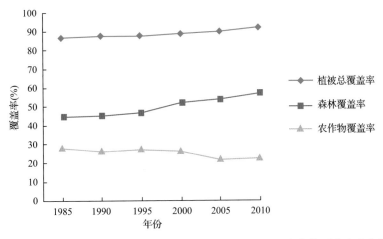

图 2-2 1985～2010 年右玉县植被总覆盖率、森林覆盖率和农作物覆盖率变化趋势

(二)普查地区大宗作物种植情况

本次调查将玉米、谷子、薯类 3 种作物确定为此次普查的大宗作物。

1. 玉米种植面积和产量

从 12 个县普查结果看(表 2-7)，玉米面积由 1985 年的平均 0.50 万 hm² 增加到 2010 年的 1.53 万 hm²，增加了 2.06 倍，总产量由 1985 年的平均 2522 万 kg 增加到 2010 年的 9872.8 万 kg，玉米种植面积和总产量均呈现逐年增加的趋势。其中繁峙县、浑源县和临县面积增幅较大，玉米种植面积分别增加了 2.11 万 hm²、1.87 万 hm² 和 1.73 万 hm²，分别为 1985 年的 13.4 倍、5.5 倍和 5.3 倍。

表 2-7　1985～2010 年 12 个县玉米种植面积

县名	1985 年		1990 年		1995 年		2000 年		2005 年		2010 年	
	面积	产量	面积	产量	面积	产量	面积	产量	面积	产量	面积	产量
右玉	0	5.8	0.07	234.8	0.04	73.2	0.16	686.6	0.27	1 743.6	0.4	2 900
阳曲	0.48	6 500	1.15	6 900	1.26	7 500	1.43	9 000	1.35	8 100	1.6	9 576
隰县	0.19	1 004.5	0.33	2 237.7	0.48	1 895.5	0.31	2 276.5	1.1	8 844.9	1.54	16 487.2
临县	0.4	788	0.58	1 849.4	0.48	1 484.4	0.60	1 895.2	0.94	1 397.4	2.13	7 354
石楼	0.18	287	0.26	790	0.28	838	0.19	212	0.51	749	0.67	4 075
繁峙	0.17	760.4	0.34	1 895.6	0.86	2 849.7	0.62	3 348.7	1.54	4 928.3	2.28	5 911.7
灵丘	0.51	2 083.2	0.67	3 825	0.67	3 876	0.7	3 179.1	1.46	10 120	1.69	10 840
五台	1.63	9 092	1.68	8 964	1.71	9 692	1.6	8 320	1.8	8 910	1.85	11 826
浑源	0.42	2 082.6	0.64	3 125.6	0.83	3 920	0.9	6 510.9	1.66	8 384	2.29	18 084
武乡	1.09	6 160	1.06	6 830	1.09	6 990	1.34	9 249	1.2	10 200	1.42	15 600
五寨	0	0	0.07	400	0.13	800	0.43	3 000	0.67	5 000	1.07	9 050
兴县	1	1 500	0.27	538.4	0.55	2 166	0.73	2 143.8	0.91	2 769	1.47	6 770
总均值	0.50	2 522.0	0.59	3 132.5	0.70	3 507.1	0.75	4 151.8	1.12	5 928.9	1.53	9 872.8

注：面积的单位为万 hm²；产量的单位为万 kg

随着我国"三农"政策的实施，玉米机械化播种和收获的实现，以及近年来玉米新品种，特别是生育期短、抗病抗旱性强、适应性广的品种的选育推广及玉米价格上涨等因素，导致面积逐年增加。例如，五寨县和右玉县在 1985 年几乎不种植玉米，到 2010 年分别种植 1.07 万 hm² 和 0.4 万 hm²。调查发现该区域增加的玉米总面积，主要是由于挤占了豌豆、绿豆、小豆和高粱等杂粮作物的种植面积。

2. 谷子种植面积和产量

从表 2-8 看出，谷子种植面积较大的县，如兴县、浑源县、灵丘县、临县和繁峙县的谷子面积均有所下降，其余 7 个县谷子种植面积均呈基本平稳并有所增加的趋势。从 12 个普查县谷子总体种植面积和产量来看，谷子种植面积呈缓慢下降趋势，但总产量有所增加，这与近年来谷子新品种和新技术的大面积推广种植有关，其中谷子新品种单产水平较高是产量增加的主要原因。以五寨县和武乡县为例，1985～2010 年，五寨县谷子种植面积增加 0.1 万 hm²，武乡县谷子种植面积增加 0.15 万 hm²，而产量增加了 750 万 kg 和 950 万 kg，产量增加速度大于种植面积的增加速度(图 2-3，图 2-4)。

表 2-8　1985～2010 年 12 个县谷子种植面积

县名	1985 年		1990 年		1995 年		2000 年		2005 年		2010 年	
	面积	产量	面积	产量	面积	产量	面积	产量	面积	产量	面积	产量
右玉	0.04	39.1	0.07	121.4	0.07	33.3	0.01	14.8	0.02	26.9	0.07	70.3
阳曲	0.28	1470	0.27	815	0.3	1050	0.29	978	0.28	1065	0.3	1162
隰县	0.11	328.5	0.14	491.2	0.15	510.4	0.14	347.1	0.13	298	0.17	235.3
临县	1.61	1971.5	1.72	2712.6	0.93	1114	0.9	996.9	0.74	640.2	1.02	1800
石楼	0.16	175	0.33	594.7	0.21	377.4	0.26	219.3	0.24	215.5	0.59	942
繁峙	0.51	1045.8	0.51	692.3	0.4	362.7	0.37	579.5	0.17	123.8	0.17	220.2
灵丘	0.73	2147.7	0.66	1523	0.58	1232	0.38	1029.4	0.32	709.5	0.31	468.1
五台	0.14	484	0.23	651	0.21	723	0.27	960	0.15	552	0.23	768
浑源	0.52	1339.9	0.55	1784	0.37	864	0.33	1023.9	0.16	507	0.17	550
武乡	0.37	1025	0.4	1195	0.4	1355	0.49	1844	0.48	1860	0.52	1975
五寨	0.2	450	0.23	650	0.27	1000	0.3	1125	0.3	1000	0.3	1200
兴县	1	1190	1.09	798.5	0.99	649.6	1.05	1329.7	0.95	680	0.93	2848
平均	0.47	972.2	0.52	1002.4	0.41	772.6	0.40	870.6	0.33	639.8	0.40	1019.9

注：面积的单位为万 hm²；产量的单位为万 kg

3. 薯类作物种植面积和产量

从表 2-9 来看，12 个普查县薯类种植面积总体上无明显变化，除 2000 年种植面积为 0.7 万 hm² 外，其余年份基本稳定在 0.5 万 hm²。其产量除 2000 年出现一个峰值外，总体表现为缓慢增加的趋势。由于山西省薯类大多种植于坡耕地、小块耕地，这些均不利于开展机械化的收获，因此限制了适合机械化收获的高产品种的推广种植，导致产量增加缓慢。

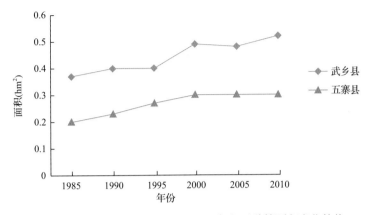

图 2-3 五寨县和武乡县 1985～2010 年谷子种植面积变化趋势

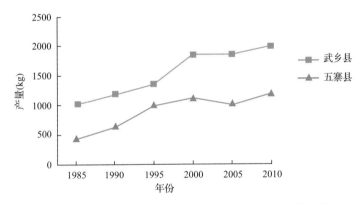

图 2-4 五寨县和武乡县 1985～2010 年谷子产量变化趋势

表 2-9 1985～2010 年 12 个县薯类种植面积

县名	1985 年		1990 年		1995 年		2000 年		2005 年		2010 年	
	面积	产量	面积	产量	面积	产量	面积	产量	面积	产量	面积	产量
右玉	0.37	788.23	0	0	0.64	533.25	1.59	3 980.1	0.49	1 361.1	0.76	10 020
阳曲	0.12	2 160	0.13	1 950	0.15	1 865	0.08	1 256	0.1	1318	0.12	1 600
隰县	0.05	148.5	0.06	246.9	0.09	396.2	0.28	1 055.8	0.34	1 061.8	0.12	323.9
临县	1.11	1 785.1	1.33	2 767.3	1.03	1 678.1	1.36	3 074.1	1.13	1 141.2	1.35	2 156.2
石楼	0.08	103	0.16	223	0.1	196.6	0.22	209	0.17	199.8	0.16	257.7
繁峙	0.49	1 172.1	0.5	1 196.8	0.48	850.7	0.51	10 00.4	0.32	509.4	0.22	304.1
灵丘	0.3	724.3	0.4	4 725	0.29	3 225	0.52	7 036	0.31	3 730	0.27	3 300
五台	0.62	9365	0.6	9 300	0.59	8 765	0.63	10 260	0.65	9 815	0.67	9 500
浑源	0	0	0.91	11 951	0.92	12 850.3	1.12	15 610.5	0.67	9 000	0.27	3 156
武乡	0.2	3 800	0.23	5 100	0.27	5 900	0.27	5 900	0.23	5 500	0.2	4 110
五寨	0.93	13 550	0.7	13 650	0.73	16 000	0.53	13 900	0.60	15 200	0.57	13 800
兴县	1	4 000	0.49	673.9	0.65	847.9	0.83	333.2	0.71	4 214	1	8 100
平均	0.4	3 133	0.5	4 315.3	0.5	4 425.7	0.7	5 301.3	0.5	4 420.9	0.5	4 719

注：面积的单位为万 hm²；产量的单位为万 kg

三、普查县大宗作物品种数量变化情况

1985～2000 年 12 个普查县大宗作物的品种数量除谷子有所下降外均变化不大，但在 2005 年以后品种数量均有较大的增长，特别是玉米品种，在 2000 年为 17 个，到 2010 年增加到 27 个(图 2-5)。

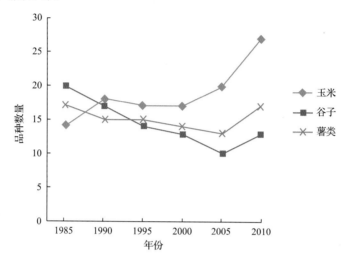

图 2-5　1985～2010 年 12 个县大宗作物品种变化趋势

(一)玉米品种变化情况

1985～2010 年，12 个普查县玉米累计品种数量差异明显，变化数在 6～18 个，其中石楼县和繁峙县玉米品种累计数最多为 18 个，各年际平均变化数为 3.4 个和 2.6 个；右玉县、五寨县和五台县累计品种数最少，均为 6 个，灵丘县品种年际变化最慢，为 0.8 个。总体来看，12 个普查县玉米品种数量逐年增加，由 1985 年的平均 2 个增加到 2010 年的平均 4 个。在品种变化上，其高峰年份在 2005～2010 年，平均品种数量变化为 2.5 个品种(表 2-10)，这与近年来新品种的选育与快速推广有关。

(二)谷子品种变化情况

谷子累计品种数量变化在 1～13。除阳曲县、临县、武乡县等有所增加外，山西省谷子品种数量总体呈现逐年下降的趋势。谷子品种数量下降的一个重要原因是许多老品种如'红苗谷''东方亮''压塌楼'和'繁峙黄'等的种植面积减少，甚至鲜有种植，转而被许多大面积推广的谷子新品种所取代。12 个县谷子品种变化较为频繁，年际变化数量为 1.1 个，品种数量变化的高峰年份在 1990～1995 年和 2005～2010 年，变化速率均为 1.3 个。其中石楼县谷子品种变化最快(2.2 个)。右玉县谷子多年稳定在 1 个品种，且品种变化为 0 个(无新品种变化)(表 2-10)。

表 2-10　1985～2010 年 12 个县玉米、谷子和薯类作物品种数量统计

县名	1985 年			1990 年			1995 年			2000 年			2005 年			2010 年			合计/平均		
	玉米	谷子	薯类	玉米	谷子	薯类	玉米	谷子	薯类	玉米	谷子	薯类	玉米	谷子	薯类	玉米	谷子	薯类	玉米	谷子	薯类
右玉	0/-	1/-	2/-	1/1	1/0	0/0	0/0	1/0	2/2	2/2	1/0	2/0	2/2	1/0	2/2	2/1	1/0	3/2	6/1.2	1/0	9/1.2
阳曲	2/-	3/-	2/-	3/2	2/0	3/1	2/1	3/2	3/0	3/2	3/0	3/0	3/1	4/2	2/0	5/5	5/1	2/0	12/2.2	8/1.0	3/0.2
隰县	2/-	1/-	0/-	3/2	2/2	0/0	3/2	2/1	2/2	3/0	3/2	1/0	3/1	1/0	0/0	4/2	1/0	1/1	8/1.4	6/1.0	2/0.6
临县	1/-	2/-	1/-	2/2	2/1	2/2	2/1	1/1	1/1	1/1	2/1	2/2	2/2	2/1	1/1	5/5	4/2	4/3	12/2.2	7/1.2	8/1.8
石楼	3/-	2/-	1/-	3/3	3/3	3/3	4/3	2/2	2/2	3/3	2/1	2/1	4/4	3/2	2/1	4/4	4/3	2/1	18/3.4	13/2.2	8/1.6
繁峙	5/-	5/-	5/-	5/3	3/3	4/1	5/1	5/3	4/1	5/2	4/2	2/0	5/4	4/1	1/0	5/3	3/1	1/0	18/2.6	12/2.0	7/0.4
灵丘	2/-	2/-	2/-	2/1	2/1	2/2	2/0	1/1	1/0	1/1	1/1	1/1	2/2	2/2	2/1	2/0	2/2	2/1	7/0.8	8/1.4	6/1.0
五台	2/-	2/-	2/-	2/1	2/0	2/0	2/1	2/2	2/0	2/1	2/0	2/1	2/1	2/1	2/0	2/1	2/1	2/0	6/1.0	5/0.8	3/0.2
浑源	2/-	2/-	2/-	2/2	2/0	2/1	2/2	2/0	2/1	2/1	2/1	2/2	2/2	2/0	2/2	2/0	2/1	2/1	7/1.4	8/0.4	10/1.4
武乡	2/-	2/-	2/-	3/1	2/0	2/1	3/1	2/1	2/0	3/3	3/1	2/0	3/2	1/0	2/0	5/4	3/2	3/2	13/2.2	5/0.8	5/0.6
五寨	0/-	0/-	2/-	1/1	2/2	2/2	2/1	2/2	2/2	2/2	2/0	2/1	3/1	0/0	2/2	3/1	2/2	2/2	6/1.2	6/1.2	11/1.8
兴县	1/-	3/-	2/-	2/1	2/1	1/0	2/2	2/1	0/0	3/2	1/0	1/1	3/0	1/0	3/3	4/4	2/1	3/0	10/1.8	6/0.6	6/0.8
平均	2/-	2/-	2/-	2/1.7	2/1.1	2/1.1	2/1.3	2/1.3	2/0.9	3/1.7	2/0.8	2/0.8	3/1.8	2/0.8	2/1.0	4/2.5	3/1.3	2/1.1	—/1.8	—/1.1	—/1

注："/"前数字指作物品种数，"/"后数字表示某作物较上一个节点年新增品种数；"合计"表示 30 年该县所有品种数，"平均"表示 30 年某作物种植品种数平均变化速率，"—"表示缺失。

（三）薯类品种变化情况

1985～2010 年，12 个普查县累计品种数量变化在 2～11 个，而总体品种数量则无变化。从品种年际变化来看，临县和五寨县变化最快，年际变化品种数为 1.8 个，阳曲县和五台县变化速率最慢，年际变化数为 0.2 个。总体来看，1985～1990 年和 2005～2010 年为品种数量变化的主要时期，12 个县年际变化平均为 1.0 个品种（表 2-10）。

四、气候、植被、作物种植面积、产量与大宗作物品种数量的相关性分析

通过 Pearson 双侧检验法进行气候、植被、作物种植面积、产量与大宗作物品种数量的相关性分析，以期明确影响品种数量更替变化的主要环境因子（表 2-11）。

表 2-11　气候、植被、作物种植面积、产量与节点年作物品种数量的相关性

项目	1985 年	1990 年	1995 年	2000 年	2005 年	2010 年	品种数量
年均气温	7.1	8.2	7.8	8.1	8.1	8.3	0.407
年降水量	514	504	514	440	416	442	−0.331
植被总覆盖率	52.7	54.1	56.5	58.9	60.8	63.3	0.676
森林覆盖率	14.4	15.7	17.0	18.8	20.6	22.9	0.721
农作物覆盖率	20.5	19.5	19.2	19.9	17.4	18.4	−0.332
种植面积	1.37	1.61	1.61	1.85	1.95	2.43	0.833[*]
亩产量	6 627.2	8 450.2	8 705.4	10 323.7	10 989.6	15 611.7	0.869[*]
品种数量	4	4	4	4	4	5	1

*为显著相关（$P<0.05$）
注：作物统计类型有玉米、谷子、薯类

由表 2-11 可知，通过 Pearson 双侧检验法进行相关性检验表明：年均气温、年降水量、植被总覆盖率、森林覆盖率、农作物覆盖率与节点年作物品种数量无明显的相关关系；作物种植面积和亩产量与节点年作物品种数量均呈现显著的正相关关系，说明作物种植面积和产量增加的同时伴随着作物品种数量与类型的增多。

五、小结

山西省干旱地区农作物种质资源普查县主要分布在山西省中北部地区，年降水量少、而年蒸发量较大，土壤干旱、贫瘠和盐渍化问题突出，无霜期短。但同样由于上述生态环境特点，也孕育了丰富的抗旱、耐寒、耐贫瘠和抗盐碱的作物种质资源。年均气温的逐年上升和年降水量下降导致该地区干旱程度逐年增加，农作物种植种类和品种数量发生变化。通过分析山西省部分县的资源收集情况，大多数资源属于杂粮和小宗作物，尽管资源种类丰富，但种植面积小，许多种质资源面临丢失的危险，急需开展资源的收集和保护。

通过对山西省 12 个普查县基本情况和农业生产情况调查得出，山西省干旱地区作物种质资源现状呈现以下几个特点：①偏远山区、环境条件恶劣的地区杂粮作物、老品种

资源丰富并有零星种植，而农业条件好的地区玉米等大宗作物的育成品种种植较多；②大宗作物的大面积种植导致一些特色作物和杂粮作物种植面积减少，许多品种丢失，如特色春小麦资源多年不种植、芽率低，资源收集后无法繁殖；③山西省杂粮资源丰富，但各种资源种植面积较小，利用率低，急需开展收集、保存、鉴定、评价和创新利用等相关工作。

随着我国农业产业化的发展，机械化收获、高产、优质的新品种和配套种植模式是未来发展的主要方向。因此，老旧品种快速丢失是一种必然的趋势，在这种形势下，地方品种的广泛征集和妥善保存就迫在眉睫，需要我们尽快开展相关工作。

现阶段，随着山西省干旱区抗逆农作物种质资源项目的实施，补充收集了一批重要的农作物种质资源。而即将开展的"第三次全国农作物种质资源普查与收集行动"工作，必将对我国种质资源的保护、研究和利用，以及现代农业产业的发展产生深远影响。

第三节　作物种质资源调查

通过系统调查，共收集农作物种质资源935份，其中包括有禾谷类258份、大豆和食用豆类308份、果蔬类263份、其他类106份。山西省农作物种质资源系统调查样本情况详见表2-12，山西农作物系统调查的县(市)、乡(镇)和村详见表2-13。

表2-12　山西省农作物种质资源系统调查样本情况

作物类别	作物名称	资源分数	作物类别	作物名称	资源分数
禾谷类 (258)	高粱	51	核果类	桃	22
	谷子	52		杏	32
	黍稷	101		李	1
	小麦	6		樱桃	11
	燕麦	23	坚果类	核桃	13
	玉米	25		榛	10
豆类 (308)	大豆　大豆	96	杂果类	文冠果	6
	食用豆　菜豆	119	浆果类	葡萄	12
	扁豆	3	果蔬类 (263)	猕猴桃	1
	豌豆	11		草莓	2
	蚕豆	8		树莓	11
	绿豆	21		桑	5
	豇豆	25		沙棘	9
	小豆	23		胡颓子	5
	饭豆	2	枣柿类	枣	15
果蔬类 (263)	仁果类　苹果	30		柿	5
	梨	24	蔬菜类	南瓜	11
	山楂	35		辣椒	1

续表

作物类别		作物名称	资源分数	作物类别		作物名称	资源分数
果蔬类(263)	蔬菜类	菊芋	2	其他 (106)		大麻	17
其他 (106)		苦荞	23			芝麻	6
		甜荞	26			榛子	1
		黄芥	11			苦参	1
		向日葵	9			苏子	1
		胡麻	11	合计			935

表 2-13 山西农作物系统调查的县(市)、乡(镇)和村

调查市	调查县	乡/镇	村	调查市	调查县	乡/镇	村
大同	灵丘	白崖台	斗方石	忻州	繁峙	杏园	泽萌泉
			长沟			繁城	南湾
		石家田	下北罗			大营	涧头
		义泉岭					角耳安
			孙庄			横涧	石塘沟
		史庄	黑寺	临汾	隰县	陡坡	石村
			兴旺庄				环珠
			东口头				黑桑
忻州	五台	门限石	砖庙			下李	鸭弯
			黑崖堂				解家疙瘩村
			楼子坪				郭家沟
		台城	高家庄			阳头升	罗镇堡
			西山				下崖底
			兴郑				竹干
		阳白	上金庄	长治	武乡	洪水	郝家岭
			白云				熬垴
			炭池				泉河
	五寨	杏岭子	杏岭子			贾豁	凤台坪
		左家崖					胡庄
			回家坡				王家垴
		小河头	烟洞洼			分水岭	暖水头
			大武州				牛家咀
		沙家坪	咀儿上				胡庄
			武家洼	吕梁	兴县	东会	大兴安
			高岭				庄上
	繁峙	沙河	西沙河				寨上
			上双井			孟家坪	小善
			川草坪				横城

续表

调查市	调查县	乡/镇	村	调查市	调查县	乡/镇	村
吕梁	兴县	孟家坪	张家墕	吕梁	石楼	小蒜	王家畔
		罗峪口	李家梁				钱坡
	石楼	龙交	王家沟			和合	张家山
			寨子上				铁头
			阳崖				和合
		小蒜	莲门				

此次调查与收集获得的农作物种质资源主要以栽培品种为主，有少量的野生资源。调查地区多位于山西省西北地区，独特的气候条件使得当地农作物种质资源普遍以抗旱、抗寒和耐盐碱为主，在当地传统生产生活条件下，产生了一批具有优良性状的粮食作物和果树资源，如用来酿造山西汾酒、老陈醋的高粱品种，闻名国内外的沁州黄小米及山西特有的杂粮面食原料等。这些种质资源与山西省晋西北地区文化、社会和经济等方面有着密切的关系，包含了当地人民多年来对种质资源的认识、利用和保护等文化背景，具有明显的地域特点。

从本次调查数据来看，经相关单位鉴定评价抗旱资源有 64 份、抗盐资源有 43 份，作物种类包括黍稷(47)、大豆(32)、玉米(5)、胡麻(5)、谷子(4)、饭豆(1)和菜豆(1)；其中既耐盐又抗旱的资源 12 份，作物种类主要为黍稷、大豆和谷子。收集的抗旱、耐盐农作物种质资源数量统计见表 2-14、表 2-15。本次调查中有些果树资源采集自高寒冷凉地区，具有较强的抗寒性。收集的抗寒农作物种质资源数量统计见表 2-16。

本章将调查的植物种质资源分为禾谷类、豆类、果蔬类和其他类进行描述。

表 2-14　山西省收集的抗旱农作物种质资源数量统计

地区(县)	黍稷	大豆	玉米	胡麻	谷子	菜豆	总数
灵丘	3	0	1	1	0	0	5
兴县	3	1	0	0	0	0	4
五台	8	0	2	0	1	1	12
五寨	2	0	0	4	1	0	7
石楼	11	0	0	0	0	0	11
隰县	8	3	2	0	0	0	13
繁峙	1	3	0	0	1	0	5
武乡	1	6	0	0	0	0	7
合计	37	13	5	5	3	1	64

表 2-15　山西省收集的耐盐农作物种质资源数量统计

地区(县)	黍稷	大豆	谷子	饭豆	总数
灵丘	1	2	0	0	3
兴县	0	0	1	0	1
五台	3	1	1	0	5
五寨	1	4	1	0	6
石楼	2	3	0	0	5
隰县	3	5	0	1	9
繁峙	5	3	1	0	9
武乡	0	5	0	0	5
合计	15	23	4	1	43

表 2-16　山西省收集的抗寒农作物种质资源数量统计

地区(县)	苹果	梨	桃	猕猴桃	榛	总数
五台	1	0	0	0	1	2
保德	1	1	0	0	0	2
武乡	0	1	0	0	0	1
代县	0	0	2	0	0	2
沁源	0	0	1	0	0	1
繁峙	0	0	0	1	0	1
合计	2	2	3	1	1	9

一、禾谷类

本次调查收集禾谷类种质资源有小麦、玉米、谷子、黍稷、高粱、燕麦等共计 258 份种质资源。

(一)小麦种质资源

山西省作为全国小麦主产区之一,以种植冬小麦为主,分为南部中熟冬小麦区和中部晚熟冬小麦区,此次调查的 12 个县不在此区域,但也有小麦零星种植,随着优势农产品种植结构调整及优良品种的推广,这些小麦资源正在消失,因此高寒干旱区的小麦资源收集显得尤其重要。本次共收集到 6 份小麦资源,都为地方品种。兴县最多,为 3 份,石楼 2 份,五寨 1 份(表 2-17)。

表 2-17　山西省收集的小麦种质资源的数量及分布

市	县	材料份数
吕梁	兴县	3
	石楼	2
忻州	五寨	1
合计	3	6

注: 所收集的材料均为地方品种。

(二)玉米种质资源

玉米是山西省传统优势农作物, 种植区域遍布全省各县市, 其中以太行山玉米生产带和晋北盆地区、忻定盆地区、晋中盆地区、晋南盆地区为优势产区。山西省中北部和东南部属于北方春播玉米区, 中南部属于黄淮海夏播玉米区。在本次调查中, 共收集了 25 份玉米资源, 临汾市隰县收集的最多, 为 7 份, 其次是忻州市五台县为 6 份, 长治市武乡县为 5 份, 大同市灵丘县为 4 份, 最少的是吕梁市石楼县, 为 3 份, 见表 2-18。

表 2-18　山西省收集的玉米种质资源的数量及分布

市	县	材料份数
大同	灵丘	4
忻州	五台	6
吕梁	石楼	3
临汾	隰县	7
长治	武乡	5
合计	5	25

注: 所收集的材料均为地方品种。

代表性的优异资源为本地玉米(采集编号: 2011142018), 采集自山西省大同市灵丘县石家田乡义泉岭村, 生育期 122d, 株高 210cm, 穗型为锥形, 百粒重 36.8g, 粗蛋白质含量 13.55%, 高于平均值 11%。经全生育期抗旱性试验鉴定为 2 级抗旱(图 2-6)。

图 2-6　本地玉米 2011142018

（三）谷子种质资源

谷子是山西省主要的杂粮作物，北起大同市，南到永济市，西起方山县，东至阳泉市，均有种植，分布较广。在山西省特有的地形、气候及漫长的农耕历史中形成了极其丰富的品种资源。尤其是'沁州黄''东方亮'等小米，在市场上享有较高的盛誉。本次调查共收集 52 份谷子资源。其中灵丘县和五台县收集的谷子资源最多，各为 11 份，其中灵丘的 11 份资源中，9 份为地方品种，2 份为野生资源；其次是繁峙县，为 8 份；武乡县为 7 份；石楼县、五寨县各为 5 份；兴县为 4 份；隰县为 1 份，见表 2-19。

表 2-19　山西省收集的谷子种质资源的数量及分布

市	县	材料份数	资源类型	
			地方品种	野生资源
吕梁	兴县	4	4	0
	石楼	5	5	0
大同	灵丘	11	9	2
忻州	五台	11	11	0
	五寨	5	5	0
	繁峙	8	8	0
临汾	隰县	1	1	0
长治	武乡	7	7	0
合计	8	52	50	2

代表性的优异资源为红谷子（收集编号：2012141118），采集自山西省忻州市五寨县杏岭子镇杏岭子村。采集地点海拔较高，为 1371.5m，生育期 135d，单株粒重 28.8g，单株穗重 56.9g，粒色为红色，米色为黄色，有较强的耐寒性，经抗旱耐盐鉴定，芽期 1级耐盐，全生育期 2 级抗旱（图 2-7）。

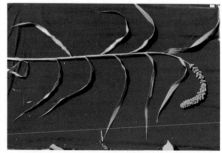

图 2-7　红谷子 2012141118

（四）黍稷种质资源

黍稷在山西省广泛分布，具有早熟、耐旱、耐瘠等特点，是当地人民传统软糕食物的加工原料，因当地生活习俗而被持续利用。根据种植特点及传统用途，分为糜子和黍子两大类。通过本次资源系统调查，在灵丘、隰县、兴县、石楼、五台、五寨、繁峙、武乡 8 个县(市)收集黍稷资源 101 份，其中地方品种 99 份，野生资源 2 份。其中收集黍稷资源较多的县是石楼县，为 18 份；其次是隰县 15 份；灵丘县 14 份；五台县 14 份，五寨县和武乡县各 11 份，兴县 10 份，繁峙县最少，只有 8 份，见表 2-20。

表 2-20　山西省收集的黍稷种质资源的数量及分布

市	县	材料份数	资源类型	
			地方品种	野生资源
大同	灵丘	14	12	2
临汾	隰县	15	15	0
吕梁	兴县	10	10	0
	石楼	18	18	0
忻州	五台	14	14	0
	五寨	11	11	0
	繁峙	8	8	0
长治	武乡	11	11	0
合计	8	101	99	2

代表性的优异资源为软糜子(采集编号：2012141343)，采集自山西省临汾市隰县下李乡郭家沟村，特早熟，生育期 83d，主茎高 153cm，茎叶茸毛中等，穗型密，主穗长 54cm，单株穗重 12.5g，单株粒重 7.6g，千粒重 5.9g，籽粒黄色，米色白色，口感软，是当地传统食品黄米糕的制作原材料。经抗旱耐盐鉴定，芽期 1 级耐盐，全生育期 1 级抗旱、2 级耐盐(图 2-8)。

图 2-8　软糜子 2012141343

白糜子(采集编号：2012141350)，采集自山西省临汾市隰县阳头升乡罗镇堡村，生育期 83d，丛生，主茎高 124cm，茎叶茸毛中等，穗型为侧，主穗长 54.5cm，单株穗重 12.8g，单株粒重 7.5g，千粒重 5.9g，籽粒白色，米色黄色，口感软，特早熟，经耐盐鉴定，该资源芽期和全生育期都为 1 级耐盐(图 2-9)。

图 2-9　白糜子 2012141350

(五)高粱种质资源

高粱是山西汾酒的酿造原料之一，由于它具有抗旱、耐贫瘠、耐盐碱、光合效率高、生产潜力大的特点，是山西省旱作农业和盐碱地的高产稳产作物。近年来，随着人民生活水平的不断提高和农作物种植结构的调整，高粱由粮食作物逐步转向以酿造和其他用途为主。本次调查共收集高粱资源 51 份，其中五台县最多，为 12 份；其次是石楼县，为 10 份；武乡县为 9 份；隰县为 8 份；灵丘县为 5 份；兴县为 4 份；繁峙县和五寨县最少，分别为 2 份和 1 份(表 2-21)。

表 2-21　山西省收集的高粱种质资源的数量及分布

市	县	村料份数
大同	灵丘	5
吕梁	兴县	4
	石楼	10
忻州	五台	12
	五寨	1
	繁峙	2
临汾	隰县	8
长治	武乡	9
合计	8	51

注: 所收集的材料均为地方品种。

(六)燕麦种质资源

山西省是燕麦的故乡，主产区分布在大同市、朔州市、忻州市、吕梁市。在本次调查中，共收集燕麦资源 23 份，全部属于地方品种，均为裸燕麦，可食用，也可饲用。其中忻州市五寨县收集的燕麦资源最多，为 6 份，其次是五台县，为 5 份，石楼县、繁峙县和灵丘县各为 3 份，兴县 2 份，武乡最少只有 1 份，见表 2-22。

表 2-22　山西省收集的燕麦种质资源的数量及分布

市	县	材料份数
大同	灵丘	3
吕梁	兴县	2
	石楼	3
忻州	五台	5
	五寨	6
	繁峙	3
长治	武乡	1
合计	7	23

注：所收集的材料均为地方品种。

对所收集的 23 份燕麦资源，分别与国家种子库已保存的燕麦种质资源进行来源地和品种名称比较，结果表明，有 10 份资源与国家种质库已保存的资源在名称和来源地一致，其余资源没记载，初步认为是新增的资源，占总数的 56.5%。

二、豆类

调查收集的豆类资源包括大豆和食用豆类。本次共收集豆类资源 308 份，其中大豆 96 份，食用豆 212 份。

（一）大豆种质资源

大豆原产我国，现在全国普遍种植，因其营养价值很高，被称为"豆中之王""田中之肉""绿色的牛乳"等，是数百种天然食物中最受营养学家推崇的食材。其主要用来作各种豆制品、榨取豆油、酿造酱油、提取蛋白质和饲料。豆渣或磨成粗粉的大豆也常用于禽畜饲料。

本次调查共收集 96 份大豆资源，其中五寨县最多，为 17 份；其次为隰县，为 15 份；武乡县 13 份；繁峙县和石楼县各 12 份；灵丘县 11 份，其中有 1 份为野生大豆；五台县 9 份；兴县最少，为 7 份。本次收集资源中有 1 份是野生大豆，其余全为地方品种。对本次收集的资源进行初步鉴定评价，有 30 份资源具有抗逆性，其中有 8 份全生育期 1 级抗旱，有 1 份全生育期 1 级耐盐(表 2-23)。

表 2-23　山西省收集的大豆种质资源的数量及分布

市	县	材料份数	资源类型	
			地方品种	野生资源
大同	灵丘	11	10	1
临汾	隰县	15	15	0
吕梁	兴县	7	7	0
	石楼	12	12	0
忻州	五台	9	9	0
	五寨	17	17	0
	繁峙	12	12	0
长治	武乡	13	13	0
合计	8	96	95	1

代表性的优异资源为长沟野大豆(编号: 2011142029)，采集自山西省大同市灵丘县白崖台乡长沟村，种植于温带山地，生育期较长，为 132d，蔓生株型，结荚习性为无限，为珍贵的野生大豆资源(图 2-10)。

图 2-10　长沟野大豆 2011142029

绿大豆(采集编号: 2011141100)，采集自山西省吕梁市兴县孟家坪乡张家塌村。生育期 116d，无限结荚，株高 198.4m，百粒重 28.5g，其蛋白质含量达 47.26%，为全生育期 1 级抗旱资源(图 2-11)。

图 2-11　绿大豆 2011141100

褐豆(采集编号: 2013141072)，采集自山西省长治市武乡县洪水乡郝家岭村。生育期为 117d，有限结荚，株高为 110.1cm，百粒重为 22.4g，为 1 级抗旱资源，2 级耐盐资源（图 2-12）。

图 2-12 褐豆 2013141072

(二)食用豆资源

本次调查共收集食用豆 212 份。其中菜豆 119 份、豇豆 25 份、小豆 23 份、绿豆 21 份、豌豆 11 份、蚕豆 8 份、扁豆 3 份、饭豆 2 份。

调查收集的食用豆分属于菜豆属、豇豆属、豌豆属、野豌豆属和扁豆属（表 2-24）。其中菜豆资源的收集地从海拔 757m 的兴县到海拔 1405m 的五寨县，覆盖了山西省境内寒温带和温带地区不同气候类型的丘陵地带，资源类型有蔓生、半蔓生和直立型，其籽粒也从粒形、粒色、脐环色上表现为多样化。

表 2-24 山西省收集的食用豆种质资源的数量及分布

市	县	材料份数	豌豆	蚕豆	绿豆	豇豆	小豆	饭豆	菜豆	扁豆	资源类型	
											地方品种	野生资源
大同	灵丘	20	1	0	0	0	1	0	17	1	19	1
忻州	五寨	25	5	4	0	4	0	0	12	0	25	0
	繁峙	28	3	2	2	3	1	0	15	2	28	0
	五台	45	1	0	4	4	3	0	33	0	45	0
吕梁	石楼	26	1	0	7	5	4	1	8	0	26	0
	兴县	29	0	2	2	4	4	0	17	0	29	0
临汾	隰县	23	0	0	2	4	4	1	12	0	23	0
长治	武乡	16	0	0	4	1	6	0	5	0	16	0
合计	8	212	11	8	21	25	23	2	119	3	211	1

有代表性的优异资源为红莲豆(采集编号：2012141077)，采集自山西省忻州市五台县台城乡西山村，6月下旬播种，全生育期为101d，半蔓生，荚形为长扁条，无限结荚，粒形肾形，粒色为红色，百粒重48.3g。经后期全生育期抗旱试验测定为2级抗旱资源(图2-13)。

图2-13　红莲豆2012141077

三、果蔬类

本次共收集果蔬类资源263份，其中果树资源249份，蔬菜14份。其中本次调查收集的果树资源包括仁果类89份、核果类66份、浆果类45份、坚果类23份、枣柿类20份、杂果类6份。

调查所收集果树资源分属于苹果属、梨属、山楂属、枣属、桃属、杏属、葡萄属、狝猴桃属、核桃属、榛属、文冠果属。

(一)仁果类种质资源

本次调查收集到的仁果类种质资源隶属3个属，即苹果属、梨属及山楂属。本次调查地区的苹果属植物比较多，除了栽培的苹果种外，基本上囊括了山西省其他苹果属种类。北部的大同市、朔州市、忻州市，除阳高县外基本每个县都有野生山定子的分布与栽培种花红或楸子的分布，说明这3种苹果属植物在当地是比较适宜的(表2-25)。忻州

表2-25　收集的苹果属种质资源的数量及分布

县/市	资源份数	资源种类					资源类型	
		山定子	花红	楸子	河南海棠	西湖海棠	野生资源	地方品种
阳高	1	0	1	0	0	0	0	1
灵丘	4	2	0	2	0	0	2	2
五台	3	1	2	0	0	0	1	2
保德	6	1	2	1	0	2	3	3
右玉	2	1	1	0	0	0	1	1
临县	4	1	0	2	0	1	2	2
平遥	7	0	7	0	0	0	0	7
沁源	3	2	0	0	1	0	3	0
武乡	2	1	0	0	1	0	2	0
阳城	1	0	0	0	1	0	1	0
合计	33	9	13	5	3	3	15	18

市的保德县、五台县都分布有梨属资源，但无论是野生的或是栽培的均以抗寒、抗旱强的杜梨、秋子梨为主(表 2-26)。山西省的野生山楂种类较多，多达 10 种，其中以甘肃山楂与裂叶山楂分布范围较广，其次是野山楂，其余种类则范围较小。甘肃山楂和裂叶山楂抗旱、抗寒性较强，能在北部比较寒冷、干旱的地区生长，其余品种则主要在温暖的地区分布。山楂属中有许多优良类型可供开发(表 2-27)。

表 2-26　收集的梨属种质资源的数量及分布

| 县/市 | 资源份数 | 资源种类 | | | | | | | 资源类型 | |
		杜梨	秋子梨	沙梨	木梨	豆梨	白梨	川梨	野生资源	地方品种
阳高	1	0	0	1	0	0	0	0	0	1
灵丘	3	1	2	0	0	0	0	0	1	2
五台	1	1	0	0	0	0	0	0	1	0
保德	2	0	0	0	0	0	2	0	0	2
右玉	2	0	1	0	0	0	0	1	0	2
应县	2	0	0	1	0	0	0	1	0	2
临县	1	1	0	0	0	0	0	0	1	0
沁源	2	0	0	0	2	0	0	0	2	0
武乡	2	1	0	0	0	1	0	0	2	0
阳城	3	1	0	0	0	1	1	0	2	1
合计	19	5	3	2	2	2	3	2	9	10

表 2-27　收集的山楂属种质资源的数量及分布

| 县/市 | 资源份数 | 资源种类 | | | | | | | | | |
		橘红山楂	野山楂	甘肃山楂	湖北山楂	山里红	光叶山楂	山楂	裂叶山楂	华中山楂	辽宁山楂
阳高	1	0	0	1	0	0	0	0	0	0	0
灵丘	1	0	0	0	0	0	0	0	1	0	0
五台	2	0	0	0	0	0	1	0	1	0	0
沁源	13	0	1	6	0	1	0	0	4	1	0
武乡	3	0	0	0	0	1	1	0	1	0	0
阳城	5	1	1	0	1	0	0	0	1	0	0
泽州	3	0	0	1	1	0	0	0	1	0	0
绛县	4	0	2	0	0	0	0	0	2	0	0
合计	32	1	4	8	2	2	2	4	7	1	1

注: 所收集的材料均为野生资源。

代表性的优异资源为平遥槟子(采集号：2012142024)，生长于平遥县卜宜乡西城村。属于花红的一个类型。树龄 50 多年生。果实大，平均重 50 多克。果近圆形，果皮紫红色，全红。果柄短粗。品质优良，丰产，抗性强(图 2-14)。该品种在当地已不多，属于濒危种类，亟待保护。

图 2-14　平遥槟子 2012142024

晋城鲜食红果(采集号：2014142024-1、2014142024-2)属于甘肃山楂的一个类型。该类型最大的特点是果实宜鲜食。果实圆形，鲜红色，果皮光滑，果点不明显(图 2-15)。果实成熟后果肉绵，甜酸适口，口感很好，是难得的鲜食良种。又因为该类型果实成熟后，经久不凋，甚美丽，因此，也是绿化的好树种。

图 2-15　晋城鲜食红果 2014142024

(二)核果类种质资源

本次调查收集到的核果类种质资源隶属 4 个属，即桃属、杏属、李属及樱桃属。山西省的桃属植物种质资源有 3 种，其中栽培桃在干旱寒冷地区类型较少，主要是一些抗寒抗旱的类型，为当地的品种，特点是果型较小，汁液较少，肉致密，品质中上，是可从中选育抗寒、抗旱的优良类型。野生种山桃，遍布各地，果树上主要用作桃的砧木。野生种榆叶梅抗寒、耐旱，可用作桃、李的砧木(表 2-28)。山西省杏属种质资源有 3 种，即栽培杏、西伯利亚杏与野杏。栽培杏是山西省果树中的重要果树，栽培杏全省广布，从南至北，从平原到高山都有栽培杏的分布，但与人类的活动相关，在无人居住的山区没有栽培杏的分布。野生的西伯利亚杏，分布范围较广，其中不乏丰产抗霜类型，亟待今后开发利用。而野杏只在右玉发现，其特性尚待进一步研究(表 2-29)。

表 2-28 收集的桃属种质资源的数量及分布

县/市	资源份数	资源种类			资源类型	
		山桃	榆叶梅	栽培桃	野生资源	地方品种
阳高	1	0	1	0	1	0
灵丘	4	2	1	1	3	1
繁峙	1	1	0	0	1	0
五台	6	2	2	2	4	2
代县	5	1	0	4	1	4
右玉	2	2	0	0	2	0
应县	5	1	2	2	3	2
沁源	1	1	0	0	1	0
武乡	1	1	0	0	1	0
阳城	1	1	0	0	1	0
合计	27	12	6	9	18	9

表 2-29 收集的杏属种质资源的数量及分布

县市	资源份数	资源种类			资源类型		
		栽培杏	西伯利亚杏	野杏	野生资源	地方品种	育成品种
阳高	4	3	1	0	1	3	0
灵丘	3	0	3	0	3	0	0
繁峙	1	0	1	0	1	0	0
五台	5	3	2	0	2	3	0
保德	3	1	2	0	2	1	0
右玉	2	1	0	1	1	1	0
应县	3	2	1	0	1	2	0
寿阳	2	1	1	0	1	1	0
沁源	1	0	1	0	1	0	0
武乡	9	7	2	0	2	6	1
阳城	1	0	1	0	1	0	0
清徐	2	1	1	0	1	1	0
合计	36	19	16	1	17	18	1

代表性的优异资源为武乡梅杏(采集编号：2014142002)，在武乡县大量分布，是山西省农业科学院果树研究所选育的品种。果实较大，平均果重45g左右，近圆形，阳面紫红色。果肉红黄色，致密，甜酸适口，品质极佳(图 2-16)。该品种最大的特点果实成熟后，果肉在较长时间内保持较高的硬度，从而避免了杏熟即软、难以储运的麻烦，是一个集优质、耐运、丰产的优良品种。

图 2-16　武乡梅杏 2014142002

（三）坚果类种质资源

本次调查收集到的坚果类种质资源隶属 2 个属，即核桃属和榛属。山西省的核桃属种质资源共有 3 种，其中核桃广为栽培，在山西省分布较广。但此次只调查了某些干旱寒冷地区的农家当地品种和一些特异品种，如五台县、灵丘县等地绵核桃与灵丘县的特异品种穗状核桃。其余两个种即野核桃和核桃楸均为野生，分布范围广，往往集中成片，产量较大，类型很多，除作栽培核桃的砧木外，还是宝贵的核桃基因库，可用于核桃的远缘杂交（表 2-30）。山西省榛属种质资源中，平榛的分布较为广泛，此次采到了 7 份资源，在重点调查的区域除阳高县外，从北部的灵丘县到南部的阳城县都有分布，且不少地区分布的面积很大，如五台县、阳城县等地。毛榛分布的区域较少，采到 3 资源，主要分布在山西北部的灵丘县、繁峙县，在灵丘县其面积较大，在中部沁源县虽有分布，但面积较小，见表 2-31。

表 2-30　收集的核桃属种质资源的数量及分布

县/市	资源份数	资源种类			资源类型	
		野核桃	核桃楸	核桃	野生资源	地方品种
阳高	0	0	0	0	0	0
灵丘	4	1	1	2	2	2
繁峙	1	1	0	0	1	0
五台	2	0	1	0	1	1
沁源	5	2	1	2	3	2
阳城	1	1	0	0	1	0
合计	13	5	3	4	8	5

表 2-31　收集的榛属种质资源的数量及分布

县/市	资源份数	资源种类	
		毛榛	平榛
阳高	0	0	0
灵丘	3	1	2
繁峙	2	1	1
五台	2	0	2
沁源	2	1	1
阳城	1	0	1
合计	10	3	7

注: 所收集的材料均为野生资源。

代表性的优异资源为繁峙野核桃(采集号: 2015142039),广泛分布于繁峙县神堂堡乡茨沟营村。抗性强,丰产。几十年生的大树比比皆是,生长结果正常。有许多丰产类型,花序坐果 3～8 个(图 2-17),是核桃抗性育种和丰产育种的好材料。

图 2-17　繁峙野核桃 2015142039

(四)杂果类种质资源

本次调查收集到的杂果类种质资源隶属 1 个属,即文冠果属。文冠果属植物在山西省只有 1 种,是很重要的木本油料树种。文冠果在山西的栽培历史十分悠久,在不少地方有几百年的大树,如在寿阳县、灵丘县等地。这些树不仅具有实用价值,而且具有文化价值和历史价值,见表 2-32。

(五)浆果类种质资源

本次调查收集到的浆果类种质资源隶属 7 个属,即葡萄属、猕猴桃属、草莓属等。此次采集山西省的葡萄属种质资源共 12 份。从调查的资源看,山葡萄分布较广,其次是复叶葡萄和葛藟葡萄,其余种类较少,见表 2-33。猕猴桃属是果树中重要的种质资源,它的营养价值大，为广大消费者所喜欢。在山西省猕猴桃属种质资源的分布上，繁峙县猕猴桃的存在是十分奇特的，它是五台山系目前发现的唯一分布有猕猴桃的地区。这在猕猴桃地理分布的研究上，或是在猕猴桃开发研究上均有重要意义，见表2-34。

表2-32 收集的文冠果属种质资源的数量及分布

县/市	资源份数	资源种类
		文冠果
阳高	1	1
灵丘	1	1
繁峙	1	1
五台	1	1
代县	1	1
右玉	1	1
应县	1	1
保德	1	1
沁源	1	1
临县	1	1
阳城	1	1
合计	11	11

注：所收集的材料均为野生资源。

表2-33 收集的葡萄属种质资源的数量及分布

县/市	资源份数	资源种类				
		山葡萄	复叶葡萄	毛葡萄	少毛葡萄	葛藟葡萄
阳高	0	0	0	0	0	0
灵丘	1	1	0	0	0	0
繁峙	1	1	0	0	0	0
五台	2	1	0	0	0	1
右玉	0	0	0	0	0	0
应县	0	0	0	0	0	0
沁源	5	1	1	0	1	2
阳城	3	0	2	1	0	0
合计	12	4	3	1	1	3

注：所收集的材料均为野生资源。

表 2-34　收集的猕猴桃属种质资源的数量及分布

县/市	资源份数	资源种类
		软枣猕猴桃
阳高	0	0
灵丘	0	0
繁峙	1	1
五台	0	0
右玉	0	0
应县	0	0
沁源	0	0
合计	1	1

注：所收集的材料均为野生资源。

代表性的优异资源为山葡萄（采集编号：2012142039），分布于山西省各大山区，抗寒性特强，能在零下 30 多摄氏度的情况下安全自然越冬（图 2-18），是栽培葡萄的优良砧木，也是培育抗寒葡萄新品种的良好材料。

图 2-18　山葡萄 2012142039

(六)枣柿类种质资源

本次调查收集到的枣柿类种质资源隶属 2 个属，即枣属和柿属。山西省是枣属植物的原产地，境内资源类型非常丰富，且分布范围广泛。山西省现有枣和酸枣两大类型，枣为栽培类型，统称地方品种，应用最广泛；酸枣是野生类型，除自然野生状态外，酸枣主要用作砧木。已知的枣地方品种有 150 个左右，酸枣类型更多，但尚未被充分利用。本次调查中阳高县和灵丘县为首次发现有酸枣资源分布，见表 2-35。

表 2-35　收集的枣属种质资源的数量及分布

县/市	资源份数	资源种类	
		地方品种	酸枣类型
阳高	1	0	1
灵丘	1	0	1
五台	6	3	3
临县	3	1	2
武乡	1	0	1
阳城	3	0	3
合计	15	4	11

代表性的优异资源为大果酸枣(采集编号：2012142087)，是酸枣类型中的特异变异类型，分布于临县境内黄河沿岸的丘陵半坡地，海拔 736m 左右，土壤瘠薄、干旱，无灌溉条件。主要特点是果个大，单果均重 8g 左右，比普通酸枣大 1 倍以上，而且果肉厚，可食率高，酸甜适口，已驯化栽培，作为鲜食品种利用(图 2-19)。

图 2-19　大果酸枣 2012142087

四、其他

本次调查共收集其他资源 106 份。主要包括荞麦(苦荞、甜荞)、油料作物(大麻、黄芥、向日葵、胡麻、芝麻、榛子、苏子)和药用植物(苦参)。

(一)荞麦种质资源

荞麦分为苦荞和甜荞，苦荞是自然界中甚少的药食两用作物。七大营养素完全集于一身，既可作为食品，又有着卓越的营养保健价值和非凡的食疗功效。此次一共收集到49 份荞麦资源，其中苦荞 23 份，甜荞 26 份。获得的苦荞资源主要来源于灵丘县、五台县、武乡县、兴县和繁峙县，分别为 13 份、4 份、4 份、1 份、1 份。其中兴县的为野生资源。甜荞资源主要来源于石楼县、五寨县、武乡县、隰县、兴县、繁峙县和五台县，分别为6份、6份、5份、4份、2份、2份、1份，见表2-36。

表2-36 收集的荞麦种质资源的数量和分布

省	市	县	材料份数	资源类型	
				地方品种	野生资源
山西	临汾	隰县	4	4	0
	大同	灵丘	13	13	0
	吕梁	兴县	3	2	1
		石楼	6	6	0
	忻州	五台	5	5	0
		五寨	6	6	0
		繁峙	3	3	0
	长治	武乡	9	9	0
合计	5	8	49	48	1

代表性的优异资源为野荞麦（采集编号：2011141068），采集自山西省吕梁市兴县东会乡大兴安村的野生苦荞资源，可饲用，株型松散，有限生长，株高80.0cm，生育期126d，花为粉色，雌雄蕊同长，粒色浅褐，单株粒重2.8g，千粒重12.4g，高度抗倒伏（图2-20）。

图2-20 野荞麦2011141068

（二）胡麻种质资源

胡麻种子可用于生产油漆、油墨、涂料、食用油等，可作良好的饲料。

此次共收集到11份胡麻资源，其中五寨县为4份，灵丘县和兴县各2份，石楼县、五台县、繁峙县各1份，收集到1份野生资源，见表2-37。

表 2-37　收集的胡麻种质资源的数量及分布

市	县	材料份数	资源类型	
			地方品种	野生资源
大同	灵丘	2	1	1
吕梁	兴县	2	2	0
	石楼	1	1	0
忻州	五台	1	1	0
	五寨	4	4	0
	繁峙	1	1	0
合计	6	11	10	1

代表性的优异资源为山胡麻(采集编号:2011141040),采集自山西省大同市灵丘县史庄乡黑寺村,生育期 100d,中熟,株高 69.4cm,分枝紧凑,千粒重 5.1g,形态连续变异(图 2-21)。

图 2-21　山胡麻 2011141040

胡麻(采集编号:2012141172),采集自山西省忻州市五寨县沙家坪乡咀儿上村,生育期 103d,中熟,株高 59cm,株型紧凑,千粒重 6.7g,形态非连续变异,全生育期为 1 级抗旱资源(图 2-22)。

图 2-22　胡麻 2012141172

(三)芝麻种质资源

芝麻是山西省主要油料作物之一，具有较高的应用价值。此次在吕梁市和忻州市共收集到 6 份芝麻资源，其中石楼县 4 份，兴县和五台县各 1 份，为地方品种，见表 2-38。

表 2-38　收集的芝麻种质资源的数量及分布

市	县	材料份数
吕梁	兴县	1
	石楼	4
忻州	五台	1
合计	3	6

注：所收集的材料均为地方品种。

(四)大麻种质资源

此次一共收集到 17 份大麻资源，其中隰县为 5 份，石楼县为 4 份，兴县、五台县、武乡县各为 2 份，灵丘县和五寨县各为 1 份，见表 2-39。

表 2-39　收集的大麻种质资源的数量和分布

市	县	材料份数
大同	灵丘	1
吕梁	兴县	2
	石楼	4
忻州	五台	2
	五寨	1
临汾	隰县	5
长治	武乡	2
合计	7	17

注：所收集的材料均为地方品种。

第四节　作物种质资源保护和利用建议

山西省地处黄河中游、黄土高原东部，由于高原内山脉纵横、地形起伏不平，河谷众多，地貌类型复杂多样，因此，具有非常独特的小气候，如晋西北黄河沿岸的黄土丘陵干旱区，大同、忻州和定襄等断陷盆地的盐碱地区，吕梁山区高寒冷凉、土壤贫瘠地区，这些独特的生态地理类型孕育了丰富的抗逆农作物种质资源。

本次项目普查县均位于山西省中北部地区，包括右玉县、阳曲县、隰县、临县、石楼县、繁峙县、灵丘县、五台县、浑源县、武乡县、五寨县和兴县 12 个县。其中对隰县、石楼县、灵丘县、临县、五台县、兴县、繁峙县和五寨县进行了系统调查。通过普查和系统调查发现，1985~2010 年农业人口变化呈现下降的趋势，尽管普查县经济快速增长，各县农业生产总值也逐年增长，但占总产值的比例均呈现明显下降趋势，说明农业生产在各县经济中所占的比例越来越小；农作物覆盖率呈现降低趋势，导致部分原本在这些环境下种植的作物种类和品种不再种植并最终丢失；农业机械化操作和优良品种推广力度加大，使得项目区种植品种逐渐单一化，育成品种持续增大，部分农家种因产量低，种植面积逐年减小，小宗作物种质资源因产量和种植面积减少而逐渐丢失。

对于上述普查和系统调查研究中发现的问题，针对资源保护、研究和利用，现提出以下建议。

一、加强农作物种质资源保护体系与能力建设

（一）全面提高保护意识

种质资源调查收集工作涉及面广，工作量大，单靠一个部门难以完成。在本次调查活动中，我们通过与地方各部门协作，基本完成了项目的全部工作，但在实践中仍存在着当地群众和部分干部不重视的问题。加上现有土地投入产出少，产量低品质高的品种种植前景不容乐观，品种单一化现象严重，建议各级政府应加大种质资源保护工作宣传力度，努力提高全社会对种质资源工作的认识，加强种质资源保护工作。

（二）加大保护力度建设

为了使我国的种质资源妥善保存并得到深入研究和充分利用，建议国家对省级的种质库和种质圃的运转费和种质繁殖更新费纳入年度财政预算，利用多渠道进行资金筹措，鼓励种子企业、科研机构参与种质资源保护，广泛利用信贷资金和社会资金开展种质资源开发利用。

（三）加强保护能力建设

完善农作物种质资源保护与利用平台建设，健全种质资源收集、保存、鉴定、创制等管理制度，创新绩效评价与人才激励机制，建议山西省政府应重点支持对农作物种质资源保护和利用贡献突出的优秀人才与创新团队，切实提高农作物种质资源保护与利用的能力和效率。

二、加大农作物种质资源的调查与收集力度

（一）妥善保存本地农作物种质资源，扩大野生资源征集范围

山西省人民政府早在 2011 年就印发了《关于贯彻实施中国生物多样性保护战略与行动计划的通知》，要求各市、县人民政府，省直有关部门建立生物多样性保护部门协调机制，全面推进山西省的生物多样性保护与管理工作，开展生物多样性调查、评估与监测工作，进一步规范生物物种资源保护、采集、收集、研究、开发、交换和出境等活动。山西省不仅是玉米生产黄金地带，也是闻名中外的"杂粮王国"。在本次资源征集过程中收集到了 935 份资源，其中不乏优异资源，因此，有必要扩大省内其他县市农作物种质资源调查、征集范围，促进山西省资源征集保存量。在本次资源收集过程中我们共收集了农作物种质资源 686 份，其中粮食作物的数量最多，总计 615 份，占收集总量的 89.7%，

主要为禾本科、豆科和蓼科。油料作物共收集到 38 份，分别为向日葵、芝麻、油菜、胡麻，占资源总体的 5.5%。其他作物包括苜蓿、苦参、大麻、辣椒、南瓜和菊芋等作物，共 33 份，占收集总量的 4.8%。从 686 份资源的种植面积来看，仅为收集区域的零星种植，甚至部分品种如春小麦等资源为多年储存于农民粮仓、几乎不再种植的品种。现阶段山西省部分偏远地区及一些地方的老旧品种正面临被淘汰和丢失的风险。在本次征集活动中，除农家种外，收集到的野生资源数量较少，仅有 12 份，主要原因是经费不够，无法进行野外资源调查。建议政府相关部门加大经费支持力度，适当扩大资源调查征集范围，避免在现代农业发展较快的时代，部分农家种和野生资源流失灭绝。

(二) 加强区域农作物种质资源的收集整理，积极应对物种消失和品种单一化现象

普查中发现：随着退耕还林还草政策的实施和城镇化的快速发展，农田面积逐渐减少，产量低品质高的农家品种种植前景不容乐观，品种单一化现象严重，加上近年来山西省种植结构调整，玉米面积增加较快，也在一定程度上挤占了小宗作物的种植面积。调查中还发现随着现代农业的发展和农业产业结构的调整，不少地方老旧品种因产量低、种植效益差等正面临着消失的危险。近年来杂粮作为保健品，种植加工生产量显著增加，种植面积有增加的趋势，但农户因追求种植效益也会选择高产品种种植，杂粮品种单一化现象、品种多样化减小的现象将会进一步加重，从提供杂粮种质资源、丰富杂粮育种材料的角度来说，必须加强本地农作物种质资源收集保护力度，并加强提纯复壮能力。建议组织专业科技人员，加强农作物特色种质的收集和整理，首先要着重在经济、交通发展较快而生态环境即将发生重大变化的地区收集，重点收集野生种和地方品种。其次应深入作物种质资源丰富的地区，实地考察收集，以求发现一批新物种、新变种，抢救一批濒危的名贵珍稀品种和类型，发掘一批具有极其优异性状的品种和材料，提供育种利用，并加紧繁殖。

(三) 重视农业普查工作，适当调整农业产业结构，促进农民持续增收

本次调查结果表明，项目区玉米和谷子等大宗作物种质资源收集数量相对较少，而黍稷、豆类等杂粮作物则收集数量较多。说明玉米种植面积远远大于杂粮作物。因此，建议山西省政府加强小杂粮产业建设，一方面保护这些优势资源，另一方面也可通过新种质创制，培育新品种，增加杂粮种质产出，在当前玉米价格疲软、杂粮保健品发展态势强劲的形势下，这或许是该区农业生产的一个新出路。

三、加强农作物种质资源的保存与利用工作

(一) 制定技术规范，建设保护体系，应用新技术新方法进行种质资源保存

研究制定种质资源普查与调查收集整理技术规范，加强保护利用技术研究深度，从农作物种质资源鉴定评价的现场考察与数据审核和保护利用技术等方面制定农作物种质资源保护管理工作规范、种质资源接收与利用工作流程、保护技术规范。让种质资源保存工作规范化、流程化、制度化，从而提高保存力度。

（二）本次收集的资源编目和入库（圃）保存

本次收集的种质资源应编入国家种质资源目录，并繁种入国家作物种质库（圃）。现繁种与入库（圃）的工作已经完成，还需要与各种农作物资源的国家牵头负责人联系，获取国家编号，入国家种质库（圃）长期保存。

（三）对种质资源进行深入性评价，加大优异资源的提供利用工作

从本次调查数据来看，经相关单位鉴定评价抗旱资源有 64 份，抗盐资源有 43 份，作物种类包括黍稷（47）、大豆（32）、玉米（5）、胡麻（5）、谷子（4）、饭豆（1）和菜豆（1）；其中既耐盐又抗旱的资源 12 份，作物种类主要为黍稷、大豆和谷子。为确保优异资源的利用率及安全性，建议国家及地方应出台相关政策措施，推动种质资源商业性应用，加强种质资源对现代种业的支撑作用和有效维护国家种质资源主权安全。尝试运行有偿提供种质资源机制及种质资源流动跟踪机制，提高种质资源的利用率和安全性。

参 考 文 献

陈盛瑞. 2013. 宁夏干旱区耐逆农作物种质资源调查与分析. 银川: 宁夏大学硕士学位论文.

丁汉凤, 王栋, 张晓冬, 等. 2013. 山东省沿海地区农作物种质资源调查与分析. 植物遗传资源学报, 14（3）: 367-372.

郭幕萍. 1997. 山西气候资源图集. 北京: 气象出版社: 47-99, 123-157.

郭幕萍. 2015. 山西气候. 北京: 气象出版社: 1-32.

郭裕怀. 1992. 山西农书. 太原: 山西经济出版社: 399-400.

华南热带作物科学研究院. 1992. 海南岛作物（植物）种质资源考察文集. 北京: 农业出版社: 1-319.

黄兴奇. 2005. 云南作物种质资源. 昆明: 云南科技出版社: 1-825.

李丹婷, 农保选, 夏秀忠, 等. 2014. 广西沿海受旱与咸酸田面积的分布与抗旱、耐盐种质资源鉴定. 植物遗传资源学报, 15（1）: 12-17.

刘旭. 2013. 云南及周围地区优异农业生物种质资源. 北京: 科学出版社: 1-240.

山西省统计局. 1986. 山西省统计年鉴（1985 年）. 太原: 山西人民出版社: 105-162.

山西省统计局. 1991. 山西省统计年鉴（1990 年）. 北京: 中国统计出版社: 159-163.

山西省统计局. 1996. 山西省统计年鉴（1995 年）. 北京: 中国统计出版社: 232-237.

山西省统计局. 2001. 山西省统计年鉴（2000 年）. 北京: 中国统计出版社: 630-633.

山西省统计局. 2006. 山西省统计年鉴（2005 年）. 北京: 中国统计出版社: 624-631.

山西省统计局. 2011. 山西省统计年鉴（2010 年）. 北京: 中国统计出版社: 614-622.

山西省土地管理局. 1998. 山西土地资源. 北京: 中国大地出版社: 1-2.

神农架及三峡地区作物种质资源考察队. 1991. 神农架及三峡地区作物种质资源考察文集. 北京: 农业出版社: 1-227.

王文义. 2010. 山西气候与干旱变化及其影响因子. 南京: 南京信息工程大学硕士学位论文.

张彦军, 苟作旺, 王兴荣, 等. 2015. 甘肃省干旱地区抗逆农作物种质资源调查与分析. 植物遗传资源学报, 16（6）: 1257-1262.

第三章　陕西省作物种质资源调查

第一节　概　　述

一、陕西地理

陕西省简称"陕"或"秦",位于中国内陆腹地,地处北纬31°42′~39°35′,东经105°29′~111°15′。东邻山西省、河南省,西连宁夏回族自治区、甘肃省,南抵四川省、重庆市、湖北省,北接内蒙古自治区,居于连接中国东、中部地区和西北、西南的重要位置。中国大地原点就在陕西省泾阳县永乐镇。全省总面积为20.58万km^2。陕西地域狭长,地势南北高、中间低,有高原、山地、平原和盆地等多种地形。南北长约870km,东西宽200~500km。从北到南可以分为陕北高原、关中平原、秦巴山地3个地貌区。其中高原面积为926万hm^2,山地面积为741万hm^2,平原面积为391万hm^2。主要山脉有秦岭、大巴山等。

二、陕西气候

秦岭在陕西境内有许多闻名全国的峰岭,如华山、太白山、终南山、骊山。陕西横跨3个气候带,南北气候差异较大。陕南属北亚热带气候,关中及陕北大部属暖温带气候,陕北北部长城沿线属中温带气候。其总特点是:春暖干燥,降水较少,气温回升快而不稳定,多风沙天气;夏季炎热多雨,间有伏旱;秋季凉爽较湿润,气温下降快;冬季寒冷干燥,气温低,雨雪稀少。全省年均气温13.7℃,自南向北、自东向西递减:陕北7~12℃,关中12~14℃,陕南14~16℃。1月平均气温–11~3.5℃,7月平均气温是21~28℃,无霜期160~250d,极端最低气温–32.7℃,极端最高气温42.8℃。年均降水量340~1240mm。降水南多北少,陕南为湿润区,关中为半湿润区,陕北为半干旱区。

三、陕西人口

全省设10个省辖市和杨凌农业高新技术产业示范区,有3个县级市、80个县和24个市辖区,1581个乡镇,164个街道办事处。2012年年末,全省常住人口3753.09万人,比上年增加10.49万人。其中,男性1938.47万人,占51.65%;女性1814.62万人,占48.35%,性别比为106.83(以女性为100,男性对女性的比例)。城镇人口1877.3万人,占50.02%,乡村人口1875.79万人,占49.98%。人口年龄构成为0~14岁人口占14.42%,15~64岁人口占76.61%,65岁及以上人口占8.97%。2012年出生人口37.98万人,出生率10.12‰;死亡人口23.42万人,死亡率6.24‰;自然增长率3.88‰。2011年5月第六次全国人口普查汇总数据显示全省常住人口为37 327 378人,与2000年第五次全国人口普查相比,全省的人口总数同比增长3.55%。全省常住人口中,总人口性别比由108.42

下降为 106.92。从人口年龄结构来看，0～14 岁人口的比例下降 10.29 个百分点，65 岁及以上人口的比例上升 2.63 个百分点，人口老龄化程度加重。全省人口文化水平整体提升，受过高等教育的人数显著增加，全省常住人口中，每 10 万人中具有大学文化程度的由 4100 多人上升为 1 万多人，增长幅度较大；具有初高中文化程度的人口数也有所增加，与第五次全国人口普查相比，文盲人口减少 120 万人。

四、陕西人文

陕西是中华民族及华夏文化的重要发祥地之一。早在 80 万年前，蓝田猿人就生活在这里。1953 年在西安城东发现的半坡村遗址，展示出 6000 年前母系氏族社会的进步和文明。坐落在陕北黄陵县的中华民族始祖轩辕黄帝陵，成为凝聚中华民族的精神象征。先后有西周、秦、西汉、前赵、前秦、后秦、西魏、北周、大夏、隋、唐等十余个政权在陕西建都，时间长达 1000 余年，是我国历史上建都朝代最多、时间最长的省，长期成为中国政治、经济、文化中心，留下了极为丰富的历史文化遗产。省会西安是全国六大古都之一。2000 多年前，以古长安为起点的"丝绸之路"开通，使陕西成为全国对外开放的发源地，都城长安成为闻名中外的中西商贸集散地。唐代，陕西是中国与日本、东南亚、朝鲜等国家和地区的文化交流盛地。迄今，周语、秦装、唐礼的遗风在这些国家和地区犹存。近代以来，陕西是响应辛亥武昌起义宣布独立的首批省份之一，特别是1935～1948 年，中共中央在陕北领导了抗日战争和解放战争，奠定了新中国的基石，培育了光照千秋的延安精神。"秦中自古帝王州"，陕西在历史长河中不仅展现了朝代更替的变化历程，铸造了民族盛衰、强弱易势的历史印迹，同时，也孕育和创造了丰富深邃的物质文明与精神文明，造就了一大批光照千古的文化巨匠，他们为人类留下了灿烂的文化艺术成果。从西周"制礼作乐"的周公旦，到秦代创制隶书的程邈；汉代大史学家司马迁及班彪、班固、班昭，关中经学大师马融；唐代大诗人王维、白居易、杜牧，大书法家柳公权、颜真卿，画家阎立德、阎立本，训诂学家颜师古等，他们的不朽著作和业绩，树起了人类文化史上的巍巍丰碑，广为世人敬仰。

陕西生态条件多样，植物资源丰富，种类繁多。据全国第六次森林资源连续清查成果数据，陕西现有林地 670.39 万 hm^2，森林覆盖率 32.6%；天然林 467.59 万 hm^2，主要分布在秦巴山区、关山、黄龙山和桥山。秦岭巴山素有"生物基因库"之称，有野生种子植物 3300 余种，约占全国的 10%。珍稀植物 30 种，药用植物近 800 种。中华猕猴桃、沙棘、绞股蓝、富硒茶等资源极具开发价值。生漆产量和质量居全国之冠。红枣、核桃、桐油是传统的出口产品，药用植物天麻、杜仲、苦杏仁、甘草等在全国具有重要地位。省内草原属温带草原，主要分布在陕北，类型复杂，是发展畜牧业的良好条件。

五、陕西农作物发展利用现状

陕西农业属于小农经济，无大农场。粮食作物以小麦和玉米为主，水果以苹果和猕猴桃为主。不过，由于陕西处于中国最中间，而且秦岭是中国的分水岭，气候比较复杂，农业也比较复杂。陕南和南方相似，以种植水稻为主，关中则以种植小麦为主，陕北则以种植五谷杂粮为主。陕西农业科技力量雄厚，培育作物品种多。全省省级单位以上农业科技人员 4000 多名，直接从事作物品种培育和品种资源的人员有 200 多人，培育的作物品种有 200 多个，其中小麦 97 个，玉米 39 个。特定的自然环境造就了丰富的农作物资源和农作物良好的适应性，由陕西培育的小麦品种'碧蚂 1 号''丰产 3 号''6028''小偃 6 号''陕 229''陕 8759''小偃 22'等，玉米品种'武顶 1 号''陕单 9 号''户单 1 号''户单 4 号'，油菜品种'秦油 2 号'等都在全国有着重要影响。

　　陕西作物品种资源家底不清。新中国成立 50 多年来，陕西先后进行过 3 次大的作物资源普查活动，1950 年 3 月，农业部发布《五年良种普及计划(草案)》，要求以县为单位，广泛开展群众性的选种活动，发掘农家优良品种，就地繁殖，扩大推广。陕西成立了相应的机构，组织科技部门和大专院校干部技术人员和学生 100 多人，分赴各行署和重点县指导作物品种的评选工作，评选出主要作物优良品种。1956 年 9 月，农业部再次发出《关于全面征集农作物地方农家品种工作的通知》，要求各地农业行政部门和农业试验研究单位密切配合，依靠当地农业技术推广站，逐乡、逐村、逐户进行大田作物品种的普查和搜集。1957 年又发出《关于进一步搜集、整理和保存农家品种的通知》。农业科研单位相继开展作物品种资源的整理、鉴定和利用的研究。"十年内乱"一度停顿。20世纪 60 年代中期，陕西省补充征集一次作物品种资源工作。70 年代至今还没有开展较大规模的作物资源普查工作，农作物品种资源的家底不清。

　　在农作物品种资源的保护方面，还存在许多亟待解决的问题。比较突出的是育种单位对栽培品种保护得较好，而野生种和野生近缘植物保护得很差；对主要作物收集、保存较好，而"小"作物的保护较差；对交通方便地区的品种收集保存较好，而对边远山区交通不便的地方未给予重视。尤其是近年来经济发展较快，各地发展工业、交通，开垦农田，生态环境恶化，致使野生近缘植物资源受到严重破坏。

六、开展农作物资源普查、调查的目的

　　农作物种质资源是选育优良品种的遗传物质基础。搜集原始素材，拓宽种质基础，开展种质鉴定、创新和利用，在农作物品种改良工作中始终占有重要地位。我们有必要保护好丰富多样的作物遗传资源，为农业的持续发展和人类的未来提供不可缺少的基本材料，保护好国家的宝贵财富。随着西部地区社会和经济的快速发展，这些宝贵的农作物种质资源正面临丢失和灭绝的威胁。因此，开展陕西全省抗旱、耐盐碱、耐瘠薄等优异农作物种质资源的系统调查，将为提高我国干旱、半干旱地区及盐碱地的农业综合生产能力，保障粮食安全、生态安全，实现农业可持续发展提供支撑，具有重大的战略意义。

第二节　作物种质资源普查

一、普查方法与内容

(一)普查方法

　　普查主要采取与当地农业部门、气象部门和统计部门协作的方法，查询、查阅相关

资料，咨询当地有关科技人员并进行实地调查。

(二)普查内容

本次陕西干旱区抗逆农作物种质资源普查，主要针对陕西省降水量少、干旱、土壤贫瘠和土地盐碱化严重的县(市)，并结合当地抗逆农作物种质资源的种类、地理分布及特点，来确定普查对象。普查以行政县(区)为单位，普查对象分别是府谷县、神木县(现为神木市)、定边县、靖边县、横山县、黄龙县、吴起县、延长县、安塞县、长武县、蒲城县、合阳县、大荔县和乾县。根据普查目的设置相应调查条目，普查表由基本情况普查、农业生产情况普查表和农作物品种资源普查表组成。普查内容主要包括自1985～2010年6个时间节点，主要内容有年降水量(表3-1)、年均气温(表3-2)、土地面积、人口数量(表3-3)、森林覆盖率(表3-4)、作物覆盖率(表3-5)，当地种植的作物类型、面积、产量及应用品种的更替情况。对14个县的情况分别进行汇总，获得的主要基础数据如下。

表3-1　1985～2010年普查县(市)年降水量　　　　(单位：mm)

县名	1985年	1990年	1995年	2000年	2005年	2010年	年均降水量	极差
府谷县	453.0	453.0	453.0	453.0	453.0	453.0	453.0	0.0
神木县	398.0	412.0	415.0	420.0	430.0	440.0	423.4	42.0
定边县	317.0	317.0	317.0	317.0	317.0	317.0	317.0	0.0
靖边县	541.0	414.1	395.0	395.0	300.6	354.6	400.1	240.4
横山县	441.5	399.2	267.3	246.9	267.4	361.2	330.6	174.2
黄龙县	600.0	600.0	600.0	600.0	600.0	600.0	600.0	0.0
吴起县	328.6	357.6	421.8	398.6	347.0	347.0	366.8	93.2
延长县	550.0	550.0	550.0	550.0	550.0	550.0	550.0	0.0
安塞县	599.2	642.9	387.7	330.9	538.4	443.4	490.4	268.3
长武县	584.0	584.0	584.0	584.0	584.0	584.0	584.0	0.0
蒲城县	541.7	541.7	541.7	541.7	541.7	541.7	541.7	0.0
合阳县	582.4	452.4	420.9	513.3	436.1	553.6	493.1	161.5
大荔县	584.0	584.0	584.0	584.0	584.0	584.0	584.0	0.0
乾县	540.0	539.0	540.5	533.7	523.6	537.9	535.8	16.9
总均值	504.3	489.1	462.7	462.0	462.3	476.2	476.4	71.2

表3-2　1985～2010年普查县(市)年均气温　　　　(单位：℃)

县名	1985年	1990年	1995年	2000年	2005年	2010年	极差
府谷县	9.1	9.1	9.1	9.1	9.1	9.1	0.0
神木县	8.1	8.3	8.6	8.8	8.9	8.9	0.8
定边县	7.9	8.2	7.9	7.9	7.9	7.9	0.3
靖边县	7.7	8.8	7.8	7.8	9.2	9.5	1.8
横山县	8.6	8.8	8.9	9.2	9.4	9.3	0.8
黄龙县	9.5	9.5	9.5	9.5	9.5	9.5	0.0

续表

县名	1985 年	1990 年	1995 年	2000 年	2005 年	2010 年	极差
吴起县	7.0	8.5	8.3	8.6	8.2	8.6	1.6
延长县	10.2	10.2	10.2	10.2	10.2	10.2	0.0
安塞县	8.5	9.4	9.2	9.7	9.4	9.3	1.2
长武县	9.1	9.1	9.1	9.1	9.1	9.1	0.0
蒲城县	13.2	13.2	13.2	13.2	13.2	13.2	0.0
合阳县	11.2	12.1	12.3	12.3	12.3	12.9	1.7
大荔县	12.9	16.5	13.9	13.4	14.0	14.2	3.6
乾县	10.5	10.2	10.0	11.0	11.5	12.7	2.7
总均值	9.5	10.1	9.9	10.0	10.1	10.3	1.0

表 3-3　1985～2010 年普查县(市)人口数量　　　　　(单位：万人)

县名	1985 年	1990 年	1995 年	2000 年	2005 年	2010 年	均值	极差
安塞县	12.7	14.8	14.9	15.3	16.4	16.9	15.2	4.2
大荔县	55.6	65.4	67.8	68.9	70.2	73.0	66.8	17.4
定边县	33.0	33.0	33.0	29.0	29.0	33.0	31.7	4.0
府谷县	17.6	18.6	19.8	21.2	21.3	24.5	20.5	6.9
合阳县	37.6	42.2	42.2	43.3	43.6	45.5	42.4	7.9
横山县	23.8	28.2	30.1	32.9	33.3	36.0	30.7	12.2
黄龙县	4.6	4.5	4.5	4.8	4.9	4.9	4.7	0.3
靖边县	20.1	24.0	25.4	27.1	29.1	32.8	26.4	12.7
蒲城县	79.1	79.1	79.3	79.5	79.8	80.0	79.5	0.9
乾县	39.0	41.0	52.0	54.0	58.0	59.2	50.5	20.2
神木县	26.9	30.3	33.4	36.9	37.6	42.2	36.1	15.3
吴起县	10.1	11.2	11.8	12.0	12.7	13.6	11.9	3.5
延长县	12.3	13.2	13.7	14.2	14.3	14.5	13.7	2.2
长武县	13.2	14.5	16.0	17.3	18.7	20.0	16.6	6.8
总均值	27.5	30.0	31.7	32.6	33.5	35.4	31.9	8.2

表 3-4　1985～2010 年普查县(市)森林覆盖率(%)

县名	1985 年	1990 年	1995 年	2000 年	2005 年	2010 年	极差
府谷县	18.8	22.8	25.9	26.8	28.9	30.7	11.9
神木县	25.6	26.9	35.8	36.1	38.2	39.8	14.2
定边县	19.0	19.9	23.0	23.4	24.1	24.5	5.5
靖边县	21.0	24.1	32.1	34.4	35.3	36.2	15.2
横山县	21.0	21.7	26.3	27.6	29.2	30.1	9.1
黄龙县	56.1	59.1	65.2	67.8	69.2	70.1	14.0

续表

县名	1985 年	1990 年	1995 年	2000 年	2005 年	2010 年	极差
吴起县	42.3	45.1	54.2	55.6	57.8	58.0	15.7
延长县	5.6	5.7	6.0	6.3	6.4	6.5	0.9
安塞县	15.8	32.2	33.1	34.1	34.2	36.8	21.0
长武县	21.1	23.5	28.1	29.2	31.5	32.0	10.9
蒲城县	23.7	24.2	28.6	29.3	31.9	33.0	9.3
合阳县	27.9	29.1	34.5	34.7	34.9	35.0	7.1
大荔县	24.1	24.3	26.3	27.1	27.9	28.0	3.9
乾县	17.8	19.2	21.7	22.5	23.1	23.5	5.7
总均值	24.3	27.0	31.5	32.5	33.8	34.6	10.3

表 3-5　1985～2010 年普查县(市)作物覆盖率(%)

县名	1985 年	1990 年	1995 年	2000 年	2005 年	2010 年	极差
府谷县	11.6	11.1	10.6	9.7	9.1	8.6	3.0
神木县	1.5	2.2	1.4	6.9	5.5	5.3	5.5
定边县	15.4	14.3	13.5	13.7	19.6	22.4	8.9
靖边县	9.4	6.6	5.1	5.7	8.6	8.4	4.3
横山县	8.0	8.2	5.2	6.3	11.8	12.6	7.4
黄龙县	4.8	4.9	5.7	4.6	5.0	5.1	1.1
吴起县	3.8	6.3	6.7	5.6	5.1	11.5	7.7
延长县	5.3	8.8	12.5	9.7	14.9	19.8	14.5
安塞县	5.7	12.3	17.2	10.9	21.3	20.0	15.3
长武县	3.9	4.0	3.8	4.1	3.5	4.5	1.0
蒲城县	25.3	21.3	26.5	51.5	51.4	45.0	30.2
合阳县	39.2	46.0	53.7	43.7	54.1	62.0	22.8
大荔县	27.2	30.2	22.4	37.4	40.3	49.4	27.0
乾县	19.5	28.4	28.4	28.4	50.9	62.9	43.4
总均值	12.9	14.6	15.2	17.0	21.5	24.1	13.7

二、普查结果与分析

通过对 14 个县的种植结构分析发现,在陕北榆林地区和延安地区的各县,主要以种植杂粮,如糜子、谷子、食用豆和马铃薯。在渭南地区和咸阳地区各县小麦和玉米的种植面积大。在 1990 年之前各县农作物种植的农家品种较多,1990 年以后育成品种开始大面积推广。小麦品种主要有延安系列,宁夏的宁春系列和山西的晋麦系列,其中'小偃 6 号'的种植持续时间较长,最多的有近 20 年一直在种植。玉米品种的种植主要有户单系列、沈单系列和部分的掖单系列。

通过对 14 个县的年降水量的数据分析发现，有显著变化的县是靖边县、横山县、安塞县和合阳县。其余县的降水量变化幅度不大，有的基本没有变化。年均降水量最少的县是定边县，只有 317mm。年均降水量最多的县是黄龙县，年均降水量有 600mm。见表 3-1。

通过对 14 个县的年均气温的数据分析发现，总体呈上升的趋势，有显著变化的县是大荔县和乾县，在陕北的府谷、神木、定边、靖边、横山、吴起、延长、安塞和黄龙等县的年均气温普遍低于渭北的长武、蒲城、合阳、大荔和乾县，其中气温最低的县是定边县，气温最高的县是大荔县。见表 3-2。

通过对 14 个县的人口数量的数据分析发现，总体呈上升的趋势，各县人口的变化情况也不一致，黄龙县的人口基本变化不大，大荔县、横山县、靖边县、乾县和神木县人口变化较大，人口增加 10 万人以上，这可能与所占土地面积大小和所处的地理环境影响有关，如黄龙县 1985 年时人口基数就小，只有 4.6 万人；乾县在 1985 年有 39.0 万人，到 2010 有 59.2 万人；大荔县在 1985 年有 55.6 万人，在 2010 年有 73 万人（表 3-3）。

通过对 14 个县的森林覆盖率和作物覆盖率的数据分析发现，总体呈上升的趋势，森林覆盖率陕北各县的增长幅度较大，如安塞县和吴起县，安塞县森林覆盖率增加了 21.0 个百分点，吴起县增加了 15.7 个百分点，府谷县、神木县、靖边县、黄龙县和长武县森林覆盖率增加也在 10.0 个百分点以上，这可能与国家退耕还林政策有关。农作物覆盖率的增长情况是渭北几个县的增长幅度大，如蒲城县、合阳县、大荔县和乾县，增长幅度都在 20.0 个百分点以上，其中乾县的增长幅度最大，增加了 43.4 个百分点（表 3-4，表 3-5）。

（一）府谷县抗逆农作物种质资源普查情况

府谷县位于举世瞩目的"神府东胜煤田"腹地，地处陕西省最北端，山西、陕西、内蒙古三省区交汇处，东与山西省保德县、河曲县隔河相望，北与内蒙古自治区准格尔旗、伊金霍洛旗阡陌相通，西、南与本省神木县土地相连。府谷县土地面积 0.3229 万 km²，辖 15 个镇。这里不仅蕴藏着蜚声海外的煤炭资源，也盛产誉满全国的优质黄米，是陕北能源化工基地的"桥头堡"、世界稀有树种海红果的主产地。府谷县属温带大陆性季风气候，年均气温 9.1℃，最热的 7 月，月平均气温 23.9℃；最冷的 1 月，月平均气温零下 8.4℃；气温年较差 32.3℃，年降水量平均 453mm，降水主要集中在 7～9 月，占年降水量的 67%。

通过调查发现，府谷县在 1985～2010 年气候和年降水量变化不明显。人口由 1985 年的 17.6 万人，增加到 2010 年的 24.5 万人，增加人口 39.20%。

1. 府谷县农作物种植面积变化情况

在农作物种植结构的变化中，大豆和食用豆的种植面积变化不明显，大豆基本保持在 0.37 万～0.48 万 hm²。食用豆平均在 0.25 万 hm² 左右变化。种植面积最多的是糜子，在 1985 年种植 1.01 万 hm²，到 2000 年增加到 1.19 万 hm²，到 2010 年又减少到 0.82 万 hm²。玉米种植面积在 0.59 万～0.81 万 hm² 变化，谷子的变化较大，在 1985 年种植 0.71 万 hm²，1990 年种植 0.75 万 hm²，到 2010 年下降到 0.41 万 hm²。主要变化情况见图 3-1 和

表 3-6。

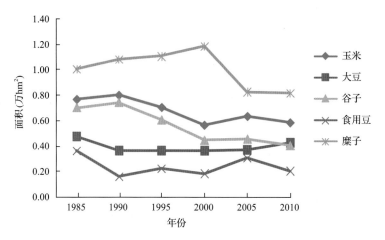

图 3-1　府谷县 1985～2010 年农作物种植面积变化情况

表 3-6　1985～2010 年普查府谷县农作物种植面积　（单位：万 hm²）

农作物	1985 年	1990 年	1995 年	2000 年	2005 年	2010 年
玉米	0.77	0.81	0.71	0.57	0.64	0.59
大豆	0.48	0.37	0.37	0.37	0.38	0.43
谷子	0.71	0.75	0.61	0.45	0.46	0.41
食用豆	0.37	0.17	0.23	0.19	0.31	0.21
糜子	1.01	1.09	1.11	1.19	0.83	0.82

2. 府谷县农作物种植品种的更替情况

通过对农作物种类的普查发现，玉米的品种更替较缓慢。玉米品种一直保持在 2～3 个品种，其中'丹玉 13 号'和'陕单 911'种植了近 20 年，品种都没有替换。糜子在 1985 年主要种植农家品种，有'本地大黄糜子''本地大红糜子''本地白黍子''本地红黍子'等，1990 年开始有小面积的育成品种种植，主要有'榆糜 2 号'和'榆黍 1 号'，直到 2010 年'榆糜 2 号''榆黍 1 号'还有种植，多数为育成品种，有'伊糜 5 号''内糜 6 号'，农家品种'白黍子'在哈镇、麻镇和武家庄仍有种植。谷子的种植品种更新换代变化不大，一直以'沁州黄''张杂谷 5 号''秦谷 4 号''榆谷 2 号''红龙爪洒谷''石炮谷''大红袍'和'榆谷 1 号'为主，其中'大红袍'农家品种一直深受农民的喜爱。食用豆在 1985～2010 年主要种植农家品种，主要有麻镇'大明绿豆''古地小毛绿豆''本地红小豆''之豇 28-2''中豌 1 号'。大豆主要种植品种有'榆豆 2 号''东大 2 号''榆豆1 号''鸡腰白''连架条''本地黄豆''丰收 10 号''黄豆 881'，其中'榆豆 1 号''鸡腰白''连架条'这 3 个品种于 1985～2010 年在不同的乡镇均有种植。

(二)神木县抗逆农作物种质资源普查情况

2017 年 4 月 10 日经国务院批准，撤销神木县，设立县级神木市，以原神木县的行政区域为神木市的行政区域，神木市人民政府驻神木镇府阳路 1 号。神木市由陕西省直辖，榆林市代管。神木市位于陕西省北部，秦、晋、内蒙古三省(区)接壤地带，在北纬 38°13′～39°27′、东经 109°40′～110°54′。土地面积 0.7635 万 km²，辖 21 个乡镇(办事处)，629 个行政村。大陆性气候显著，冬季漫长寒冷，夏季短促，温差大；冬季少雨雪，夏季雨水集中，年际变率大。年均降水量 423.4mm，年均气温 8.0℃左右。

通过调查发现，神木县在 1985～2010 年气候变化较小：但年均气温呈上升趋势，变化区间为 8.1～8.9℃，年均降水量呈上升趋势，变化区间为 398.0～440.0mm；从农作物覆盖率来看，变化较显著，从 1985 年的 1.5%增长到 2000 年的 6.9%。

1. 神木县农作物种植面积的变化情况

在农作物种植结构的变化中，主要种植的农作物有玉米、大豆、高粱、谷子、食用豆和胡麻。玉米在 1990 年种植有 0.53 万 hm²，1995 年只种植 0.27 万 hm²，从 2000 年以后玉米种植面积明显增加，在 2005 年种植 1.15 万 hm²，增加了 300%以上，2010 年种植 1.01 万 hm²。大豆在 1985～1995 年种植面积变化不大，基本保持在 0.33 万 hm² 左右，在 2000 年明显增加，种植 1.21 万 hm²，之后种植面积有所下降，但也保持在 0.95 万 hm² 左右。高粱的种植面积较少，1985～1995 年一直保持在 0.20 万 hm² 左右，在 2000 年及以后基本没有高粱的种植。谷子的种植面积变化不明显，基本都在 0.40 万～0.53 万 hm²，在 1995 年和 2000 年变化较大，1995 年减少到 0.20 万 hm²，2000 年增加到 0.73 万 hm²。食用豆在 2000 年开始以后各年均有种植，并且种植面积很大，在 2000 年种植 1.65 万 hm²，2005 年和 2010 年保持在 1.10 万～1.13 万 hm²。胡麻从 2000 年开始也有小面积的种植，保持在 0.09 万～0.13 万 hm²。主要变化情况见图 3-2 和表 3-7。

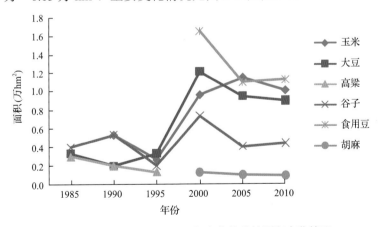

图 3-2　神木县 1985～2010 年农作物种植面积变化情况

表 3-7　1985～2010 年普查神木县农作物种植面积　　（单位：万 hm²）

农作物	1985 年	1990 年	1995 年	2000 年	2005 年	2010 年
玉米	—	0.53	0.27	0.96	1.15	1.01
大豆	0.33	0.20	0.33	1.21	0.95	0.90
高粱	0.30	0.20	0.13	—	—	—
谷子	0.40	0.53	0.20	0.73	0.41	0.44
食用豆	—	—	—	1.65	1.10	1.13
胡麻	—	—	—	0.13	0.11	0.09

2. 神木县农作物种植品种的更替情况

通过对神木县农作物种类的普查发现，玉米主要是以育成品种为主，并且品种每 5 年都有更新，在 2000 年主要种植的是'中单 2 号''丹玉 13''陕单 911''陕单 902'，2005 年品种除'丹玉 13'外，新更新的有'沈单 10 号''登海 9 号''哲单 7 号'，在 2010 年玉米主要种植的品种有'榆单 9 号''哲单 7 号''登海 9 号''科禾 8 号''郑单 958'。谷子在 2000 年主要种植'石炮谷'和'九枝谷'，在 2005 年除了'石炮谷'和'九枝谷'外，更新的有'庆州黄'，2010 年除有'九枝谷'种植外，还有'晋谷 21'和'晋谷 29'育成品种的种植。大豆在 2000 年主要种植'鸡腰白'和'连架条'，2005 年大豆的种植品种没有变化，在 2010 年新增加了育成品种'晋豆 23'。食用豆在 2000 年主要种植'本地毛绿豆''白豇豆''红豇豆''扁豆'和'红小豆'，2005 年种植品种没有变化，2010 年除过以前种植的品种以外新增加了'横山大明绿豆'。胡麻在 2000～2010 年主要种植'宁亚 10 号'和'本地胡麻'。

(三)定边县抗逆农作物种质资源普查情况

定边县地处陕西省西北角、榆林市的最西端，是黄土高原与内蒙古鄂尔多斯荒漠草原的过渡地带，位于北纬 36°49′～37°53′、东经 107°15′～108°22′.土地面积 0.6920 万 km²，全县辖 1 街道办事处 14 镇 4 乡。属温带半干旱大陆性季风气候。主要特点是：春多风、夏干旱、秋阴雨、冬严寒，日照充足，雨季迟且雨量年际变化大，年均气温 7.9℃，年均降水量 317mm。

通过调查发现，定边县在 1985～2010 年气候变化和年降水量年际之间变化不明显，森林覆盖面积逐年增加，从 1985 年的 19.0%到 2010 年增加为 24.5%，增加了 28.9%。从农作物覆盖率来看，变化较显著，从 1985 年的 15.4%增长到 2010 年的 22.4%，增加了 45.5%。

1. 定边县农作物种植面积变化情况

在农作物种植结构中，主要种植有小麦、玉米、大豆、胡麻、薯类、蔬菜、果树、荞麦、糜子和谷子。其中种植面积较大的有小麦、玉米、薯类和荞麦。在 1985～1995 年小麦种植面积为 2.67 万 hm²，到 2000 年以后至 2010 年种植面积下降到 0.67 万 hm² 左右。玉米在 1985～1990 年种植面积较少，在 0.20 万～0.27 万 hm²。从 1995 年 2.33 万 hm² 开始逐年增加到 2010 年的 3.13 万 hm²。大豆种植面积较少，1985 年只有 0.40 万 hm² 的种植面积，以后各年再无种植。胡麻的种植面积变化逐渐变小，从 1990 年的 0.67 万 hm²，

到 2000 年的 0.13 万 hm²，以后各年再无种植。薯类的种植面积变化很大，1985～1990 年
种植面积在 0.47 万～0.67 万 hm²，1995 年增加到 1.67 万 hm²，2000 年又下降到 0.80 万 hm²，
到 2005 年急剧增加到 5.07 万 hm²，2010 年达 6.67 万 hm²。蔬菜在定边县也有一定面积
的种植，1985～1990 年种植面积为 0.07 万 hm² 左右；1995～2010 年种植面积有所增加，
一直保持在 0.20 万～0.40 万 hm²。荞麦的种植面积一直很大，1985 年最多，有 4.67 万 hm²，
以后种植面积有所下降，1990 年种植 4.33 万 hm²，1995 年种植 2.87 万 hm²，2000～2005
年种植 3.00 万 hm²，2010 年种植 3.13 万 hm²。糜子的种植面积较少，1985 年种植面积
为 0.87 万 hm²，以后各年有所下降，到 2010 年糜子的种植面积只有 0.13 万 hm²。谷子
的种植面积变化不大，1985～2010 年一直保持在 0.33 万～0.40 万 hm²。主要变化情况见
图 3-3 和表 3-8。

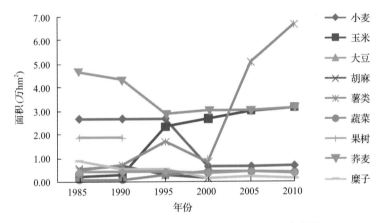

图 3-3　定边县 1985～2010 年农作物种植面积变化情况

表 3-8　1985～2010 年普查定边县农作物种植面积　（单位：万 hm²）

农作物	1985 年	1990 年	1995 年	2000 年	2005 年	2010 年
小麦	2.67	2.67	2.67	0.63	0.63	0.67
玉米	0.20	0.27	2.33	2.67	3.00	3.13
大豆	0.40	—	—	—	—	—
胡麻	0.53	0.67	0.27	0.13	—	—
薯类	0.47	0.67	1.67	0.80	5.07	6.67
蔬菜	0.07	0.08	0.27	0.39	0.40	0.38
果树	1.87	1.87	—	0.95	—	—
荞麦	4.67	4.33	2.87	3.00	3.00	3.13
糜子	0.87	0.53	0.53	0.13	0.20	0.13
谷子	0.40	0.40	0.40	0.33	0.40	0.33

2. 定边县农作物种植品种的更替情况

通过对定边县农作物种类的普查发现，1985～1990 年，小麦主要种植春小麦品种，有'榆春 2 号'和'宁春 4 号'，其中'宁春 4 号'的种植面积最大，为 2.27 万～2.33 万 hm²，1995～2005 年新增加的小麦品种'宁冬 4 号'代替了'宁春 4 号'，到 2010 年小麦品种只有'宁冬 4 号'在种植。薯类在 1985～1990 年种植品种主要是克新系列，1995 年新增加了'紫蓝白'品种，直到 2010 年薯类种植品种一直是克新系列和'紫蓝白'。玉米在 1985～1990 年的种植品种主要是'中单 2 号'，1995 年新增加了'燕单 4 号'，2000年除'中单 2 号'外新增加了'陕单 911'和'登海 9 号'品种，2005 年主要种植的品种是'浙单 7 号''中单 8 号'和其他品种，2010 年玉米品种更为'先玉 335'和'榆单 9 号'。油料作物主要种植的有胡麻、油葵和芸芥。蔬菜种植的有叶菜类、果菜类和辣椒。果树种植主要包括苹果、山杏、毛桃和葡萄。

（四）靖边县抗逆农作物种质资源普查情况

靖边县位于陕西省北部偏西，榆林市西南部，无定河上游，跨长城南北。地处北纬 36°58′45″～38°03′15″、东经 108°17′15″～109°20′15″。全县海拔为 1123～1823m。土地面积 0.5088 万 km²。属半干旱大陆性季风气候，光照充足，温差大，气候干燥，通风条件好，雨热同季，四季明显，主要自然灾害是干旱和低温霜冻，其次是大风和冰雹。年均降水量 400.1mm。

通过调查发现，靖边县在 1985～2010 年气候变化年际之间变化不明显，但每年气温有所上升，1985 年年均气温是 7.7℃，到 2010 年年均气温为 9.5℃，升高了 23.4%。年降水量变化显著，1985 年降水量为 541.0mm，以后逐年下降，在 2005 年降水量只有 300.6mm，下降了 44.4%。森林覆盖面积逐年增加，从 1985 年的 21.0%到 2010 年增加为 36.2%，增加了 72.4%，从农作物覆盖率来看，变化较显著，1985 年为 9.4%，在 1995 年下降到 5.1%，到 2010 年又增加到 8.4%。人口变化显著，1985 年是 20.1 万人，2010 年为 32.8 万人，增加了 63.2%。

1. 靖边县农作物种植面积变化情况

在农作物种植结构的变化中，主要种植的农作物有小麦、玉米、大豆、高粱、谷子、食用豆、油菜、胡麻、蔬菜、牧草和果树。其中种植面积最大的是玉米，1985～1990 年种植面积为 0.17 万～0.26 万 hm²，1995 年种植面积增加到 0.70 万 hm²，以后各年逐渐增加，到 2010 年增加到 2.34 万 hm²。小麦在靖边县的种植面积较小，1985 年种植面积为 0.21 万 hm²，以后逐年减少，2005 年全县种植面积只有 0.007 万 hm²，2010 年基本没有小麦种植。其余作物的种植面积变化幅度不大，都在 0.67 万 hm²徘徊。主要变化情况见图 3-4 和表 3-9。

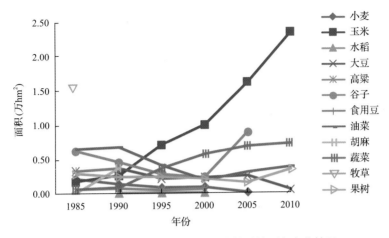

图 3-4 靖边县 1985～2010 年农作物种植面积变化情况

表 3-9 1985～2010 年普查靖边县农作物种植面积 （单位：万 hm²）

农作物	1985 年	1990 年	1995 年	2000 年	2005 年	2010 年
小麦	0.21	0.13	0.08	0.09	0.01	—
玉米	0.17	0.26	0.70	0.99	1.61	2.34
水稻	—	0.01	0.01	0.01	—	—
大豆	0.33	0.37	0.21	0.23	0.25	0.05
高粱	0.06	0.07	0.05	0.05	—	—
谷子	0.61	0.45	0.28	0.23	0.88	—
食用豆	0.33	0.37	—	—	—	—
油菜	0.65	0.67	0.41	0.19	0.30	0.38
胡麻	0.01	0.36	—	—	—	—
蔬菜	0.06	0.08	0.36	0.57	0.68	0.72
牧草	1.55	—	—	—	—	—
果树	0.29	0.24	0.24	0.21	0.15	0.33

2. 靖边县农作物种植品种的更替情况

通过对靖边县农作物种类的普查发现，靖边县主要种植春小麦品种，为‘榆春 2 号’。1985～2000 年荞麦主要种植的是‘本地红花荞麦’，2005 年出现‘榆荞 4 号’荞麦品种的种植，到 2010 年有荞麦育成品种‘西农 9976’‘西农 9978’和‘西农 9940’等品种的种植。薯类的种植在 1985～2000 年主要为‘沙杂’和‘虎头’农家品种，到 2005 年出现‘紫花白’品种的种植，2010 年出现脱毒马铃薯‘克新’和‘布尔班克’等新品种的种植。玉米在 1985～1995 年主要种植的品种是‘中单 2 号’，到 2000 年又增加了‘中单 19’‘哲单 7 号’‘登海 9 号’等品种的推广种植，2010 年又出现‘郑单 958’‘榆单 9 号’和登海其他系列品种的种植。黄芥、糜子、食用豆和谷子的种植主要以农家品种为主。果树种植以苹果为主，主要品种有‘红元帅’‘金冠’‘小国光’和富士系列。

(五)横山县抗逆农作物种质资源普查情况

横山县位于陕西省北部，毛乌素沙漠南缘，明长城脚下，无定河中游，内蒙古与陕西交界，古称塞北边陲。县境北倚榆林，南抵子长，东靠米脂，西搭靖边，西北与乌审旗接壤，东南同子洲县毗邻，西起雷龙湾乡沙梁村，东至党岔乡朱家沟，南始石湾镇中青湾，北至白界乡老庄子。县城地理坐标是北纬 37°56′、东经 109°14′。全县辖 12 镇 2 乡 1 个国营农场 361 个行政村。土地面积 0.4333 万 km^2。横山县年均气温 9℃左右，气温的一般特征是年际、月际变化大，极端最高气温为 38.4℃，极端最低气温为零下 29℃。年极端最高气压出现在气温最低期的 12 月和 1 月，极端最低气压出现在冷暖空气交替频繁的 4 月或 5 月。年均降水量 330.6mm。

通过调查发现，横山县在 1985～2010 年年降水量变化显著，1985 年降水量为 441.5mm，以后逐年下降，在 2000 年降水量只有 246.9mm，下降了 44.1%，在 2010 年又升高为 361.2mm。森林覆盖面积逐年增加，从 1985 年的 21.0%到 2010 年增加为 31.1%，增加了 48.1%，从农作物覆盖率来看，变化较显著，1985 年为 8.0%，在 1995 年下降到 5.2%，到 2010 年又增加到 12.6%，变化幅度为 7.4 个百分点。人口变化显著，1985 年为 23.8 万人，2010 年为 36.0 万人，增加了 51.3%。

1. 横山县农作物种植面积变化情况

在农作物种植结构的变化中，主要种植的农作物有小麦、玉米、水稻、大豆、谷子、蔬菜、高粱、食用豆、果树。小麦在 1985 年的种植面积为 0.27 万 hm^2，以后逐年下降，1990 年的种植面积下降到 0.11 万 hm^2，1995 年为 0.10 万 hm^2，2000 年为 0.07 万 hm^2，2005 年为 0.05 万 hm^2，到 2010 年基本上没有小麦种植。玉米的种植面积在横山县比较大，1985 年的种植面积为 0.21 万 hm^2，1990 年的种植面积为 0.19 万 hm^2，1995 年的种植面积为 0.45 万 hm^2，2000 年的种植面积为 0.43 万 hm^2，2005 年的种植面积上升到 0.70 万 hm^2，到 2010 年其种植面积为 0.81 万 hm^2。水稻在 1985 年的种植面积为 0.09 万 hm^2，1990 年的种植面积为 0.19 万 hm^2，1995 年的种植面积为 0.26 万 hm^2，2000 年为 0.36 万 hm^2，2005 年为 0.27 万 hm^2，2010 年为 0.23 万 hm^2。大豆在横山县的种植面积在 1985 年为 0.71 万 hm^2，1990 年为 0.96 万 hm^2，1995 年种植面积下降较大，为 0.23 万 hm^2，从 1995 年以后种植面积又有所升高，在 2000 年为 0.62 万 hm^2，2005 年为 0.94 万 hm^2，2010 年为 0.82 万 hm^2。谷子的种植面积在 20 世纪 80 年代种植面积最大，1985 年为 1.77 万 hm^2，1990 年为 1.65 万 hm^2，以后种植面积下降较，1995 年为 0.93 万 hm^2，2000 年为 0.89 万 hm^2，2005 年为 0.54 万 hm^2，到 2010 年只有 0.52 万 hm^2。蔬菜种植面积较少，1985～2005 年种植面积一直在 0.07 万 hm^{2}左右，到 2010 年达到 0.19 万 hm^2。高粱、食用豆和果树从 2005 年开始在横山县才有种植。高粱在 2005 年的种植面积为 0.11 万 hm^2，2010 年为 0.07 万 hm^2。食用豆在 2005 年的种植面积为 0.99 万 hm^2，2010 年上升为 1.67 万 hm^2。果树在 2005 年的种植面积为 0.87 万 hm^2，2010 年为 0.53 万 hm^2。主要变化情况见图 3-5 和表 3-10。

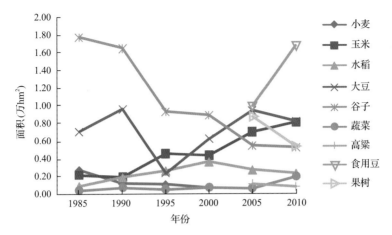

图 3-5　横山县 1985～2010 年农作物种植面积变化情况

表 3-10　1985～2010 年普查横山县农作物种植面积　　（单位：万 hm^2）

农作物	1985 年	1990 年	1995 年	2000 年	2005 年	2010 年
小麦	0.27	0.11	0.10	0.07	0.05	—
玉米	0.21	0.19	0.45	0.43	0.70	0.81
水稻	0.09	0.19	0.26	0.36	0.27	0.23
大豆	0.71	0.96	0.23	0.62	0.94	0.82
谷子	1.77	1.65	0.93	0.89	0.54	0.52
蔬菜	0.04	0.07	0.05	0.07	0.06	0.19
高粱	—	—	—	—	0.11	0.07
食用豆	—	—	—	—	0.99	1.67
果树	—	—	—	—	0.87	0.53

2. 横山县农作物种植品种的更替情况

通过对横山县农作物种类的普查发现，横山县种植的小麦品种主要是以农家品种较多，在 1985 年主要有'和尚头''代三三''东方红 3 号''本地冬小麦''62-19'，1990 年的品种有'伊尼亚''75-2''榆春 2 号''本地冬小麦''69-20'，1995 年的品种有'伊尼亚''75-2''榆春 2 号''榆春 1 号''本地冬小麦'，2000～2005 年除其他品种没变以外，'本地春麦'代替了'本地冬小麦'，其中'榆春 2 号'种植时间最长。玉米种植品种主要是育成品种，更新换代也很快，品种种类较多，基本每个节点有 5～6 个品种，'中单 2 号''丹玉 13''登海 3 号''陕单 911'种植超 10 年时间，说明这些品种稳产和丰产性较好，群众喜爱。水稻种植品种主要是育成品种，基本每个节点有 4～5 个品种，'京引 39''公交 10 号'种植时间较长，在 1955～1995 年都有种植，其中'京引 39'在 2000 年还有种植。大豆种植品种主要是农家品种，基本每个节点有 2～5 个品种，其中'链架条''驴咬稍'和'白狗芽'在 1985～2010 年普遍种植，只有在 2000～2010 年出现了'晋谷 29'和'晋谷 21'育成品种。高粱在 2005～2010 年种植的主要品种有'晋杂 4 号''晋杂 5 号''抗四''长秆高粱'。食用豆主要种植绿豆、红小豆、豇豆、豌豆、扁豆。蔬菜种植的种类主要有西红柿、白菜、辣椒、茄子、甘蓝。苹果种植的品种主要有'黄元帅''红元帅'

'红星''国光''秦冠'。

(六)黄龙县抗逆农作物种质资源普查情况

黄龙县位于陕西省中北部，革命老区延安市的东南缘，西接洛川，南与白水、澄城、合阳毗邻，东临韩城，北靠宜川，为陕西渭北旱塬与陕北黄土高原的过渡地带，属陕西秦岭以北不可多得的半湿润暖温带气候区。黄龙县地处北纬 35°24′09″～36°02′11″、东经 109°38′49″～110°16′49″，最高海拔 1783.5m，最低海拔 643.7m。土地面积 0.2383 万 km²。共辖 4 镇 3 乡 3 社区。属大陆性半湿润季风气候。年均降水量 600.0mm。年均气温 9.5℃。

通过调查发现，黄龙县在 1985～2010 年年降水量和气温基本保持不变。森林覆盖面积逐年增加，从 1985 年的 56.1%到 2010 年增加为 70.1%，增加了 25.0%，从农作物覆盖率来看，变化不显著，一直在 5.0%左右。

1. 黄龙县农作物种植面积变化情况

在农作物种植结构的变化中，主要种植的农作物有小麦、玉米、大豆、果树。小麦在 1985～2000 年的种植面积一直在 0.28 万～0.38 万 hm²，到 2000 年以后至 2010 年其种植面积下降到 0.02 万 hm² 左右。玉米在 1985 年的种植面积为 0.28 万 hm²，1990 年为 0.24 万 hm²，1995 年为 0.27 万 hm²，2000 年为 0.24 万 hm²，2005 年的种植面积增加很快，为 0.81 万 hm²，2010 年为 0.88 万 hm²。大豆种植面积变化不大，种植面积一直保持在 0.05 万～0.12 万 hm²。谷子在 1985～2000 年一直保持在 0.07 万 hm² 左右，以后逐年下降，到 2010 年下降到 0.007 万 hm²。烤烟的种植面积在 1985～2000 年为 0.07 万～0.09 万 hm²，2005 年和 2010 年分别为 0.03 万 hm² 和 0.05 万 hm²。薯类种植面积最大的有 0.11 万 hm²，最小的有 0.05 万 hm²，面积变化不大。油菜于 1985～2000 年一直保持在 0.07 万 hm² 左右，2005～2010 年下降到 0.007 万 hm²。蔬菜种植面积一直比较少，为 0.007 万～0.03 万 hm²。主要变化情况见图 3-6 和表 3-11。

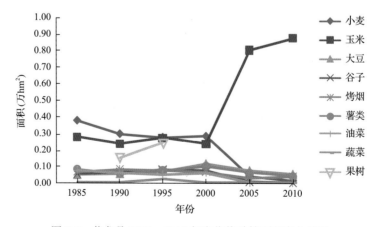

图 3-6　黄龙县 1985～2010 年农作物种植面积变化情况

表 3-11　1985～2010 年普查黄龙县农作物种植面积　　（单位：万 hm²）

农作物	1985 年	1990 年	1995 年	2000 年	2005 年	2010 年
小麦	0.38	0.30	0.28	0.29	0.05	0.02
玉米	0.28	0.24	0.27	0.24	0.81	0.88
大豆	0.05	0.06	0.07	0.12	0.08	0.06
谷子	0.06	0.07	0.09	0.08	0.01	0.01
烤烟	0.07	0.09	0.08	0.07	0.03	0.05
薯类	0.09	0.06	0.08	0.11	0.07	0.05
油菜	0.08	0.07	0.05	0.07	0.01	0.01
蔬菜	0.01	0.01	0.03	0.01	0.01	0.01
果树	—	0.15	0.25	—	—	—

2. 黄龙县农作物种植品种的更替情况

通过对黄龙县农作物种类的普查发现，黄龙县种植的小麦品种在1985年主要是延安系列，1990年是延安系列和‘榆田8号’，2000年主要种植山西品种，有‘晋麦47’和‘晋麦54’。玉米在1985年种植的品种主要是‘中单2号’‘户单1号’，1995年的主要品种是沈单系列和‘户单4号’，2000年主要种植的品种为‘陕单911’‘沈单10号’‘浚单20’，2005年的主要品种有‘陕单911’‘沈单10号’‘郑单958’‘户单4号’，2010年的品种主要有‘郑单958’‘榆单9号’‘三北6号’。谷子在1985年的主要品种是‘干捞饭’‘谷上谷’‘红谷’。果树品种主要是‘黄元帅’和‘国光’。

(七) 吴起县抗逆农作物种质资源普查情况

吴起县位于陕西省延安市的西北部，西北邻定边县，东南接志丹县，东北邻靖边县，西南毗邻甘肃华池县。地处北纬 36°33′33″～37°24′27″、东经 107°38′57″～108°32′49″，总面积 0.3729 万 km²。辖 6 个镇、3 个乡。吴起县属半干旱温带大陆性季风气候，春季干旱多风，夏季旱涝相间，秋季温凉湿润，冬季寒冷干燥，年均气温 8.0℃，极端最高气温 37.1℃，极端最低气温-25.1℃。年均降水量 366.8mm。

通过调查发现，吴起县在1985～2010年年降水量变化较大，最少的为1985年，328.6mm，最多的为1995年，421.8mm，极差93.2mm。气温年际变化幅度不大，只有1.6℃。森林覆盖率逐年增加，从1985年的42.3%到2010年增加为58.0%，增加了37.1%，从农作物覆盖率来看，变化较显著，由1985年的3.8%增加到2010年的11.5%，提高了2倍。

1. 吴起县农作物种植面积变化情况

在农作物种植结构的变化中，主要种植的农作物有小麦、玉米、大豆、谷子、油菜、胡麻、蔬菜、果树。其中面积变化最大的是油菜和果树。1985年油菜的种植面积为 0.27 万 hm²，1995年为 0.01 万 hm²，2000年为 0.07 万 hm²，2005年上升到 0.22 万 hm²，2010年种植面积增加很快，为 1.40 万 hm²。果树在 1985 年种植面积为 0.17 万 hm²，1990 年增加到

1.06 万 hm², 1995 年增加到 1.46 万 hm², 2000 年下降到 0.95 万 hm², 2005 年下降到 0.66 万 hm², 到 2010 年又上升到 1.35 万 hm²。小麦的种植面积变化不大, 1985~2005 年在 0.45 万~0.61 万 hm² 变化, 从 2005 年以后吴起县再无小麦种植。玉米在 1985 年的种植面积为 0.10 万 hm², 1990 年为 0.08 万 hm², 1995 年为 0.13 万 hm², 2000 年为 0.43 万 hm², 2005 年为 0.40 万 hm², 2010 年为 0.60 万 hm²。大豆的种植面积一直保持在 0.07 万~0.27 万 hm²。谷子的种植面积在 1985 年最大, 为 0.42 万 hm², 以后有所下降, 1990 年为 0.33 万 hm², 1995 年为 0.20 万 hm², 2000 年下降到 0.03 万 hm², 2005 年为 0.20 万 hm², 2010 年谷子没有种植。胡麻在 1990 年和 1995 年有一定的种植面积, 分别为 0.33 万 hm² 和 0.20 万 hm², 1985 年和 2000 年种植面积较少, 分别为 0.04 万 hm² 和 0.03 万 hm²。蔬菜在 1985~1995 年种植面积一直较少, 为 0.007 万~0.02 万 hm², 从 1995 年之后有所增加, 2000 年为 0.08 万 hm², 2005 年为 0.13 万 hm², 2010 年为 0.25 万 hm²。主要变化情况见图 3-7 和表 3-12。

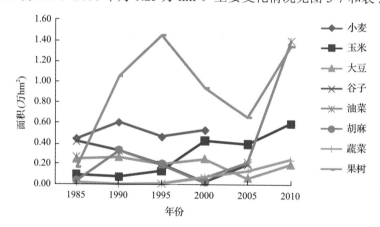

图 3-7　吴起县 1985~2010 年农作物种植面积变化情况

表 3-12　1985~2010 年普查吴起县农作物种植面积　　（单位：万 hm²）

农作物	1985 年	1990 年	1995 年	2000 年	2005 年	2010 年
小麦	0.45	0.61	0.47	0.53	—	—
玉米	0.10	0.08	0.13	0.43	0.40	0.60
大豆	0.25	0.27	0.20	0.25	0.07	0.20
谷子	0.42	0.33	0.20	0.03	0.20	—
油菜	0.27	—	0.01	0.07	0.22	1.40
胡麻	0.04	0.33	0.20	0.03	—	—
蔬菜	0.02	0.01	0.01	0.08	0.13	0.25
果树	0.17	1.06	1.46	0.95	0.66	1.35

2. 吴起县农作物种植品种的更替情况

通过对吴起县农作物种类的普查发现, 吴起县种植的小麦品种在 1985~1995 年主要是 '榆林 8 号', 2005 年以后不再种植小麦。玉米品种每个节点有 3~5 个品种在更替种植,'中单 2 号'在 1985～2010 年均有种植,说明该品种的适应性很好。高粱品种在 1985 年主要是'晋杂 4 号'。大豆品种在 1985 年主要是'八丹早'和'本地黑豆'农家品种,1990 年以后以育成品种为主,主要有'晋豆 19''汾豆 50'和'八丹早'。荞麦品种在 1985 年种植的是'红花荞麦'。糜子在 1985～1990 年主要种植的是'黄糜子''白糜子''黑糜子''软糜子',2005 年主要种植本地'黄糜子'。薯类在 1985～1990 年种植的主要是'紫花白'和'克新 1 号',2005～2010 年主要种植'紫花白'。谷子在 1985～1990 年主要种植'晋汾 7 号'和'金棒锤',1995 年增加了'马尾谷',2005 年主要种植'晋谷 21',2010 年主要种植'晋谷 21'和'本地小黄谷'。油料作物主要种植的有小麻子、胡麻、向日葵和黄芸芥。蔬菜种植的种类主要有甘蓝、黄瓜、白菜、西红柿。果树主要种植的种类有苹果、梨、杏、桃和葡萄。

(八)延长县抗逆农作物种质资源普查情况

延长县位于陕西省东北部、延安地区东部,延河下游,北纬 36°14′～36°46′、东经 109°33′～110°30′。东邻黄河,与山西省大宁、永和县相望,南接宜川,以雷多河为界,西连延安,北邻延川。全县辖 7 镇、1 个街道办事处、3 个便民服务中心、159 个行政村。土地面积 0.2368 万 km²,年均气温 10.2℃。年降水量是 550mm。

通过调查发现,延长县在 1985～2010 年年降水量和气温变化不显著。人口从 1985 年到 2010 年增加了 2.2 万人。森林覆盖面积逐年增加,但增加幅度不大,只增加了 0.9 个百分点。农作物覆盖率变化较显著,由 1985 年的 5.3%增加到 2010 年的 19.8%,提高了 2.7 倍。

1. 延长县农作物种植面积变化情况

在农作物种植结构的变化中,主要种植的农作物有小麦、玉米、大豆、高粱、谷子、糜子、薯类、棉花、油菜、蔬菜、果树、花生。其中种植面积变化最大的是小麦、油菜和果树。小麦在 1985 年的种植面积最大,为 1.38 万 hm²,以后逐年下降,1990 年为 1.32 万 hm²,1995 年为 1.23 万 hm²,2000 年为 1.07 万 hm²,以后种植面积下降很快,2005 年和 2010 年分别只有 0.06 万 hm² 和 0.013 万 hm²。油菜在 1985～2005 年种植面积很少,只有 0.007 万～0.05 万 hm²,2010 年增加到 1.01 万 hm²。果树在 1985 年只有 0.07 万 hm²,以后种植面积增加很快,1990 年为 0.62 万 hm²,1995 年为 1.13 万 hm²,2000 年为 1.25 万 hm²,2005 年为 2.03 万 hm²,2010 年为 2.09 万 hm²。玉米的种植面积变化不大,一直保持在 0.23 万～0.44 万 hm²。高粱的种植面积一直保持在 0.007 万～0.06 万 hm²。谷子的种植面积一直保持在 0.11 万～0.29 万 hm²。糜子的种植面积一直保持在 0.07 万～0.17 万 hm²。薯类的种植面积在 0.09 万～0.11 万 hm² 变化。棉花也有一定的种植面积,一直在 0.007 万～0.05 万 hm² 变化,只有在 1995 年种植面积为 0.15 万 hm²。蔬菜的种植面积为 0.04 万～0.11 万 hm²。在 2005 年和 2010 年花生也有一定的种植面积,分别为 0.08 万 hm² 和 0.09 万 hm²。主要变化情况见图 3-8 和表 3-13。

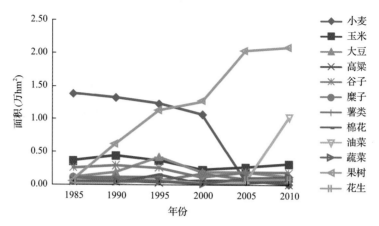

图 3-8　延长县 1985～2010 年农作物种植面积变化情况

表 3-13　1985～2010 年普查延长县农作物种植面积　　（单位：万 hm^2）

农作物	1985 年	1990 年	1995 年	2000 年	2005 年	2010 年
小麦	1.38	1.32	1.23	1.07	0.06	0.01
玉米	0.36	0.44	0.37	0.23	0.27	0.31
大豆	0.11	0.19	0.42	0.19	0.19	0.12
高粱	0.04	0.05	0.03	0.06	0.05	0.01
谷子	0.26	0.29	0.26	0.11	0.19	0.19
糜子	0.11	0.08	0.07	0.17	0.09	0.09
薯类	0.10	0.11	0.11		0.09	0.09
棉花	0.01	0.02	0.15	0.01	0.02	0.05
油菜	0.01	0.01	0.05	0.02	0.03	1.01
蔬菜	0.04	0.04	0.04	0.01	0.10	0.11
果树	0.07	0.62	1.13	1.25	2.03	2.09
花生	—	—	—	—	0.08	0.09

2. 延长县农作物种植品种的更替情况

通过对延长县农作物种类的普查发现，延长县种植的小麦品种在 1985 年主要是延安系列，1990 年主要种植'宁春 4 号'、延安系列和'榆春 4 号'，1995 年主要种植'榆春 2 号'和'宁冬 4 号'，2000 年主要种植'晋麦 47'和'晋麦 54'，2005 年主要种植'晋麦 47'。玉米在 1985 年的主要品种为'中单 2 号'和'户单 1 号'，1990 年主要种植'户单 2 号'，2005 年主要种植'郑单 958'。杂粮主要种植的有谷子、糜子和大豆。果树主要种植的品种是'富士'和'秦冠'。

(九)安塞县抗逆农作物种质资源普查情况

安塞县位于陕西省北部，延安市正北，西毗志丹县，北靠榆林市靖边县，东接子长县，南与甘泉县、宝塔区相连，北纬 36°30′45″～37°19′3″、东经 108°5′44″～109°26′18″。全县辖 7 镇 1 个街道办事处。土地面积 0.2950 万 km^2。年降水量 490.4mm。年均气温

9.0℃左右。

通过调查发现，安塞县在 1985～2010 年年降水量变化显著。年降水量最少的是 2000 年，为 330.9mm，降水量最多的年份是 1990 年，为 642.9mm，相差 312mm。人口从 1985 年到 2010 年增加了 4.2 万人。森林覆盖率逐年增加，由 1985 年的 15.8%提高到 2010 年的 36.8%，增加了 1.3 倍。农作物覆盖率变化较显著，由 1985 年的 5.7%增加到 2010 年的 20.0%，提高了 2.5 倍。

1. 安塞县农作物种植面积变化情况

在农作物种植结构的变化中，主要种植的农作物有小麦、玉米、大豆、谷子、糜子、秋薯、胡麻、蔬菜、果树和高粱。其中面积变化最大的作物是果树，1985 年没有果树种植，1990 年为 1.13 万 hm²，1995 年为 2.51 万 hm²，2000 年为 1.40 万 hm²，2005 年增加到 3.87 万 hm²，2010 年又降为 2.58 万 hm²。小麦在 1985 年的种植面积为 0.59 万 hm²，1990 年为 0.54 万 hm²，1995 年为 0.68 万 hm²，之后种植面积下降很快，2000 年为 0.04 万 hm²，2005 年为 0.03 万 hm²，2010 年基本没有小麦的种植面积。玉米在 1985 年的种植面积为 0.29 万 hm²，1990 年为 0.33 万 hm²，1995 年 0.29 万 hm²，2000 年为 0.09 万 hm²，2005 年为 0.43 万 hm²，2010 年为 0.59 万 hm²。大豆的种植面积在 1985 年为 0.27 万 hm²，1990 年为 0.39 万 hm²，1995 年为 0.47 万 hm²，2000 年为 0.21 万 hm²，2005 年为 0.51 万 hm²，2010 年为 0.23 万 hm²。谷子的种植面积在 1985 年为 0.86 万 hm²，1990 年为 0.82 万 hm²，1995 年为 0.54 万 hm²，2000 年为 0.26 万 hm²，2005 年没有种植，2010 年为 0.59 万 hm²。糜子在 1985 年没有种植，1990 年为 0.26 万 hm²，1995 年为 0.27 万 hm²，2000～2010 年为 0.10 万～0.13 万 hm²。秋薯在 1985 年没有种植，1990 年为 0.15 万 hm²，1995 年为 0.35 万 hm²，2000 年为 0.69 万 hm²，2005 年为 0.61 万 hm²，2010 年为 0.82 万 hm²。胡麻的种植面积较少，1990～2010 年一直徘徊在 0.007 万～0.04 万 hm²。蔬菜从 1990 年开始有一定的种植面积，1990～1995 年为 0.03 万 hm²，2000 年为 0.09 万 hm²，2005 年为 0.14 万 hm²，在 2010 年为 0.28 万 hm²，增加了 1 倍。高粱在 1985～1995 年也有一定的种植面积，为 0.03 万 hm² 左右。主要变化情况见图 3-9 和表 3-14。

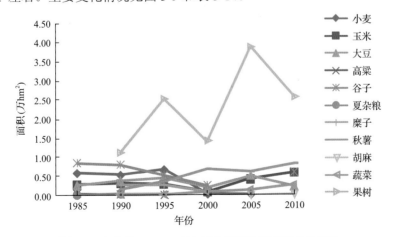

图 3-9　安塞县 1985～2010 年农作物种植面积变化情况

表 3-14　1985～2010 年普查安塞县农作物种植面积　　（单位：万 hm²）

农作物	1985 年	1990 年	1995 年	2000 年	2005 年	2010 年
小麦	0.59	0.54	0.68	0.04	0.03	—
玉米	0.29	0.33	0.29	0.09	0.43	0.59
大豆	0.27	0.39	0.47	0.21	0.51	0.23
高粱	0.05	0.03	0.01	—	—	—
谷子	0.86	0.82	0.54	0.26	—	0.59
夏杂粮	0.02	0.05	—	—	—	—
糜子	—	0.26	0.27	0.10	—	0.13
秋薯	—	0.15	0.35	0.69	0.61	0.82
胡麻	—	0.04	0.03	—	0.01	0.02
蔬菜	—	0.03	0.03	0.09	0.14	0.28
果树	—	1.13	2.51	1.40	3.87	2.58

2. 安塞县农作物种植品种的更替情况

通过对安塞县农作物种类的普查发现，安塞县种植的小麦品种在 1985～1990 年主要是延安系列和'榆田 8 号'，1995 年种植的品种为'长武 131'和延安系列。玉米在 1985 年的主要品种为'中单 2 号'和'户单 1 号'，1990 年主要种植'中单 2 号''户单 4 号''丹玉 4 号'和'农大 60'，1995 年主要种植沈单系列、'农大 60''户单 4 号'和'丹玉 13'。谷子在 1985 年种植的主要品种有'干捞饭''谷上谷'和'红谷'，1990 年新增加了'晋谷 6 号'，1995 年主要品种为晋谷系列、晋汾系列、'干捞饭'和'陇谷'。糜子在 1995 年的主要品种为'红小糜''软糜子'和'黄糜子'。高粱在 1985 年主要种植'晋杂 4 号'，1990 年新增加了'晋杂 4'和'抗 4'。薯类在 1985 年种植的主要品种是'虎头洋芋'和'红眼洋芋'，1990～2010 年主要种植脱毒马铃薯。胡麻的主要品种为'宁亚 10 号'。食用豆主要有扁豆、红小豆、白小豆、黑豆。蔬菜主要有白菜、西红柿、甘蓝、黄瓜。果树主要种植的是苹果、梨、核桃，苹果品种是'大国光''小国光''红元帅'和'黄元帅'。

（十）长武县抗逆农作物种质资源普查情况

长武县位于陕西省咸阳市西北部，介于北纬 34°59′～35°18′、东经 107°38′～107°58′，东与彬县为邻，南与甘肃省灵台接壤，西与甘肃省泾川接壤，北与甘肃省宁县、正宁县接壤。土地面积 0.5673 万 km²。全县辖 7 镇、1 个社区。年均气温 9.1℃，年均降水量 584.0mm。

通过调查发现，长武县在 1985～2010 年年降水量和气温变化不明显。人口由 1985 年到 2010 年增加了 6.8 万人。森林覆盖面积变化显著，由 1985 年的 21.1%提高到 2010 年的 32.0%，增加了 51.7%。农作物覆盖率变化不显著，由 1985 年的 3.9%增加到 2010 年的 4.5%，只增加了 15.4%。

1. 长武县农作物种植面积变化情况

在农作物种植结构的变化中，主要种植的农作物有小麦、玉米、高粱、油菜、果树、牧草和烟草。其中种植面积较大的有小麦、玉米和牧草。小麦在 1985 年的种植面积为

1.33 万 hm², 1990 年为 1.13 万 hm², 1995 年为 1.27 万 hm², 2000 年为 1.33 万 hm², 2005 年为 1.07 万 hm², 2010 年为 0.67 万 hm²。玉米在 1985 年种植面积为 1.33 万 hm², 1990 年和 1995 年种植面积均为 1.07 万 hm², 2000 年的种植面积为 1.27 万 hm², 2010 年为 0.87 万 hm²。牧草在 1985 年的种植面积为 0.13 万 hm², 1990 年为 0.27 万 hm², 1995 年为 0.33 万 hm², 2000 年为 0.40 万 hm², 2005 年为 0.13 万 hm², 2010 年为 0.67 万 hm²。其余农作物种植面积变化不大，高粱在 0.05 万～0.13 万 hm² 变化。油菜在 0.07～0.20 万 hm² 变化。果树在 1985～2005 年一直保持 0.03 万～0.13 万 hm²，在 2010 年增加到 0.33 万 hm²。烟草在 1985 年的种植面积为 0.27 万 hm², 1990 年为 0.40 万 hm², 1995 年为 0.20 万 hm², 2000 年为 0.13 万 hm², 2005 年为 0.27 万 hm², 2010 年为 0.20 万 hm²。主要变化情况见图 3-10 和表 3-15。

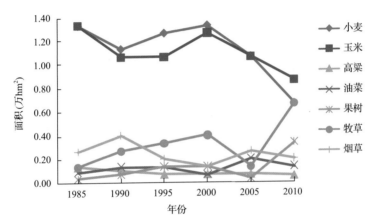

图 3-10　长武县 1985～2010 年农作物种植面积变化情况

表 3-15　1985～2010 年普查长武县农作物种植面积　　（单位：万 hm²）

农作物	1985 年	1990 年	1995 年	2000 年	2005 年	2010 年
小麦	1.33	1.13	1.27	1.33	1.07	0.67
玉米	1.33	1.07	1.07	1.27	1.07	0.87
高粱	0.13	0.10	0.07	0.07	0.07	0.05
油菜	0.09	0.13	0.13	0.07	0.20	0.13
果树	0.03	0.07	0.13	0.13	0.03	0.33
牧草	0.13	0.27	0.33	0.40	0.13	0.67
烟草	0.27	0.40	0.20	0.13	0.27	0.20

2. 长武县农作物种植品种的更替情况

通过对长武县作物种类的普查发现，长武县种植的小麦品种在 1985 年主要有'陕合 6 号'和'小偃 6 号'，1990 年种植的主要品种有'陕 229'和'小偃 6 号'，1995 年种植的主要有'小偃 22'和'西农 928'，2000 年种植的主要有'陕农 757'和'长武 134'，2005 年种植的主要有'长旱 58''小偃 22'和'武农 148'，2010 年种植的主要有'晋麦 47''小偃 22'和'长旱 58'。玉米在 1985 年种植的主要品种有'中单 1 号'和'中单 2 号'，1990 年种植的主要有'陕单 911'和'陕单 902', 1995 年种植的主要有'户单 4 号''陕单 911'和'户单 1 号', 2000 年种植的主要有'沈单 9 号'和'陕单 10 号', 2005 年种植的主要有'沈单 10 号''郑单 958'和'户单 4 号', 2010 年种植的主要有'郑单 958'和'浚单 20'。

(十一)蒲城县抗逆农作物种质资源普查情况

蒲城县位于陕西省东部, 关中平原东北部, 地处北纬 34°44′50″～35°10′30″、东经 109°20′17″～109°84′48″, 东与澄城县、大荔县毗邻, 西与富平县、铜川市相依, 南与渭南市相连, 北与白水县接壤。土地面积 0.1583 万 km², 辖 16 个镇。属温带大陆性季风气候, 全年多东北风, 次为西南风。春温、夏热、秋凉、冬寒, 四季分明, 日照充足, 雨量偏少, 年均气温 13.2℃, 年降水量 541.7mm。

通过调查发现, 蒲城县在 1985～2010 年年降水量和气温变化不明显。森林覆盖率变化显著, 由 1985 年的 23.7%提高到 2010 年的 33.0%, 增加了 39.2%。农作物覆盖率变化极显著, 由 1985 年的 25.3%增加到 2000 年的 51.5%, 增加了约 1 倍。

1. 蒲城县农作物种植面积变化情况

在农作物种植结构的变化中, 主要种植的作物有小麦、玉米、大豆、薯类、棉花、蔬菜和果树。小麦的种植面积一直都最大, 1985 年的种植面积为 7.00 万 hm², 1990 年为 7.33 万 hm², 1995 年为 7.00 万 hm², 2000 年为 6.67 万 hm², 2005 年为 6.00 万 hm², 2010 年为 5.33 万 hm²。玉米在 1985 年的种植面积为 1.00 万 hm², 1990 年为 1.33 万 hm², 1995 年为 1.67 万 hm², 2000 年为 2.33 万 hm², 2005 年为 2.13 万 hm², 2010 年为 2.67 万 hm²。大豆在 1985 年的种植面积为 2.00 万 hm², 1990 年为 1.20 万 hm², 以后再没有大豆的种植。薯类只有在 1985 年种植 0.33 万 hm²。棉花在 1985 年的种植面积为 0.20 万 hm², 1990 年为 0.47 万 hm², 1995 年为 0.67 万 hm², 2000 年和 2005 年均为 1.33 万 hm², 2010 年为 0.33 万 hm²。蔬菜的种植面积在 1985 年只有 0.03 万 hm²。果树从 1995 年开始有一定面积的种植, 1995 年为 1.40 万 hm², 2000 年为 3.59 万 hm², 2005 年为 3.76 万 hm², 2010 年为 3.33 万 hm²。主要变化情况见图 3-11 和表 3-16。

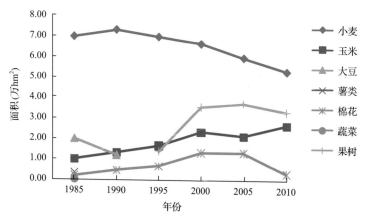

图 3-11　蒲城县 1985～2010 年农作物种植面积变化情况

表 3-16　1985～2010 年普查蒲城县农作物种植面积　　（单位：万 hm²）

农作物	1985 年	1990 年	1995 年	2000 年	2005 年	2010 年
小麦	7.00	7.33	7.00	6.67	6.00	5.33
玉米	1.00	1.33	1.67	2.33	2.13	2.67
大豆	2.00	1.20	—	—	—	—
薯类	0.33	—	—	—	—	—
棉花	0.20	0.47	0.67	1.33	1.33	0.33
蔬菜	0.03	—	—	—	—	—
果树	—	—	1.40	3.59	3.76	3.33

2. 蒲城县农作物种植品种的更替情况

通过对蒲城县农作物种类的普查发现，蒲城县种植的小麦的品种更新有 4～7 个，在 1995 年以前，'小偃 6 号'的种植面积较大，推广时间长。以后随着对小麦产量和品质的提高，陆续出现新的育成品种，例如，'陕 229''小偃 107''陕 225''绵阳 19''渭麦 6 号''小偃 22''西农 889''西农 979'及晋麦系列。玉米品种的更新有 2～5 个，主要有中单系列、户单系列和掖单系列。棉花在 1985 年主要种植的是'岱子棉'，1990 年增加了'陕子棉'，1995 年的主要品种为'陕棉 45'和'陕棉 401'，2000 年种植的主要是抗虫棉，2005 年种植的主要有抗虫棉和'银棉 2 号'，2010 年主要种植的有'银棉 2 号'和'银抗 P53'。大豆在 1985～1990 年主要种植的是'青豆''衮黄 1 号'和'冀豆 4 号'。薯类在 1985 年主要种植的是'胜利百号'。蔬菜种植的种类主要有芹菜、黄瓜、西红柿、辣椒。果树主要有苹果、梨、葡萄、桃、柿子。

(十二) 合阳县抗逆农作物种质资源普查情况

合阳县地处关中平原东北部、黄河西岸，东邻黄河与山西省临猗县相望，西隔大峪河与澄城县毗邻，北依梁山与黄龙县、韩城市相连，南至铁镰山与大荔县、澄城县接壤。土地面积 0.1437 万 km²，辖 11 个镇、1 个街道办事处。平均气温 12.1℃，年降水量 493.1mm。

通过调查发现，合阳县在 1985～2010 年气温变化较明显，气温由 1985 年到 2010 年升高了 1.7℃。年降水量变化显著，降水量最多的年份是 1985 年，为 582.4mm，最少的年份是 420.9mm，相差 161.5mm。森林覆盖率变化较显著，由 1985 年的 27.9%增加到 2010 年的 35.0%，增加了 25.4%。农作物覆盖率变化极显著，由 1985 年的 39.2%增加到 2010 年的 62.0%，增加了 58.2%。

1. 合阳县农作物种植面积变化情况

在农作物种植结构的变化中，主要种植的作物有小麦、玉米、棉花、油菜和苹果。小麦的种植面积一直都最大，1985 年的种植面积为 4.23 万 hm²，1990 年为 3.87 万 hm²，1995 年为 3.31 万 hm²，2000 年为 2.91 万 hm²，2005 年为 2.87 万 hm²，2010 年为 2.61 万 hm²。玉米在 1985 年的种植面积为 0.31 万 hm²，1990 年为 0.48 万 hm²，1995 年为 0.52 万 hm²，2000 年为 0.67 万 hm²，2005 年为 1.80 万 hm²，2010 年为 2.91 万 hm²。棉花在 1985 年的种植面积为 0.29 万 hm²，1990 年为 0.73 万 hm²，1995 年为 0.69 万 hm²，2000 年为 0.29 万 hm²，2005 年为 0.69 万 hm²，2010 年为 0.46 万 hm²。油菜在 1985 年的种植面积为 0.13 万 hm²，1990 年为 0.26 万 hm²，1995 年为 0.21 万 hm²，2000 年为 0.10 万 hm²，2005 年为 0.21 万 hm²，2010 年为 0.19 万 hm²。苹果在 1985 年的种植面积只有 0.05 万 hm²，1990 年为 0.53 万 hm²，以后面积增加很快，在 1995 年为 2.13 万 hm²，2000 年为 1.60 万 hm²，2005 年为 1.33 万 hm²，2010 年为 1.73 万 hm²。主要变化情况见图 3-12 和表 3-17。

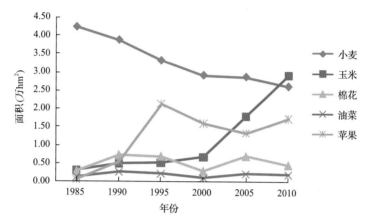

图 3-12　合阳县 1985～2010 年农作物种植面积变化情况

表 3-17　1985～2010 年普查合阳县农作物种植面积　　（单位：万 hm²）

农作物	1985 年	1990 年	1995 年	2000 年	2005 年	2010 年
小麦	4.23	3.87	3.31	2.91	2.87	2.61
玉米	0.31	0.48	0.52	0.67	1.80	2.91
棉花	0.29	0.73	0.69	0.29	0.69	0.46
油菜	0.13	0.26	0.21	0.10	0.21	0.19
苹果	0.05	0.53	2.13	1.60	1.33	1.73

2. 合阳县农作物种植品种的更替情况

通过对合阳县作物种类的普查发现，合阳县种植的小麦品种更新每个节点有 4～5 个品种，1990 年以前主要以'小偃 6 号'品种为主，1995 年以后以'小偃 22'和'晋麦 47'等品种为主。这些品种在产量和丰产性上都有了很大的提高。玉米品种的种植在 1985～2010 更新较快，出现了 14 个换代品种，1990 年以后'郑单 958'成为合阳县玉米的主要推广品种。棉花在合阳县的品种较多，1985～2010 年种植有 12 个棉花品种。主要有中棉系列、陕棉系列和鲁棉研系列。油菜品种主要以秦油系列为主。苹果种植的主要品种有'秦冠''红富士'和'嘎啦'。

(十三) 大荔县抗逆农作物种质资源普查情况

大荔县地处陕西关中平原东部，渭河、关中平原东部最开阔地带。位于北纬 34°36′～35°02′、东经 109°43′～110°19′。土地面积 0.1800 万 km²，全县辖 15 镇、2 街道办事处。属暖温带半湿润、半干旱季风气候，年均气温 14.1℃，年降水量 584mm。

通过调查发现，大荔县在 1985～2010 年气温变化较明显，气温由 1985 年到 2010 年升高了 1.3℃。全县人口变化明显，在 1985 年有 55.6 万人，在 2010 年有 73.0 万人，增加了 17.4 万人。森林覆盖率变化不显著，由 1985 年的 24.1%增加到 2010 年的 28.0%，增加了 16.2%。农作物覆盖率变化极显著，由 1995 年的 22.4%增加到 2010 年的 49.4%，增加了 1.2 倍。

1. 大荔县农作物种植面积变化情况

在农作物种植结构的变化中，主要种植的作物有小麦、玉米、大豆、棉花、油菜、蔬菜、果树和少量的高粱、谷子。小麦的种植面积一直都最大，1985 年的种植面积为 3.53 万 hm²，1990 年为 3.89 万 hm²，1995 年为 3.75 万 hm²，2000 年为 4.11 万 hm²，2005 年为 2.68 万 hm²，2010 年为 3.59 万 hm²。玉米在 1985 年的种植面积为 1.53 万 hm²，1990 年为 1.75 万 hm²，1995 年为 1.20 万 hm²，2000 年为 2.06 万 hm²，2005 年为 1.99 万 hm²，2010 年为 3.12 万 hm²。大豆在 1985 年的种植面积为 0.40 万 hm²，2000 年为 0.82 万 hm²，2005 年降为 0.19 万 hm²，2010 年只有 0.05 万 hm²。棉花在 1985 年的种植面积为 1.79 万 hm²，1990 年为 2.67 万 hm²，1995 年为 1.27 万 hm²，2000 年为 1.18 万 hm²，2005 年为 2.64 万 hm²，2010 年为 1.53 万 hm²。油菜在 1985 年的种植面积只有 0.007 万 hm²，1990～1995 年无油菜的种植，2000 年为 0.38 万 hm²，2005 年为 0.21 万 hm²，2010 年为 0.09 万 hm²。蔬菜在 1985 年、2000 年和 2010 年有一定的种植面积，分别是 0.09 万 hm²、0.45 万 hm² 和 1.07 万 hm²。果树在 1985 年的种植面积为 0.44 万 hm²，1990 年为 0.42 万 hm²，以后增加面积很快，1995 年为 1.12 万 hm²，2000 年为 1.09 万 hm²，2005 年为 1.43 万 hm²，2010 年为 2.03 万 hm²。在 1985 年高粱和谷子的种植面积分别为 0.03 万 hm² 和 0.06 万 hm²。主要变化情况见图 3-13 和表 3-18。

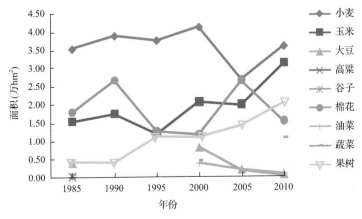

图 3-13　大荔县 1985～2010 年农作物种植面积变化情况

表 3-18 1985～2010 年普查大荔县农作物种植面积   （单位：万 hm²）

农作物	1985 年	1990 年	1995 年	2000 年	2005 年	2010 年
小麦	3.53	3.89	3.75	4.11	2.68	3.59
玉米	1.53	1.75	1.20	2.06	1.99	3.12
大豆	0.40	—	—	0.82	0.19	0.05
高粱	0.03	—	—	—	—	—
谷子	0.06	—	—	—	—	—
棉花	1.79	2.67	1.27	1.18	2.64	1.53
油菜	0.01	—	—	0.38	0.21	0.09
蔬菜	0.09	—	—	0.45	—	1.07
果树	0.44	0.42	1.12	1.09	1.43	2.03

2. 大荔县农作物种植品种的更替情况

通过对大荔县作物种类的普查发现，大荔县种植的小麦品种在 1985～2010 年有 17 个品种在更新推广，其中'小偃 6 号'的推广时间最长，有近 20 年。在 2000 年以后'小偃 22'成为当地的主要推广品种，'陕麦 150''武农 148''郑麦 9023''西农 889'和'西农 979'等品种也有一定的推广面积。玉米品种的更新主要为户单系列、掖单系列、陕单系列和蠡玉系列，其中'户单 1 号'种植时间最长。棉花种植的品种主要是一些中棉系列，品种更新也很快，在 1985～2010 年更新品种 18 个。果树主要有苹果、梨、桃、杏、红枣、葡萄、李子。

（十四）乾县抗逆农作物种质资源普查情况

乾县位于关中平原中段北侧，渭北高原南缘，处北纬 34°19′36″～34°45′05″、东经 108°00′13″～108°24′18″。由于地处鄂尔多斯地台南缘与渭河断裂盆地的结合部，形成了南部黄土台原、中部带状平原、北部丘陵沟壑 3 种地形地貌。东邻礼泉县，西接扶风县、麟游县，南连兴平市、武功县，北邻永寿县。土地面积 0.1002 万 km²，属暖温带大陆性季风气候，平均气温 11.0℃，年降水量 535.8mm。

通过调查发现，乾县在 1985～2010 年气温变化较明显，气温由 1995 年的 10.0℃到 2010 年的 12.7℃，升高了 2.7℃。全县人口变化明显，在 1985 年有 39.0 万人，在 2010 年有 59.2 万人，增加了 20.2 万人。降水量的变化极差是 16.9mm。森林覆盖率变化较显著，由 1985 年的 17.8%增加到 2010 年的 23.5%，增加了 32.0%。农作物覆盖率变化极显著，由 1985 年的 19.5%增加到 2010 年的 62.9%，增加了 2.2 倍。

1. 乾县农作物种植面积变化情况

在农作物种植结构的变化中，主要种植的作物有小麦、玉米、苹果。小麦的种植面积一直都最大，1985 年的种植面积为 3.20 万 hm²，1990 年的种植面积为 3.53 万 hm²，1995 年为 3.73 万 hm²，2000 年为 3.53 万 hm²，2005 年为 3.73 万 hm²，2010 年为 3.87 万 hm²。玉米在 1985 年的种植面积为 1.73 万 hm²，1990～2000 年均为 2.53 万 hm²，2005 年为 2.33 万 hm²，2010 年为 2.53 万 hm²。苹果只有在 2005～2010 年有一定的种植面积，分别为 2.20 万 hm² 和 3.07 万 hm²。主要变化情况见图 3-14 和表 3-19。

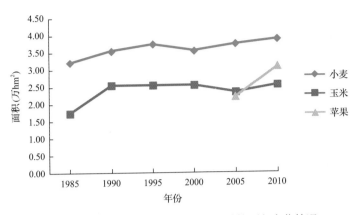

图 3-14 乾县 1985～2010 年农作物种植面积变化情况

表 3-19 1985～2010 年普查乾县农作物种植面积 （单位：万 hm²）

农作物	1985 年	1990 年	1995 年	2000 年	2005 年	2010 年
小麦	3.20	3.53	3.73	3.53	3.73	3.87
玉米	1.73	2.53	2.53	2.53	2.33	2.53
苹果	—	—	—	—	2.20	3.07

2. 乾县农作物种植品种的更替情况

通过对乾县作物种类的普查发现，在大荔县种植的小麦品种比较单一，每个节点有 2～5 个品种在种植，品种的更新较慢，2005 年以前主要以种植‘小偃 6 号’为主。2005 年以后主要种植‘小偃 22’‘晋麦 47’‘长旱 58’和‘晋麦 47’。玉米在 1985 年主要种植‘户单 4 号’和‘陕单 9 号’，1990 年主要种植‘沈单 10 号’‘丹玉 10 号’和‘陕单 9 号’，1995 年主要种植‘陕单 9 号’和‘户单 4 号’，2000 年主要种植‘沈单 9 号’和‘陕单 10 号’，2005～2010 年主要种植的是‘先玉 335’和‘中科 11’。苹果主要种植的品种是‘富士’。

第三节 作物种质资源调查

一、作物种质资源收集分类

2011～2013 年，由西北农林科技大学组织农学、园艺和蔬菜等专业专家 5～6 名参加调查和种质收集工作。在调查前，通过查阅相关资料了解陕西省各县（区）的生态、地理环境、气候变化与农作物种植结构、农作物种质资源的种类和分布情况，确定调查的县、乡（镇）和村。根据生态和地理环境及农作物分布特点，最终选取府谷、神木、定边、靖边、安塞、长武和蒲城等 7 县作为调查对象。根据地理位置和生态环境，在每个县选取 3 个有代表性的乡（镇），每个乡（镇）选取 3 个生态条件有差异的村组，每个村组随机调查数量不等的农户，利用全球定位系统（GPS）定位调查路线，由当地农技人员提供调查乡（镇）农作物种质资源分布情况，进一步确定重点调查的村组，然后再进村组，调查该村农作物品种、种植历史及现状，并收集不同种类的农作物种质资源。对非系统调查乡、村的特殊资源及沿途中发现的野生资源进行了补充调查，并按照不同作物分类收集（王亚娟等，2016）。

系统调查主要以行政村为基本单位，种质资源采集方法参照《农作物种质资源收集技术规程》（郑殿升等，2007）标准进行，每份种质填写西北地区抗逆农作物种质资源调查表，记录样品内容包括调查编号、调查地点、时间、经纬度、海拔、种质名称、作物名称、属名、学名、种质类型、种质用途、生态类型、样品来源、样品照片等30余项。最后对所收集种质资源进行编号整理、分类、保存入库（高爱农，2015a，2015b）。

对渭北旱塬和榆林地区的长武、蒲城、安塞、定边、靖边、府谷和神木等7县下辖的21个乡的63个村的农作物地方种质资源进行了系统调查、收集(表3-20)，共收集到农作物地方种质资源1052份，其中，粮食作物及其野生种质资源617份，果树种质资源25份，蔬菜种质资源253份，经济作物地方种质资源共157份，隶属于23科45属56种，其中，禾本科和豆科的属和种所占比例最多，分别为9属9种和5属11种。

表3-20　系统调查的县(市)、乡(镇)、村

序号	县名	乡镇名	村名
1	蒲城	陈庄	富新
			内付
			思补
		党睦	高密
		荆姚	东兴
			赵家
			庄子
		桥陵	日光
			晓光
			裕丰
2	长武	洪家	姜曹
			孔头
			王东
		相公	龙头
		枣园	牛王
			武家
3	安塞	坪桥	李宝塌
			柳湾
			青龙店
		王窑	程子沟
			胡雁沟
			水打磨
		沿河湾	方塔
			侯家沟
			寺崾岘

续表

序号	县名	乡镇名	村名
4	定边	樊学	白狼岔
			樊学
		纪畔	高岔树
			刘火场
			强庄
		新安边	常外
			景新庄
			梁台办
			种子站
5	府谷	墙头	后冯家会
			尧卯
		清水	白家园则
			清水
			赵寨
		武家庄	郭家崔尧
			郝家塔
			上杜家崔尧
6	靖边	青阳岔	程家边
			龙腰镇
			邱佳坪
		天赐湾	十里界
		新城	东山
			陆家坡
7	神木	尔林兔	贾家梁
			依肯特拉
			袁家光堵
		解家堡	沙川
			双寨焉
			王米畔
			赵家沟
		麻家塔	阿鸡曼
			红沙石梁
			起鸡哈浪
		太和寨	前九五会
			张兴庄

(一) 禾谷类

共收集到各类粮食作物及其野生种质资源 617 份，分属禾本科、豆科、蓼科、茄科，共 4 科 16 属 23 种(表 3-21)。

表 3-21　调查收集的粮食作物种质资源

科	属	种	蒲城	定边	府谷	长武	神木	安塞	靖边	收集份数合计
禾本科	高粱属	高粱	9	1	9	14	11	13	1	58
	狗尾草属	谷子	1	14	10	4	8	11	5	53
	黍属	糜子	4	20	13	1	7	22	14	81
	燕麦属	燕麦	0	5	0	0	0	0	5	10
	玉蜀黍属	玉米	0	2	10	2	0	6	1	21
	大麦属	大麦	2	0	0	0	0	0	0	2
	冰草属	冰草	0	0	0	0	3	0	0	3
	鹅观草属	纤毛鹅观草	0	0	1	0	1	0	0	2
	赖草属	赖草	0	0	1	0	10	0	0	11
豆科	豇豆属	饭豆	0	0	0	0	0	2	0	2
		黑吉豆	0	0	1	0	0	0	0	1
		红小豆	12	8	2	6	3	11	2	44
		豇豆	10	7	17	15	4	1	4	58
		绿豆	10	4	13	12	6	4	2	51
	蚕豆属	蚕豆	0	0	0	1	2	0	0	3
	小扁豆属	小扁豆	3	2	0	2	0	0	7	14
	大豆属	黑大豆	4	6	3	16	2	10	8	49
		黄大豆	9	6	9	43	4	7	4	82
		绿大豆	0	0	0	0	0	2	0	2
	豌豆属	豌豆	0	10	0	5	0	0	3	18
蓼科	荞麦属	苦荞	0	5	0	0	0	0	2	7
		甜荞	2	11	5	2	3	9	12	44
茄科	茄属	马铃薯	0	0	0	0	0	1	0	1
4 科	16 属	23 种	66	101	94	123	65	98	70	617

　　陕西省干旱区特殊的生态地理环境和气候因素,在渭北旱塬地区及延安和榆林地区主要以杂粮种植为主。本次调查收集到禾本科 9 属 9 种,241 份,杂粮作物中有高粱、糜子和谷子等。其中糜子的数量最多,81 份,占禾本科作物的 33.61%。高粱 58 份,占禾本科作物的 24.07%。谷子 53 份,占 21.99%。这 3 种杂粮合计占禾本科作物的 79.67%。燕麦(*Avena sativa* L.)在定边县和靖边县各收集 5 份,其余县没有收集到。玉米(*Zea mays* L. ssp. *mays*)除蒲城县和神木县没有收集到以外,其余县都有收集,共计 21 份。大麦在蒲城县收集 2 份,其余县没有收集到。同时,收集到一些特殊种质资源小麦近缘属,有冰草、纤毛鹅观草和赖草。在北纬 38.5875°、东经 110.5188°、海拔 1175m 的榆林市神木县太和寨镇张兴庄的一条国道路崖上发现冰草居群。在北纬 39.172 72°、东经 110.099 78°、海拔 1057m 的榆林市府谷县清水镇赵寨村和北纬 38.521 77°、东经 110.522 07°、海拔 1108m

的榆林市神木县太和寨镇前九五会村各发现了纤毛鹅观草的居群。在榆林市府谷县和神木县的不同乡镇收集到赖草 11 份。荞麦属于蓼科，在我国粮食作物中虽属小宗作物，但它具有其他作物所不具备的优点和有价值的成分。它全身是宝，其茎、叶、花、果、米、面、皮、壳无一废物(林汝法等，2002)。从食用到防病、治病，如增强血管弹性、降血脂、促进新陈代谢和防治糖尿病等。从自然资源利用到养地增产，从农业生产到畜牧业生产，从食品加工到轻工业生产，从国内市场到外贸出口，荞麦都占据重要的经济地位。特别是苦荞籽粒中含有苦味素，它具有清热解毒、消炎的作用，应予以格外重视和保护，在荞麦种植和生产中加强利用。本次收集到荞麦共计 51 份。其中甜荞 44 份，苦荞 7 份，是不可多得的种质资源。茄科的马铃薯在陕北的延安和榆林地区种植面积很大，由于现在广泛种植的是脱毒马铃薯，因此只收集到 1 份农家种种质资源。

(二)豆类(大豆、食用豆)

本次收集到豆科 5 属 11 种，324 份。其中红小豆、豇豆、绿豆、黑大豆和黄大豆收集资源较多(表 3-21)。

(三)果蔬类

本次调查共收集到果树种质资源 25 份，分属蔷薇科和鼠李科共 2 科 5 属 5 种(表 3-22)。其中府谷和神木收集到的海红果是一种特有的稀有果树资源。其植物中所含的黄酮具有降低毛细血管脆性和通透性、降血压、降血脂、消除氧自由基、抗氧化、抗病毒、抗菌和抗肿瘤等作用(郝志鹏等，2012；王猛等，2013)。药理学实验表明，海红果中的总黄酮对心脑血管具有明显的保护作用(徐玉霞和王华斌，2013)。2010 年 12 月 15 日，第十届中国特产文化节暨首届中国地理标志文化节在北京召开。会上，府谷县正式被中国特产文化节组织委员会、中国特产之乡推荐暨宣传活动组织委员会授予为"中国海红果之乡"。随着改革开放的发展，府谷县当地企业早已在 20 世纪 90 年代初开发了"海红乐""钙力达"等十几种饮料，鲜果汁味感纯正、爽口、酸甜适口、清凉、有刹口感，曾荣获 1988 年国家科委星火计划成果展陕西省优秀新产品奖，1991 年获陕西省第二届科技成果交易会银质奖、中国优质保健产品金奖、"七五"全国星火计划博览会金奖。该果树已经成为当地一个重要支柱性产业的原材料。

表 3-22　调查收集到的果树种质资源

科	属	种	蒲城	定边	府谷	长武	神木	安塞	靖边	收集份数合计
蔷薇科	梨属	土梨	0	0	0	0	1	0	1	2
	苹果属	海红果	0	0	3	0	3	0	0	6
	李属	野桃	0	1	1	0	0	1	2	5
	杏属	杏	0	3	0	0	0	2	6	11
鼠李科	枣属	酸枣	0	0	1	0	0	0	0	1
2 科	5 属	5 种	0	4	5	0	4	3	9	25

本次调查共收集到蔬菜种质资源 253 份，分属 7 科 12 属 15 种（表 3-23）。其中南瓜和菜豆是其中所占比例最多的两种作物。南瓜是葫芦科南瓜属的植物，具有丰富的营养品质（周俊国等，2006），根系发达，抗逆性强，易栽培，在陕北地区沟壑、山坡地种植很广泛，资源也很丰富。根据临床实践证实，南瓜中的多糖含有预防糖尿病的活性成分，它直接参与了调节血脂、降低血糖等有关代谢活动（Basak，1981；Miyazki，1973；彭红等，2002）。因此，对南瓜的开发利用具有非常重要而实际的意义，对其资源的收集尤为重要。菜豆对土质、日照长短要求不严格，因此在陕北广大的农村地方，农户在房前屋后一般种植菜豆，属于一种自给自足的生产模式，一般也是自己留种，所以保存下了许多丰富的种质资源。本次收集菜豆作物 136 份，占蔬菜作物的 53.8%。

表 3-23　调查收集到的蔬菜类作物种质资源

科	属	种	蒲城	定边	府谷	长武	神木	安塞	靖边	收集份数合计
百合科	葱属	葱	2	1	0	2	0	0	0	5
		韭菜	3	0	0	1	0	2	0	6
		沙葱	0	0	0	0	1	0	0	1
葫芦科	黄瓜属	甜瓜	0	2	0	0	0	0	0	2
	南瓜属	南瓜	1	13	1	4	5	31	20	75
		西葫芦	0	0	0	6	0	2	0	8
	西瓜属	西瓜	0	2	0	0	0	0	0	2
藜科	菠菜属	菠菜	0	0	0	2	0	0	0	2
茄科	辣椒属	辣椒	1	0	0	2	0	0	1	4
	番茄属	野生小西红柿	0	0	0	1	0	0	0	1
	枸杞属	野生枸杞	1	0	0	0	0	0	0	1
十字花科	萝卜属	萝卜	0	1	0	0	0	1	0	2
	芸薹属	雪里红	1	0	0	0	0	0	0	1
伞形科	芫荽属	香菜	2	0	0	2	0	2	1	7
豆科	菜豆属	菜豆	2	9	5	46	26	37	11	136
7 科	12 属	15 种	13	28	6	66	32	76	32	253

（四）其他

本次调查收集到经济作物地方种质资源共 157 份，隶属于 10 科 12 属 13 种（表 3-24）。向日葵在 7 个县都有种植，共收集到 62 份资源，占经济作物的 39.5%。向日葵具有抗旱、耐盐碱、耐瘠薄、适应性广，在渭北旱塬干旱区广为种植，尤其是在长武县、定边县和靖边县。在蒲城县收集到花椒 4 份资源，花椒属于芸香科花椒属，具有温中止痛、杀虫止痒的功能，对当地的干旱气候和贫瘠土壤有较强的适应性，是当地一种重要的支柱产业。黄芥属于十字花科芸薹属，其生长适应性强，不但具有耐寒、耐高温、耐旱、耐贫瘠，适合山区及昼夜温差较大地区种植，且产量高（亩产 100～250 斤[①]）、含油量高（45.5%）。

---

① 1 斤 = 0.5kg

黄芥是主要油料作物之一，其经济性几乎取代了麻子、胡麻等地方型油料作物，已成为山区农民普遍种植的经济作物。另外，在调整作物布局、合理轮作倒茬、培肥土壤中占有重要地位。本次收集黄芥资源26份，除蒲城县以外，其余6县均有种植。

表 3-24　调查收集到的经济类作物种质资源

科	属	种	蒲城	定边	府谷	长武	神木	安塞	靖边	收集份数合计
大戟科	蓖麻属	蓖麻	0	1	0	0	0	0	0	1
胡麻科	胡麻属	芝麻	4	0	3	0	0	2	0	9
锦葵科	棉属	棉花	5	1	0	1	0	0	0	7
	苘麻属	苘麻	1	0	0	0	0	0	0	1
菊科	向日葵属	向日葵	4	10	6	17	3	3	19	62
萝藦科	沙奶奶属	沙奶子	0	0	1	0	0	0	0	1
大麻科	大麻属	麻子	0	3	0	0	0	7	11	21
亚麻科	亚麻属	胡麻	0	2	0	0	0	0	0	2
芸香科	花椒属	花椒	4	0	0	2	0	0	1	7
十字花科	芸薹属	黄芥	0	8	2	1	2	8	5	26
		油菜	2	0	0	3	1	0	0	6
豆科	苜蓿属	苜蓿	0	0	0	0	1	0	0	1
	花生属	花生	1	0	5	3	0	4	0	13
10科	12属	13种	21	25	17	27	7	24	36	157

二、作物种质资源抗逆鉴定

为了对收集的资源进行抗逆性鉴定，我们在新疆乌鲁木齐、甘肃敦煌、北京中国农业科学院和陕西西北农林科技大学进行了部分种质资源抗旱性鉴定，获得如下结果。

（一）谷子、黍稷在新疆的抗旱性评价

在新疆农业科学院鉴定谷子29份，经生育期划分，基本在中熟型和晚熟型，有2份没有成熟。经过加权分析，获得抗旱1～2级的谷子6份，其中1级的3份，见表3-25。

表 3-25　谷子抗旱性评价结果

抗旱级别	抗旱份数	采集编号
1	3	2012612113、2012611307、2012611478
2	3	2012612091、2012612115、2012611426
3	11	2012611078、2012611417、2012612279、2012612274、2012612038、2012612092、2012612162、2012612187、2012612149、2012611352、2012612209
4	5	2012612301、2012611068、2012611499、2012611483、2012612114
5	5	2012612079、2012612065、2012611216、2012611455、2012612028

黍稷出苗期、抽穗期、成熟期根据水区3次重复平均值作为各种质材料的生育期，黍稷生育期为65～151d。按照在新疆乌鲁木齐实际种植生育期将种质材料划分为三种类

型：生育期≤110d 早熟型、111～130d 中熟型、130d 以上晚熟型。

在新疆鉴定糜子 54 份，多数在中熟型和晚熟型，有 8 份未成熟没有数据结果。经过加权分析，获得抗旱 1～2 级的黍稷有 16 份，其中 1 级的 7 份，见表 3-26。

表 3-26 糜子抗旱性评价结果

抗旱级别	抗旱份数	采集编号
1	7	2012611272、2012612052、2012612124、2012611056、2012611362、2012611441、2012611466
2	9	2012611052、2012611210、2012611295、2012612125、2012611306、2012611338、2012611378、2012611509、2012612210
3	17	2012611034、2012612066、2012612112、2012612188、2012611518、2012612053、2012612095、2012611336、2012611349、2012611457、2012611492、2012611245、2012611252、2012611319、2012611335、2012612041、2012612094
4	9	2012611285、2012611311、2012611376、2012611096、2012611202、2012611294、2012611422、2012611519、2012612174
5	4	2012612153、2012612040、2012611305、2012611007

（二）在甘肃省农业科学院的抗旱性鉴定评价

参试种质大豆类 47 份，抗旱 1～2 级的种质资源 17 份，其中 1 级的种质资源 9 份（表 3-27）。

表 3-27 豆类抗旱性鉴定结果

抗旱级别	抗旱份数	采集编号
1	9	2012611484、2012612401、2012611266、2012612357、2012612404、2012612008、2012612314、2012612287、2012611437
2	8	2012611239、2012612347、2012612203、2012612183、2012612047、2012612078、2012611480、2012612400
3	21	2012612298、2012611036、2012612354、2011611034、2012612238、2012611037、2012612311、2012612312、2012612310、2012612039、2012612226、2012612353、2012611312、2012611474、2012612089、2012612270、2012611380、2012612294、2012612313、2012611475、2012612358
4	2	2012611062、2012612271
5	7	2012612333、2012612402、2012612403、2012612459、2012612315、2012611069、2011611010

玉米鉴定 18 份，抗旱 1 级的种质资源 3 份（表 3-28）。

表 3-28 玉米抗旱性鉴定结果

抗旱级别	抗旱份数	采集编号
1	3	2012611031、2012611403、2012612304
3	9	2012611428、2012611445、2012612011、2012612033、2012612043、2012612057、2012612084、2012612108、2012612478
4	5	2012611332、2012611412、2012611487、2012612068、2012612260
5	1	2012612018

参试种质绿豆类 30 份，其中 2 份未出苗。抗旱 1～2 级的种质资源 6 份，其中 1 级

的种质资源 2 份(表 3-29)。

表 3-29　绿豆类抗旱性鉴定结果

抗旱级别	抗旱份数	采集编号
1	2	2012611090、2012611477
2	4	2012611219、2012612007、2012612087、2012612122
3	16	2012150036、2012150037、20121500375、20121500411、201161050、201161053、201161066、201161083、2012611080、2012611271、2012611410、2012612160、2012612161、2012612171、2012612204、2012612289
4	3	201161062、201161082、2012612148
5	3	201161009、201611017、2012612050

(三)在中国农业科学院的抗旱性鉴定

参试种质糜子 46 份,抗旱 1～2 级的种质资源 34 份,其中 1 级的种质资源 12 份(表 3-30)。

表 3-30　糜子抗旱性鉴定结果

抗旱级别	抗旱份数	采集编号
1	12	2012611252、2012611466、2012612112、2012611294、2012612095、2012611245、2012612094、2012612040、2012611518、2012612053、2012611202、2012611285、
2	22	2012611492、2012611457、2012611422、2012611441、2012612066、2012611056、2012612210、2012611305、2012611210、2012611034、2012612153、2012611519、2012611306、2012611378、2012612188、2012611338、2012611362、2012611376、2012611052、2012611509、2012611295、2012612041、
3	9	2012612052、2012611272、2012611007、2012611096、2012612174、2012612125、2012611336、2012612124、2012611349
4	3	2012611335、2012611311、2012611319

(四)西北农林科技大学对苗期的抗旱性鉴定

2014 年和 2015 年在西北农林科技大学对收集的谷子、绿豆、糜子、玉米、高粱、黑豆、大豆、小豆、向日葵等 308 份种质苗期根系性状通过 Cigar 法进行了抗旱性测定,并对根系各性状之间进行多重比较和方差分析。

苗期根系性状的测定采用卷纸法:在每个系中选取 10 粒大小一致的种子,75%乙醇灭菌后,首先播入铺有滤纸的两个培养皿中(直径约 10cm),蒸馏水浇灌,于 20℃条件下避光催芽 24h。然后将露白一致的种子放置于 32cm×29cm 萌发纸上(购于 Anchor,USA),种子排成一条直线(粒/5cm),距萌发纸上部边缘约 3cm;然后将萌发纸卷成卷,放置于根箱中(50cm×35cm×30cm),卷有种子的一端朝上,另一端朝下站立于根箱中;根箱中充有 Hoagland 营养液(约 10cm 深);通过萌发纸的吸水作用,上部的种子可以吸取营养液发芽生长。将根箱置于 20℃条件下,积温达 200℃·d 时,取出并展开纸卷,对根系进行测量,包括根个数、根总长、最大根长、根干重及幼苗地上部干重。结果分析用到的数据均为每个材料的平均值。主要结果分析如下。

（1）谷子共计 45 份材料，单株根干重的平均值为 0.0008g，变幅为 0.0004～0.0014g；单株茎干重的平均值为 0.008g，变幅为 0.004～0.013g；根茎比的平均值为 0.100，变幅为 0.075～0.180；单株根长的平均值为 8.087cm，变幅为 3.448～12.111cm（图 3-15，表 3-31）；单株根表面积的平均值为 0.780cm^2，变幅为 0.348～1.084cm^2；根直径的平均值为 0.309mm，变幅为 0.251～0.357mm；单株根体积的平均值为 0.006cm^3，变幅为 0.003～0.009cm^3。方差分析表明，谷子苗期根系各性状在不同的材料间存在显著差异（表 3-32）。其中，材料 2012611203、2012611216、2012612028、2012611337 和 2012612079 的单株根干重较高，同时，2012611216、2012612028、2012611337 和 2012612079 的根长及根表面积也显著高于其他材料，表明这几个材料的苗期根系性状较好，可以在育种中加以利用。

图 3-15　谷子根系扫描图

表 3-31　谷子苗期根系各性状之间多重比较

品种编号	根干重（g）	茎干重（g）	根茎干重比	根长（cm）	根表面积（cm^2）	根直径（mm）	根体积（cm^3）
2012611009	0.0008	0.008	0.096	8.034	0.739	0.293	0.006
2012611054	0.0006	0.007	0.083	6.356	0.659	0.330	0.006
2012611068	0.0009	0.008	0.104	8.442	0.842	0.324	0.007
2012611078	0.0007	0.007	0.098	6.544	0.627	0.305	0.005
2012611092	0.0008	0.008	0.100	7.641	0.718	0.299	0.005
2012611203	0.0010	0.012	0.079	9.521	0.912	0.304	0.007
2012611216	0.0011	0.011	0.104	10.335	1.014	0.312	0.008
2012611241	0.0006	0.007	0.093	6.725	0.644	0.304	0.005
2012611243	0.0008	0.008	0.097	7.391	0.680	0.296	0.005
2012611251	0.0008	0.008	0.100	7.885	0.748	0.303	0.006
2012611270	0.0008	0.007	0.109	7.105	0.690	0.310	0.005
2012611297	0.0010	0.010	0.100	9.363	0.845	0.293	0.006
2012611303	0.0009	0.010	0.095	9.343	0.931	0.317	0.008
2012611304	0.0008	0.009	0.096	8.118	0.768	0.302	0.006
2012611307	0.0007	0.008	0.093	7.428	0.726	0.311	0.006
2012611322	0.0009	0.010	0.089	9.387	0.922	0.313	0.007
2012611337	0.0010	0.012	0.083	10.042	1.084	0.344	0.009
2012611352	0.0008	0.008	0.099	7.169	0.731	0.325	0.006
2012611371	0.0008	0.008	0.101	8.035	0.809	0.320	0.007
2012611375	0.0005	0.006	0.083	4.726	0.455	0.307	0.003
2012611417	0.0009	0.010	0.089	8.998	0.874	0.308	0.007

续表

品种编号	根干重(g)	茎干重(g)	根茎干重比	根长(cm)	根表面积(cm²)	根直径(mm)	根体积(cm³)
2012611425	0.0009	0.009	0.093	8.673	0.830	0.305	0.006
2012611433	0.0009	0.010	0.091	9.136	0.871	0.303	0.007
2012611438	0.0008	0.009	0.091	8.947	0.837	0.299	0.006
2012611455	0.0008	0.008	0.103	7.766	0.747	0.308	0.006
2012611478	0.0008	0.009	0.095	8.357	0.796	0.305	0.006
2012611483	0.0008	0.008	0.099	7.660	0.740	0.311	0.005
2012611499	0.0007	0.008	0.092	7.076	0.676	0.306	0.005
2012612028	0.0014	0.011	0.126	10.342	0.807	0.251	0.006
2012612038	0.0011	0.009	0.124	8.935	0.882	0.316	0.007
2012612079	0.0013	0.013	0.101	12.111	1.039	0.273	0.007
2012612091	0.0005	0.006	0.082	6.208	0.629	0.325	0.005
2012612092	0.0009	0.012	0.075	10.912	1.036	0.302	0.008
2012612093	0.0009	0.009	0.103	8.649	0.820	0.302	0.006
2012612113	0.0008	0.008	0.099	7.604	0.739	0.310	0.006
2012612114	0.0008	0.008	0.098	8.522	0.820	0.306	0.007
2012612115	0.0008	0.008	0.099	7.942	0.756	0.303	0.006
2012612149	0.0008	0.007	0.112	7.230	0.750	0.330	0.006
2012612150	0.0004	0.004	0.103	3.448	0.348	0.321	0.003
2012612162	0.0009	0.009	0.102	8.820	0.855	0.308	0.007
2012612187	0.0007	0.007	0.100	7.570	0.751	0.315	0.006
2012612209	0.0007	0.008	0.088	7.676	0.726	0.304	0.006
2012612274	0.0005	0.005	0.099	4.982	0.559	0.357	0.005
2012612279	0.0007	0.007	0.096	7.066	0.705	0.320	0.006
2012612301	0.0010	0.005	0.180	9.683	0.966	0.317	0.008

表 3-32　谷子苗期根系各性状方差分析

		平方和	均方	F	显著性
根干重	组间	0.000	0.000	35.549	0.000
	组内	0.000	0.000		
	总数	0.000			
茎干重	组间	0.027	0.001	18.317	0.000
	组内	0.005	0.000		
	总数	0.032			
根茎比	组间	0.033	0.001	15.600	0.000
	组内	0.007	0.000		
	总数	0.040			
根长	组间	439.430	9.987	2.213	0.000
	组内	708.572	4.513		
	总数	1148.003			

续表

		平方和	均方	F	显著性
	组间	3.625	0.082	2.159	0.000
根表面积	组内	5.990	0.038		
	总数	9.615			
	组间	0.046	0.001	2.296	0.000
根直径	组内	0.072	0.000		
	总数	0.118			
	组间	0.000	0.000	2.126	0.000
根体积	组内	0.000	0.000		
	总数	0.001			

(2)绿豆共计 39 份材料,单株根干重的平均值为 0.0064g,变幅为 0.0023~0.0215g;单株茎干重的平均值为 0.0614g,变幅为 0.0265~0.2155g;根茎比的平均值为 0.12,变幅为 0.04~0.19;单株根长的平均值为 33.3628cm,变幅为 11.4769~70.3988cm;单株根表面积的平均值为 6.7387cm²,变幅为 2.5648~17.4848cm²;根直径的平均值为 0.652mm,变幅为 0.5630~0.8604mm;单株根体积的平均值为 0.1103cm³,变幅为 0.0410~0.3385cm³(表 3-33)。方差分析表明,绿豆根系各性状在材料间达到显著差异水平(表 3-34)。材料 2012612122、2012612224、2012612237 和 2012612308 的根干重、茎干重均显著高于其他材料;同时,2012612122 和 2012612224 的根长、根表面积、根体积也显著高于其他材料,育种时应对这两个材料的根系特性加以利用。

表 3-33 绿豆苗期根系各性状之间多重比较

编号	根干重(g)	茎干重(g)	根茎干重比	根长(cm)	根表面积(cm²)	根直径(mm)	根体积(cm³)
2012611080	0.0048	0.0470	0.10	46.3950	8.1073	0.5630	0.1130
2012611090	0.0048	0.0303	0.16	32.5999	6.3705	0.6230	0.0993
2012611215	0.0085	0.0518	0.16	27.0077	6.6034	0.7879	0.1293
2012611219	0.0050	0.0465	0.11	31.9586	6.6043	0.6610	0.1088
2012611262	0.0040	0.0265	0.15	30.6953	5.4258	0.5649	0.0765
2012611271	0.0063	0.0323	0.19	35.2828	6.7337	0.6097	0.1028
2012611283	0.0048	0.0435	0.11	20.6374	4.1979	0.6671	0.0685
2012611387	0.0048	0.0413	0.12	42.1855	7.7949	0.5923	0.1153
2012611410	0.0050	0.0405	0.12	38.2199	6.9577	0.5793	0.1008
2012611436	0.0067	0.0940	0.07	18.5132	5.0687	0.8604	0.1110
2012611477	0.0065	0.0488	0.13	35.6177	7.1690	0.6452	0.1153
2012611497	0.0065	0.0385	0.17	37.2703	7.1533	0.6126	0.1095
2012611510	0.0050	0.0825	0.06	14.2087	3.5270	0.7995	0.0700
2012612006	0.0070	0.0520	0.13	40.1332	7.4764	0.6150	0.1123
2012612007	0.0043	0.0487	0.09	29.5818	6.4637	0.6962	0.1127

续表

编号	根干重(g)	茎干重(g)	根茎干重比	根长(cm)	根表面积(cm²)	根直径(mm)	根体积(cm³)
2012612014	0.0058	0.0403	0.14	30.2615	6.1723	0.6634	0.1013
2012612026	0.0055	0.0453	0.12	34.3158	6.4157	0.6053	0.0960
2012612037	0.0050	0.0345	0.14	27.1614	5.0755	0.6002	0.0758
2012612050	0.0045	0.0338	0.13	28.1763	5.7820	0.6525	0.0963
2012612061	0.0050	0.0355	0.14	34.8724	6.6188	0.6039	0.1000
2012612077	0.0038	0.0338	0.11	26.4085	5.1209	0.6424	0.0803
2012612086	0.0055	0.0405	0.14	30.8043	5.7142	0.5905	0.0840
2012612087	0.0073	0.0515	0.14	34.9243	7.1083	0.6450	0.1168
2012612122	0.0148	0.1065	0.14	61.2584	13.8411	0.7254	0.2523
2012612148	0.0055	0.0405	0.14	34.6217	6.6104	0.6114	0.1005
2012612160	0.0065	0.0468	0.14	36.4971	7.1288	0.6208	0.1110
2012612161	0.0048	0.0355	0.13	27.7992	5.2890	0.5951	0.0808
2012612171	0.0053	0.0458	0.11	33.3302	6.5985	0.6418	0.1048
2012612204	0.0043	0.0323	0.13	28.2344	5.3014	0.6018	0.0790
2012612224	0.0215	0.2155	0.10	70.3988	17.4848	0.7393	0.3385
2012612227	0.0040	0.0717	0.06	26.1492	4.9962	0.6181	0.0763
2012612230	0.0055	0.0595	0.09	42.5625	7.6396	0.5742	0.1095
2012612237	0.0125	0.1933	0.06	50.1305	10.2632	0.7929	0.1768
2012612289	0.0085	0.1535	0.06	36.9055	7.9227	0.6837	0.1355
2012612290	0.0023	0.0527	0.04	12.9070	2.5648	0.6587	0.0410
2012612295	0.0060	0.0463	0.13	34.1722	6.0140	0.5837	0.0857
2012612308	0.0130	0.1350	0.10	39.9442	10.0003	0.7969	0.1990
2012612334	0.0040	0.0920	0.04	11.4769	2.6127	0.7246	0.0470
2012612335	0.0035	0.0270	0.13	27.5316	4.8815	0.5784	0.0690

表 3-34 绿豆苗期根系各性状方差分析

		平方和	均方	F	显著性
根干重	组间	0.001	0.000	6.766	0.000
	组内	0.000	0.000		
	总数	0.002			
茎干重	组间	0.207	0.005	23.038	0.000
	组内	0.023	0.000		
	总数	0.230			
根茎比	组间	0.154	0.004	3.841	0.000
	组内	0.101	0.001		
	总数	0.255			
根长	组间	15 217.188	400.452	2.754	0.000
	组内	13 957.116	145.387		
	总数	29 174.304			

续表

		平方和	均方	F	显著性
根表面积	组间	737.997	19.421	4.648	0.000
	组内	401.146	4.179		
	总数	1 139.143			
根直径	组间	0.654	0.017	3.182	0.000
	组内	0.519	0.005		
	总数	1.173			
根体积	组间	0.288	0.008	6.707	0.000
	组内	0.108	0.001		
	总数	0.396			

（3）糜子共计 67 份材料，单株根干重的平均值为 0.0008g，变幅为 0.0003～0.0010g；单株茎干重的平均值为 0.003g，变幅为 0.002～0.005g；根茎比的平均值为 0.245，变幅为 0.142～0.445，单株根长的平均值为 17.475cm，变幅为 10.100～23.780cm（图 3-16，表 3-35）；单株根表面积的平均值为 1.866cm²，变幅为 1.002～2.437cm²；根直径的平均值为 0.338mm，变幅为 0.300～0.374mm；单株根体积的平均值为 0.016cm³，变幅为 0.008～0.021cm³。方差分析表明，除了根茎比，其他各性状在材料间呈现显著差异（表 3-36）。2012611285、2012612138、2012612124、2012612040、2012611210、2012612080 和 2012612027 的根干重显著高于其他材料；2012611294、2012611285、2012611519、2012612174、2012612153、2012612124 和 2012612027 的根长显著高于其他材料，且它们的根表面积也较高。

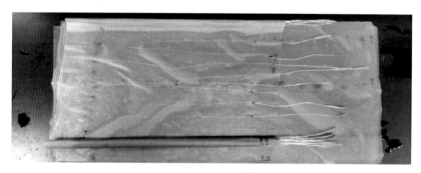

图 3-16　糜子根系图

表 3-35　糜子苗期根系各性状之间多重比较

品种编号	根干重(g)	茎干重(g)	根茎干重比	根长(cm)	根表面积(cm²)	根直径(mm)	根体积(cm³)
2012611323	0.0008	0.003	0.240	18.338	1.840	0.319	0.015
2012611319	0.0009	0.002	0.364	17.484	1.876	0.326	0.016
2012611311	0.0008	0.003	0.312	19.304	2.009	0.332	0.017
2012611306	0.0005	0.003	0.151	12.054	1.297	0.343	0.011
2012611305	0.0009	0.002	0.374	17.997	1.978	0.353	0.018

续表

品种编号	根干重(g)	茎干重(g)	根茎干重比	根长(cm)	根表面积(cm²)	根直径(mm)	根体积(cm³)
2012611295	0.0009	0.003	0.353	18.246	2.045	0.357	0.019
2012611294	0.0009	0.003	0.320	21.575	2.273	0.336	0.020
2012611285	0.0010	0.002	0.424	20.612	2.129	0.330	0.018
2012611272	0.0007	0.002	0.316	19.115	1.969	0.328	0.016
2012611252	0.0008	0.002	0.345	16.576	1.746	0.336	0.015
2012611247	0.0007	0.003	0.281	17.832	1.779	0.318	0.014
2012611245	0.0008	0.002	0.435	17.268	1.886	0.348	0.017
2012611244	0.0007	0.002	0.344	16.949	1.713	0.321	0.014
2012611210	0.0010	0.003	0.335	20.405	2.110	0.330	0.018
2012611202	0.0007	0.002	0.288	18.273	1.870	0.326	0.015
2012611201	0.0007	0.004	0.181	17.357	2.036	0.374	0.019
2012611096	0.0007	0.003	0.206	10.100	2.114	0.357	0.019
2012611081	0.0008	0.005	0.168	16.491	1.762	0.340	0.015
2012611065	0.0008	0.003	0.248	18.118	1.902	0.335	0.016
2012611061	0.0007	0.004	0.168	15.827	1.703	0.343	0.015
2012611056	0.0005	0.003	0.159	13.355	1.328	0.317	0.010
2012611052	0.0009	0.004	0.205	19.248	1.998	0.330	0.017
2012611047	0.0006	0.004	0.142	14.745	1.573	0.338	0.014
2012611012	0.0008	0.004	0.188	20.051	1.957	0.315	0.015
2012611007	0.0007	0.004	0.152	15.889	1.688	0.338	0.014
2012611002	0.0005	0.003	0.167	12.947	1.256	0.313	0.009
2012611065	0.0003	0.002	0.155	10.138	1.002	0.317	0.008
2012611034	0.0007	0.004	0.178	14.554	1.511	0.330	0.012
2012611519	0.0008	0.004	0.218	21.562	2.176	0.320	0.017
2012611518	0.0007	0.002	0.318	13.687	1.520	0.352	0.014
2012612210	0.0008	0.002	0.351	18.052	1.941	0.342	0.017
2012612188	0.0009	0.004	0.214	18.522	1.959	0.337	0.016
2012612174	0.0009	0.004	0.217	20.651	2.152	0.332	0.018
2012612153	0.0009	0.004	0.229	23.780	2.437	0.335	0.021
2012612138	0.0010	0.004	0.239	19.361	2.075	0.342	0.018
2012612125	0.0008	0.003	0.308	19.271	2.053	0.342	0.018
2012612124	0.0010	0.002	0.445	22.063	2.278	0.329	0.019
2012612112	0.0008	0.002	0.327	17.650	1.918	0.348	0.017
2012612095	0.0009	0.002	0.359	16.722	1.788	0.339	0.015
2012612094	0.0009	0.004	0.218	17.242	1.849	0.343	0.016
2012612080	0.0010	0.004	0.240	19.629	2.150	0.349	0.019
2012612066	0.0008	0.004	0.203	15.321	1.638	0.341	0.014
2012612053	0.0009	0.004	0.233	18.079	2.030	0.357	0.018
2012612052	0.0009	0.004	0.200	16.247	1.855	0.364	0.017

续表

品种编号	根干重(g)	茎干重(g)	根茎干重比	根长(cm)	根表面积(cm²)	根直径(mm)	根体积(cm³)
2012612041	0.0008	0.004	0.198	16.667	1.876	0.359	0.017
2012612040	0.0010	0.004	0.250	18.564	2.062	0.353	0.018
2012612027	0.0010	0.004	0.251	21.292	2.369	0.354	0.021
2012612009	0.0007	0.004	0.187	15.630	1.636	0.333	0.014
2012611509	0.0006	0.004	0.172	13.982	1.622	0.372	0.015
2012611503	0.0008	0.004	0.216	16.284	1.792	0.351	0.016
2012611502	0.0009	0.003	0.254	17.504	1.878	0.344	0.016
2012611501	0.0008	0.004	0.197	19.040	1.788	0.300	0.014
2012611500	0.0007	0.004	0.208	16.222	1.748	0.342	0.015
2012611492	0.0006	0.003	0.239	17.039	1.913	0.350	0.017
2012611467	0.0008	0.004	0.207	16.589	1.758	0.338	0.015
2012611466	0.0007	0.003	0.247	20.472	2.206	0.344	0.019
2012611457	0.0007	0.003	0.212	21.088	2.359	0.356	0.021
2012611411	0.0006	0.003	0.220	14.151	1.658	0.373	0.015
2012611426	0.0003	0.002	0.175	12.201	1.400	0.357	0.013
2012611422	0.0009	0.005	0.197	18.668	1.848	0.317	0.015
2012611378	0.0009	0.004	0.218	20.586	2.151	0.333	0.018
2012611376	0.0006	0.003	0.196	17.077	1.692	0.316	0.013
2012611362	0.0009	0.004	0.222	20.803	2.138	0.327	0.018
2012611349	0.0006	0.004	0.155	16.261	1.660	0.328	0.013
2012611338	0.0008	0.003	0.254	16.453	1.721	0.334	0.014
2012611336	0.0009	0.004	0.198	19.044	1.824	0.327	0.016
2012611335	0.0009	0.004	0.235	16.552	1.724	0.333	0.014

表 3-36　糜子苗期根系各性状方差分析

		平方和	均方	F	显著性
根干重	组间	0.000	0.000	3.498	0.000
	组内	0.000	0.000		
	总数	0.000			
茎干重	组间	0.000	0.000	2.084	0.000
	组内	0.000	0.000		
	总数	0.000			
根茎比	组间	2.665	0.040	1.404	0.051
	组内	3.739	0.029		
	总数	6.405			
根长	组间	1322.251	20.034	3.664	0.000
	组内	738.183	5.468		
	总数	2060.435			
根表面积	组间	14.703	0.223	3.344	0.000
	组内	8.994	0.067		
	总数	23.697			

续表

		平方和	均方	F	显著性
根直径	组间	0.047	0.001	1.505	0.024
	组内	0.063	0.000		
	总数	0.110			
根体积	组间	0.001	0.000	2.513	0.000
	组内	0.001	0.000		
	总数	0.002			

（4）玉米共计 15 份材料，单株根干重的平均值为 0.0367g，变幅为 0.0200～0.0551g；单株茎干重的平均值为 0.058g，变幅为 0.033～0.088g；根茎比的平均值为 0.663，变幅为 0.321～0.997，单株根长的平均值 166.493cm，变幅为 91.805～240.424cm；单株根表面积的平均值为 22.822cm^2，变幅为 15.928～24.990cm^2；根直径的平均值为 0.735mm，变幅为 0.605～0.897mm；单株根体积的平均值为 0.50cm^3，变幅为 0.295～0.716cm^3（表 3-37）。方差分析表明，玉米苗期根系根干重、茎干重、根茎比及根直径在材料间达到显著差异水平（表 3-38）。2012611332、2012611412、2012612033、2012612043 和 2012612068 的根干重显著高于其他材料；同时，2012611412、2012612033 和 201212068 的根茎比也最高。2012612033、2012612057 和 2012612068 的苗期根体积显著高于其他材料，育种中可以利用。

表 3-37　玉米苗期根系各性状之间多重比较

品种编号	根干重(g)	茎干重(g)	根茎比	根长(cm)	根表面积(cm^2)	根直径(mm)	根体积(cm^3)
2012611031	0.0266	0.083	0.321	156.875	23.257	0.798a	0.350
2012611332	0.0452	0.088	0.512	180.158	24.408	0.605	0.569
2012611403	0.0275	0.059	0.464	175.697	24.156	0.623	0.385
2012611412	0.0470	0.060	0.777	192.128	24.117	0.679	0.657
2012611445	0.0300	0.058	0.519	178.376	23.336	0.699	0.444
2012611487	0.0244	0.045	0.538	143.942	18.468	0.663	0.328
2012612011	0.0410	0.081	0.641	240.424	23.971	0.715	0.632
2012612033	0.0488	0.053	0.894	170.367	23.402	0.790	0.670a
2012612043	0.0471	0.067	0.571	126.288	24.844	0.791	0.558
2012612057	0.0396	0.068	0.582	177.880	24.990	0.779	0.704a
2012612068	0.0551	0.055	0.997	156.015	24.037	0.897a	0.716a
2012612084	0.0331	0.040	0.823	173.350	23.230	0.709	0.517
2012612108	0.0269	0.033	0.811	91.805	15.928	0.879a	0.352
2012612260	0.0200	0.034	0.593	165.567	22.031	0.724	0.295
2012612304	0.0388	0.043	0.902	168.522	22.159	0.673	0.322

表 3-38 玉米苗期根系各性状方差分析

		平方和	均方	F	显著性
根干重	组间	0.004	0.000	2.586	0.027
	组内	0.002	0.000		
	总数	0.005			
茎干重	组间	0.010	0.001	6.270	0.000
	组内	0.002	0.000		
	总数	0.012			
根茎比	组间	1.488	0.093	3.781	0.004
	组内	0.443	0.025		
	总数	1.931			
根长	组间	35 299.030	2 206.189	0.625	0.826
	组内	63 588.930	3 532.718		
	总数	98 887.959			
根表面积	组间	1 575.813	98.488	0.633	0.819
	组内	2 800.836	155.602		
	总数	4 376.649			
根直径	组间	0.205	0.013	2.313	0.045
	组内	0.100	0.006		
	总数	0.305			
根体积	组间	0.605	0.038	0.846	0.629
	组内	0.804	0.045		
	总数	1.409			

(5)高粱共计 32 份材料,2 份材料未获得结果,其余 30 份材料的结果为:单株根干重的平均值为 0.003g,变幅为 0.001~0.006g;单株茎干重的平均值为 0.030g,变幅为 0.019~0.049g;根茎比的平均值为 0.108,变幅为 0.054~0.195;单株根长的平均值为 29.391cm,变幅为 16.046~49.636cm;单株根表面积的平均值为 4.791cm^2,变幅为 2.733~7.624cm^2;根直径的平均值为 0.52mm,变幅为 0.441~0.649mm;单株根体积的平均值为 0.064cm^3,变幅为 0.037~0.116cm^3,见表 3-39 和图 3-17。

表 3-39 高粱苗期根系各性状之间多重比较

品种编号	根干重(g)	茎干重(g)	根茎比	根长(m)	根表面积(cm^2)	根直径(mm)	根体积(cm^3)
2012611302	0.002	0.027	0.087	23.877	3.712	0.493	0.046
2012611330	0.003	0.019	0.143	24.740	3.977	0.512	0.051
2012611491	0.002	0.025	0.081	23.850	4.316	0.562	0.063
2012611515	0.001	0.025	0.054	16.046	2.733	0.545	0.037
2012611516	0.003	0.027	0.111	27.173	4.346	0.507	0.056
2012611517	0.003	0.031	0.097	27.434	4.797	0.557	0.067
2012611535	0.002	0.029	0.068	25.626	4.314	0.540	0.058
2012611536	0.005	0.028	0.195	24.515	3.807	0.498	0.047
2012611537	0.006	0.034	0.171	31.727	4.402	0.441	0.049
2012611539	0.003	0.035	0.079	31.562	4.485	0.452	0.051
2012611540	0.002	0.032	0.071	28.104	4.090	0.465	0.048

续表

品种编号	根干重(g)	茎干重(g)	根茎比	根长(m)	根表面积(cm²)	根直径(mm)	根体积(cm³)
2012611557	0.004	0.027	0.137	28.049	4.172	0.472	0.050
2012612055	0.002	0.028	0.066	25.618	3.820	0.476	0.045
2012612069	0.003	0.028	0.107	29.224	4.532	0.494	0.056
2012612070	0.003	0.028	0.103	30.027	5.005	0.526	0.067
2012612071	0.004	0.035	0.126	36.139	5.931	0.523	0.078
2012612126	0.002	0.021	0.094	25.445	3.931	0.493	0.049
2012612145	0.004	0.025	0.143	28.092	4.829	0.545	0.066
2012612146	0.003	0.022	0.154	23.820	4.258	0.578	0.061
2012612195	0.005	0.049	0.109	49.636	7.624	0.500	0.094
2012612196	0.004	0.033	0.108	30.822	5.403	0.577	0.079
2012612323	0.004	0.037	0.114	32.438	5.357	0.527	0.071
2012612344	0.003	0.041	0.080	28.475	4.671	0.523	0.061
2012612366	0.004	0.036	0.098	30.948	5.243	0.544	0.071
2012612367	0.002	0.025	0.070	24.677	3.519	0.452	0.040
2012612377	0.004	0.035	0.128	44.283	7.181	0.517	0.094
2012612378	0.003	0.020	0.125	29.815	5.899	0.620	0.102
2012612379	0.002	0.026	0.079	28.763	4.384	0.485	0.054
2012612380	0.003	0.029	0.105	33.363	6.853	0.649	0.116
2012612381	0.004	0.034	0.126	37.448	6.148	0.522	0.081

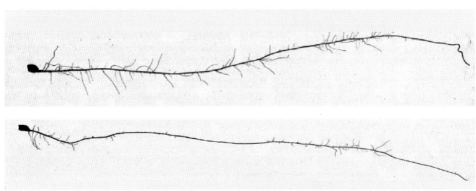

图 3-17　高粱根系比较和根系扫描图

方差分析表明(表 3-40),各材料的根干重、茎干重和根茎比未达到显著差异;根长、根表面积、根直径和根体积在材料间达到了显著差异水平。其中,材料 2012612195 和 2012612377 的根长最长,接近 50cm,显著高于其他材料;同时,这两个材料的根表面积和根体积也显著高于其他材料,不过,它们的根直径并不大。

表 3-40　高粱苗期根系各性状方差分析

		平方和	均方	F	显著性
根干重	组间	0.000	0.000	0.701	0.869
	组内	0.001	0.000		
	总数	0.001			
茎干重	组间	0.000	0.000	0.253	1.000
	组内	0.005	0.000		
	总数	0.005			
根茎比	组间	0.506	0.017	0.514	0.981
	组内	5.224	0.034		
	总数	5.729			
根长	组间	7 120.903	245.548	8.601	0.000
	组内	4 396.529	28.549		
	总数	11 517.433			
根表面积	组间	216.833	7.477	6.601	0.000
	组内	174.427	1.133		
	总数	391.260			
根直径	组间	0.400	0.014	3.212	0.000
	组内	0.661	0.004		
	总数	1.060			
根体积	组间	0.064	0.002	3.614	0.000
	组内	0.094	0.001		
	总数	0.158			

(6)黑豆共计 14 份材料,见图 3-18 和表 3-41,单株根长的平均值为 68.55cm,变幅为 33.57~107.09cm;单株根表面积的平均值为 14.69cm^2,变幅为 8.20~25.36cm^2;根直径的平均值为 0.671mm,变幅为 0.527~0.876mm;单株根体积的平均值为 0.241cm^3,变幅为 0.155~0.361cm^3。

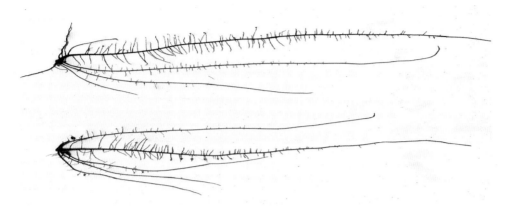

图 3-18　黑豆根系扫描图

表 3-41　黑豆苗期根系各性状之间多重比较

编号	根长(cm)	根表面积(cm²)	根直径(mm)	根体积(cm³)
2012611267	54.69	14.18	0.876	0.305
2012611380	60.94	12.08	0.628	0.191
2012612156	107.09	25.36	0.549	0.348
2012612157	104.90	21.46	0.651	0.361
2012612236	35.56	9.01	0.807	0.182
2012612239	74.09	12.88	0.580	0.180
2012612270	64.16	14.57	0.729	0.267
2012612286	101.23	22.70	0.555	0.313
2012612287	61.92	10.95	0.554	0.155
2012612313	64.99	13.49	0.661	0.223
2012612314	33.57	8.20	0.782	0.160
2012612316	58.64	14.03	0.762	0.267
2012612330	59.98	13.86	0.736	0.255
2012612399	77.95	12.83	0.527	0.168

　　方差分析表明(表3-42)，黑豆苗期根系各性状在材料间均达到显著差异水平。2012612156、2012612157 和 2012612286 的根长、根表面积和根体积最大，显著高于其他材料。

表 3-42　黑豆苗期根系各性状方差分析

		平方和	均方	F	显著性
根长	组间	50 076.903	3 852.069	8.259	0.000
	组内	13 991.489	466.383		
	总数	64 068.392			
根表面积	组间	1 167.426	89.802	6.000	0.000
	组内	449.002	14.967		
	总数	1 616.428			
根直径	组间	0.546	0.042	5.319	0.000
	组内	0.237	0.008		
	总数	0.783			
根体积	组间	0.231	0.018	3.224	0.004
	组内	0.165	0.006		
	总数	0.396			

(7) 大豆共计 30 份材料,见图 3-19 和表 3-43,单株根干重的平均值为 0.015g,变幅为 0.006～0.025g;单株茎干重的平均值为 0.119g,变幅为 0.038～0.177g;根茎比的平均值为 0.128,变幅为 0.046～0.290;单株根长的平均值为 53.732cm,变幅为 22.162～109.589cm;单株根表面积的平均值为 11.616cm^2,变幅为 5.201～20.995cm^2;根直径的平均值为 0.721mm,变幅为 0.607～0.889mm;单株根体积的平均值为 0.203cm^3,变幅为 0.091～0.327cm^3。

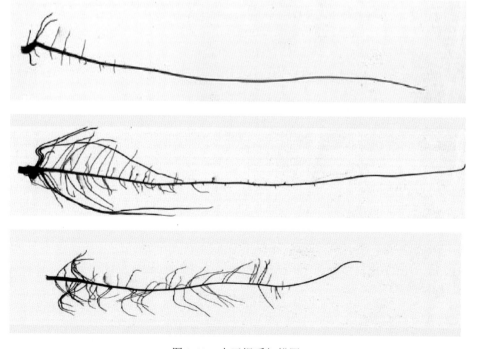

图 3-19　大豆根系扫描图

表 3-43　大豆苗期根系各性状之间多重比较

品种编号	根干重(g)	茎干重(g)	根茎比	根长(cm)	根表面积(cm²)	根直径(mm)	根体积(cm³)
2012612238	0.022	0.177	0.121	51.427	10.235	0.647	0.163
2012612311	0.021	0.159	0.131	56.230	12.497	0.735	0.224
2012611093	0.024	0.113	0.215	86.539	18.725	0.686	0.323
2012611025	0.009	0.101	0.086	23.785	5.201	0.696	0.091
2012612332	0.013	0.134	0.100	45.044	9.712	0.788	0.174
2012612312	0.006	0.083	0.068	22.162	5.365	0.805	0.107
2012612223	0.015	0.110	0.137	52.247	12.886	0.782	0.254
2012612221	0.008	0.108	0.070	29.047	7.445	0.830	0.153
2012612203	0.011	0.038	0.290	25.389	7.147	0.889	0.161
2012612078	0.009	0.064	0.146	29.506	7.312	0.827	0.148
2012612047	0.006	0.049	0.112	30.597	5.977	0.641	0.094
2012612039	0.012	0.059	0.199	47.532	9.874	0.662	0.164
2012612024	0.021	0.089	0.238	84.842	17.600	0.664	0.291
2012611484	0.007	0.078	0.086	28.245	7.112	0.802	0.143
2012611474	0.014	0.137	0.101	41.241	9.593	0.775	0.179
2012611344	0.015	0.125	0.116	69.515	13.920	0.653	0.224
2012611277	0.014	0.105	0.137	66.478	12.287	0.607	0.182
2012612401	0.009	0.089	0.104	49.696	10.158	0.670	0.166
2012612400	0.020	0.145	0.139	84.409	16.868	0.638	0.268
2012612121	0.016	0.107	0.154	47.220	12.809	0.864	0.277
2012612352	0.006	0.135	0.046	43.365	9.430	0.692	0.163
2012612333	0.011	0.138	0.078	35.234	7.954	0.727	0.143
2012612310	0.017	0.176	0.098	58.105	12.644	0.697	0.221
2012612309	0.019	0.161	0.117	73.065	14.760	0.649	0.239
2012612293	0.011	0.170	0.063	52.909	11.641	0.723	0.205
2012612281	0.021	0.146	0.142	40.824	10.917	0.859	0.235
2012612255	0.024	0.167	0.144	102.395	20.491	0.639	0.327
2012612254	0.014	0.121	0.116	73.617	15.665	0.683	0.268
2012612252	0.015	0.138	0.111	51.697	11.274	0.690	0.196
2012612251	0.025	0.153	0.164	109.589	20.995	0.610	0.321

　　方差分析表明(表 3-44)，各材料的根干重、茎干重和根茎比均达到显著差异；根长、根表面积、根直径和根体积在材料间达到了显著差异水平。其中，材料 2012611093、2012612024、2012612400、2012612255 和 2012612251 的根长最长，超过 80cm。

表 3-44　大豆根系各性状方差分析

		平方和	均方	F	显著性
根干重	组间	0.003	0.000	260.100	0.000
	组内	0.000	0.000		
	总数	0.003			
茎干重	组间	0.125	0.005	332.374	0.000
	组内	0.001	0.000		
	总数	0.126			
根茎比	组间	0.240	0.009	545.888	0.000
	组内	0.001	0.000		
	总数	0.241			
根长	组间	37 533.453	1 340.481	477.414	0.000
	组内	162.852	2.808		
	总数	37 696.305			
根表面积	组间	1 346.922	48.104	375.429	0.000
	组内	7.432	0.128		
	总数	1 354.354			
根直径	组间	0.534	0.019	40.648	0.000
	组内	0.027	0.001		
	总数	0.562			
根体积	组间	0.340	0.012	317.784	0.000
	组内	0.002	0.000		
	总数	0.343			

（8）小豆共计 33 份材料，见图 3-20 和表 3-45，单株根干重的平均值为 0.008g，变幅为 0.0031～0.0246g；单株茎干重的平均值为 0.062g，变幅为 0.01～0.18g；根茎比的平均值为 0.17，变幅为 0.06～0.70；单株根长的平均值为 66.60cm，变幅为 36.38～114.00cm；单株根表面积的平均值为 17.38cm^2，变幅为 9.53～21.38cm^2；根直径的平均值为 0.63mm，变幅为 0.48～1.01mm；单株根体积的平均值为 0.12cm^3，变幅为 0.01～0.39cm^3。

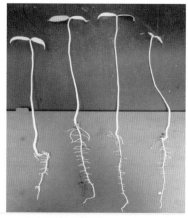

小豆幼苗

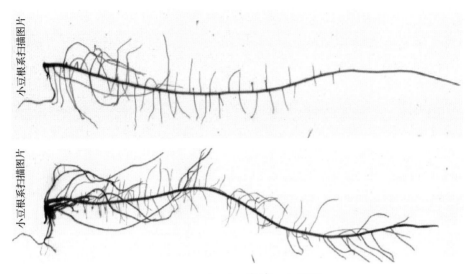

图 3-20　小豆根系图片及扫描图

表 3-45　小豆苗期根系各性状之间多重比较

品种编号	根干重(g)	茎干重(g)	根茎比	根长(cm)	根表面积(cm²)	根直径(mm)	根体积(cm³)
2012611062	0.0084	0.09	0.09	60.88	16.55	0.91	0.17
2012611079	0.0058	0.05	0.13	59.35	18.45	0.59	0.13
2012611269	0.0055	0.04	0.12	96.48	18.23	0.53	0.07
2012611282	0.0064	0.06	0.10	98.69	17.28	0.51	0.08
2012611308	0.0078	0.01	0.70	47.10	14.74	0.64	0.03
2012611308	0.0055	0.05	0.12	63.00	18.65	0.58	0.12
2012611309	0.0032	0.04	0.08	58.63	19.32	0.56	0.08
2012611317	0.0085	0.01	0.67	36.38	13.15	1.01	0.15
2012611339	0.0050	0.05	0.11	82.98	11.99	0.71	0.08
2012611348	0.0050	0.03	0.19	54.35	19.38	0.62	0.09
2012611367	0.0246	0.18	0.14	74.33	18.35	0.81	0.30
2012611369	0.0194	0.13	0.15	114.00	19.74	0.74	0.34
2012611411	0.0065	0.06	0.10	76.11	18.36	0.59	0.13
2012611424	0.0110	0.02	0.56	41.37	9.53	0.57	0.01
2012611456	0.0031	0.05	0.06	56.67	18.15	0.59	0.09
2012611462	0.0119	0.09	0.13	78.25	20.14	0.71	0.09
2012611463	0.0098	0.10	0.10	68.59	20.07	0.66	0.15
2012611464	0.0156	0.09	0.17	107.20	21.38	0.68	0.22
2012611465	0.0067	0.04	0.16	64.46	16.80	0.60	0.12
2012611476	0.0051	0.05	0.10	60.60	18.12	0.56	0.09
2012611495	0.0053	0.04	0.13	58.84	16.35	0.51	0.06
2012611520	0.0161	0.13	0.12	82.76	18.19	0.62	0.13
2012611529	0.0050	0.04	0.11	56.03	18.23	0.57	0.09

续表

品种编号	根干重(g)	茎干重(g)	根茎比	根长(cm)	根表面积(cm²)	根直径(mm)	根体积(cm³)
2012612063	0.0035	0.05	0.08	47.87	15.91	0.55	0.16
2012612119	0.0046	0.15	0.03	109.42	20.27	0.67	0.39
2012612185	0.0037	0.05	0.07	69.28	18.04	0.55	0.08
2012612206	0.0046	0.03	0.15	71.24	17.91	0.57	0.08
2012612225	0.0031	0.01	0.56	45.53	16.98	0.48	0.02
2012612229	0.0062	0.05	0.13	56.31	17.81	0.55	0.11
2012612299	0.0046	0.07	0.06	44.63	17.18	0.56	0.03
2012612351	0.0065	0.06	0.11	61.25	18.65	0.56	0.13
2012612364	0.0067	0.08	0.09	58.04	15.20	0.66	0.10
2012612365	0.0050	0.04	0.12	37.08	14.59	0.61	0.04

方差分析表明(表3-46),苗期根系各性状在材料间均达到显著差异水平,其中,材料2012611369、2012611464、2012612119的根系最长,显著高于其他材料,同时,这3个材料的根体积也显著高于其他材料。2012611367和2012611369的单株根干重显著大于其他材料,但二者的茎干重也较高,导致其根茎比较低。

表3-46　小豆苗期根系各性状方差分析

		平方和	均方	F	显著性
根干重	组间	0.003	0.000	7.069	0.000
	组内	0.000	0.000		
	总数	0.003			
茎干重	组间	0.125	0.004	16.934	0.000
	组内	0.008	0.000		
	总数	0.133			
根茎比	组间	1.356	0.042	7.470	0.000
	组内	0.187	0.006		
	总数	1.543			
根长	组间	16 060.982	501.906	23.310	0.000
	组内	710.546	21.532		
	总数	16 771.528			
根表面积	组间	213.569	6.674	6.538	0.000
	组内	33.687	1.021		
	总数	247.256			
根直径	组间	1.875	0.059	11.356	0.000
	组内	0.170	0.005		
	总数	2.045			
根体积	组间	0.435	0.014	39.347	0.000
	组内	0.011	0.000		
	总数	0.447			

(9)向日葵共计 31 份材料，见表 3-47，单株根干重的平均值为 0.0085g，变幅为 0.0036～0.0144g；单株茎干重的平均值为 0.048g，变幅为 0.023～0.072；根茎比的平均值为 0.177，变幅为 0.111～0.262；单株根长的平均值为 82.701cm，变幅为 30.806～126.655cm；单株根表面积的平均值为 15.802cm^2，变幅为 6.030～25.790cm^2；根直径的平均值为 0.635mm，变幅为 0.508～1.051mm；单株根体积的平均值为 0.251cm^3，变幅为 0.094～0.490cm^3。

表 3-47　向日葵苗期根系各性状之间多重比较

品种编号	根干重(g)	茎干重(g)	根茎比	根长(cm)	根表面积(cm^2)	根直径(mm)	根体积(cm^3)
2012611013	0.0144	0.067	0.216	106.747	25.545	0.780	0.490
2012611063	0.0078	0.044	0.179	111.275	20.032	0.597	0.290
2012611070	0.0093	0.051	0.183	101.684	19.439	0.603	0.296
2012611112	0.0083	0.045	0.182	111.977	18.780	0.543	0.252
2012611291	0.0140	0.072	0.195	49.458	15.332	0.975	0.380
2012611299	0.0104	0.055	0.188	30.806	8.066	1.051	0.198
2012611300	0.0107	0.056	0.190	80.199	16.115	0.631	0.259
2012611302	0.0125	0.058	0.217	96.123	20.439	0.683	0.347
2012611302	0.0121	0.056	0.214	126.655	25.790	0.649	0.419
2012611423	0.0038	0.023	0.162	53.402	8.450	0.508	0.107
2012611494	0.0037	0.026	0.140	31.032	6.030	0.624	0.094
2012611532	0.0104	0.040	0.262	96.471	17.873	0.586	0.265
2012611533	0.0053	0.033	0.160	66.629	12.057	0.577	0.174
2012611533	0.0079	0.041	0.192	86.664	16.295	0.592	0.244
2012611534	0.0064	0.038	0.168	63.560	10.840	0.568	0.148
2012611554	0.0099	0.060	0.165	99.478	19.256	0.616	0.299
2012612031	0.0098	0.070	0.139	114.614	19.583	0.625	0.271
2012612042	0.0067	0.048	0.141	113.538	15.953	0.537	0.257
2012612054	0.0087	0.046	0.188	99.715	18.024	0.575	0.260
2012612097	0.0062	0.043	0.144	63.212	12.665	0.631	0.205
2012612110	0.0065	0.042	0.153	68.360	11.718	0.550	0.162
2012612132	0.0074	0.066	0.111	87.639	17.226	0.620	0.278
2012612175	0.0071	0.046	0.153	92.383	17.362	0.593	0.260
2012612211	0.0062	0.044	0.142	83.002	14.058	0.556	0.192
2012612407	0.0036	0.026	0.136	51.546	8.743	0.552	0.121
2012612408	0.0092	0.048	0.194	31.156	6.431	0.676	0.106
2012612409	0.0112	0.047	0.238	91.092	18.520	0.676	0.302
2012612410	0.0083	0.054	0.154	69.342	14.175	0.634	0.234
2012612411	0.0080	0.042	0.191	95.020	15.959	0.534	0.214
2012612412	0.0098	0.047	0.210	118.849	23.456	0.642	0.373
2012612413	0.0091	0.051	0.177	72.111	15.662	0.698	0.274

方差分析表明(表 3-48)，除根茎比外，向日葵苗期根系各性状均在材料间存在显著差异。其中，材料 2012611013、2012611291、2012611302 的根干重最大，且 2012611013 和 2012611302 两材料的根长、根表面积、根体积也显著高于其他材料，育种中可以利用这两个材料的这一根系特性。

表 3-48　向日葵苗期根系各性状方差分析

		平方和	均方	F	显著性
	组间	0.001	0.000	91.059	0.000
根干重	组内	0.000	0.000		
	总数	0.001			
	组间	0.013	0.000	5.489	0.000
茎干重	组内	0.005	0.000		
	总数	0.018			
	组间	1.180	0.039	0.979	0.513
根茎比	组内	2.491	0.040		
	总数	3.671			
	组间	88 541.727	2 856.185	2.607	0.000
根长	组内	94 224.154	1 095.630		
	总数	182 765.882			
	组间	3 252.960	104.934	2.844	0.000
根表面积	组内	3 173.578	36.902		
	总数	6 426.538			
	组间	1.259	0.041	4.607	0.000
根直径	组内	0.758	0.009		
	总数	2.017			
	组间	1.044	0.034	3.082	0.000
根体积	组内	0.940	0.011		
	总数	1.984			

通过抗旱性比较，获得抗旱种质谷子 5 份，绿豆 4 份，糜子 3 份，玉米 6 份，高粱 2 份，黑豆 3 份，大豆 5 份，小豆 3 份，向日葵 2 份，合计抗旱种质 33 份(表 3-49)。

(五)在中国农业科学院的耐盐鉴定

在北京鉴定谷子 52 份，1 份未发芽，萌发期耐盐级别 1～2 级的 9 份，其中 1 级的有 2 份；全生育期耐盐级别 1～2 级的 3 份，其中 1 级的 2 份，见表 3-50。鉴定糜子 71 份，3 份未发芽，萌发期耐盐级别 1～2 级的 43 份，其中 1 级的有 21 份；全生育期耐盐级别 1～2 级的 9 份，其中 1 级的 2 份，见表 3-51。

表 3-49　抗旱鉴定结果汇总

序号	作物种类	鉴定份数	抗旱份数	抗旱种质采集编号
1	高粱	32	2	2012612195、2012612377
2	谷子	45	5	2012611203、2012611216、2012612028、2012611337、2012612079
3	绿豆	39	4	2012612122、2012612224、2012612237、2012612308
4	糜子	67	3	2012612138、2012612027、2012612174
5	玉米	15	6	2012611332、2012611412、2012612033 2012612043、2012612068、2012612057
6	黑豆	14	3	2012612156、2012612157、2012612286
7	大豆	30	5	2012611093、2012612024、2012612400、2012612255、2012612251
8	向日葵	31	2	2012611013、2012611302
9	小豆	33	3	2012611369、2012611464、2012612119
	合计	308	33	

表 3-50　谷子耐盐性鉴定结果

抗旱级别	抗旱份数	采集编号
1	2	2012612187、2012612115
2	7	2012611478、2012612048、2012611426、2012611216、2012612092、2012612065、2012612028
3	16	2012611417、2012611483、2012612093、2012612114、2012612079、2012611433、2012611616、2012611303、2012611499、2012611078、2012612149、2012611297、2012612209、2012612279、2012612113、2012612144
4	15	2012611241、2012612172、2012611290、2012611270、2012612301、2012611352、2012611243、2012611337、2012611068、2012612150、2012612151、2012612091、2012611304、2012612461、2012611009
5	11	2012612162、2011611041、2012612274、2012611307、2012612038、2012611425、2012611455、2012611054、2012611092、2012611371、2012611438

表 3-51　糜子耐盐鉴定结果

抗旱级别	抗旱份数	采集编号
1	21	2012611294、2012611362、2012611295、2012611338、2012611376、2012611422、2012612040、2012612052、2012612174、2012611210、2012611285、2012611457、2012612094、2012612095、2012612138、2012611052、2012611311、2012611081、2012611336、2012611349、2012611467
2	22	2012611306、2012612053、2012612188、2012611007、2012611012、2012611034、2012611056、2012611094、2012611096、2012611305、2012611319、2012611378、2012611466、2012611492、2012611500、2012611509、2012611519、2012612027、2012612066、2012612080、2012612112、2012612210
3	17	2011611045、2012611061、2012611065、2012611202、2012611244、2012611335、2012611441、2012611473、2012611503、2012611518、2012612009、2012612041、2012612065、2012612124、2012612125、2012612153、2012612487
4	4	2011611046、2012611047、2012611251、2012611272
5	4	2011611084、2012611017、2012611245、2012611252

鉴定大豆 34 份，耐盐 1～2 级的 20 份，其中 1 级的 6 份，见表 3-52。通过在北京耐盐鉴定 157 份，共获得耐盐 1～2 级的 72 份，其中 1 级的 29 份。

表 3-52 大豆种质耐盐鉴定结果

抗旱级别	抗旱份数	采集编号
1	6	2012612310、2012611380、2012612315、2012612312、2012612311、2012612270
2	14	2012612354、2012611480、2012612271、2012611037、2012612294、2012612047、2012612357、2012612400、2012611475、2012612459、2012612401、2012611474、2012612078、2011611034
3	8	2012612358、2012612287、2012611239、2012612183、2012612402、2012612314、2012612298、2012611036
4	6	2012611266、2012611069、2012611062、2012612226、2011611010、2012612403

(六)抗逆鉴定汇总

通过对各类作物鉴定结果汇总,在新疆鉴定获得抗旱种质 22 份,在甘肃鉴定获得抗旱种质 26 份,在北京抗旱鉴定获得抗旱种质 23 份,在陕西鉴定获得抗旱种质 33 份,在北京耐盐鉴定获得抗逆种质 72 份,合计获得抗逆种质 176 份,见表 3-53。其中在 2 个鉴定地点同时抗旱的种质 17 份(表 3-54),既抗旱又耐盐种质 43 份。

表 3-53 抗逆种质汇总表

作物种类	抗旱				耐盐	合计
	新疆	甘肃	北京	陕西	北京	
糜子	16		23	3	43	85
谷子	6			5	9	20
豆类		23		15	20	58
高粱				2		2
玉米		3		6		9
向日葵				2		2
合计	22	26	23	33	72	176

表 3-54 在 2 个抗旱鉴定地点抗旱种质清单

序号	种质编号	种质名称	鉴定地点
1	2012611052	糜子	新疆、北京
2	2012611056	糜子	新疆、北京
3	2012611210	糜子	新疆、北京
4	2012611285	糜子	北京、陕西
5	2012611294	糜子	北京、陕西
6	2012611295	糜子	新疆、北京
7	2012611306	糜子	新疆、北京
8	2012611338	糜子	新疆、北京
9	2012611362	糜子	新疆、北京
10	2012611378	糜子	新疆、北京
11	2012611466	糜子	新疆、北京

续表

序号	种质编号	种质名称	鉴定地点
12	2012611509	糜子	新疆、北京
13	2012611519	糜子	北京、陕西
14	2012612040	糜子	北京、陕西
15	2012612124	糜子	新疆、陕西
16	2012612210	糜子	新疆、北京
17	2012612400	黑大豆	甘肃、陕西

三、抗逆资源介绍

通过本次调查和抗逆性鉴定，初步获得抗性和农艺性状较好的种质资源。下面简要介绍几类优异资源。

（一）玉米

本次调查收集的玉米资源大多都是经过长期栽培保留下来的优良地方品种，由于在当地多为零星栽培且管理较为粗放，因此，保留了部分优异的玉米资源。例如，安塞县的玉米（采集编号：2012611403）（图3-21），原产地为陕西省延安市安塞县坪桥镇李宝塔（37.1741°N，109.1620°E，海拔1461m），该种质籽粒为黄白色，2014年和2015年在甘肃抗旱性鉴定，生育期129d，抗旱级别均为1级。长武的黑玉米（采集编号：2012612304）（图3-22），原产地为陕西省咸阳市长武县相公镇龙头（37.3246°N，108.9359°E，海拔1572m），在西北农林科技大学苗期抗旱性鉴定结果显示，该种质苗期根茎比较高，达到0.902，2014年在甘肃抗旱性鉴定，生育期132d，抗旱级别为1级。

图3-21　玉米2012611403

图3-22　玉米2012612304

（二）糜子

糜子在新疆抗旱鉴定 49 份，西北农林科技大学苗期抗旱鉴定 67 份，北京耐盐鉴定 71 份，结果显示，有 15 份在 2 个鉴定地均抗旱，在北京鉴定耐盐；有 11 份在 1 个鉴定地抗旱，在北京鉴定耐盐。编号为 2012611285 的糜子（图 3-23），原产地为陕西省榆林市定边县镇种子站（37.5960°N，107.6078°E，海拔 1486m），株高 72～85cm，穗长 25～28cm，籽粒为白色，色亮，在北京和西北农林科技大学苗期抗旱鉴定均为耐旱种质，在中国农业科学院鉴定为耐盐种质。编号 2012611052 的糜子（图 3-24），原产地为陕西省渭南市蒲城县陈庄内付村（34.5206°N，109.3296°E，海拔 388m），株高 70～90cm，穗长 25～30cm，籽粒为橘红色，色亮，在北京耐盐性鉴定为耐盐，在西北农林科技大学苗期抗旱鉴定为耐旱种质。编号 2012611294 的糜子（图 3-25），原产地为陕西省榆林市定边县镇种子站（37.5960°N，107.6078°E，海拔 1486m），株高 65～80cm，穗长 25～35cm，籽粒为白色，色亮，在北京耐盐性鉴定为耐盐，在新疆全生育期和西北农林科技大学苗期抗旱鉴定为耐旱种质。编号 2012611306 的糜子（图 3-26），原产地为陕西省榆林市定边县镇种子站（37.5960°N，107.6078°E，海拔 1486m），在杨凌田间性状调查，株高 70～80cm，穗长 20～28cm，籽粒为橘红色，色亮，在北京耐盐性鉴定为耐盐，在新疆和西北农林科技大学苗期抗旱鉴定为耐旱种质。

图 3-23　糜子 2012611285

图 3-24　糜子 2012611052

图 3-25　糜子 2012611294　　　　　　　图 3-26　糜子 2012611306

(三)谷子

在北京耐盐鉴定 51 份,在陕西鉴定 46 份,在新疆 2 年鉴定 27 份。结果显示,有 5 份种质既抗旱又耐盐。编号 2012612079 的谷子(图 3-27),原产地为陕西省榆林市府谷县武家庄镇郭家崔尧(38.8756°N,110.9423°E,海拔 982m),在杨凌田间性状调查,株高

图 3-27　谷子 2012612079

80～100cm，穗长 40～50cm，在新疆和西北农林科技大学抗旱性鉴定均为抗旱种质。编号 2012611478 的谷子(图 3-28)，原产地为陕西省延安市安塞县王窑镇水打磨村(36.910°N，109.1233°E，海拔 1149m)，在杨凌田间性状调查，株高 91～110cm，穗长 35～43cm，在北京耐盐性鉴定为耐盐，在西北农林科技大学苗期抗旱鉴定为耐旱种质。

图 3-28　谷子 2012611478

(四)大豆

大豆在北京耐盐鉴定 34 份，在甘肃全生育期抗旱鉴定 47 份，在西北农林科技大学苗期鉴定 44 份，结果显示，在甘肃既抗旱在北京又耐盐的有 5 份，为 2012611239、2012612183、2012612287、2012612314 和 2012612401。在北京耐盐、在陕西和甘肃均抗旱的有 1 份，为 2012612400。编号 2012612287 的大豆(图 3-29)，原产地为陕西省咸阳市长武县枣园镇田家村(35.3497°N，107.8811°E，海拔 1204m)，籽粒黑色，在杨凌田间性状调查，株高 60～80cm，荚多，在甘肃鉴定抗旱，在中国农业科学院鉴定为耐盐。编号 2012612314 的大豆(图 3-30)，原产地为陕西省咸阳市长武县相公镇龙头村(35.4456°N，107.9158°E，海拔 1156m)，籽粒黑色，在杨凌田间性状调查，株高 65～92cm，荚多，在甘肃鉴定抗旱，在北京鉴定为耐盐。编号 2012612401 的大豆(图 3-31)，原产地为陕西省咸阳市长武县相公镇新兴堡村(35.4372°N，108.9819°E，海拔 1055m)，在当地又称槐豆，籽粒黄褐色，在杨凌田间性状调查，株高 40～60cm，荚多，在甘肃鉴定抗旱，在北京鉴定为耐盐。编号 2012612400 的大豆(图 3-32)，原产地为陕西省咸阳市长武县相公镇新兴堡村(35.4372°N，108.9819°E，海拔 1055m)，在当地又称槐豆，籽粒黄褐色，在杨凌田间性状调查，株高 40～50cm，荚多，在甘肃和西北农林科技大学苗期鉴定均抗旱，在北京鉴定为耐盐。

图 3-29　大豆 2012612287

图 3-30　大豆 2012612314

图 3-31　大豆 2012612401

图 3-32　大豆 2012612400

(五)绿豆

绿豆在甘肃全生育期抗旱鉴定中有 2 份种质表现为抗旱 1 级，分别是 2012611090 和 2012611477。编号 2012611090 的绿豆(图 3-33)，原产地为陕西省榆林市靖边县青阳岔镇程家边村(37.4016°N，109.1648°E，海拔 1209m)，籽粒绿色，在杨凌田间性状调查，株高 40～60cm，荚多。编号 2012611477 的绿豆(图 3-34)，原产地为陕西省延安市安塞县王窑镇水打磨村(36.9106°N，109.1233°E，海拔 1149m)，籽粒绿色，在杨凌田间性状调查，株高 45～70cm，荚多。

图 3-33　绿豆 2012611090

图 3-34　绿豆 2012611477

第四节　作物种质资源保护和利用建议

农业生物资源是经过千百万年自然和人工选择的产物，是生物育种、生物开发的基础。随着经济社会的发展，民族地区传统文化和知识受到冲击，世世代代赖以生存的生物资源正快速消失，发展与保护的矛盾日益突出，正确处理好农业生物资源有效保护与可持续利用的关系势在必行。

一、陕西特殊的气候条件和生态环境造就了独特的作物生长类型

调查地区中蒲城县和长武县位于渭北旱塬，地处陕西关中北部，中国黄土高原南部，属暖温带半湿润易旱区，该区年际雨量波动变率较大，且分布不均，降水的分布与作物需水关键期存在矛盾。其余 5 县属于陕北地区，陕北地区属于黄河中游，也是全国水土流失最为严重的地区之一，不仅大量水土和养分流失，而且土壤贫瘠化程度严重，黄河泥沙之患时有发生。水土流失恶性发展而使生态环境遭到破坏，最终导致土壤肥力减退、水分流失、沟壑增多、江河库塘淤积、土壤干旱、耕地被蚕食、交通被破坏、生态被破坏、自然灾害增加，从而最终结果是，生态系统恶性循环，生存环境遭到改变，严重制约着当地经济的发展(刘恩斌，2006；张晴，2008；姜峻，2007)。在本次农作物种质资源调查和收集中，高粱、糜子和谷子之所以数量较多，主要是由于其自身特殊的生物学特性，每年的 7~9 月，雨、热同期，水、热充足，与高粱、谷子和糜子的产量形成关键期相同步，使得它们的稳产性比其他作物高。另外，高粱、谷子和糜子既可以作为填闲补种作物又适宜于生产条件差的丘陵山地和一些旱薄地种植，也可以与大宗作物混种、套种、间作，优化粮食生产结构，提高土地的利用效率，因此在干旱、半干旱区自然环境的选择下，在渭北旱塬和陕北沟壑地形的生态环境下得到广泛种植(王述民，2011a，2011b)。这与陈盛瑞等(2012)的研究结果一致，谷子和糜子在宁夏干旱和半干旱地区也是广泛种植，这可能是因为宁夏和榆林地区位于同一纬度，其生态环境和气候类型基本一致。2007 年 8 月，来自中国、日本、韩国、加拿大、意大利等国 60 多名专家学者在榆林参加了"中国·榆林国际荞麦节"举办的各项活动，通过与会专家几轮评价和评比讨论，认定榆林为荞麦、糜子、谷子、绿豆等 12 类小杂粮作物优势产区，评选出了 48 个小杂粮名优品种和 9 个小杂粮系列产品金奖，确立了榆林地区小杂粮生产和产业化在国内外的重要地位(卜耀军等，2009)。由于陕北生态复杂、沟壑较多、地势不平、交通落后，引进的外来品种和新育成品种大多难以大面积推广和适应当地环境，因此如果产量表现不突出很快就会被老百姓淘汰。所以，具有耐瘠薄、抗旱、耐冷和耐盐碱等优异特性的地方品种资源，如马铃薯、南瓜、黄芥和向日葵等在当地被广泛种植。

二、作物基因资源发掘与种质创新是作物育种取得突破的物质基础

植物育种成效的大小，很大程度上决定于掌握种质资源的数量多少和对其性状表现及遗传规律研究的深浅。世界育种史上，品种培育的突破性进展，往往都是找到了具有关键性基因的种质资源。丰富多彩的种质资源在植物花色品种、作物产量、品质、抗逆性等的改良上常起着关键性的作用。现代的育种是人工促进植物向人类所需要的方向演化的科学。即用不同来源的、能实现育种目标的各种种质资源，按照尽可能理想的组合方式，采用适合的育种方法，把一些有利的基因组合到另一个基因型中去。新中国成立以来，我国主要作物品种已更换 5~6 次，每次品种更新换代都使产量增加 10%~20%，作物的抗性与品质也显著提高，其中优异基因资源在我国作物育种及种子产业中的贡献率达 50% 以上。通过水稻和小麦矮秆基因的发现和利用，实现了第一次"绿色革命"；水稻"野败"型基因资源的发现和利用，使我国的杂交水稻研究走在世界前列；甘蓝优异

自交不亲和基因（S 基因）的发掘、创新利用，育成了中甘系列早中晚熟配套甘蓝品种 16 个，占全国甘蓝面积的 60%～70%，三次获国家级奖励。美国从我国提供的大豆基因资源中发现了抗根腐病基因和耐湿基因，挽救了美国的大豆生产。所以，育种工作的实质就是按照人们的意志，对各种各样的种质资源以各种方式进行利用、加工和改造。小麦远缘杂交之父李振声院士利用普通小麦与长穗偃麦草（*Thinopyrum ponticum*）杂交，培育成部分双二倍体新物种即八倍体小偃麦，即小偃系列：主要有'小偃 7430''小偃 7631''小偃 68'和'小偃 693'等，以及异附加系'小偃 759'和'小偃 7231'；同时培育出一批生产上推广审定的小麦品种，主要有'小偃 4 号''小偃 5 号'和'小偃 6 号'，其中'小偃 6 号'种植面积曾经达到 66.167 万 hm^2/年，成为我国推广时间最长的小麦品种，1985 年获得国家发明一等奖（李振声，1986），在 20 年内一直成为当地的主栽品种。可以预见，未来我国农业要实现持续和跨越发展，优异基因源的分析、新基因的发现和突破性新种质创造在农林动植物新品种培育中将发挥关键作用。本项目通过对收集资源的抗逆性鉴定结果发现，其中有许多我们可利用的有益资源，对其广泛深入的研究和利用可以极大地丰富我们的育种基础。

三、构建陕西农业生物资源保护与利用平台

陕西具有丰富的农业生物资源，但随着农业集约化发展、生态环境变化和大规模经济建设，加之长期以来农业生物资源工作存在的诸多问题，使农业生物资源多样性破坏严重，农业品种遗传基础越来越窄。因此，加强农业生物资源的管理、保护及研究利用越来越迫切，任务十分艰巨。从全省农业科技发展的总体布局出发，以资源安全保护和科学利用为主线，搭建公益性、基础性、战略性的农业生物资源保护与利用平台，创新资源管理与共享机制，解决资源收集、保存、共享和利用过程中的关键问题，为陕西农业科技长远发展与重点突破提供强有力的基础支撑。

四、建立种质资源保护和开发、利用的新机制

近年来，陕北由于西部大开发政策的大力推动，经济得到快速发展，受自然和人为因素的影响，特别是近几年煤、气、油的建设开发，退耕还林等，可耕地面积的减少，大量农民工进城，而使农民种植土地的愿望逐渐减少，新式农民勇于创新思想观念的改变，部分地方种质资源被现代育成品种所替换而逐渐被淘汰，有些有特异性状的资源灭绝使得地方种质资源的数量大大减少。同时，近几年陕北农业结构变化较大，一些经济作物在陕北地区得到广泛的种植和推广，使一些原本种植的地方种质资源被现代育成品种取代，造成许多地方种质资源遗失，如苹果和大棚蔬菜。在农作物种质资源的保护方面，比较突出的是育种单位对栽培品种保护得较好，对野生种和野生近缘植物保护措施不足；对主要作物收集、保存较好，对"小"作物的保护措施不足；对交通便利区域的品种收集保存较好，对边远山区交通不便的地方不够重视。尤其是近年来经济发展较快，各地发展工业、交通，开垦农田，致使生态环境恶化，野生近缘植物资源受到严重破坏。因此，要加强资源保护，以免其中优异资源的遗失。

本次调查，不乏优势资源和特色地方品种，如府谷、神木的海红果，可以制作果脯

和饮料，南瓜子的商品开发，以及苦荞中苦味素的开发利用等，我们可以利用已有的研究方法(王光全等，2005)，应进一步挖掘它们的利用价值，这需要当地通过招商引资的形式，引进企业，采用"企业+基地+农户"的方式，对其进行深加工，增加农民收入。

地方品种种质资源是经过长期的自然进化和选择而形成的一类资源，演化保留了许多优良遗传性状，对当地环境适应性非常强，抗逆性突出。为了使地方品种种质资源得到充分利用，可以对优异地方品种及时进行提纯复壮，加速良种繁育，同时，借鉴大宗作物的研究结果和研究方法，提升小宗作物的研究水平，可以和育种结合起来，运用分子标记等现代生物学技术手段，筛选优异的种质资源，为育种学家提供优异的目标亲本，拓宽育种的遗传背景。对于调查中发现的具有耐寒性和抗病性等的资源，应做进一步鉴定，使之尽快在生产和育种中得到广泛利用。

五、组织多学科专业联合攻关

种质资源的鉴定和充分利用，需要遗传育种、生物技术、植物保护等多学科专业的密切配合与协作，才能完成不同目的的资源利用任务。遗传学家配合育种开展种质资源筛选、外源基因导入、主要性状遗传机制及遗传规律的研究；生物技术专家配合育种开展抗旱、抗寒等抗逆性研究，探索分离世代选择和鉴定高产、优质、抗逆类型的指标和方法，进行种质资源品质鉴定和优质资源的筛选；植物保护学家围绕生产上主要病虫害发生发展规律及防治措施的研究，进行抗病虫害的基因鉴定；农学家则通过栽培试验研究良种的区域适应性等。这样，多学科多专业联合攻关有利于发挥各自优势，使基础研究、选育研究和开发研究紧密结合在一起，形成一个完整的、密集型的技术系统，最终使种质资源得到科学合理的开发和利用，促进农业生产发展。

参 考 文 献

卜耀军，郭寒芳，尚爱军，等. 2009. 榆林风沙区发展沙产业的优势、途径及对策研究. 水土保持研究，16(4)：216-224.

陈盛瑞，袁汉民. 2012. 宁夏干旱、半干旱区抗逆农作物地方种质资源调查. 农业科学研究，33(4)：7-12.

高爱农，王丽萍，李坤明，等. 2015a. 云南省元阳县哈尼族彝族农业生物资源调查. 植物遗传资源学报，16(2)：211-221.

高爱农，郑殿升，李立会，等. 2015b. 贵州少数民族对作物种质资源的利用和保护. 植物遗传资源学报，16(3)：549-554.

郝志鹏，马丽杰，吴敬，等. 2012. 海红果多糖提取工艺及体外抗氧化活性研究. 食品科学，18：88-92.

姜峻. 2007. 现阶段陕北农业发展的制约因子分析. 安徽农学通报，13(16)：1-5.

孔庆胜，王彦英，蒋滢. 2000. 南瓜多糖的分离、纯化及降血脂作用. 中国生化药物杂志，21(3)：130-132.

李振声.1986. 小麦远缘杂交新品种——小偃6号. 山西农业科学，5：11-12.

林汝法，柴岩，廖琴，等. 2002. 中国小杂粮. 北京：中国农业出版社：28-29.

刘恩斌. 2006. 陕北农业发展问题的探讨. 水土保持研究，13(6)：25-27.

孟庆杰，王光全. 2005. 山楂种质果实营养成分分析及其资源利用研究. 河北农业大学学报，28(1)：21-23.

彭红, 黄小茉, 欧阳友生, 等. 2002. 南瓜多糖的提取工艺及其降糖作用的研究. 食品科学, 23(8): 260-263.

王光全, 孟庆杰, 扈学立, 等. 2005. 山楂种质器官总黄酮含量的测定分析及其资源利用研究. 食品科学, 26(8): 307-310.

王猛, 王敏, 李环宇, 等. 2013. 海红果酚类物质种类及其抗氧化能力的研究. 现代食品科技, 29(11): 2633-2637.

王述民, 李立会, 黎裕, 等. 2011a. 中国粮食和农业植物遗传资源状况报告(Ⅰ). 植物遗传资源学报, 12(1): 1-12.

王述民, 李立会, 黎裕, 等. 2011b. 中国粮食和农业植物遗传资源状况报告(Ⅱ). 植物遗传资源学报, 12(2): 167-177.

王亚娟, 张正茂, 王长有, 等. 2016. 陕西省旱区抗逆农作物地方种质资源调查与分析. 植物遗传资源学报, 17(5): 951-956.

徐玉霞, 王华斌. 2013. 酶法提取海红果总黄酮工艺及海红果黄酮粗提物对 HeLa 细胞的增殖作用. 中国农业大学学报, 18(1): 119-127.

叶盛英, 郭琪. 2003. 南瓜多糖的提取及其药理作用研究概况. 天津药学, 15(2): 36-38.

张晴. 2008. 陕北农业发展的现状分析和战略构想. 产业与科技论坛, 7(3): 58-62.

郑殿升, 刘旭, 卢新雄. 2007. 农作物种质资源收集技术规程. 北京: 中国农业出版社: 20-40.

周俊国, 李桂荣, 杨鹏鸣. 2006. 南瓜自交系数量性状分析与聚类分析. 河北农业大学学报, 29(4): 19-22.

Basak R K. 1981. Studies on a neutral polysaccharide isolated from bale fruit pulp. Carbohydro Res, (97): 315-318.

Miyazki T. 1973. Studies on fungal polysaccharide Ⅻ. Water-soluble polysaccharide of griforaumbeilatalatai. Chem Pharm Bull, (21): 2545-2549.

第四章　内蒙古自治区作物种质资源调查[①]

第一节　概　　述

一、地理环境

内蒙古自治区位于我国北部边疆，由东北向西南呈狭长形，东西直线距离 2400km，南北跨度 1700km，横跨东北、华北、西北三大区，东、南、西与 8 省区毗邻，北与蒙古国、俄罗斯接壤，国境线长 4200km。辖 3 盟 9 市 103 个旗(县、区)，设呼和浩特、包头、乌海、赤峰、通辽、鄂尔多斯、呼伦贝尔、乌兰察布、巴彦淖尔 9 个市；兴安、阿拉善、锡林郭勒 3 个盟。内蒙古土地总面积 118.3 万 km²，约占全国总面积的 12.3%，在全国各省、市、自治区中名列第三位，拥有 8600 万 hm² 草场、2300 万 hm² 森林、700 万 hm² 耕地，是我国北疆重要的生态安全屏障。

内蒙古全境地貌以高原为主，多数地区海拔在 1000m 以上，通称内蒙古高原，是中国四大高原中的第二大高原。高原占全区土地面积的 51% 左右，由呼伦贝尔高平原、锡林郭勒高平原、巴彦淖尔-阿拉善及鄂尔多斯等高平原组成，平均海拔 1000m 左右，海拔最高点为贺兰山主峰(3556m)。高原四周分布着大兴安岭、阴山(狼山、色尔腾山、乌拉山、大青山、卓资山、灰腾梁蛮汗山)、贺兰山等山脉，构成了内蒙古高原地貌的脊梁。大部分山地组成复杂，有中山、低山、丘陵、山间盆地谷地，形成"远看是山，近看是川"的地貌。内蒙古高原西端分布有巴丹吉林、腾格里、乌兰布和、库布齐、毛乌素等沙漠，总面积 15 万 km²。在大兴安岭的东麓、阴山脚下和黄河岸边，有嫩江西岸平原、西辽河平原、土默川平原、河套平原及黄河南岸平原，这里地势平坦、土质肥沃、光照充足、水源丰富，是内蒙古粮食和经济作物的主要产区。在山地向高平原、平原的交接地带，分布着黄土丘陵和石质丘陵，其间有低山、谷地和盆地分布，水土流失较严重。

内蒙古土壤分布具有明显的水平地带性规律，全区土地带由东北向西南排列，依次为黑土地带、暗棕壤地带、黑钙土地带、栗钙土地带、棕壤地带、黑垆土地带、灰钙土地带、风沙土地带和灰棕漠土地带。受气候、植被、地形的制约，基本上与生物气候带相吻合。同时，在不同地貌，砾质土、砂质土、黄土、盐碱土等土类分布也极为广泛。其中黑土壤的自然肥力最高，结构和水分条件良好，易于耕作，适宜发展农业；黑钙土的自然肥力次之，适宜发展农林牧业。

---

① 本章年度种植业基础数据来源：内蒙古自治区农牧业厅《农牧业经济基础资料》；内蒙古自治区统计局《内蒙古统计年鉴》。气象数据来源：内蒙古自治区气象局

二、气候特征

内蒙古自治区地域广袤，所处纬度较高，高原面积大，距离海洋较远，边沿有山脉阻隔，气候以温带大陆性季风气候为主，只有大兴安岭北段部分地区属于寒温带大陆性季风气候。有降水量少而不匀、风大、寒暑变化剧烈、四季分明、水热同期、日照充足的气候特点。总体降水量少，个别地区十年九旱。春季气温骤升，多大风天气；夏季短促温热，降水集中；秋季气温剧降，秋霜冻往往过早来临；冬季漫长寒冷，多寒潮天气。年均气温为 -4～9℃，自东北向西南升高，气温年差平均为 34～36℃，日差平均为 12～16℃。全年降水量为 50～500mm，多集中在 6～8 月，东北降水多，向西部递减。无霜期为 80～150d，全年太阳辐射量从东北向西南递增，年日照时数为 2300～3500h，额济纳旗年日照时数达 3448h。大兴安岭和阴山山脉是全区气候差异重要的自然分界线，大兴安岭以东和阴山以北地区的气温和降水量明显低于大兴安岭以西及阴山以南地区。

三、水资源

内蒙古大小河流千余条，其中流域面积在 1000km² 以上的有 107 条，较大的湖泊有 295 个。全区按自然条件和水系的不同分为：大兴安岭西麓黑龙江水系地区；呼伦贝尔高平原内陆水系地区；大兴安岭东麓山地丘陵嫩江水系地区；西辽河平原辽河水系地区；阴山北麓内蒙古高平原内陆水系地区；阴山山地、海河、滦河水系地区；阴山南麓河套平原黄河水系地区；鄂尔多斯高平原水系地区；西部荒漠内陆水系地区。内蒙古水资源在地区、时程的分布上不均匀，与人口和耕地分布不相适应。东部地区的黑龙江流域土地面积占全区的 27%，耕地面积占全区的 20%，人口占全区的 18%，而水资源总量占全区的 65%；中西部地区的西辽河、海滦河、黄河 3 个流域总面积占全区的 26%，耕地占全区的 30%，人口占全区的 66%，但水资源仅占全区的 25%，其中除黄河沿岸可利用部分过境水外，大部分地区水资源紧缺。农业用水方面，呼伦贝尔市耕地占全区的 6.7%，而河川径流量占全区的 33.6%，中部地区的乌兰察布市、呼和浩特市和包头市耕地占全区的 34.5%，水资源仅占全区的 5.8%，受地形、距离等制约，水资源配置难度较大。

四、植被分布

内蒙古大部分地区属温带大陆性季风气候，温度分布趋势是从东北向西南递增，年均气温由大兴安岭北段的 -4℃以下，到阿拉善高原西部的 8℃以上。年降水量分布则刚好相反，从东北向西南递减。大兴安岭东南侧年降水最多，在 450mm 以上，而阿拉善西部的年降水小于 50mm，可见，水、热的空间分布并不平衡。本区植被的地带分异大体上和气候带相吻合，植被分布的东西向分异、南北向的纬度地带性和沿海拔变化的山地垂直地带性都十分明显。首先，植被水平地带分布的规律突出，自东向西，本区依次分布了 6 个植被地带：山地针叶林和阔叶林带、森林草原带、中温典型草原带、中温荒漠草原带、草原化荒漠带和荒漠带。其次，受纬度控制，本区的热量条件呈现南北向变化，从而使植被具有一定的纬向分异。最后，本区的垂直地带性明显。由于山地贯穿本区的各个气候带，造成植被垂直分布的多样性。内蒙古东部大兴安岭拥有丰富的森林植物和草甸、沼泽及水生植物；中部阴山山脉及贺兰山兼有森林、草原植物；高原和平原地区以草原与荒漠旱生型植物为主，含有少数的草甸植物与盐生植物。

五、野生植物

内蒙古自治区分布有各类野生高等植物 2781 种，植被组成主要有乔木、灌木、半灌木、草本植物等基本类群，其中草本植物分布面积最广。按类别分，种子植物 2208 种，蕨类植物 62 种，苔藓类植物 511 种。其中，被列为第一批国家保护的珍稀野生植物有 24 种，野生植物以山区植物最为丰富。内蒙古的野生植物按经济用途可分为十几类。其中，纤维植物有樟子松、落叶松、甜杨、荨麻、大叶草、芦苇、蒲、沙柳、红柳等 70 多种，是造纸、编织、制绳、人造纤维的重要原料；中草药有人参、天麻、麻黄、肉苁蓉、柴胡、甘草、黄芪、枸杞、黄芩、赤芍、杏仁等 500 多种；榛子、山杏、唐松草、金莲花、松子、文冠果等几十种植物的种子是榨油的好原料；越桔、笃斯、悬钩子、山丁子、红豆、山樱桃等果实是酿造的重要原料；沙棘、野山楂、山荆子、秋子梨、蔷薇果、草莓等野果含维生素较丰富；几十种食用植物中尤以猴头、口蘑、发菜最负盛名；百合类、石蒜类等 50 多种植物在印染和淀粉工业中有重要用途。柠条、沙蒿、酸刺、马蔺、碱地肤等在固沙、治碱和环境保护中有独特用途。

六、农作物生产

内蒙古农业区和农牧交错区主要分布在大兴安岭和阴山山脉以东和以南。河套、土默川、西辽河、嫩江西岸平原和广大的丘陵地区，有适于农作物生长的黑土、黑钙土、栗钙土等多样性土壤地带和可利用的地上地下资源，从而形成内蒙古乃至中国北方的重要粮仓。内蒙古的农作物多达 25 类 10 266 种，主要农作物是小麦、水稻、大豆、玉米、向日葵、马铃薯等主栽作物。此外，还有谷子、燕麦、荞麦、大麦、糜黍、高粱、甜菜、胡麻、棉花、食用豆类、油菜、蓖麻、黑白瓜子、瓜类等许多独具内蒙古特色的作物种类，其中燕麦、荞麦、华莱士瓜、地道中药材颇具盛名。还有发展苹果、梨、杏、山楂、海棠、海红果等耐寒耐旱水果的良好条件。2015 年，内蒙古农作物总播种面积 756.8 万 hm^2，其中，粮食作物播种面积 572.7 万 hm^2。近年来，在内蒙古自治区政府的领导下，内蒙古特色产业发展势头良好，农业产业化发展步伐明显加快，宜农则农、宜牧则牧，农业生产由种植业逐步转变为以畜牧业、粮食作物、经济作物为基本结构的多元化发展，形成了以地区特色为优势的区域经济和农林牧合理发展的新布局。

七、人口状况

内蒙古是中国五个少数民族自治区之一。常住人口由汉、蒙古、满、回、达斡尔、鄂温克、鄂伦春、朝鲜等 49 个民族组成。2010 年第六次人口普查统计，汉族人口为 1965.07 万人，占 79.54%；少数民族人口为 505.56 万人，占 20.46%。同第五次人口普查 2000 年 11 月 1 日零时的 2375.54 万人相比，10 年间共增加了 95.09 万人，增长 4%。平均每年增加 9.51 万人，年平均增长率为 0.39%，年平均增长率大大低于全国年平均增长率 0.57% 的水平。普查数据表明，内蒙古人口发展进入了低速增长时期。10 年间，内蒙古呼和浩特市、包头市、乌海市、鄂尔多斯市和阿拉善盟 5 个市(盟)的人口大幅增长，其增长幅度均超过了 15%。特别是鄂尔多斯市，10 年间常住人口增加了 54.5 万人，增长 39.1%。同时赤峰市、呼伦贝尔市、巴彦淖尔市、乌兰察布市和兴安盟 5 个市(盟)的常住人口有不同程度的减少。尤其是呼伦贝尔市、乌兰察布市和赤峰市，10 年间常住人口分别减少了 18.7 万人、18.3 万人和 17.7 万人，较之第五次人口普查常住人口分别减少了 6.8%、7.9%和 3.9%。2014 年年末，全区常住人口为 2504.8 万人，比上年增加 7.2 万人。其中，城镇人口为 1490.6 万人，乡村人口为 1014.2 万人。城镇化率达到 59.5%，比上年提高 0.8 个百分点。内蒙古人口分布在东、西部的变化，有其地理上的原因，也有历史原因，更主要的是由内蒙古的产业布局造成的。同时，也与近年来地区间社会经济发展不平衡及人口的迁移流动有着直接关系。

第二节　作物种质资源普查

内蒙古农作物以玉米、小麦、水稻、大豆、马铃薯五大作物和谷子、高粱、燕麦、糜黍、荞麦、绿豆、芸豆等杂粮杂豆为主。目前已初步形成了体现不同地域特点和优势的粮食生产基地，如河套、土默川平原、大兴安岭岭北地区的优质小麦生产基地；西辽河平原及中西部广大地区的优质玉米生产基地；大兴安岭东南的优质大豆、水稻生产基地；中西部丘陵旱作区的优质马铃薯、杂粮杂豆生产基地。此次普查针对内蒙古自治区干旱半干旱区选取 10 个旗(县)开展种质资源普查，这些地区干旱特点明显，其中作为系统调查的 5 个旗(克什克腾旗、乌拉特前旗、准格尔旗、鄂托克前旗、额济纳旗)尤为突出。普查主要内容包括近 30 年来这些地区种植的抗逆农作物种类、面积、分布、利用途径、农业生产状况等，采集各类资源所在地的降水量、地形、地貌、植被类型和覆盖率、海拔、经纬度、气温、积温及土壤类型、盐碱度、养分等信息。通过对内蒙古 10 个旗(县)主要作物的种植面积比例关系、气候变化、农业生产总值、资源保护利用等基本情况进行普查，分析了各旗(县)1985～2010 年的气候特点及作物结构变迁，提出了内蒙古农作物种质资源有效保护和可持续利用的建议和基础数据信息。

一、普查旗(县)概况

(一)额济纳旗

额济纳旗位于内蒙古自治区阿拉善盟最西端，地理坐标为北纬 39°52′～42°47′、东经 97°10′～103°7′，总面积 11.46 万 km²。其中，戈壁面积 0.61 万 km²，沙漠面积 1.56 万 km²，丘陵面积 4.8 万 km²，绿洲面积 3.16 万 km²。属内陆干燥气候，具有干旱少雨、蒸发量大、日照充足、温差较大、风沙多等气候特点。1985～2010 年 6 个时间节点调查数据显示，年均气温 9.2℃，年均降水量 42.7mm，无霜期 179～227d，属于荒漠戈壁草原地区。因处于极端干旱地区，植物区系十分贫乏，代表性植物以戈壁植物成分占优势，如红砂、梭梭、胡杨等。2000 年，国务院决定实施黑河水量统一调度，向额济纳绿洲和居延海集中输水，使干旱多年的额济纳绿洲得到有效灌溉，地下水位明显回升，部分濒临死亡的胡杨及消失多年的甘草和芦苇等植物开始复苏，曾经的沙尘源——额济纳旗重新焕发出勃勃生机。农作物种类由 1985 年、1990 年的小麦、玉米、马铃薯、食用豆、胡麻、蔬菜、果树种植逐步发展到以棉花、蜜瓜两大特色经济作物为主的多元化经济。额济纳旗 1985 年小麦种植面积 1600hm²，1985～2010 年逐年下降，到 2010 年基本不种植小麦。玉米面积有所增加，1990 年为 160hm²，到 2010 年扩大到 273.3hm²。1985～1990 年基本没有棉花种植，1990 年之后，随着棉花的试种成功，面积逐步增加，2010 年棉花种植面积已达到 1060hm²。额济纳旗农业产值占国民经济总产值比例由 1985 年的 81%下降到2015 年的 4.1%，农业人口占总人口比例由 1985 年的 48.92%下降到 2010 年的 30.64%。

(二)乌拉特前旗

乌拉特前旗位于内蒙古自治区西部，河套平原东端，隶属巴彦淖尔市，东临包头，地理位置为北纬 40°28′～41°16′、东经 108°11′～109°54′，总面积 0.7476 万 km²，分为黄灌区和山旱区，其中山旱区 4900km²，黄灌区 2500km²。地貌可概括为"三山两川一面海，千里平原两道滩。"乌拉特前旗属于中温带大陆性季风气候，日照充足、积温较多、昼夜温差大、雨水集中、雨热同期。历年平均日照时数为 3202h，年均气温为 3.5～7.2℃，无霜期 100～145d，年降水量 200～250mm，主要集中在 6～9 月，占全年降水量的 78.9%；年蒸发量 1900～2300mm，属干旱、半干旱荒漠类型地区。全旗可耕地面积达 13.67 万 hm²，草牧场面积 42.33 万 hm²，森林面积 4.47 万 hm²。乌拉特前旗农畜产品资源丰富，是全国首屈一指的自流灌区，是理想的绿色、专用农作物种植基地。主要农产品有小麦、玉米、花葵、油葵、番茄、马铃薯、黑瓜子、西瓜、蜜瓜、枸杞等。比较有名的农牧产品有大有公香瓜、黑柳子西瓜、先锋枸杞、大佘太面粉、朝阳黄芪、后山小杂粮、乌拉山羊肉等。

1985～2010 年调查数据表明，乌拉特前旗小麦的种植比例在 2010 年前高于玉米，占粮食作物的主导地位，1995 年达到最高点后，开始逐年下降。玉米种植面积从 1985年开始逐年上升，到 2010 年首次超过小麦的种植面积，与小麦的种植面积基本接近，2010年玉米种植面积比 1985 年增加将近 50 倍，而且继续呈现上升趋势。乌拉特前旗小宗农作物杂粮、杂豆、马铃薯种植面积基本稳定。2000 年蔬菜种植面积开始上升，到 2005年的高点后，种植面积趋于稳定。

(三)杭锦旗

杭锦旗位于内蒙古自治区鄂尔多斯市西北部，黄河"几"字湾南岸，黄河流经全旗242km，库布齐沙漠横亘东西，将全旗划分为北部沿河区和南部梁外区。地理坐标为北纬 39°22′～40°52′、东经 106°55′～109°16′。全旗总面积 1.89 万 km²，总人口 14.6 万。境内有可耕地 8 万 hm²，可利用草牧场 160 万 hm²，林地 86 万 hm²，森林覆盖率和植被覆盖度分别达到 17.75%和 46%。气候特征属于典型的中温带半干旱高原大陆性气候，太阳辐射强烈，日照较丰富，干燥少雨，蒸发量大，风大沙多，无霜期短，年均气温 6.8℃，多年平均日照时间为 3193h。多年平均降水量 245mm，平均无霜期 155d。

植物资源：野生植物 374 种，其中饲用植物 309 种，有霸王、沙冬青、四合木、蒙古扁桃等珍稀植物，现有柠条保存面积 15.3 万 hm^2。药材资源：境内有甘草、麻黄、枸杞等 139 种药用植物，其中现有野生甘草保存面积 15.9 万 hm^2，人工甘草 4.3 万 hm^2，总储量 1.95 亿 kg，是驰誉中外的甘草之乡，特别是梁外甘草，以其皮色红、粉性足、酸质多被誉为"中药之王"。

1985～2010 年杭锦旗大宗农作物玉米种植面积呈现逐年上升趋势，到 2005 年开始大幅增加，2010 年玉米种植面积比 1985 年增加近 22 倍，而且呈现继续增加的趋势。杭锦旗小宗农作物糜子种植面积从 1985 年最高点逐年下降，2005 年后糜黍、燕麦等杂粮基本不种植。

（四）鄂托克前旗

鄂托克前旗位于内蒙古自治区西南部，地处蒙陕宁三省区交界，地理坐标为北纬 37°44′～38°44′、东经 106°26′～108°32′，总面积 1.218 万 km^2。属于典型的温带大陆性季风气候，日照丰富、四季分明、无霜期短、降水少、蒸发量大。年日照时数 3000h 左右，年均气温 6.4℃左右，年降水量 250mm 左右，年蒸发量 3000mm 左右，降水主要集中在 7～9 月，无霜期 122d 左右。属干旱、半干旱地区。

农作物品种有糜黍、马铃薯、麦类等粮食作物及以线麻为主的经济作物。"十二五"末，辣椒、马铃薯、西瓜等特色作物种植规模突破 3000hm^2，产值超 1.7 亿元，特色种植成为农牧民增收新渠道；农畜产品的品牌效益初步显现，乳制品、葡萄酒、羊肉、鄂尔多斯沙漠蔬菜等商品很受欢迎。

鄂托克前旗 1985～2010 年大宗农作物种植结构变化趋势：玉米从 1985 年开始，种植面积逐年增加，2010 年达到最高点，2010 年玉米种植面积比 1985 年增加近 160 倍，而且呈现继续增长的趋势。牧草种植面积从 2000 年开始上升，2005 年达到最高点后，又开始下降。鄂托克前旗 1985～2010 年小宗农作物种植结构变化不大，基本保持多年的稳定。果树从 1985 年开始逐年增加，1995 年达到最高点后，开始下降，直到 2010 年，基本下降到 1985 年的种植面积。蔬菜从 2000 年开始逐年增加，2005 年后开始下降，2010 年以后趋于平稳。

（五）准格尔旗

准格尔旗地处内蒙古鄂尔多斯市东南部，毛乌素沙漠东南端，地理坐标为北纬 39°16′～40°20′、东经 110°05′～110°27′，总面积 7692km^2。属典型的半干旱地区，冬季多西北风，漫长而寒冷；夏季受偏南暖湿气流影响，短暂、炎热、雨水集中；春季风多、少雨、多干旱；秋季凉爽。由于地处中温带又在鄂尔多斯高原东侧斜坡上，海拔相对偏低，故气温偏暖、四季分明、无霜期较长、日照充足。由于地形构造较为复杂，全旗平均气温时空分布上有一定差异，基本分布呈东南高，北部次之，中部和西部略低。全旗年均气温在 6.2～8.7℃，无霜期 145d。全旗平均降水量为 379～420mm，降水趋势自东南向西北递减，全年降水主要集中在 6～8 月，占年总降水量的 64%，有利于农作物的生长。植物总覆盖率 72%，其中森林覆盖率 27.3%，农作物覆盖率 44.7%。

准格尔旗主要农作物有糜黍、谷子、马铃薯、小麦、玉米、黑豆、豌豆、绿豆、胡麻、油菜、花生、荞麦、向日葵等；野生资源以药用植物和食用野生菌为主。1985~2010年玉米和牧草的种植面积上升，特别是玉米面积从1985年的0.21万hm^2稳步上升到2010年的1.95万hm^2。糜黍、小麦、高粱、油菜、胡麻种植面积呈下降趋势。

(六)武川县

武川县位于内蒙古自治区中部，阴山北麓，首府呼和浩特市北，总面积4885km^2。地理坐标为北纬40°47′~41°23′、东经110°31′~111°53′。属中温带大陆性季风气候。气候特点是日照充足、昼夜温差和冬夏温差都较大、冬长夏短。年均气温3.0℃，无霜期124d左右。历年平均降水量为354.1mm左右。截至2009年，武川县境内山地面积2296.7km^2，占总面积的47%。全县丘陵面积2588.3km^2，占总面积的53%。全县有耕地面积13.3万hm^2，林地9.3万hm^2，草场面积25万hm^2，土地利用类型以旱作农业为主。

特色农业资源：武川县气候干旱冷凉，农作物主要是燕麦、荞麦、马铃薯和胡麻、油菜籽、小麦等，其次是豆类、黍类和蔬菜、瓜果等。农作物主栽品种具有特色和比较优势的是马铃薯、燕麦和油菜籽等，养殖业主要以肉羊、绒山羊、奶牛为主。特别是武川马铃薯、武川燕麦、武川肉羊知名度较高，被誉为后山"三件宝"，已成为全县的主导产业。2004年，武川县被西部12省市新闻媒体评为"中国西部特色经济最佳县""马铃薯之乡"。

药材资源：武川是药材典籍记载中黄芪的主要产地，清末民初已获"正北芪之乡"的美称。此外有近200种野生药材遍布全县各地，药用价值较高的有党参、麻黄、狼毒、柴胡、黄芩、知母、秦艽、防风、赤芍、郁李仁、龙胆等30多种。

1985~2010年，武川县小麦种植面积下降；马铃薯种植面积逐年增加，2000年达到最高点后，基本保持平稳，2010年马铃薯种植面积比1985年增加6.25倍；油菜种植面积从1995年开始增加，2005年达到最高点后，开始下降；其他小宗作物面积基本保持稳定。

(七)凉城县

凉城县位于内蒙古中南部，地理坐标为北纬40°10′~40°50′、东经112°02′~113°02′，地处阴山南麓和黄土高原东北边缘，全县土地总面积3458.3km^2，地形总体特征为四面环山、中怀滩川(盆地)。山地面积为1654.2km^2，占总面积的47.83%；丘陵面积为811.2km^2，占总面积的23.46%；盆地面积为827.6km^2，占总面积的23.93%；水域面积为165.3km^2，占总面积的4.78%，素有"七山一水二分滩"之称。气候属中温带半干旱大陆性季风气候，年均气温2~5℃；无霜期平均120d左右，其中滩区109~125d，丘陵区无霜期77~109d，年平均日照时数3000h，有效积温2600℃。降水主要集中在7、8月，全县年均降水量392.37mm左右，年均蒸发量1938mm左右。

全县耕地6.4万hm^2，其中水浇地1.7万hm^2，占总耕地面积的26.6%；旱地4.7万hm^2，占总耕地面积的73.4%；林地9.7万hm^2；草地9.3万hm^2；林草覆盖率61.8%，森林覆盖率31.1%。

1985~2010 年小麦、胡麻、燕麦种植面积呈下降趋势，特别是小麦和燕麦，分别从 13 400hm² 和 19 400hm² 下降到 5hm² 和 130hm²。玉米和马铃薯面积大幅度上升。玉米从 133hm² 上升到 2.53 万 hm²。马铃薯从 1 万 hm² 上升到 2.4 万 hm²。1985~2000 年，谷子、黍子和食用豆 3 种作物面积下降，谷子和食用豆从 0.67 万 hm² 下降到 0.13 万 hm² 左右。

（八）太仆寺旗

太仆寺旗地处内蒙古锡林郭勒盟南部，阴山北麓，浑善达克沙地南缘，海拔 1300~1800m，地理坐标为北纬 41°35′~42°10′、东经 114°51′~115°49′。太仆寺旗自东北向西南倾斜，起伏不平，形成滩川、丘陵、山地的地形地貌。属中温带亚干旱大陆性气候，年均气温 2.0℃，无霜期 100d 左右，年均降水量 350mm 左右。土地面积 0.3415km²，现有耕地 9.5 万 hm²，林地 10.3 万 hm²，草场 13.3 万 hm²。植被总覆盖率 99.1%，其中农作物覆盖率 27.7%。

太仆寺旗是农牧结合的经济类型区，光照条件优越，昼夜温差大，全年日照总时数平均为 2937.4h，农畜产品产量大、品质好，是锡林郭勒盟重要的绿色农畜产品生产加工基地。小麦、马铃薯、燕麦、玉米是太仆寺旗的主要作物。马铃薯面积由 1985 年的 0.5 万 hm² 上升到 2010 年的 2.7 万 hm²。玉米面积不稳定，2000 年前没有统计数据，2000 年面积 0.7 万 hm²，2010 年上升到 1.2 万 hm²。近几年，蔬菜面积稳定发展，由 1985 年的 180hm² 逐步发展到 2010 年的 10 000hm²。牧草面积发展较快，由 1995 年的 1300hm²，到 2010 年的 8700hm²。

（九）克什克腾旗

克什克腾旗位于内蒙古东部、赤峰市西北部，地处内蒙古高原与大兴安岭南端山地和燕山余脉七老图山的交汇地带，总面积 2.0673km²。地理坐标为北纬 42°23′~44°22′、东经 118°26′~126°21′。属于山地丘陵地区，平原占 8.7%、台地占 38.8%、丘陵占 52.2%。平均海拔 1100m。属中温带大陆性季风气候，年均气温 2~4℃，无霜期 60~150d，年降水量 250~500mm，多集中在 6~8 月。

克什克腾旗属干旱、半干旱地区，可利用耕地面积 8.7 万 hm²，有林业用地 89 万 hm²，拥有天然草牧场 177 万 hm²，其中可利用天然草场 146.7 万 hm²。植被总覆盖率 96%，森林覆盖率 28.75%，农作物覆盖率 4.6%。农作物品种多样，农作物有小麦、大麦、燕麦、荞麦、谷子、玉米、马铃薯、大豆、蚕豆、芸豆等；经济作物有向日葵、甜菜、烟草等；饲料、绿肥作物有草木樨、苜蓿，还有野燕麦、苦荞、野豌豆等野生植物。

小麦、玉米、燕麦和马铃薯是克什克腾旗主要种植的农作物，小麦面积一直保持在 1 万~3 万 hm²，2000 年前保持在 2.5 万 hm² 以上，总体呈下降趋势。玉米、马铃薯呈上升趋势，玉米由 1985 年的 0.05 万 hm² 发展到 2010 年的 1.23 万 hm²，马铃薯由 0.09 万 hm² 发展到 1.68 万 hm²。克什克腾旗小宗农作物中大豆、蔬菜稳中有升，谷子、燕麦、食用豆、高粱、黍子和荞麦呈下降趋势。

（十）库伦旗

库伦旗位于内蒙古自治区通辽市西南部，燕山北部山地向科尔沁沙地过渡地段，地处北纬 42°21′～43°14′、东经 121°09′～122°21′，面积 4716km²。年均气温 6.6℃，年降水量 400～450mm，无霜期 140～150d，属大陆性气候。库伦旗中部与广袤的科尔沁沙地相接，构成旗境内南部浅山连亘、中部丘陵起伏、北部沙丘绵绵的地貌，整体地势呈西南高，东北低，海拔最高为 626.5m，最低为 190m。库伦旗以牧为主，农、林、牧相结合。截至 2012 年，有林地达 9.7 万 hm²，耕地 9.2 万 hm²，森林覆盖率为 34%，草牧场 26.5 万 hm²。

农作物有谷子、荞麦、玉米、高粱、大豆、水稻、小麦、马铃薯等；经济作物有芝麻、向日葵、蓖麻、棉花、烟草等。库伦旗荞麦年产 750 万 kg 以上，在国内外市场特别受欢迎。土特产有黑瓜子、杏核和牛黄、甘草、远志、麻黄、黄芪、毛刺、知母、枸杞等中药材 120 多种。

1985～2010 年库伦旗大宗农作物种植结构变化趋势：玉米种植面积逐年增加，稳步上升，2010 年玉米种植面积比 1985 年增加 3 倍多，小麦、谷子种植面积下降，马铃薯种植面积基本保持稳定。库伦旗小宗农作物种植结构多年保持平稳，起伏较小。

二、农业人口及农业经济变化情况

从 10 个旗（县）调查发现，农业人口下降，农业经济收入占总收入比例也是逐年减少，1995 年前农业收入在整个社会经济发展中均发挥着主导作用。以东部区库伦旗、中部区凉城县、西部区乌拉特前旗为例，分别选取 1985 年、1995 年、2010 年 3 个时间节点，说明农业总人口及农业经济的变化情况（表 4-1）。

表 4-1　1985 年、1995 年、2010 年农业人口及农业经济变化情况

旗（县）	年份	全旗（县）总人口（万）	全旗（县）农业总人口（万）	农业人口占总人口比例(%)	全旗（县）总收入（万元）	农业收入（万元）	农业收入占总收入比例(%)
通辽市库伦旗	1985	15.327 5	12.941 7	84.43	7 978.84	7 169.38	89.85
	1995	16.839 5	13.213 5	78.47	20 856.00	10 515.00	50.42
	2010	17.822 4	11.144 8	62.53	429 257.00	124 088.00	28.91
乌兰察布市凉城县	1985	23.260 0	21.800 0	93.72	9 379.60	8 246.50	87.92
	1995	23.800 0	21.600 0	90.76	20 697.00	10 995.00	53.12
	2010	24.800 0	21.000 0	84.68	203 000.00	69 000.00	33.99
巴彦淖尔市乌拉特前旗	1985	29.310 0	23.290 0	79.46	21 071.30	19 291.20	91.55
	1995	33.894 9	23.461 0	69.22	100 413.00	72 605.00	72.31
	2010	34.000 0	22.710 0	66.79	810 902.00	192 554.00	23.75

从表 4-1 统计数据可以看出：库伦旗农业人口占比 1985 年为 84.43%，1995 年为 78.47%，2010 年为 62.53%；农业收入在国民经济总收入占比 1985 年为 89.85%，1995 年为 50.42%，2010 年为 28.91%。凉城县农业人口占比 1985 年为 93.72%，1995 年为

90.76%，2010 年为 84.68%；农业收入在国民经济总收入占比 1985 年为 87.92%，1995 年为 53.12%，2010 年为 33.99%。乌拉特前旗农业人口占比 1985 年为 79.46%，1995 年为 69.22%，2010 年为 66.79%；农业收入在国民经济总收入占比 1985 年为 91.55%，1995 年为 72.31%，2010 年为 23.75%。以上数据表明，由于产业结构调整及社会经济发展，从事第一产业人数在减少，农业经济在整个国民经济所占比例下降。

三、气候条件变化情况

内蒙古粮食产区主要位于北纬 40°~48°、东经 106°~125°，包括半湿润、半干旱和干旱气候类型，是气候变化脆弱的地区，作物生长对气候变化比较敏感。调查研究针对内蒙古干旱半干旱地区 10 个旗(县)开展，从 1985 年 10 旗(县)平均气温 5.3℃到 2010 年的 6.1℃，气温有所增加。以具有气候生态代表性的高寒半干旱农业区(克什克腾旗)、温暖半干旱农业区(准格尔旗)、阴山北部丘陵高寒干旱半干旱农业区(武川县)、阴山南部丘陵温凉干旱半干旱农业区(凉城县)为例，分析气候特点及气候变化趋势特征，认识气候变暖背景下种植业结构变化的特点。

(一)气温的变化

在 1985~2015 年 30 年间，各分析区气温都在波动中上升(图 4-1)，变化趋势相似，1985 年出现低温年，之后温度升高，1990 年达到最高，1995~2010 年基本平稳，2010~2015 年温度普遍上升。总体气温趋于上升，说明气候有变暖趋势。

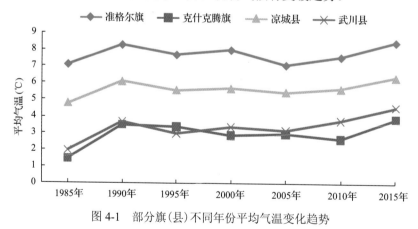

图 4-1　部分旗(县)不同年份平均气温变化趋势

(二)降水量的变化

图 4-2 是 4 个旗(县)在 1985 年、1990 年、1995 年、2000 年、2005 年、2010 年、2015 年 7 个时间节点的平均降水量，数据表明，1985~1990 年，平均降水量增加，1995~2005 年平均降水量减少，2005 年后平均降水量有所增加，不同旗(县)年际降水量变化趋势相近。

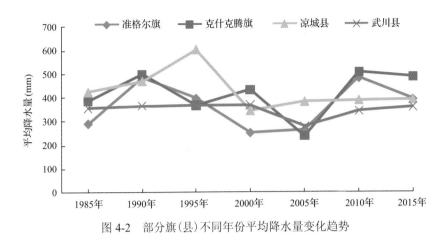

图 4-2　部分旗(县)不同年份平均降水量变化趋势

分析结果表明，各旗(县)年平均气温线性上升趋势显著；各年平均降水量线性变化趋势相近。

(三)气候变暖对农业种植结构的影响

农业生产结构、种植制度和作物品种常随气候变化而改变。内蒙古地区 20 世纪 90 年代以来，喜温作物的种植面积逐渐扩大，春小麦播种面积不断减小。根据 10 个旗 (县)1985～2010 年 6 个时间节点数据统计(《内蒙古统计年鉴》)，玉米、马铃薯和水稻的种植面积扩大，玉米种植界限向北延伸，1995 年以前阴山北部丘陵区基本无玉米种植，2000 年种植面积已占到总播种面积的 23.9%，种植北界扩展了 100～150km。马铃薯适应性较强，目前全区大多数地区都有种植，主要集中在大兴安岭、阴山丘陵以北地区，科尔沁地区也有一定的种植面积。巴彦淖尔市及阿拉善盟热量资源丰富，昼夜温差大，各种瓜类品质优，深受欢迎，发展势头良好。在气候变暖及其影响研究中，农业是对气候变化反应较为敏感的产业，气候变暖导致积温增加、生长期延长，农业生产布局和结构、种植制度和作物品种发生较大变化，种植区北移，极端气候灾害增多，农业生产的不稳定性增加，产量波动性增大等。

四、植被覆盖状况变化趋势

内蒙古自治区东西跨度大，东部水分条件好，植被覆盖状况良好，西部气候干旱，植被覆盖状况较差，由东向西呈现森林—草原—荒漠类的植被覆盖。农田、森林、草原 3 种植被覆盖率年内变化都呈现 4～7 月激增，8～10 月猛降的特点。春季温度回升快且底墒较好的条件有利于植被返青；夏季降水、温度适宜有利于植被生长发育；秋季墒情对植被的影响力下降，温度适宜是提高植被生物产量的关键。3 种植被覆盖率年际变化趋势不同，调查的 10 旗(县)植被总覆盖率和森林覆盖率呈上升趋势，例如，1985 年平均森林覆盖率为 16.3%，2010 年平均森林覆盖率为 19.8%，农田覆盖率变化因地区农业经济发展状况不同而不同。以凉城县和克什克腾旗为例说明年际变化趋势。

1985～2010 年 6 个时间节点调查数据显示(图 4-3)，凉城县的植被总覆盖率和森林覆盖率呈上升趋势，农作物覆盖率呈下降趋势。克什克腾旗的植被总覆盖率和森林覆盖率也呈上升趋势(图 4-4),农作物覆盖率变化不显著。克什克腾旗植被覆盖率(平均为 93.51%)明显高于凉城县(平均为 39.05%)。而凉城县农作物覆盖率(平均为 20.00%)明显高于克什克腾旗(平均为 3.67%)。由于调整种植结构,发挥区域种植比较优势,宜农则农、宜牧则牧,农作物覆盖率占植被总覆盖率比例也在发生变化。

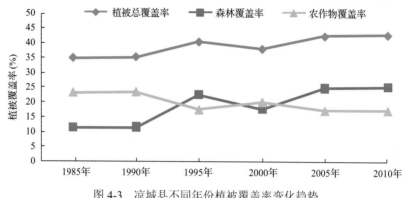

图 4-3 凉城县不同年份植被覆盖率变化趋势

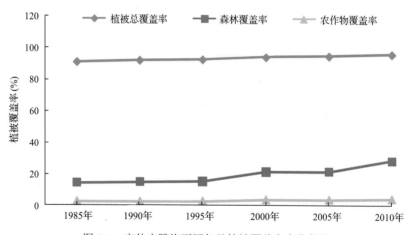

图 4-4 克什克腾旗不同年份植被覆盖率变化趋势

内蒙古沙化土地面积大、风沙危害严重、防治任务艰巨,近年来,内蒙古紧紧抓住国家实施西部大开发的战略机遇,依托三北防护林、防沙治沙、退耕还林等一系列国家重点生态建设工程,生态保护和治理力度不断加大,内蒙古森林覆盖率和草原植被盖度均得到提高,截至 2015 年 8 月,森林覆盖率提高到 21.03%。内蒙古呈现出森林面积、蓄积量持续双增长和荒漠化土地、沙化土地面积持续双减少的良好态势,生态环境实现了"整体遏制,局部好转"的重大转变。目前,全区森林面积达到 2487 万 hm^2,草原植被盖度 42%(来源:中国经济网《经济日报》,黄俊毅、陈力)。

五、农作物种植结构变化情况

从总体来看,内蒙古近年来粮食产量呈增加趋势,其中以玉米为主的高产粮食作物播种面积和产量大幅度增加，玉米种植由籽粒玉米向粮草轮作、粮改饲和玉米整株青贮的种植模式转变；马铃薯种植面积和产量大幅度增加，全区马铃薯脱毒种薯、加工专用薯、鲜食薯种植面积的比例趋于更加合理；小麦产量增加，种植面积下降；向日葵的面积和产量增加；大豆面积下降；燕麦、荞麦、谷子、杂粮杂豆等粮食作物面积下降；冷凉蔬菜面积及产量增加；节水灌溉作物面积增加，旱地作物面积减少。在市场环境变化和国家农业政策的引导下，内蒙古农业结构由过去以粮、油、糖三重结构为主向多元化方向发展，经济作物、区域性特色农作物占总播种面积的比例增加。内蒙古目前种植结构调整特点：一是受农产品市场行情的影响，农作物播种面积随之波动；二是各地区开始瞄准市场需求，发挥当地自然和经济优势，调整结构布局，发展具有本地特色的经济作物和多种经营。例如，马铃薯是阴山一带地区的优势产品，由于其品质好，受到内蒙古自治区内外市场认可，销路好、效益高，种植面积稳步增加。巴彦淖尔及阿拉善地区的籽瓜、西瓜等特色作物面积均有增加。

(一) 大宗作物种植结构变化情况

大宗作物种植情况：随着农牧业产业结构的调整和比较效益差距加大，1985～2010年（表4-2～表4-5），大宗作物玉米、马铃薯的面积和产量均大幅度提升，2010年玉米种植面积比1985年增加10倍。小麦和谷子由于比较效益降低，面积逐步萎缩，但是随着种植水平提高及新品种的利用，产量水平都大幅度提升，以小麦为例，1985年平均单产为1570.7kg/hm^2，2010年平均单产为6200.4kg/hm^2。

表4-2　1985～2010年农/牧区玉米种植面积（万 hm^2）和产量（万 kg）

地区	1985年		1990年		1995年		2000年		2005年		2010年	
	面积	产量	面积	产量	面积	产量	面积	产量	面积	产量	面积	产量
内蒙古10旗(县)	0.2	1 035.7	0.47	2 816.5	0.74	3 795.9	0.97	4 508.5	1.14	7 426	2.13	1 5674.6

表4-3　1985～2010年农/牧区小麦种植面积（万 hm^2）和产量（万 kg）

地区	1985年		1990年		1995年		2000年		2005年		2010年	
	面积	产量	面积	产量	面积	产量	面积	产量	面积	产量	面积	产量
内蒙古10旗(县)	1.43	2246.1	1.65	3210.4	1.43	3455.1	0.8	1565	0.67	2676.5	0.99	6138.4

表4-4　1985～2010年农/牧区谷子种植面积（万 hm^2）和产量（万 kg）

地区	1985年		1990年		1995年		2000年		2005年		2010年	
	面积	产量	面积	产量	面积	产量	面积	产量	面积	产量	面积	产量
内蒙古9旗(县)	0.4	725.2	0.22	549.9	0.18	124.54	0.17	148.6	0.09	210.9	0.19	627.5

表4-5　1985～2010年农/牧区马铃薯种植面积（万 hm^2）和产量（万 kg）

地区	1985年		1990年		1995年		2000年		2005年		2010年	
	面积	产量	面积	产量	面积	产量	面积	产量	面积	产量	面积	产量
内蒙古9旗(县)	0.39	789.6	0.39	923.3	0.58	1109.1	1.27	2696.2	1.1	3238.8	1.39	4423.7

1. 克什克腾旗

克什克腾旗几种农作物不同年份的种植面积变化表明(图4-5)，小麦、玉米、马铃薯、燕麦和谷子是克什克腾旗的主要农作物，1990年小麦面积达到3.27万hm²，1995年以后面积下降，到2010年左右种植面积有所回升，但总体呈下降趋势。玉米、马铃薯面积呈上升趋势，2010年马铃薯种植面积达到1.68万hm²，上升到和主栽作物小麦面积(1.73万hm²)相近。谷子、燕麦种植面积呈下降趋势。克什克腾旗大宗作物的总面积呈下降趋势，小宗作物总面积上升，体现了种植结构的多元化。

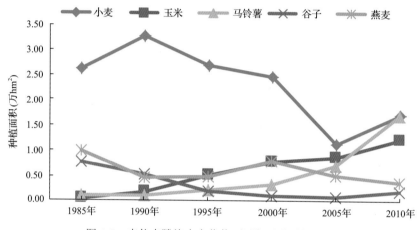

图4-5　克什克腾旗大宗作物不同年份的种植面积

2. 武川县

作为干旱冷凉区代表县，武川县种植面积占前五位的农作物是小麦、马铃薯、燕麦、油菜和荞麦。1985~2010年武川县大宗农作物种植结构变化趋势表明(图4-6)，小麦在1985~2005年是主要粮食作物，但种植面积逐年下降，到2005年以后又有所回升；

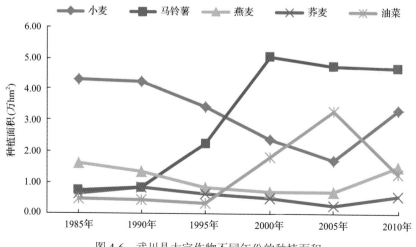

图4-6　武川县大宗作物不同年份的种植面积

马铃薯从 1985 年开始种植面积逐年增加，到 2000 年达到最高点后，基本保持平稳，2010年马铃薯种植面积是 1985 年的 6.25 倍；油菜种植面积从 1995 年开始增加，达到 2005年的最高点后，开始下降；燕麦和荞麦作为武川县特色农作物，面积稳中有升。25 年来，马铃薯已逐步成为武川县主要的特色农作物。

3. 准格尔旗

1985～2010 年准格尔旗主要种植的农作物种类有玉米、糜黍、马铃薯、谷子和大豆（图 4-7），占总播种面积前五位，准格尔旗热量资源较武川县和克什克腾旗丰富，喜温作物玉米种植面积大幅度上升，从 1985 年的 0.21 万 hm^2 稳步上升到 2010 年 1.95 万 hm^2。由于糜黍种植效益低于玉米，糜黍面积 25 年来一直呈下降趋势，从 1985 年的 1.63 万 hm^{2}下降到 2010 年的 0.64 万 hm^2。谷子和大豆面积在 1985～2005 年呈下降趋势，2005 年以后面积有所上升，总体变化幅度不大。

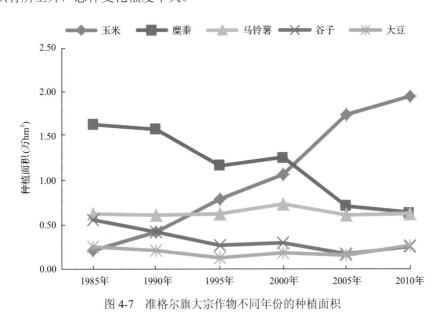

图 4-7　准格尔旗大宗作物不同年份的种植面积

(二)小宗作物种植结构变化情况

1. 克什克腾旗

图 4-8 表明，克什克腾旗小宗农作物中大豆、油菜种植面积变化趋势相近，1990～2000 年种植面积持续上升，2000～2005 年面积大幅度下滑，2005 年以后又有所增加。胡麻种植面积在 1995 年出现一个高峰后逐年下降。黍子种植面积也在逐步下降。2000年以后蔬菜种植面积逐渐上升，1985 年克什克腾旗蔬菜种植面积为 900hm^2，2010 年上升到 3000hm^2。这与克什克腾旗的气候条件和种植业结构调整有关。

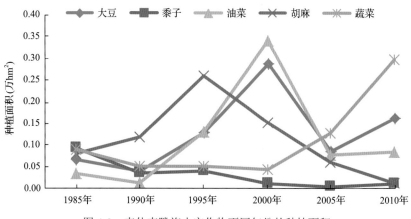

图 4-8　克什克腾旗小宗作物不同年份的种植面积

2. 武川县

武川县小宗农作物食用豆在 1995 年种植面积达到峰值后逐年下降(图 4-9)。胡麻和黍子种植面积持续下降。1990 年前武川县玉米种植面积为 0,随着玉米效益的增加,1995年后面积略有增加,由于武川县属于干旱冷凉地区,玉米产量在武川县增加不显著,因此,玉米成为武川县的小宗作物。黍子种植面积从 1985 年的 2666.7hm² 开始逐年下降,到 2010 年种植面积仅有 86.7hm²。由于气候冷凉干旱,武川县的蔬菜优势不大,面积没有大幅度变化,一直在 180hm² 左右徘徊。

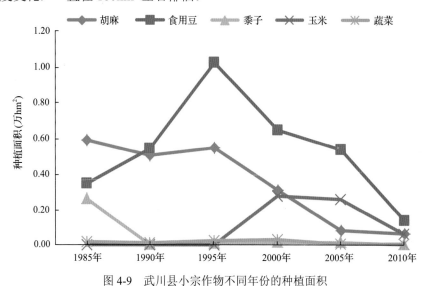

图 4-9　武川县小宗作物不同年份的种植面积

3. 准格尔旗

准格尔旗的小麦和油菜面积从 1990 年,荞麦和胡麻面积从 1995 年开始总体呈下降趋势(图 4-10),特别是小麦面积从 1990 年 3800hm² 降到 2010 年 6.7hm²。胡麻面积由2500hm² 降到 366.7hm²。油菜面积从 2005 年以后有所回升。蔬菜面积稳中有升,种植面积 1985 年为 600hm²,2010 年为 900hm²。小宗作物种植面积总体呈下降趋势。

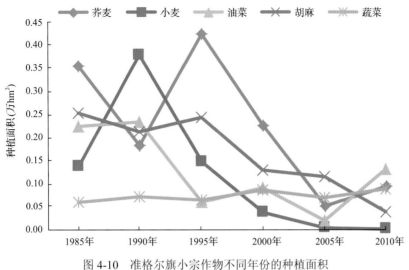

图 4-10　准格尔旗小宗作物不同年份的种植面积

(三)总产量变化情况

以大宗作物小麦、马铃薯,小宗作物胡麻、蔬菜年度产量变化说明各地区种植结构变化情况。

由于受 2000 年内蒙古气候条件影响,干旱严重,内蒙古境内各旗(县)农作物都不同程度地受到影响,克什克腾旗和准格尔旗情况相同,不同作物均在 2000 年产量出现低谷。1985～2010 年,克什克腾旗和准格尔旗大宗作物马铃薯总产量总体呈上升趋势。例如,克什克腾旗 1985 年马铃薯总产量为 245.6 万 kg,2010 年总产量上升到 2880.6 万 kg。大宗作物小麦总产量呈下降趋势,克什克腾旗小麦总产量由 1985 年的 4699.5 万 kg 下降到 2010 年的 1700.9 万 kg,准格尔旗小麦总产量由 1985 年的 345.0 万 kg 下降到 2010 年的 3.1 万 kg。小宗作物胡麻面积有所下降,但总产量趋于平稳。随着种植业结构的调整,蔬菜种植面积和总产量都在提高。例如,克什克腾旗 2010 年蔬菜总产量是 1985 年的 5.35 倍,准格尔旗 2010 年蔬菜总产量是 1985 年的 3.69 倍。这些变化都反映出内蒙古种植业结构正在向多元化发展,经济作物面积和产量都在增加(图 4-11,图 4-12)。

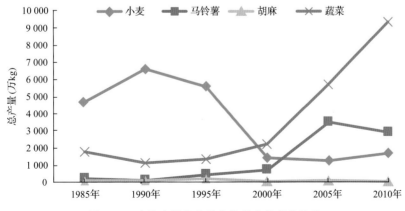

图 4-11　克什克腾旗几种作物总产量变化趋势

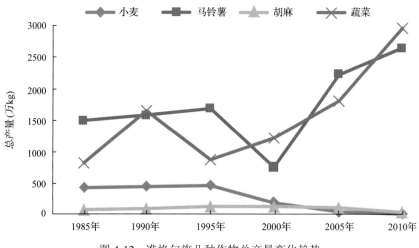

图 4-12　准格尔旗几种作物总产量变化趋势

　　总之，内蒙古小麦种植面积下降的主要原因是：近年来虽然小麦价格有所上涨，但与其他作物相比效益仍然偏低，农机、灌溉、收割等种植成本大幅攀升，造成小麦平均亩收入降低，种植效益差，影响了农民种植小麦的积极性。阴山南部地区由于玉米种植效益远远高于小麦，农民种植小麦只是解决口粮问题，规模化种植积极性不高，阴山北部地区小麦种植基本都在旱地，种植效益更低且得不到保障。

　　马铃薯种植面积大幅增加的主要原因是：内蒙古属温带大陆性气候，大部分地区气候冷凉，日照充足，昼夜温差大，适于马铃薯生长，马铃薯种植历史悠久，种植水平较高，加上近年来阴山山北地区不断加强基础设施建设，设施面积和滴灌面积逐年增加，再加上马铃薯脱毒种薯生产能力和马铃薯加工能力逐渐增强，以及马铃薯主粮化需求和"北繁南种"战略实施力度加大等因素，马铃薯种植积极性大幅增加。

　　内蒙古玉米种植面积增加的主要原因是：玉米是国家粮食直补主要作物，玉米价格稳定，农民收益相对比较高。近几年内蒙古畜牧业有了突飞猛进的发展，饲料玉米需求量不断加大，鲜食玉米需求量上升，玉米产量稳定，玉米的秸秆还可以进行青贮，粮草兼用，对发展农区畜牧业很适合。由于上述条件的影响，农民种植积极性增加，促使全区玉米播种面积连续增加。

　　蔬菜瓜果种植保持强劲发展势头。由于蔬菜比较效益较高，政策扶持和流通环境改善，农民种植积极性持续增加，加上休闲观光农业发展，蔬菜规模化种植基地发展势头强劲，蔬菜种植面积继续保持增加趋势。

六、农作物品种更替情况

　　内蒙古自治区自新中国成立以来，随着社会经济发展、生产条件不断改善和栽培技术的逐步提高，农作物先后进行了 3～4 次品种更新，使得内蒙古自治区的农作物由低产向高产、由一般品种向优质品种、由单一抗性向多抗性、由普通型向专用型和综合型品种方向发展。以大宗作物小麦、小宗作物燕麦为例，说明农作物品种的更替变迁。

　　近 70 年来，内蒙古小麦生产发展经历了一个由旱地为主，变为水、旱地并重的发展过程。小麦生产中的主栽品种，也经历了由旱地品种为主，变为水地品种为主的过程。内蒙古旱地小麦播种面积大，种植范围广，栽培历史长，但旱地小麦品种的演变进程非常缓慢，无论是品种更换的次数还是更换的规模，都远不及水地小麦。例如，中西部地区阴山山脉两侧为旱地小麦阴山丘陵旱薄生态区，20世纪六七十年代，这一地区以地方品种小红麦和芒麦为主栽品种，至今仍有大面积种植。小红麦适应性强，分布范围广，东起锡林郭勒盟正蓝旗，西至巴彦淖尔市乌拉特中、后旗，北至包头市达茂旗，南到鄂尔多斯高原均有种植。芒麦主要分布在乌兰察布市察哈尔右翼前、中、后旗，卓资县、丰镇市、商都县、化德县、兴和县及锡林郭勒盟太仆寺旗、多伦县等地。70年代以前，除小红麦、芒麦为主栽品种外，还有小红芒、小红郎、红四楞、大红袍等地方品种作为搭配品种分散在各地种植。七八十年代，'乌春2号''乌春3号''乌春4号''乌春5号''乌春6号'等系列品种育成，但推广面积不大。八九十年代，由内蒙古农业科学院作物研究所育成的'乌春小黑麦1号''乌春内麦20号''乌春蒙麦33号'等品种，在旱区有一定种植面积。大兴安岭山地旱肥区是目前内蒙古旱地小麦种植面积最大的地区。60年代引进的品种主要有'松花江2号''克强'和'克壮'。70年代引进推广的品种主要为'克红''克全'和'东农72-755'等。80年代引进推广的品种有'克76'和'克旱9号'等。90年代，'蒙麦22号''蒙麦23号''蒙麦25号'及'赤麦2号'等品种投入生产。但总体来说，旱地小麦品种演变进程比较缓慢。

新中国成立以来，内蒙古地区水地小麦品种已实现了4次更新换代。从20世纪50年代中期开始，原有的地方品种如土默特平原地区种植的'毕克齐小白麦'，河套平原种植的'本地芒麦''小阳白''二白皮'等，赤峰南部及东北部地区种植的'火麦''秃麦'等，都是当时的主栽品种。但这些地方品种植株高、易倒伏、丰产性差、易感小麦锈病。50年代末，在全区大面积引进推广新品种'甘肃96号'，该品种在1951年引入内蒙古种植，1958年全区推广，占当时全区小麦总播种面积1/3以上，成为50年代末60年代初水地小麦主栽品种，但该品种不抗麦秆蝇。60年代初期，又先后引进'松花江2号''南大2419''华东5号''克强''麦粒多'等一批良种。1961年，原内蒙古农业科学研究所从中国农业科学院引进'欧柔'品种，60年代中期开始全区大面积推广。60年代末，成为本区水地小麦主栽品种。此后又相继引进并筛选出'沙诺普''3059''克强''丰强''合作7号'和'辽春6号'等作为搭配品种在各地推广种植，取代了'甘肃96号'等品种，实现了第二次水地小麦品种更新。第三次品种更新是从70年代中期开始。70年代初期，全区各科研单位相继育成不同特色小麦新品种，如具有早熟性的'内麦2号''内麦8号''内麦11号''内麦13号'和'内麦17号'；抗麦秆蝇和耐盐碱的'屯垦1号''屯垦2号''协作2号'和'协作6号'；丰产抗病的'内麦3号''内麦5号''内麦6号'和'乌春4号'等。70年代中期至80年代中期，墨麦系列小麦品种在本区大面积推广。70年代中期，本区自育品种与引进的墨西哥系列小麦品种，取代了'欧柔'等，实现了第三次品种更新。第四次品种更新自80年代中期开始。进入80年代后，内蒙古社会经济和农业生产高速发展，随着人们生活水平提高、膳食结构改变和市场经济的发展，小麦生产对品种的要求也发生了重大变化。小麦生产需要品种多样化，由过去单一的丰产数量型逐步发展为丰产、优质、抗病、专用等多向型品种。80年代初，从宁夏引进小麦新品种'永良4号'（后审定命名'宁春4号'），品质显著优于'内麦3号'等品种，80年代末，成为内蒙古中西部地区的主栽品种。以自育的'内麦11号''内麦17号''内麦19号''蒙优1号'及'蒙麦28号'等为搭配品种，逐步取代了'内麦3号'和墨西哥小麦品种，实现了第四次品种更新。90年代至今，'永良4号'、蒙麦系列品种、内麦系列品种及赤麦系列品种在生产上大面积应用。在小麦品种更新换代中，每次更换品种都使小麦生产上了一个新台阶。

　　燕麦是内蒙古地区古老而重要的粮、饲兼用作物，是宝贵的健康食物源和优质饲料源，是内蒙古农牧业生产中不可缺少的地方优势作物。新中国成立初期到20世纪60年代末，全区各地科研和生产单位，先后开展了以地方品种为主的收集、筛选、利用工作。全区筛选出了在生产上有一定推广面积的品种，如呼和浩特市主要有五寨燕麦、草燕麦；乌兰察布市主要有大燕麦、小燕麦、托县小燕麦、冬青燕麦、尖燕麦、圆燕麦、红旗燕麦；锡林郭勒盟主要有多伦大燕麦、尖燕麦、秀芳燕麦、红星燕麦；赤峰地区主要有小粒燕麦、大粒燕麦、五花燕麦、多伦大粒、当地燕麦等地方品种。同时开展了系选利用和杂交育种工作。70年代引入'华北2号''永492'。80年代通过六倍体皮裸燕麦杂交选育而成的'内燕5号'创造了当时裸燕麦单产最高纪录。80年代至今，随着国家及内蒙古对优势小宗作物育种攻关工作的推进，内蒙古全区各地科研和生产单位相继选育出了一系列在生产上推广应用的新品种，如乌兰察布市农业科学研究所育成的'内燕1号''内燕2号''内燕6号'和'乌燕1号'；内蒙古农牧业科学院育成的'备荒2号''73-7''内燕4号''内燕5号''燕科1号''草莜1号'和'蒙燕8202'；内蒙古农业大学育成的'内燕3号''内农大莜1号'和'内农大莜2号'等品种；锡林郭勒盟农科所育成的'锡燕2号'等品种。其中，'内燕5号''锡燕2号''永492''乌燕1号'和'草莜1号'5个品种在内蒙古地区推广面积较大。与大宗作物不同的是，小宗作物品种多为国产品种和地方品种，而大宗作物如玉米、向日葵、马铃薯等，目前进口品种已在生产中占有一定的份额。

第三节　作物种质资源调查

　　内蒙古地处我国北疆，地域辽阔，现有耕地700万hm²，其中60%以上为旱地，还有46万hm²的盐碱地，农区地势复杂，平原、丘陵、山地、河谷、盆地交错分布，土壤类型多种多样，雨量分布不均，生态各异，在不同的生态环境条件下，经过长期的自然选择和人工选择，形成了各种各样的地方品种。特别是内蒙古中西部地区，降水稀少、水资源短缺、生态环境脆弱、土壤贫瘠、自然条件恶劣，因此孕育了丰富的抗旱、耐盐碱、耐瘠薄等优质农作物种质资源。本项目选择在鄂托克前旗、准格尔旗、克什克腾旗、乌拉特前旗、额济纳旗等地收集各类抗逆资源，其中准格尔旗年降水量不足400mm；鄂托克前旗十年九旱，年降水量291mm左右，土壤瘠薄，沙丘碱滩较多；克什克腾旗农用土壤肥力指数与牧用、林用相比最低，年降水量在250～500mm，属干旱、半干旱地区；乌拉特前旗年降水量272mm左右，属干旱、半干旱荒漠类型地区。这些旗（县）的自然环境条件具有干旱、盐碱、瘠薄的特点，而且农作物资源和野生植物资源多样，尤其是黍稷及豆类资源丰富，同时这些宝贵的种质资源也随着农作物品种更新而面临丢失。长期以来，内蒙古地方种质资源的收集和鉴定工作基础薄弱，尚未对地方农作物种质资源进行专门系统的调查，对地方农作物种质资源的类型、分布、数量等情况了解不足。"西北地区抗逆农作物种质资源调查"项目的启动，对内蒙古干旱半干旱地区地方农作物品种收集、保护、鉴定评价具有举足轻重的作用。开展内蒙古干旱区抗旱、耐盐碱、耐瘠薄等优异农作物种质资源的系统调查和收集工作，对于提高自治区干旱、半干旱地区及盐碱地的农业综合生产能力，实现农业持续发展，提高农业科研育种水平具有重要的战略意义。

项目组在项目执行期对内蒙古的干旱、半干旱区鄂托克前旗、准格尔旗、杭锦后旗、乌拉特前旗、额济纳旗、武川县、清水河县、克什克腾旗等地抗逆农作物地方种质资源进行了入户调查和收集，同时进行资源材料登记、GPS 定位。共调查与收集到地方种质资源 737 份（截至 2016 年 6 月，已交国家库 567 份）（表 4-6），包括禾谷类作物 337 份、特种油料作物 33 份、果蔬类作物 55 份、豆类作物 293 份、牧草作物 19 份；填写西北地区抗逆农作物种质资源调查表，记录样品的采集编号、收集数量、采集地点、采集时间、种质名称、作物名称、种质类型、种用用途、生态类型、样品来源、样品照片等 30 余项内容。最后对所收集种质资源进行整理、分类、繁殖、保存，并及时撰写总结报告，资源上交国家库。同时对所收集资源的基本农艺性状、植物学性状进行鉴定评价（参照《农作物种质资源描述规范和数据标准》系列丛书的方法）；经过抗旱、耐盐鉴定，选出一级抗旱种质资源材料 74 份，二级抗旱种质资源材料 50 份，筛选出萌发期耐盐材料 93 份，全生育期耐盐材料 15 份；建立了内蒙古干旱区抗逆农作物种质资源调查数据库；完成了内蒙古干旱区抗逆农作物种质资源多样性图集，收集图片 1200 余张。在获得的种质资源中，玉米、小麦等大宗作物收集数量相对较少，多为育成品种，而黍稷、食用豆类等小宗作物收集数量较多，多为地方品种。以下就所收集资源的特征特性和分布情况进行简要阐述，并对代表性优异资源的收集地点、抗逆性、品质、用途及沿用情况加以说明。

表 4-6　收集和上交国家种质资源库的作物种类及数量统计表

作物	收集数量	上交国家库	作物	收集数量	上交国家库
糜子	174	171	小豆	6	4
黍子	42	42	豌豆	59	32
谷子	18	18	蚕豆	11	3
小麦	19	16	扁豆	3	2
大麦	2	2	桃豆	2	2
燕麦	32	32	向日葵	3	3
玉米	8	5	胡麻	10	8
高粱	5	5	油菜	9	8
荞麦	37	36	大麻	8	6
大豆	105	81	蓖麻	1	1
菜豆	63	50	芝麻	2	1
绿豆	10	9	蔬菜	55	18
豇豆	34	12	牧草	19	0

一、禾谷类

禾谷类，包括稻类、麦类(小麦、大麦、燕麦、黑麦)、糜黍、高粱、玉米、谷子及荞麦等，本次调查共收集到禾谷类地方种质资源 337 份(表 4-6)，其中糜子 174 份、黍子 42 份、谷子 18 份、小麦 19 份、大麦 2 份、燕麦 32 份、玉米 8 份、高粱 5 份、荞麦 37 份。

(一)糜黍种质资源收集情况

内蒙古是全国糜子的主产区之一，主要分布在中西部的鄂尔多斯市、巴彦淖尔市、赤峰市、通辽市、乌兰察布市、呼和浩特市的干旱、半干旱丘陵地区，这些地区糜黍资源丰富多样。通过对内蒙古中西部 6 个旗(县)的糜黍资源系统调查，共获得糜黍资源 216 份，其中糜子资源 174 份，黍子资源 42 份，这些品种都为地方品种。据调查，这些品种都具有不同程度的抗旱性和耐瘠薄性，适合当地的生态环境。

糜子资源收集情况：共收集到糜子资源 174 份，主要来源于巴彦淖尔市和鄂尔多斯市的干旱、半干旱地区，其中巴彦淖尔市杭锦后旗收集到地方资源 138 份、鄂尔多斯市准格尔旗收集到地方资源 17 份、鄂尔多斯市鄂托克前旗收集到地方资源 9 份、巴彦淖尔市乌拉特前旗收集到地方资源 9 份、呼和浩特市清水河县收集到地方资源 1 份。近年来，随着内蒙古干旱、半干旱区干旱的加剧，糜子以其适应性强、生育周期短、适播期长而成为填闲补种、后茬复种的首选作物。

黍子资源收集情况：共收集到黍子资源 42 份，来源于巴彦淖尔市的杭锦后旗、乌拉特前旗和鄂尔多斯市的准格尔旗，其中杭锦后旗收集到地方资源 21 份，乌拉特前旗收集到地方资源 16 份，准格尔旗收集到地方资源 4 份，赤峰市克什克腾旗收集到地方资源 1 份。

1. 糜子

代表性优异资源为糜子(图 4-13)，采集编号：20121500210。采集地点：巴彦淖尔市杭锦后旗。基本特征特性：该品种为当地优良的糜子品种，5 月中旬播种，9 月中旬收获，生育期 110d 左右，平均株高 210cm，穗长 50cm，籽粒红色，千粒重 7.0g，单株产量 8.7g。优异性状及利用价值：该品种品质优，抗旱性强(1 级抗旱)，耐贫瘠，品种适应性广。可磨面粉做面食，做炒米。谷粒供食用或酿酒，秆叶可作为牲畜饲料。可直接用于生产，或可作为品质育种或抗旱研究的基础材料。

图 4-13　糜子 20121500210 的籽粒

2. 黄秆黍子

代表性优异资源为黄秆黍子(图 4-14),采集编号:2012150064。采集地点:准格尔旗。基本特征特性:该品种为当地优良的黍子品种,5 月中旬播种,9 月中旬收获,生育期 110d 左右,株高 220cm,穗长 46cm,叶片数 10 片,籽粒黑色,千粒重 8.8g,单株产量 7.7g。优异性状及利用价值:该品种 1 级抗旱,优质,适应性广,糯性强,当地用来做炸糕,口感好。

图 4-14 黄秆黍子 2012150064 的籽粒

3. 白黍子

代表性优异资源为白黍子(图 4-15),采集编号:20121500429。采集地点:乌拉特前旗明安镇。基本特征特性:该品种为当地优良的黍子品种,5 月中旬播种,9 月下旬收获,生育期 130d 左右,株高 190cm,穗长 42cm,叶片数 11 片,籽粒白色,千粒重 7.4g,单株产量 9.6g。优异性状及利用价值:该品种 1 级抗旱,1 级抗盐,适应性广,优质,糯性强,口感好。可直接用于生产,或可作为品质育种及抗旱抗盐碱育种的基础材料。

图 4-15 白黍子 20121500429 的籽粒和田间表现

(二)谷子种质资源收集情况

内蒙古是全国谷子三大产区之一,也是中国谷子发源地之一。主要分布在赤峰市、通辽市、兴安盟、乌兰察布市、呼和浩特市、鄂尔多斯市等(市)盟的丘陵山区。此次调查共收集到谷子地方资源 18 份,分别来源于鄂尔多斯市的达拉特旗 2 份、准格尔旗 2 份、鄂托克前旗 2 份,巴彦淖尔市乌拉特前旗 10 份,呼和浩特市清水河县 1 份,赤峰市克什克腾旗 1 份。

代表性优异资源为毛良谷(图 4-16),采集编号:2012150009。采集地点:鄂尔多斯市准格尔旗。基本特征特性:该品种为当地高产优质的谷子品种,5 月中旬播种,9 月下旬收获,生育期 130d 左右,株高 175cm,穗长 33cm,叶片数 14 片,籽粒黄色,千粒重 4.0g,单株产量 27.7g。优异性状及利用价值:该品种品质优,产量高,结实率高,耐盐碱,1 级抗旱。用途多,籽粒煮粥口感好,秸秆可作饲料。可直接用于生产,也可作为品质、丰产型或耐盐碱育种的基础材料。

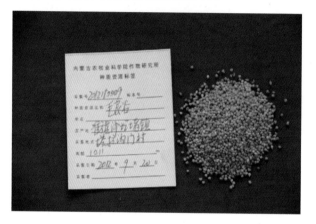

图 4-16　毛良谷 2012150009 的籽粒和田间鉴定

(三)麦类种质资源收集情况

小麦是内蒙古主要粮食作物之一,内蒙古小麦以其品质优良著称,主要分布在土默特、河套灌溉区及大兴安岭沿麓、呼伦贝尔市等地。小麦地方种质资源调查情况:本次调查收集到小麦地方种质资源 19 份,主要来源于阿拉善盟额济纳旗、鄂尔多斯市鄂托克前旗、鄂尔多斯市准格尔旗、赤峰市克什克腾旗、巴彦淖尔市乌拉特前旗及呼和浩特市武川县。其中,阿拉善盟额济纳旗收集到小麦地方品种 4 份;鄂尔多斯市准格尔旗收集到小麦地方品种 2 份;赤峰市克什克腾旗收集到小麦地方品种 9 份;巴彦淖尔市乌拉特前旗收集到小麦地方品种 3 份;呼和浩特市武川县收集到小麦地方品种 1 份。各县收集麦类作物地方种质资源数量由多到少依次为:克什克腾旗>额济纳旗>乌拉特前旗>准格尔旗>武川县。

内蒙古大麦主要分布在呼伦贝尔市、兴安盟、锡林郭勒盟、乌兰察布市、赤峰市、呼和浩特市等地的高寒冷凉丘陵区,其他地区有零星种植。调查收集到大麦地方种质资源 2 份,分别来源于阿拉善盟额济纳旗和鄂尔多斯市鄂托克前旗。

内蒙古是中国燕麦主产区之一,目前年均种植面积在 7 万 hm² 以上,主要集中分布在乌兰察布市、呼和浩特市、赤峰市、锡林郭勒盟等地的丘陵山区。燕麦是内蒙古干旱、半干旱地区主要的特色农作物之一,是内蒙古古老而重要的粮、饲兼用型作物,近年来以其特殊的保健作用备受人们欢迎。此次调查收集到燕麦地方种质资源 32 份，主要来源于呼和浩特市武川县、赤峰市克什克腾旗及巴彦淖尔市乌拉特前旗。其中，呼和浩特市武川县收集到燕麦地方品种 21 份；赤峰市克什克腾旗收集到燕麦地方品种 8 份；巴彦淖尔市乌拉特前旗收集到燕麦地方品种 3 份。

内蒙古也是我国荞麦主产区之一，高寒冷凉气候适合荞麦的生长发育，生产的荞麦品质优良，是重要的出口商品。主要分布在内蒙古西部阴山丘陵区和东部的山地丘陵地区，其中，乌兰察布市、通辽市、赤峰市占全区播种面积的 80% 以上。荞麦是内蒙古干旱、半干旱区居民的主食及保健食品之一，也是内蒙古种植面积较大的一类粮食作物。荞麦具有适应性强、抗旱、耐盐碱、产量高等优良性状，是极为重要的抗逆种质资源。苦荞还有预防高血压、降血糖等保健功效。本次调查收集到荞麦地方种质资源 37 份，主要来源于呼和浩特市武川县、鄂尔多斯市鄂托克前旗、鄂尔多斯市准格尔旗、赤峰市克什克腾旗及巴彦淖尔市乌拉特前旗。其中，呼和浩特市武川县收集到荞麦地方品种 13 份；巴彦淖尔市乌拉特前旗收集到荞麦地方品种 7 份；鄂尔多斯市鄂托克前旗收集到荞麦地方品种 7 份；鄂尔多斯市准格尔旗收集到荞麦地方品种 6 份；鄂尔多斯市达拉特旗收集到荞麦地方品种 2 份；赤峰市克什克腾旗收集到荞麦地方品种 2 份。

1. 赤麦 5 号

代表性优异资源为‘赤麦 5 号’（图 4-17），采集编号：2013150055。采集地点：克什克腾旗。基本特征特性：该品种生育期 115d，有效小穗 19.2 个，株高 122cm，主穗长 11.2cm，籽粒红色，硬粒，单株粒重 2g，蛋白质 15.22%。优异性状及利用价值：该品种品质好，籽粒饱满，光泽度好，面筋含量高，抗旱性强，1 级抗旱，耐贫瘠。可直接用于生产，也可作为抗旱性及品质育种的基础材料。

图 4-17　赤麦 5 号 2013150055 的籽粒和穗子

2. 赤燕 5

代表性优异资源为‘赤燕 5’（图 4-18），采集编号：2013150077。采集地点：赤峰市克什克腾旗。基本特征特性：该品种是当地主推品种之一，生育期 87d，株高 117.6cm，主穗长 18.5cm，单株有效分蘖 3.2 个，整齐度好，结实率 92%，籽粒白色，单株粒重 15.8g。优异性状及利用价值：该品种 1 级抗旱，耐贫瘠，在当地很受欢迎。可直接用于生产，或作为抗旱性育种的基础材料。

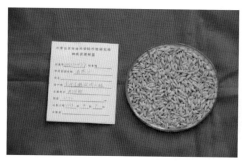

图 4-18　赤燕 5 2013150077 的籽粒和穗子

3. 黑荞麦

代表性优异资源为黑荞麦(图 4-19)，采集编号：2013150176。采集地点：鄂尔多斯市鄂托克前旗。基本特征特性：该甜荞品种在当地有上百年的种植历史，生育期 87d，株高 63cm，主茎节数 13 节，籽粒黑色，单株粒数 224 粒，单株粒重 4.3g，千粒重 19g。优异性状及利用价值：该品种品质好，抗旱、抗寒、耐贫瘠，籽粒饱满，结实率高。

图 4-19　黑荞麦 2013150176 的籽粒和田间长势

4. 小粒赤峰荞麦

代表性优异资源为小粒赤峰荞麦(图 4-20)，采集编号：20121500282。采集地点：呼和浩特市武川县。基本特征特性：该甜荞品种在当地种植多年，生育期 86d，株高 77cm，主茎节数 16.2 节，籽粒褐色，单株粒数 89 粒，单株粒重 2.9g，千粒重 31g。优异性状及

图 4-20　小粒赤峰荞麦 20121500282 的籽粒和植株

利用价值：该品种产量高，品质优，耐贫瘠，籽粒可磨面粉，面条筋度高。可直接应用于生产或作为品质育种的基础材料。

(四)高粱种质资源收集情况

本次调查收集到高粱地方种质资源 5 份，主要来源于阿拉善盟额济纳旗、鄂尔多斯市准格尔旗、赤峰市克什克腾旗、巴彦淖尔市乌拉特前旗。其中，阿拉善盟额济纳旗收集到高粱地方品种 1 份；鄂尔多斯市准格尔旗收集到高粱地方品种 1 份；赤峰市克什克腾旗收集到高粱地方品种 1 份；巴彦淖尔市乌拉特前旗收集到高粱地方品种 2 份。

(五)玉米种质资源收集情况

本次调查收集到玉米地方种质资源 8 份。其中，阿拉善盟额济纳旗收集到玉米地方品种 1 份；鄂尔多斯市鄂托克前旗收集到玉米地方品种 2 份；鄂尔多斯市准格尔旗收集到玉米地方品种 4 份；呼和浩特市 1 份。

二、豆类

豆类包括大豆和其他食用豆，大豆是内蒙古主要粮食作物和经济作物之一，2015 年种植面积 53 万 hm^2，占全部豆类种植面积的 76.8%，是内蒙古地区重要的油、粮、饲兼用型作物，主要分布在内蒙古中部和东部地区。内蒙古地区的食用豆类，主要包括绿豆、小豆、芸豆、豌豆、蚕豆等。这些作物的生育期短，适于广袤的内蒙古高原丘陵冷凉地区种植，是这一地区的特色作物，以籽粒饱满、品质优良、经济价值高而著称，在内蒙古的农业生产结构调整中占有重要位置。本次调查收集到优质、抗旱、耐逆豆类作物地方种质资源共 293 份。其中，大豆 105 份、菜豆 63 份、豌豆 59 份、豇豆 34 份、小豆 6 份、绿豆 10 份、蚕豆 11 份、扁豆 3 份、桃豆 2 份。

(一)大豆种质资源收集情况

调查收集到大豆地方种质资源 105 份，主要来源于鄂尔多斯市鄂托克前旗、鄂尔多斯市准格尔旗、鄂尔多斯市达拉特旗、赤峰市克什克腾旗、巴彦淖尔市乌拉特前旗、阿拉善盟额济纳旗、呼和浩特市武川县和清水河县。其中，阿拉善盟额济纳旗收集到大豆地方品种 1 份；鄂尔多斯市鄂托克前旗收集到大豆地方品种 9 份；鄂尔多斯市准格尔旗收集到大豆地方品种 24 份；鄂尔多斯市达拉特旗收集到大豆地方品种 2 份；赤峰市克什克腾旗收集到大豆地方品种 8 份；巴彦淖尔市乌拉特前旗收集到大豆地方品种 23 份；呼和浩特市武川县收集到大豆地方品种 2 份；呼和浩特市清水河县收集到大豆地方品种 25 份；呼和浩特市内蒙古农牧业科学院农贸市场收集到大豆地方品种 11 份。

代表性优异资源为大豆(图 4-21)，采集编号：20121500325。采集地点：呼和浩特市清水河县。基本特征特性：该品种种子质地坚硬，种皮薄而脆，子叶黄绿色或淡黄色，开花期 8 月上旬，茎枝数 6 个，实荚数 152 个，种皮黑色，百粒重 10g，单株产量 20g。优异性状及利用价值：该品种具有高蛋白、低热量的特性，民间多称小黑豆和马科豆。黑豆富含对人体有益的氨基酸、不饱和脂肪酸及钙、磷等多种微量元素，具有防老抗衰、药食俱佳的功效。抗旱性强，1级抗旱。可直接用于生产或作为抗旱育种材料。

图 4-21　大豆 20121500325 的籽粒和田间鉴定

(二)菜豆种质资源收集情况

调查收集到菜豆地方种质资源 63 份，主要来源于鄂尔多斯市达拉特旗、鄂尔多斯市鄂托克前旗、鄂尔多斯市准格尔旗、赤峰市克什克腾旗、巴彦淖尔市乌拉特前旗。其中，鄂尔多斯市达拉特旗收集到菜豆地方品种 2 份；鄂尔多斯市鄂托克前旗收集到菜豆地方品种 8 份；鄂尔多斯市准格尔旗收集到菜豆地方品种 10 份；赤峰市克什克腾旗收集到菜豆地方品种 13 份；巴彦淖尔市乌拉特前旗收集到菜豆地方品种 30 份。

代表性优异资源为架豆(图 4-22)，采集编号：2013150022。采集地点：鄂尔多斯市鄂托克前旗。基本特征特性：该品种属于优质、丰产型品种，开花期 6 月，花色红色，蔓生，株高 2.4m，茎枝数 1 个，实荚数 17 个，荚长 30cm，单荚粒数 7.8 粒，种皮花色，百粒重 42g。优异性状及利用价值：该品种适于煮食或做豆沙，籽粒较大，外观品质优异，在当地备受欢迎。可直接用于生产或作为丰产型育种材料。

图 4-22　架豆 2013150022 的籽粒、豆荚和田间鉴定

(三)豌豆种质资源收集情况

调查收集到豌豆地方种质资源 59 份，主要来源于鄂尔多斯市达拉特旗、鄂尔多斯市鄂托克前旗、鄂尔多斯市准格尔旗、赤峰市克什克腾旗、巴彦淖尔市乌拉特前旗、呼和浩特市武川县及清水河县。其中，鄂尔多斯市达拉特旗收集到豌豆地方品种 3 份；鄂尔多斯市鄂托克前旗收集到豌豆地方品种 1 份；鄂尔多斯市准格尔旗收集到豌豆地方品种

7 份；赤峰市克什克腾旗收集到豌豆地方品种 1 份；巴彦淖尔市乌拉特前旗收集到豌豆地方品种 31 份；呼和浩特市武川县收集到豌豆地方品种 14 份；呼和浩特市清水河县收集到豌豆地方品种 2 份。

代表性优异资源为灰豌豆(图 4-23)，采集编号：20121500287。采集地点：巴彦淖尔市乌拉特前旗。基本特征特性：开花期 6 月中旬，花色紫色，蔓生，茎枝数 2 个，实荚数 16 个，单荚粒数 4.5 粒，种皮灰色，百粒重 11.5g。优异性状及利用价值：该品种属于优质、丰产型品种，营养价值较高，籽粒可煮饭，籽粒和秸秆含蛋白质较高，适口性好，是家畜优良精饲料，可作家畜日粮中的蛋白质补充料，麦茬后复种豌豆，可增产青饲料。可直接用于生产或作为丰产型育种材料。

图 4-23 灰豌豆 20121500287 的籽粒和田间鉴定

(四)红小豆种质资源收集情况

调查收集到红小豆地方种质资源 6 份。其中，鄂尔多斯市准格尔旗收集到红小豆地方品种 5 份；呼和浩特市内蒙古农牧业科学院农贸市场收集到红小豆品种 1 份。

代表性优异资源为小红豆(图 4-24)，采集编号：20121500398。采集地点：鄂尔多斯市准格尔旗。基本特征特性：生育期 80d，花色黄色，株高 43cm，茎枝数 3 个，实荚数 10 个，荚长 13cm，单荚粒数 11.2 粒，种皮红色，百粒重 19g。优异性状及利用价值：该品种抗旱，种子供食用，入药有行血补血、健脾去湿、利水消肿之效。

图 4-24 小红豆 20121500398 的籽粒和田间鉴定

(五)豇豆种质资源收集情况

调查收集到豇豆地方种质资源 34 份，主要来源于鄂尔多斯市达拉特旗、鄂尔多斯市鄂托克前旗、鄂尔多斯市准格尔旗、巴彦淖尔市乌拉特前旗及呼和浩特市武川县。其中，鄂尔多斯市达拉特旗收集到豇豆地方品种 1 份；鄂尔多斯市鄂托克前旗收集到豇豆地方品种 4 份；鄂尔多斯市准格尔旗收集到豇豆地方品种 26 份；巴彦淖尔市乌拉特前旗收集到豇豆地方品种 2 份；呼和浩特市清水河县收集到豇豆地方品种 1 份。

代表性优异资源为红豇豆(图 4-25)，采集编号：2012150012。采集地点：准格尔旗。基本特征特性：该品种是矮生型豇豆品种，生育期 120d，花色黄色，株高 80cm，茎枝数 3 个，实荚数 9 个，荚长 12cm，单荚粒数 10 粒，种皮红色，百粒重 20.1g。优异性状及利用价值：该品种 1 级抗旱、高产、耐盐碱，主茎 4～8 节后以花芽封顶，收获期短而集中，品质佳，结荚多，每荚含种子 10 粒左右，种皮淡红色，宜做泡渍或煮饭。

图 4-25　红豇豆 2012150012 的籽粒

(六)绿豆种质资源收集情况

调查收集到绿豆地方种质资源 10 份。其中，鄂尔多斯市达拉特旗收集到绿豆地方品种 3 份；巴彦淖尔市乌拉特前旗收集到绿豆地方品种 5 份；呼和浩特市清水河县收集到绿豆地方品种 1 份；鄂尔多斯市准格尔旗收集到 1 份。

代表性优异资源为绿豆(图 4-26)，采集编号：20121500355。采集地点：巴彦淖尔市乌拉特前旗。基本特征特性：该品种生育期 96d，株高 35cm，茎枝数 5 个，实荚数 29 个，荚长 14.3cm，单荚粒数 12.6 粒，种皮绿色，千粒重 60g。优异性状及利用价值：该品种 1 级抗旱、丰产、优质。具有良好的食用价值，还具有非常好的药用价值，可作豆粥、豆饭、豆酒、豆粉、绿豆糕，可以生绿豆芽。可直接用于生产或作为育种材料。

图 4-26　绿豆 20121500355 的籽粒和豆荚

(七)蚕豆种质资源收集情况

调查收集到蚕豆地方种质资源 11 份，主要来源于鄂尔多斯市达拉特旗、鄂尔多斯市鄂托克前旗、鄂尔多斯市准格尔旗、赤峰市克什克腾旗及呼和浩特市清水河县。其中，鄂尔多斯市达拉特旗收集到蚕豆地方品种 3 份；鄂尔多斯市鄂托克前旗收集到蚕豆地方品种 2 份；鄂尔多斯市准格尔旗收集到蚕豆地方品种 2 份；赤峰市克什克腾旗收集到蚕豆地方品种 2 份；呼和浩特市清水河县收集到蚕豆地方品种 2 份。

代表性优异资源为蚕豆(图 4-27)，采集编号：2013150111。采集地点：赤峰市克什克腾旗。基本特征特性：生育期 85d，花色白色，株高 56cm，茎枝数 3 个，实荚数 17 个，荚长 7cm，百粒重 110g。优异性状及利用价值：该品种具有优质、粒大的特点，结荚部位低，不易裂荚。根系发达抗倒伏，喜水耐肥，适宜在气候较温暖、灌溉条件好的地区种植。最高亩产达 400～450kg。为粮食、蔬菜和饲料、绿肥兼用作物。

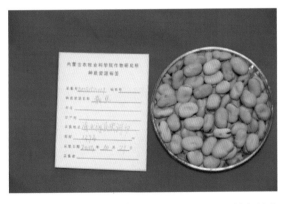

图 4-27　蚕豆 2013150111 的籽粒和田间鉴定

(八)其他食用豆种质资源收集情况

调查收集到其他食用豆地方种质资源 5 份。其中，小扁豆 3 份，分别来自巴彦淖尔市乌拉特前旗和呼和浩特市清水河县；桃豆 2 份，来自巴彦淖尔市乌拉特前旗及呼和浩特市农贸市场。

1. 小扁豆

代表性优异资源为小扁豆(图 4-28)，采集编号：20121500320。采集地点：呼和浩特市清水河宏河镇。基本特征特性：生育期 100d，花色白色，株高 52cm，茎枝数 11 个，实荚数 25 个，荚长 5.2cm，单荚粒数 7.5 粒，千粒重 21.2g。优异性状及利用价值：该品种喜温暖干燥气候，耐旱性强而不耐湿，优质，是粮食和绿肥兼用作物。可将小扁豆与小麦、玉米磨成混合粉制作面食或以小扁豆粉制凉粉；嫩叶、青荚、豆芽可作蔬菜。豆秸是优质饲料，也常于开花时翻入土中用作绿肥。

图 4-28　小扁豆 20121500320 的籽粒和田间鉴定

2. 桃豆

代表性优异资源为桃豆(图 4-29)，采集编号：20121500412。采集地点：巴彦淖尔市乌拉特前旗。基本特征特性：生育期 90d，株高 55cm，茎枝数 4 个，实荚数 45 个，荚长 2.1cm，单荚粒数 1.8 粒，千粒重 130g。优异性状及利用价值：该品种优质、耐贫瘠，根系发达，主根入土深度可达 2m，有极耐旱的特点，对于我国广大干旱、半干旱地区的开发有重要的现实意义。可加工成豆乳粉，易于吸收消化，是婴儿和老年人的营养食品。还可以做成各种点心和油炸豆，亦可煮食。籽粒可作医用，淀粉广泛用于造纸工业和纺织工业。茎叶是优良的饲料原料。

图 4-29　桃豆 20121500412 的籽粒和田间鉴定

三、果蔬类

果蔬类地方种质资源调查情况：由于内蒙古干旱、半干旱区干旱少水、土地贫瘠，当地农民种植的蔬菜品种较少，本次收集到果蔬类地方种质资源 55 份。其中，各种瓜类地方种质资源 25 份，分别来源于鄂尔多斯市达拉特旗 9 份，巴彦淖尔市乌拉特前旗 6 份，鄂尔多斯市准格尔旗 6 份，呼和浩特市清水河县 3 份，鄂尔多斯市鄂托克前旗 1 份；茴香地方种质资源 2 份，分别来源于巴彦淖尔市乌拉特前旗和鄂尔多斯市鄂托克前旗；茄子地方种质资源 2 份，来源于巴彦淖尔市乌拉特前旗；香菜地方种质资源 3 份，分别来源于巴彦淖尔市乌拉特前旗 1 份和鄂尔多斯市鄂托克前旗 2 份；大葱地方种质资源 4 份，分别来源于巴彦淖尔市乌拉特前旗 3 份和鄂尔多斯市准格尔旗 1 份；萝卜地方种质资源 5 份，分别来源于巴彦淖尔市乌拉特前旗 2 份、鄂尔多斯市准格尔旗 1 份、包头市固阳县 2 份；茼蒿地方种质资源 1 份，来源于巴彦淖尔市乌拉特前旗；白菜地方种质资源 2 份，来源于巴彦淖尔市乌拉特前旗；芋头地方种质资源 3 份，来源于巴彦淖尔市乌拉特前旗；蔓菁地方种质资源 1 份，来源于巴彦淖尔市乌拉特前旗；芥菜地方种质资源 7 份，来源于巴彦淖尔市乌拉特前旗 6 份，鄂尔多斯市准格尔旗 1 份。

代表性优异资源为南瓜(图 4-30)，采集编号：2013150175。采集地点：呼和浩特市清水河县。基本特征特性：叶色深绿，叶面微皱，瓜形扁圆，老瓜皮色深绿，单瓜重 2130g，瓜长 18cm，瓜粗 24cm，瓜形指数 0.75，瓜肉厚 3.6cm。优异性状及利用价值：该品种在当地多年种植，抗旱性强、品质好，菜用，瓜子纯白且饱满度好，籽粒可炒食，很受欢迎。

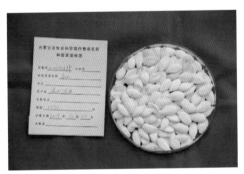 

图 4-30　南瓜 2013150175 的籽粒和田间鉴定

四、其他油料作物

本次收集到的其他油料作物种质资源有胡麻、向日葵、油菜、大麻、蓖麻、芝麻 6 种作物。其中，收集到胡麻地方品种资源 10 份，分别来自巴彦淖尔市乌拉特前旗 6 份、赤峰市克什克腾旗 2 份、鄂尔多斯市准格尔旗 2 份；收集到向日葵地方种质资源 3 份，分别来自鄂尔多斯市鄂托克前旗、鄂尔多斯市准格尔旗及呼和浩特市清水河县；收集到大麻地方种质资源 8 份，分别来自鄂尔多斯市鄂托克前旗 1 份、鄂尔多斯市准格尔旗 3 份、巴彦淖尔市乌拉特前旗 3 份、呼和浩特市清水河县 1 份；收集到油菜地方种质资源 9 份，分别来自鄂尔多斯市准格尔旗 2 份、巴彦淖尔市乌拉特前旗 4 份、呼和浩特市清水河县 3 份；收集到芝麻地方种质资源 2 份，来自鄂尔多斯市准格尔旗；收集到蓖麻地方种质资源 1 份，来自鄂尔多斯市鄂托克前旗。

代表性优异资源为大麻(图4-31)，采集编号：20121500417。采集地点：巴彦淖尔市乌拉特前旗。基本特征特性：生育期145d，株高2.1m，分枝数8个，籽粒灰色，单株产量28g，千粒重26g。优异性状及利用价值：该品种在当地种植多年，籽粒饱满，产量高，品质优，味香。籽粒可炒食或榨油。

图4-31　大麻20121500417的籽粒和田间鉴定

五、牧草类

牧草是内蒙古发展畜牧业的支柱之一，在内蒙古辽阔的草原上孕育着十分丰富的牧草资源，全区天然草原上的饲用植物共有900余种，分属81科321属。此次调查收集到首蓿、草木樨、马莲、甘草、苦豆子、黄芪、草豌豆、苕子、苏丹草等牧草地方种质资源19份，主要来自鄂尔多斯市鄂托克前旗、鄂尔多斯市准格尔旗、阿拉善盟额济纳旗及呼和浩特市武川县。其中，鄂尔多斯市鄂托克前旗收集到牧草地方品种2份；鄂尔多斯市准格尔旗收集到牧草地方品种14份；阿拉善盟额济纳旗收集到牧草地方品种1份；呼和浩特市武川县收集到牧草地方品种2份。

代表性优异资源为苦豆子(图4-32)，采集编号：2013150120。采集地点：鄂尔多斯市鄂托克前旗城川镇。优异性状及利用价值：苦豆子耐盐碱、耐瘠薄，适合生长于荒漠、半荒漠区内较潮湿的地段，苦豆子不仅是优良的固沙植物与可利用牧草，还是重要的药用植物资源，用途广泛，资源丰富，开发利用价值极高。

图4-32　苦豆子2013150120的籽粒和田间长势

第四节　作物种质资源保护和利用建议

一、内蒙古植物种质资源面临的危机

(一)传统农作物资源危机

内蒙古自治区地域辽阔，以高原为主，具有复杂多样的地形，气候以温带大陆性季风气候为主，具有降水量少而不均、风大、寒暑变化剧烈的特点。内蒙古的耕地主要以水浇地、丘陵旱坡地为主，水浇地上主要以种植玉米、小麦、马铃薯、蔬菜作物及其他经济作物为主，丘陵旱坡地上主要以种植胡麻、谷子、高粱、荞麦、糜子、燕麦、大麦、豆类等为主。随着农业生产条件的改善和农村经济的发展，由于小宗作物经济效益低，许多地区扩大了玉米、马铃薯及其他经济作物等效益较高的作物的种植面积。据1985年、1990年、1995年、2000年、2005年、2010年6个时间节点统计，内蒙古糜子、胡麻、燕麦、荞麦、高粱、食用豆类等杂粮杂豆种植面积都不同程度地下降，地方品种资源不断减少。但胡麻、谷子、高粱、荞麦、糜子、燕麦、大麦、豆类等小宗作物具有适应性广、抗旱、耐盐碱、耐瘠薄、籽实粮饲兼用等优点，这些具有地方特色的农作物对于内蒙古的气候条件和种植环境有着良好的适应性，很多也是传统食物的原料，所以我们要保护这些传统作物的多样性，以适应内蒙古恶劣多变的气候环境。

(二)生态环境变化导致野生动植物资源减少

内蒙古地貌以蒙古高原为主体，主要由高平原、山脉、丘陵和盆地等多种地形组成。这种复杂多样的地理环境孕育了2300多种野生植物和200多种野生动物，其中很多是具有较高经济价值和药用价值的珍稀动植物，还有很多濒危的温带草原特有的动植物。野生动植物是自然生态环境的有机组成部分，是维护生态系统的重要环节。人口的增长使得人们不断地开垦草场进行耕种，根据国家环保局统计，我国草原的90%以上处于不同程度退化之中，内蒙古退化草原面积已占自治区草原面积的31.77%。20世纪60年代内蒙古草原面积为8800万 hm^2，80年代下降为7900万 hm^2，90年代下降为6900万 hm^2。内蒙古还有着丰富的矿产资源，在巨大的经济利益面前，很多开发商通过不规范的采矿来获取巨大的经济利益，导致土地沙化、草场减退、生态环境遭到破坏。内蒙古地区经济高速发展的过程中，过度利用野生动植物资源，侵占野生动植物栖息地的现象普遍存在，致使内蒙古地区的野生动植物种群数量锐减，部分珍稀野生动植物濒临灭绝。

二、内蒙古植物种质资源保护利用存在的主要问题

(一)资源收集保存工作需要加强

近年来农作物新品种的选育和引进受到重视，各地相关单位育成和引进了大批各类农作物新品种，这部分品种大都分散保存在各地相关单位的常温库中，种质安全无保障，需尽快建立种质资源中期库集中保存。此外，一些地方品种资源，尤其是一些野生资源

由于没有得到有效保护，正濒临灭绝，急需要采取有效措施进行保护。

(二)资源利用效率低

内蒙古农作物种质资源虽然较丰富，但研究有待深入，对种质资源遗传多样性的系统评价和分类研究更为欠缺，对现有收集、保存的种质资源的系统整理不够，尤其是生物学混杂使得优异种质的遗传性状不稳定，达不到育种可利用的程度，利用效率较低。

(三)资源共享平台建设需要进一步完善

一是目前的农作物信息数据库，只收录了农作物种质资源基础数据，图像信息、标本信息、视频信息等还需补充完善；采集的数据除了现有的基本农艺性状外，还应对育种者较关注的品质性状、抗逆性、基因鉴定等有关数据进行补充，以扩大种质资源共享信息量及实用性。二是数据库应用范围比较单一，只针对农业科学研究，应逐步扩大到农业生产第一线、教学、科学普及等方面，建成较完整的农作物种质资源信息集，最大程度地提高种质资源利用率，提高应用范围和实用性。

(四)经费缺乏且无长期稳定的支持

农作物种质资源研究属基础性工作，美国植物种质资源研究的全部费用由国家提供，包括植物种质资源的收集、保存、评价和繁殖等费用，并且有些植物种质资源的国内外共享是免费的。而中国的种质资源研究由于缺乏长期连续的经费支持，影响了资源研究水平、深度和广度，也造成了科研队伍不稳定，人才流失严重，难以保障研究工作开展，内蒙古地区的情况也如此。

三、作物种质资源保护与利用建议

(一)提高保护意识，加大对种质资源收集和保护力度

农作物种质资源大量丧失或遭到严重破坏。一是由于作物新品种和栽培技术的提高，使部分老品种特别是农家品种遭到淘汰；二是因为土地用途改变、水利与交通工程建设、城市扩展等，一些重要作物的野生近缘种生境遭受破坏，面积缩小或消失；三是农民对农作物种质资源保护意识差；四是种质资源保护缺少有力的领导和管理机构，体系不健全，政策不配套，管理混乱；五是作物种质资源的原生境保存尚未提到日程，致使一些重要的农作物种质资源，尤其是一些珍稀资源和野生资源正在迅速减少或处于濒危状态，若不加以抢救和保护，必然会给今后的农业发展带来无法弥补的损失。由此建议做好以下几方面工作：①对重点县域种质资源进行系统的调查和抢救性收集，对生产上不再大面积生产应用的地方品种及一些特异资源进行普查和征集，保持生物多样性。②加大内蒙古具有地方特色农作物的种植规模和保护利用力度，使它们作为内蒙古地区的特色产品进一步推广。③普查与收集行动要重点加强农作物种质资源的收集保存。④充分发挥专家组指导作用，开展科学普查。科研院所在制定考察与收集行动技术路线、开展技术培训、评价项目实施等方面应把好关，并为普查提供有力的技术支撑，制定详细的实施

方案。内蒙古地域面广，东西跨度长，普查和收集工作任务繁重。为使行动有序进行，需农业主管部门领导亲自负责，旗(县)种子管理局、农科所和乡镇农技站参与配合，成立种质资源普查领导小组，负责各项工作的组织协调和操作实施，确保资金、物资、人员三落实，最大程度地为普查创造条件。各县农业局负责本县种质资源普查和征集具体工作，科研院所做好繁殖、鉴定、评价和保存等工作。⑤建立内蒙古地区的地理标志产品制度，保护内蒙古地区的生物资源。⑥通过政府立法途径，建立内蒙古地区特有生物资源的保护和利用补偿机制。

(二)强化种质资源鉴定评价与利用工作

除做好常规的形态和农艺性状观察鉴定外，应重点加强适合目前育种需要的品质、抗病虫、抗逆境及适应性精准鉴定和综合评价，为优异种质利用打下基础。强化深度鉴定，加强保护与利用体系及能力建设，深化基础研究，确保种质资源的安全保存，实现种质资源可持续共享利用。通过生物技术、生理生化等手段，对收集到的地方农作物种质资源进行特异性鉴定、分析评价，发掘优异性状，建立特征数据库及评价鉴定数据库；有针对性地对各类种质资源(如抗病虫型、抗逆型、优质型等)分类开展特性的再鉴定工作，深入全面地了解和掌握资源的遗传多样性特征，发掘更多的有利基因，实现有效利用或有的放矢的重点改良；通过各种育种新技术，尽可能采取各种措施利用野生亲缘种、地方种质和现代品种，进行作物种质改良，增强遗传多样性，拓宽育成品种的遗传基础。有了好的育种材料，就可以培养出更好的作物品种，有利于加强粮食安全和改善农民的生计，增强农业系统的持续性和适应环境变化的能力。

(三)建立资源共享平台

补充完善农作物种质资源图像信息、标本信息、视频信息；补充现有种质资源的品质性状、抗逆性、基因鉴定等有关数据，以扩大种质资源共享信息量及实用性。扩大数据库应用范围，建成较完整的农作物种质资源信息集，做好种质资源的教学、科学普及等方面工作，提高资源应用范围和实用性。将已经收集的种质资源提供给育种部门，为品种选育提供丰富的基因资源。内蒙古目前还没有建立起农作物种质资源的大数据平台，建立内蒙古农作物种质资源管理平台对于发展内蒙古农业具有极高的实用价值和理论意义，可以为农业育种及其他相关学科研究持续提供基因资源和信息，方便研究者全面了解农作物种质的特征特性，拓宽农作物优异资源和遗传基因的使用范围，为培育丰产、优质、抗病虫、抗不良环境新品种提供快捷手段。建立平台应做好以下几方面工作：①制定农作物种质资源处理信息规范，保证数据的可比性和权威性，以《农作物种质资源描述规范和数据标准》丛书规定的粮食、经济、蔬菜、果树、牧草绿肥五大类 113 种农作物种质资源的描述为标准，制定内蒙古农作物种质资源描述标准，对内蒙古各类农作物进行鉴定描述；②对收集到的种质资源及数据信息整理、分类、选择、标准化录入；③进行图像资源补充采集、整理、分类和录入；④信息网络设计和信息模块的制定及系统结构设计；⑤数据库的设计及数据查询系统设计；⑥平台的利用。

四、关于种植业结构调整的建议

(一)依据区域比较优势发展产业

调整种植业结构，就是要因地制宜地调整种植业内部和种植业与畜牧业、林业之间的关系，以生态经济利益协调为中心，合理利用土地，实现由传统的过粮或过牧，转变为发展特色、保持水土、保持生态环境的可持续的种植业。内蒙古地域辽阔，各地区农业发展具有特殊性。因此，内蒙古应根据自身比较优势，依托其特色农业资源，以产业化为基础，在一定地域范围内，优化农业区域布局，调整农作物品种结构、品质结构和区域结构，培育几个具有区域特色的经济带、产业带，以增强市场竞争力。并将具有一定生产经营规模的、以地区特色农产品加工产业为主的产业群进行地理集中，逐步形成专业化、区域化的种植业生产及加工专业带，充分发挥产业集聚的规模经济效应，推动种植业的规模化发展。例如，呼伦贝尔市的大豆产业，乌兰察布市的马铃薯、燕麦和胡萝卜产业，巴彦淖尔市的小麦、瓜果和葵花籽产业，通辽市的荞麦产业等都具有比较优势，锡林郭勒盟可以继续加大品牌畜牧产品的开发力度。积极推动"种、养、加"一体化，使农户在"种、养、加"的产业链上得以发展壮大。

(二)提高土地等资源的利用率

长期以来，内蒙古一些地区在农业生产中普遍存在着粗放经营的现象，土地资源浪费严重。因此要做以下几方面的工作。首先，要不断加大对农田基本建设的投入，加强水利基础设施建设，推广滴灌、微灌、喷灌等节水灌溉，不断改造中低产田，改善农业生产条件，增强其抵御自然灾害的能力；其次，农民是农业技术改造和推广的主体，各地区应充分发挥科研院所(如内蒙古农牧业科学院、内蒙古农业大学等)的作用，切实加强科技队伍建设，进一步加大对农民的技术培训力度，在提高农业技术水平的同时，逐步树立其科学养地、节约土地资源的意识，只有农民的科技素质得到真正提高，才能真正推动农业技术的改造和资源的集约利用；最后，各地区要因地制宜，扩大农作物的间、混、套、复种面积，提高复种指数。

(三)推动种植业结构向多元化发展

积极稳步调整杂粮、经济作物和蔬菜品种。随着经济的发展和人民生活水平的提高，人们的饮食朝着多样化、营养丰富、无公害、口味好、并回归自然的方向发展。因此要重视优质杂粮、优质特色蔬菜和具有地方特色的经济作物的种植与加工。燕麦、荞麦、谷子和糜黍是我区特色杂粮作物，粗粮细作，在食品市场具有相当大的竞争力。红小豆、芸豆、绿豆等食用豆在国内外市场具有一定优势和特色，关键是提高单产和品质。促进设施蔬菜、露地冷凉蔬菜、加工蔬菜协调发展，推进标准化生产，提高产品质量。在高纬度、高海拔地区退出玉米种植，恢复大豆种植；在中部干旱地区推广特色杂粮杂豆，发展绿色高端保健食品。

参 考 文 献

戴陆园, 刘旭, 黄兴奇. 2013. 云南特有少数民族的农业生物资源及其传统文化知识. 北京: 科学出版社.

侯琼, 郭瑞清, 杨丽桃. 2009. 内蒙古气候变化及其对主要农作物的影响. 中国农业气象, 30(4): 560-564.

雷·额尔德尼. 2012. 内蒙古生态历程. 呼和浩特: 内蒙古人民出版社.

李晓兵. 2011. 气候变化对内蒙古温带草原的影响及响应. 北京: 科学出版社.

刘旭, 王述民, 李立会. 2013. 云南及周边地区优异农业生物种质资源. 北京: 科学出版社.

王述民, 李立会, 黎裕. 2011. 中国粮食和农业植物遗传资源状况报告. 植物遗传资源学报, 12(1): 1-12.

张辉, 曲文祥, 李书田. 2010. 内蒙古特色作物. 北京: 中国农业科学技术出版社.

第五章 宁夏回族自治区作物种质资源调查

第一节 概   述

宁夏地处北纬 35°14′30″～39°23′、东经 104°17′～107°38′50″，海拔为 1100～3536m，宁夏土地面积为 6.64 万 km²。宁夏干旱区作物种质资源调查项目涉及土地面积 4.3 万 km²，占全区的 65%；人口 256.3 万人，占全区总人口的 41%，其中回族人口 133 万人，占全区回族人口的 59.1%，是全国最大的回族聚居区和集中连片特殊困难地区(图 5-1)。

宁夏干旱区按照年均降水量、气温及海拔等条件，宁夏又具体划分为中部干旱带、南部半干旱和半阴湿山区，其中，中部干旱带包括盐池县、同心县、海原县、红寺堡区、中宁县喊叫水乡和徐套乡等。半干旱区包括西吉县、彭阳县和原州区，半阴湿区则包括隆德县和泾源县。宁夏中部干旱带的气候属中温带干旱气候，年均气温 8℃左右，无霜期 140～184d，10℃以上积温在 3000℃左右。这里干旱缺水，绝大部分地区的年降水量为 200～300mm，且分布不均，7～9 月 3 个月的降水量占全年降水量的 70%，蒸发量大，年均蒸发量在 2000mm 左右，是降水量的 7～10 倍。该区特征表现为：干旱少雨，降水量小，蒸发量大；干湿冷热，四季分明；光照充足，昼夜温差大；土地贫瘠，土壤沙化、水土流失严重(图 5-2)。生态失衡，自然灾害频繁，宁夏南部半干旱和半阴湿山区年均降水量为 350～450mm，虽然干旱程度较中部干旱带轻，但是由于其海拔一般为 1700～2900m，气候具有明显的高寒特征。宁夏干旱区水资源匮乏，自然条件恶劣，土地贫瘠，严酷的自然条件孕育了极其丰富的抗旱、耐盐碱、耐瘠薄等优异农作物种质资源。宁夏中部干旱带、南部山区种植小麦、玉米、荞麦、马铃薯、胡麻、向日葵、芸芥、蚕豆、谷子、小扁豆、鹰嘴豆、中药材、瓜果、小茴香、苜蓿、大红枣、枸杞、山桃、山杏等作物。宁夏干旱、半干旱区抗逆农作物地方种质资源是既宝贵又稀缺的优异抗逆种质资源，是大自然长期以来物竞天择、优胜劣汰的结果。随着西部地区社会和经济的快速发展，这些宝贵的农作物种质资源正面临丢失和灭绝的威胁。宁夏尚未对干旱、半干旱区的抗逆农作物种质资源进行过全面的普查和系统的调查，而且忽视干旱、半干旱区的抗逆农作物地方种质资源的收集、研究与利用工作的开展，使得宁夏能够用于抗旱、耐盐碱、耐瘠薄品种培育的农作物种质资源十分匮乏。因此，深入进行抗逆农作物种质资源调查，对提高宁夏干旱、半干旱区及盐碱地的农业综合生产能力，保障粮食安全、生态安全，实现农业可持续发展提供支撑，具有长远的意义。

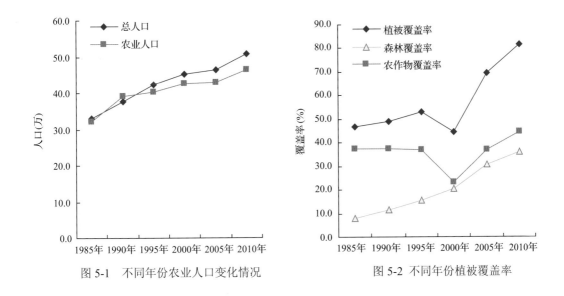

图 5-1　不同年份农业人口变化情况　　　图 5-2　不同年份植被覆盖率

第二节　作物种质资源普查

一、普查方法与内容

(一)普查方法

普查主要采取与当地农业部门、气象部门和统计部门协作的方法,查询、查阅相关资料,咨询当地有关科技人员和进行实地调查。

(二)普查内容

本次宁夏干旱区耐逆农作物种质资源普查,主要针对该区降水稀少、干旱、土壤贫瘠和土地盐碱化严重的县(区),并结合当地耐逆农作物种质资源的种类、地理分布及特点来确定普查对象。普查以行政县(区)为单位,普查对象分别是:同心县、盐池县、红寺堡区、中宁县、原州区、海原县、彭阳县、西吉县、泾源县和隆德县。根据普查目的设置相应调查条目,普查表见章尾附表 5-1 和附表 5-2,包括基本情况普查和农业生产情况普查,以及农作物品种资源普查。重点普查 1985～2010 年的基本情况,按每 5 年一个时间节点填写普查表,主要考察各县(区)土地面积、气候及植被、人口、生产总值、各种类作物种植面积、产量及品种的变化情况。

二、普查结果与分析

在普查过程中,通过与各地农牧局及种子管理站等相关技术人员的交流,初步了解当地种质资源的现有状况。共收集了各地县(区)志、农业志及统计年鉴 50 余本,并发放普查表 20 余份。通过查阅各地的县志、农业志及统计年鉴等书籍并结合各县分发的普查表的反馈信息,填写普查表 390 份,初步完成了宁夏干旱区 10 个县(区)普查表的编制工作。

(一)同心县抗逆农作物种质资源普查情况

同心县位于宁夏回族自治区中部，地处鄂尔多斯台地与黄土高原北部交接地带，地势呈南高北低之势，海拔 1283～2625m。隶属于吴忠市，全县土地面积为 4433km²，下辖 11 个乡(镇)，总人口 39.35 万，农业人口 29.62 万，占 75.3%。同心县为典型大陆性气候，属中温带干旱区，年均降水量 267.7mm，年均气温 8.4℃，农作物覆盖率 18.73%。

通过调查发现，同心县在 1985～2010 年气候变化较明显：年均气温呈上升趋势，变化区间为 8.5～10℃，年均降水量呈下降趋势，变化区间为 119～477mm；从森林覆盖率和农作物覆盖率来看，变化均不显著，基本保持在 50% 和 17% 左右。

1. 同心县主栽作物种植面积变化情况

同心县在 1985～2010 年主栽作物种植面积变化趋势为：小麦、食用豆和胡麻基本不变，总体上看，小麦、食用豆种植面积比 1985 年略微增加，胡麻种植面积略微缩减；玉米和蔬菜表现为逐年上升，上升趋势明显；马铃薯总体呈上升趋势，在 2000 年时，达到顶峰，随后又逐渐减少；谷子在 2005 年前为逐年增长，2010 年大幅缩减；牧草表现为 2000 年前逐年增加，随后大幅缩减。25 年来，农作物种植种类总体未发生明显变化，主要为小麦、玉米、马铃薯、胡麻、食用豆、谷子和蔬菜等(图 5-3)。

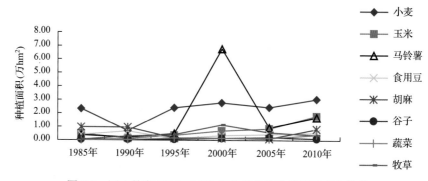

图 5-3 同心县在 1985～2010 年主栽作物种植面积变化趋势

2010 年大宗作物种植面积为 6.54 万 hm²，比 1985 年增长 1.04 倍。其中，2010 年玉米、马铃薯的种植面积分别为 1.8 万 hm² 和 1.69 万 hm²，分别比 1985 年增长 2.7 倍和 3.6 倍。2010 年小麦种植面积为 3.05 万 hm²，比 1985 年增长 30.5%。小麦、玉米、马铃薯 3 种大宗作物种植面积比由 1985 年的 35：7：3 变为 2010 年的 45：27：25。2010 年蔬菜的种植面积为 413hm²，比 1985 年增长 30 倍。2010 年胡麻的种植面积为 827hm²，比 1985 年减少 15.1%。

2. 同心县大面积应用品种的更替情况

同心县在 1985～2010 年大面积应用品种的更替情况为：玉米作物的品种更新较快，品种更替的高峰在 2005 年，地方品种在生产中很少应用，大多由新育成种或杂交种替代；小麦、马铃薯和食用豆等作物的品种更新较慢，且品种的更替主要集中在 2000 年以前，近 10 年均基本上未有品种更新,尚有地方品种应用。除小麦中的红芒麦,薯类中的虎头,食用豆类中的白豌豆、麻豌豆等作物沿用古老的地方品种外,其他种植作物大多由育成品种替代地方品种。近年来,随着农业产业结构的调整及新品种的推广,大量地方种质资源被育成品种取代,通过多年的生产实践,筛选出了一批适宜当地种植的抗旱高产优异种质资源,如冬小麦'榆林 8 号',马铃薯'克新 1 号',玉米'DK656'和'长城 706'等(表 5-1)。

表 5-1　同心县在 1985～2010 年大面积应用品种的更替情况

作物	1985 年	1990 年	1995 年	2000 年	2005 年	2010 年	合计
小麦	4	1	2	0	0	0	7
马铃薯	3	3	0	1	1	0	8
玉米	3	3	1	0	5	0	12
食用豆	2	1	1	3	0	0	7

(二)盐池县抗逆农作物种质资源普查情况

盐池县位于宁夏回族自治区东部,地处鄂尔多斯台地向黄土丘陵的过渡地带,地势呈南高北低之势,平均海拔 1600m。隶属于吴忠市,全县土地面积为 8661km², 下辖 8 个乡(镇),总人口 16.72 万,农业人口 13.36 万,占 79.9%。盐池县为典型大陆性气候,属中温带干旱区,年均降水量 280mm,年均气温 7.6℃,农作物覆盖率 10.93%。

通过调查发现,盐池县在 1985～2010 年气候变化不明显,年均气温在 8℃左右,年均降水量 280mm 左右;从农作物覆盖率来看,变化不显著,基本保持在 10%左右。

1. 盐池县主栽作物种植面积变化情况

由图 5-4 可得,盐池县在 1985～2010 年主栽作物种植面积变化趋势为:小麦、胡麻和蔬菜均表现为先上升后下降,其中,小麦和胡麻分别在 1995 年和 1990 年达到顶峰,随后逐年下降,较 1985 年大幅缩减,蔬菜种植面积较 2000 年略有增加;糜子和荞麦为下降后逐渐上升,但总体来看,种植面积较 2000 年都大幅缩减;谷子表现为逐年下降,种植面积大幅减少;玉米、马铃薯上升趋势明显,成为主栽作物。25 年来,农作物主要种植种类发生明显变化,主要种植作物由原来的胡麻、小麦、马铃薯和玉米等变为牧草、荞麦、玉米、马铃薯、糜子、小麦、谷子、食用豆、胡麻和蔬菜等。

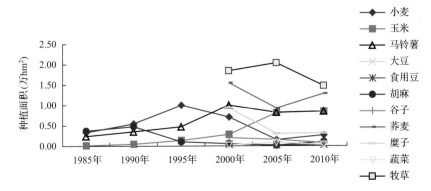

图 5-4　盐池县在 1985～2010 年主栽作物种植面积变化趋势

2010 年大宗作物种植面积为 1.97 万 hm², 比 1985 年增长 2.36 倍。其中, 2010 年玉米、马铃薯的种植面积分别为 0.852 万 hm² 和 0.849 万 hm², 分别比 1985 年增长 57.1 倍和 2.6 倍。2010 年小麦种植面积为 0.226 万 hm², 比 1985 年减少 25.1%。小麦、玉米、马铃薯 3 种大宗作物种植面积比由 1985 年的 25∶1∶18 变为 2010 年的 1∶3∶3。2010 年杂粮作物的种植面积为 1.68 万 hm², 比 2000 年减少 37.6%。2010 年荞麦、糜子和谷子的种植面积分别为 1.287 万 hm²、0.313 万 hm² 和 0.08 万 hm², 分别比 2000 年减少 16.9%、66.5% 和 61.3%。

2.盐池县大面积应用品种的更替情况

盐池县在 1985~2010 年大面积应用品种的更替情况为: 玉米作物的品种更新较快, 品种更替主要集中在 2000~2010 年, 地方品种在生产中很少应用, 大多由新育成种或杂交种替代; 小麦、马铃薯、大豆、胡麻和谷子等作物的品种更新较慢, 且品种的更替主要集中在 2000 年以前, 近 10 年均除马铃薯外基本上未有品种更新, 尚有地方品种应用。除大豆中的黑豆, 谷子中的当地小黄谷子, 荞麦中的盐池紫花荞麦和食用豆中的白豌豆、麻豌豆等作物沿用古老的地方品种外, 其他种植作物大多由育成品种替代地方品种。因本地种质资源产量低而不稳定, 且近年来干旱严重, 部分本地种质资源被育成品种所取代, 通过生产实践, 筛选出了一批适宜当地种植的抗旱高产优异种质资源, 如荞麦日本'信农 1 号'和美国'温莎荞麦'、谷子'吨谷 1 号'、马铃薯'克新 1 号'等(表 5-2)。

表 5-2 盐池县在 1985~2010 年大面积应用品种的更替情况

作物	1985 年	1990 年	1995 年	2000 年	2005 年	2010 年	合计
小麦	3	0	0	0	1	0	4
马铃薯	1	0	1	0	1	1	4
玉米	2	0	2	2	3	3	12
大豆	2	0	0	0	0	1	3
胡麻	2	0	0	0	0	0	2
谷子	2	0	0	1	0	1	4

(三)红寺堡区抗逆农作物种质资源普查情况

红寺堡区位于宁夏回族自治区中部, 属扬黄灌溉区, 为山间盆地, 四周环山, 海拔 1240~1450m。隶属于吴忠市, 全区土地面积为 1999km², 下辖 4 个乡(镇), 总人口 19.7 万, 农业人口 17.9 万, 占 90.9%。红寺堡区是典型的宁夏中部干旱带, 年均降水量 240mm, 年均气温 8.4℃, 农作物覆盖率 12%。

通过调查发现, 红寺堡区在 2000~2010 年气候变化不明显, 年均气温在 8.4℃ 左右, 年均降水量在 240mm 左右; 从农作物覆盖率来看, 变化不显著, 基本保持在 12% 左右。

1.红寺堡区主栽作物种植面积变化情况

红寺堡区在 2000~2010 年主栽作物种植面积变化趋势为: 玉米表现为先上升后下降, 但总体来看, 种植面积较 2000 年大幅增加; 其他作物均表现为逐年上升, 其中, 玉米、马铃薯、小麦、油葵为其主栽作物。近 10 年来，主要农作物种植种类发生明显变化，主要种植作物由原来的玉米、牧草、小麦、油葵和蔬菜变为玉米、牧草、马铃薯、小麦、油葵和蔬菜等(图 5-5)。

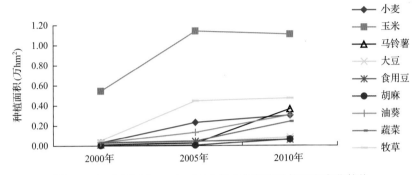

图 5-5　红寺堡区在 2000～2010 年主栽作物种植面积变化趋势

2010 年大宗作物种植面积为 1.86 万 hm²，比 1985 年增长 2 倍。其中，2010 年玉米、马铃薯、小麦和大豆的种植面积分别为 1.11 万 hm²、0.365 万 hm²、0.303 万 hm² 和 0.083 万 hm²，分别比 2000 年增长 1 倍、26.4 倍、8.1 倍和 3.2 倍。玉米、马铃薯、小麦和大豆 4 种大宗作物种植面积比由 2000 年的 82∶2∶5∶3 变为 2010 年的 33∶11∶9∶2。2010 年胡麻的种植面积为 0.065 万 hm²，比 2000 年增长 14.6 倍。2010 年食用豆的种植面积为 0.062 万 hm²，比 2000 年增长 98%。2010 年油葵的种植面积为 0.305 万 hm²，比 2000 年增长 8.2 倍。2010 年蔬菜的种植面积为 0.241 万 hm²，比 2000 年增长 6.4 倍。2010 年牧草的种植面积为 0.47 万 hm²，比 2000 年增长 7.8 倍。

2. 红寺堡区大面积应用品种的更替情况

红寺堡区在 2000～2010 年大面积应用品种的更替情况为：玉米、马铃薯等作物的品种更新较快，在各个普查时间节点均有较大的品种更替，地方品种在生产中很少应用，大多由新育成种或杂交种替代；小麦、大豆、胡麻和油葵等作物的品种更新较慢，但 2010 年上述各作物均有不同程度品种更新，尚有地方品种应用。除大豆中的黑豆和谷子中的小黄谷子等作物沿用古老的地方品种外，其他种植作物大多由育成品种替代地方品种(表 5-3)。

表 5-3　红寺堡区在 2000～2010 年大面积应用品种的更替情况

作物	2000 年	2005 年	2010 年	合计
小麦	1	0	1	2
马铃薯	2	2	2	6
玉米	3	3	2	8
大豆	1	0	1	2
胡麻	1	0	0	1
油葵	2	0	2	4

(四)中宁县抗逆农作物种质资源普查情况

中宁县位于宁夏回族自治区中部,地处内蒙古高原和黄土高原过渡带,地势呈南高北低之势,海拔 1100~2955m。中宁县的中部和西北部属"卫宁灌区",故有水稻等作物种植。中宁县西部、南部和东北部与海原县、吴忠市的同心县、红寺堡区、利通区地区毗邻,为干旱地区,其中包括宁夏中部干旱区最旱的地方喊叫水乡。全县土地面积4223km²,下辖 11 个乡(镇),总人口 32.16 万,农业人口 21.75 万,占 67.6%。中宁县属温带大陆性季风气候,年均降水量 210mm,年均气温 11℃左右,农作物覆盖率 15.43%。

通过调查发现,中宁县在 1985~2010 年气候变化较明显:年均气温呈上升趋势,变化区间为 8.9~11℃,年均降水量呈减少趋势,变化区间为 78.5~335.5mm;从农作物覆盖率来看,变化较显著,从 1985 年的 6.21%增长到 2010 年的 15.43%。

1. 中宁县主栽作物种植面积变化情况

中宁县在 1985~2010 年主栽作物种植面积变化趋势为:小麦、水稻、大豆、胡麻、高粱和蔬菜表现为先上升后下降,总体来看,小麦、水稻、大豆、胡麻和蔬菜种植面积较 1985 年均增加,高粱种植面积大幅缩减;玉米、果树逐年上升,上升趋势明显;食用豆呈逐年下降趋势,种植面积较 1985 年大幅减少。25 年来,农作物种植种类总体未发生明显变化,主要为小麦、玉米、大豆、水稻和果树(图 5-6)。

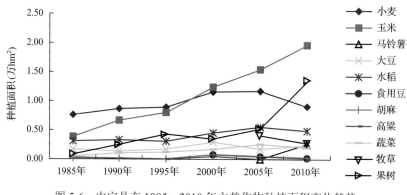

图 5-6　中宁县在 1985~2010 年主栽作物种植面积变化趋势

2010 年大宗作物种植面积为 3.85 万 hm²,比 1985 年增长 1.36 倍。其中,2010 年玉米、小麦、水稻和大豆的种植面积分别为 1.96 万 hm²、0.907 万 hm²、0.487 万 hm²和 0.24 万 hm²,分别比 1985 年增长 4.1 倍、18.9%、56.7%和 38.5%。玉米、小麦、水稻和大豆 4 种大宗作物种植面积比由 1985 年的 11:23:9:5 变为 2010 年的 8:4:2:1。2010 年胡麻的种植面积为 0.03 万 hm²,比 1985 年增长 28.6%。2010 年高粱的种植面积为 0.0002 万 hm²,比 1985 年减少 99.4%。2010 年蔬菜的种植面积为 0.207 万 hm²,比 1985年增长 2.88 倍。2010 年果树的种植面积为 1.327 万 hm²,比 1985 年增长 14.5 倍。

2. 中宁县大面积应用品种的更替情况

中宁县在 1985～2010 年大面积应用品种的更替情况为：小麦、水稻、玉米和蔬菜等作物的品种更新较快，品种更替主要集中在 2000～2010 年，地方品种在生产中很少应用，大多由新育成种或杂交种替代；果树等作物的品种更新较慢，且品种的更替主要集中在 2000 年以前，近 10 年，仅有一次品种更新，尚有地方品种应用。除果树中的中宁圆枣等作物沿用古老的地方品种外，其他种植作物大多由育成品种替代地方品种。近年来，中宁县实施农业结构调整，由农业大县向畜牧大县战略转移，苜蓿、饲用玉米、饲用甜菜等饲料作物种植面积迅速增加。其中，玉米品种主要有'沈单 16 号''先玉 335 号''正大 12 号'和'强盛 12 号'。中宁县果木品种繁多，有各类果木品种 189 个，其中尤以红枣著称，主要有中宁圆枣、同心圆枣、中卫大枣、灵武长枣和骏枣等品种(表 5-4)。

表 5-4 中宁县在 1985～2010 年大面积应用品种的更替情况

作物	1985 年	1990 年	1995 年	2000 年	2005 年	2010 年	合计
小麦	3	1	1	2	2	2	11
水稻	4	1	2	4	4	3	18
玉米	4	0	1	3	4	3	15
蔬菜	5	0	4	4	2	3	18
果树	3	1	0	0	1	0	5

(五)原州区抗逆农作物种质资源普查情况

原州区位于宁夏回族自治区南部，地处西北黄土高原中部，地势呈南高北低，海拔 1450～2500m。隶属于固原市，全区土地面积 2739km²，下辖 11 个乡(镇)，总人口 44.8 万，农业人口 32.8 万，占 73.2%。原州区境内气候差异较大，按地形地貌和气候来划分，可分为：南部阴湿山区、北部清水河谷平原区和东部黄土丘陵沟壑区，年均降水量 300～550mm，年均气温 6.3℃，农作物覆盖率 36.51%。

通过调查发现，原州区在 1985～2010 年气候变化不明显，年均气温基本在 7.3℃左右，年均降水量基本在 400mm 左右；从农作物覆盖率来看，变化较显著，从 1985 年的 20.13%增长到 2010 年的 36.51%。

1. 原州区主栽作物种植面积变化情况

原州区在 1985～2010 年主栽作物种植面积变化趋势为：食用豆和牧草表现为先上升后下降，其中，食用豆种植面积较 1985 年减少，牧草种植面积有所增加；玉米、蔬菜和马铃薯呈明显上升趋势；小麦、胡麻下降趋势明显，种植面积较 1985 年大幅缩减。25 年来，农作物种植种类发生明显变化，主要种植作物由原来的小麦、胡麻、食用豆、马铃薯和蔬菜变为马铃薯、小麦、玉米、蔬菜、胡麻和食用豆(图 5-7)。

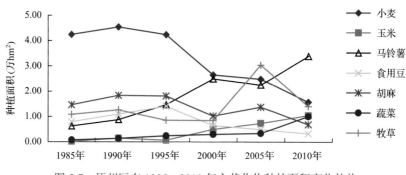

图 5-7　原州区在 1985～2010 年主栽作物种植面积变化趋势

2010 年大宗作物种植面积为 5.986 万 hm², 比 1985 年增长了 22.8%。其中, 2010 年玉米和马铃薯的种植面积分别为 1.033 万 hm² 和 3.387 万 hm², 分别比 1985 年增长 80.6 倍和 4.4 倍。2010 年小麦的种植面积为 1.566 万 hm², 比 1985 年减少 63%。玉米、马铃薯和小麦 3 种大宗作物种植面积比由 1985 年的 1∶45∶320 变为 2010 年的 3∶10∶5。2010 年胡麻的种植面积为 0.68 万 hm², 比 1985 年减少 53.2%。2010 年食用豆的种植面积为 0.333 万 hm², 比 1985 年减少 57.9%。2010 年蔬菜的种植面积为 1.0 万 hm², 比 1985 年增长 13 倍。2010 年牧草的种植面积为 1.4 万 hm², 比 1985 年增长 29.5%。

2. 原州区大面积应用品种的更替情况

原州区在 1985～2010 年大面积应用品种的更替情况为: 小麦、玉米和马铃薯等作物的品种更新较快, 品种更替主要集中在 2000～2010 年, 地方种在生产中很少应用, 大多由新育成种或杂交种替代; 食用豆、胡麻和谷子等作物的品种更新较慢, 近 10 年, 基本上未有新品种更新, 尚有地方品种应用。除食用豆中的麻豌豆和白豌豆等作物沿用古老的地方品种外, 其他种植作物大多由育成品种替代地方品种。近年来, 因小麦产品价格下滑, 农民种粮积极性不高, 种植面积逐年缩减, 现主要以冬小麦为主, 有'宁冬 1 号''宁冬 7 号'和'宁冬 9 号'等品种。马铃薯成为主栽作物, 全区种植品种 8 个, 种植面积为 50.8 万亩, 其中以'宁薯 4 号''庄薯 3 号''陇薯 3 号'和'青薯 168'为主(表 5-5)。

表 5-5　原州区在 1985～2010 年大面积应用品种的更替情况

作物	1985 年	1990 年	1995 年	2000 年	2005 年	2010 年	合计
小麦	5	1	1	3	2	2	14
玉米	2	4	2	3	2	4	17
马铃薯	5	2	0	4	3	3	17
食用豆	4	0	0	2	0	1	7
胡麻	4	2	1	2	0	0	9
谷子	4	0	0	0	0	0	4

(六)海原县抗逆农作物种质资源普查情况

海原县位于宁夏回族自治区南部, 地处黄土高原西北部, 地势南高北低, 海拔 1366～2955m。隶属于中卫市, 全县土地面积 4990km², 下辖 18 个乡(镇), 总人口 43.13 万,农业人口 36.75 万，占 85.2%。年均降水量 284.2～587.6mm，年均气温 6.7～8.3℃，农作物覆盖率 63.8%。

通过调查发现，海原县在 1985～2010 年气候变化明显：年均气温上升，变化区间为6.7～8.3℃；年均降水量减少，基本在 400mm 左右；从农作物覆盖率来看，变化不显著，基本维持在 60% 左右。

1. 海原县主栽作物种植面积变化情况

海原县在 1985～2010 年主栽作物种植面积变化趋势为：食用豆和胡麻均表现为先上升后下降，总体来看，其中，食用豆种植面积较 1985 年有所减少，胡麻种植面积略微增加；马铃薯、玉米、蔬菜和果树呈明显上升趋势；小麦、谷子下降趋势明显，谷子的种植面积缩减尤为严重。2010 年大宗作物种植面积为 8.767 万 hm²，比 1985 年增长了 1.4倍。25 年来，农作物种植种类发生明显变化，主要种植作物由原来的小麦、谷子、马铃薯、食用豆和胡麻变为马铃薯、小麦、玉米、蔬菜、胡麻、果树和食用豆(图 5-8)。

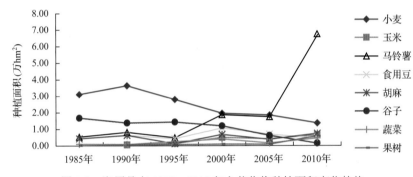

图 5-8　海原县在 1985～2010 年主栽作物种植面积变化趋势

2010 年大宗作物种植面积为 8.747 万 hm²，比 1985 年增长 2.4 倍。其中，2010 年玉米、马铃薯的种植面积分别为 0.633 万 hm² 和 6.753 万 hm²，分别比 1985 年增长 12.4 倍和 11.6 倍。2010 年小麦种植面积为 1.36 万 hm²，比 1985 年减少 64.7%。小麦、玉米、马铃薯 3 种大宗作物种植面积比由 1985 年的 66：1：11 变为 2010 年的 2：1：10。2010年蔬菜的种植面积为 0.455 万 hm²，比 1985 年增长 3.3 倍。2010 年胡麻的种植面积为 0.727万 hm²，比 1985 年减少 70.9%。2010 年果树的种植面积为 0.582 万 hm²，比 1985 年增长44.9 倍。2010 年谷子的种植面积为 0.137 万 hm²，比 1985 年减少 91.8%。

2. 海原县大面积应用品种的更替情况

由表 5-6 可得，海原县在 1985～2010 年大面积应用品种的更替情况为：玉米和马铃薯等作物的品种更新较快，在普查的各个时间节点均有不同程度的品种更新，地方品种在生产中很少应用，大多由新育成种或杂交种替代；小麦、胡麻、谷子、蔬菜和果树等作物的品种更新较慢，尚有地方品种应用。除小麦中的'红芒春麦'，谷子中的'绳头子'和'竹叶青'及薯类中的'深眼窝'等作物沿用古老的地方品种外，其他种植作物大多由育成品种替代地方品种。

表 5-6　海原县在 1985～2010 年大面积应用品种的更替情况

作物	1985 年	1990 年	1995 年	2000 年	2005 年	2010 年	合计
小麦	2	3	1	0	1	1	8
玉米	2	0	1	4	2	1	10
马铃薯	5	3	1	1	3	2	15
蔬菜	2	1	2	0	2	0	7
胡麻	1	1	0	1	1	1	5
谷子	1	4	1	0	1	1	8
果树	3	1	1	0	0	0	5

(七)彭阳县抗逆农作物种质资源普查情况

彭阳县位于宁夏回族自治区东南部，地处西北黄土高原区，地势南高北低，海拔 1248～2418m。隶属于固原市，全县土地面积 2529km²，下辖 12 个乡(镇)，总人口 25.9 万，农业人口 23.39 万，占 90.3%。彭阳县属典型的温带半干旱大陆性季风气候，年均降水量 340～615mm，年均气温 7.0～8.4℃，农作物覆盖率 27.6%。

通过调查发现，彭阳县在 1985～2010 年气候变化明显：年均气温上升，变化区间为 7.0～8.4℃；前 5 个节点年均降水量减少，2010 年回升，变化区间为 342.0～615.4mm；从农作物覆盖率来看，变化不显著，基本维持在 30%左右。

1. 彭阳县主栽作物种植面积变化情况

彭阳县在 1985～2010 年主栽作物种植面积变化趋势为：胡麻、糜子、谷子和荞麦均表现为先上升后下降，总体来看，各种杂粮作物种植面积较 1985 年均有所减少；玉米、马铃薯、蔬菜和果树呈明显上升之势；小麦、牧草和莜麦呈逐年下降之势，下降趋势明显。25 年来，农作物种植种类发生明显变化，主要种植作物由原来的小麦、牧草、胡麻、莜麦、马铃薯和糜子变为玉米、小麦、马铃薯、蔬菜和果树(图 5-9)。

2010 年大宗作物种植面积为 5.02 万 hm²，比 1985 年增长 45.9%。其中，2010 年玉米、马铃薯的种植面积分别为 1.987 万 hm² 和 1.407 万 hm²，分别比 1985 年增长 21.4 倍和 1.8 倍。2010 年小麦种植面积为 1.62 万 hm²，比 1985 年减少 42.9%。小麦、玉米、马铃薯 3 种大宗作物种植面积比由 1985 年的 42:1:7 变为 2010 年的 8:10:7。2010 年杂粮作物的种植面积为 0.6 万 hm²，比 2000 年减少 63.6%。2010 年糜子、荞麦、谷子和莜麦的种植面积分别为 0.237 万 hm²、0.203 万 hm²、0.097 万 hm² 和 0.063 万 hm²，分别比 2000 年减少 48.9%、60.7%、28.6%和 88.2%。2010 年蔬菜的种植面积为 0.498 万 hm²，比 1985 年增长 14.8 倍。2010 年果树的种植面积为 0.333 万 hm²，比 1985 年增长 7.6 倍。2010 年牧草的种植面积为 0.241 万 hm²，比 1985 年减少 88.3%。

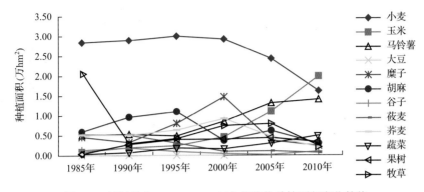

图 5-9　彭阳县在 1985～2010 年主栽作物种植面积变化趋势

2. 彭阳县大面积应用品种的更替情况

彭阳县在 1985～2010 年大面积应用品种的更替情况为：小麦、玉米、马铃薯、胡麻、蔬菜和果树等作物的品种更新较快，在普查的各个时间节点均有不同程度的品种更新，地方品种在生产中很少应用，大多由新育成种或杂交种替代；大豆和谷子等作物的品种更新较慢，且集中在 2000 年以前，近 10 年，基本未有品种更新，尚有地方品种应用。除谷子中的'绳头子'和'小对子谷'等作物沿用古老的地方品种外，其他种植作物大多由育成品种替代地方品种。近年来，彭阳县以"生态农业"示范县为目标，大力优化农业结构，全力压夏增秋，大幅度增加玉米、马铃薯等秋粮作物的种植面积，并全面推广抗旱品种，大力推广'登海 1 号''长城 706''陇薯 3 号''宁薯 4 号''西峰 27 号'和'陇育 216''亨椒 1 号'等玉米、马铃薯、冬小麦和辣椒优良抗旱高产品种(表 5-7)。

表 5-7　彭阳县在 1985～2010 年大面积应用品种的更替情况

作物	1985 年	1990 年	1995 年	2000 年	2005 年	2010 年	合计
小麦	5	2	4	2	2	2	17
玉米	5	5	1	4	2	2	19
大豆	1	1	0	0	0	0	2
马铃薯	5	4	0	2	1	1	13
胡麻	5	2	1	0	2	0	10
谷子	4	3	0	1	0	0	8
果树	5	3	1	3	0	3	15
蔬菜	4	2	1	3	3	0	13

(八)西吉县抗逆农作物种质资源普查情况

西吉县位于宁夏回族自治区南部，地处西北黄土高原区，地势北高南低，海拔 1688～2633m。隶属于固原市，全县土地面积 3143.62km²，下辖 19 个乡(镇)，总人口 50.8 万，农业人口 46.4 万，占 91.3%。西吉县属温带半干旱气候，年均降水量 415mm，年均气温 6.5℃，农作物覆盖率 44.54%。

通过调查发现，西吉县在 1985～2010 年气候变化不明显，年均气温在 6.5℃左右，年均降水量 410mm 左右；从农作物覆盖率来看，变化不显著，基本保持在 37%左右。

1. 西吉县主栽作物种植面积变化情况

西吉县在 1985～2010 年主栽作物种植面积变化趋势为：小麦、食用豆和胡麻均表现为下降后逐渐上升，总体来看，其中，小麦和胡麻种植面积较 1985 年有所增加，食用豆种植面积略微缩减；马铃薯、玉米和蔬菜呈逐年上升之势，上升趋势明显。25 年来，农作物种植种类总体未发生明显变化，主要为小麦、玉米、马铃薯、食用豆、胡麻和蔬菜(图 5-10)。

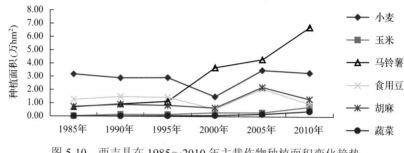

图 5-10　西吉县在 1985～2010 年主栽作物种植面积变化趋势

2010 年大宗作物种植面积为 10.767 万 hm^2，比 1985 年增长 1.8 倍。其中，2010 年玉米、马铃薯的种植面积分别为 0.723 万 hm^2 和 6.747 万 hm^2，分别比 1985 年增长 37.7 倍和 8.7 倍。2010 年小麦种植面积为 3.3 万 hm^2，比 1985 年增长 3.9%。小麦、玉米、马铃薯 3 种大宗作物种植面积比由 1985 年的 240：1：50 变为 2010 年的 5：1：10。2010 年蔬菜的种植面积为 0.4 万 hm^2，比 1985 年增长 39 倍。2010 年胡麻的种植面积为 1.313 万 hm^2，比 1985 年增长 80.7%。2010 年食用豆的种植面积为 0.98 万 hm^2，比 1985 年减少 23.3%。

2. 西吉县大面积应用品种的更替情况

西吉县在 1985～2010 年大面积应用品种的更替情况为：小麦、玉米和马铃薯等作物的品种更新较快，在普查的各个时间节点均有不同程度的品种更新，地方品种在生产中很少应用，大多由新育成种或杂交种替代；食用豆和胡麻等作物的品种更新较慢，且主要集中在 2000 年以前，近 10 年基本没有品种的更新，尚有地方品种应用。除食用豆中的草豌豆等作物沿用古老的地方品种外，其他种植作物大多由育成品种替代地方品种。近年来，西吉县采取压夏扩秋、稳粮扩菜的思路，使小麦、豌豆等夏粮作物种植面积减小，大力推广'定西 25 号''宁春 4 号''庄浪 10 号'等抗逆高产作物代替以前种植的'红芒麦'和'宁春 10 号'等品种，并以马铃薯的种植为龙头产业，筛选出一批适宜当地种植的抗逆高产优异品种,如'青薯 168 号''庄薯 3 号''宁薯 8 号''陇薯 3 号''宁薯 4 号''宁薯 9 号'等(表 5-8)。

表 5-8　西吉县在 1985～2010 年大面积应用品种的更替情况

作物	1985 年	1990 年	1995 年	2000 年	2005 年	2010 年	合计
小麦	5	4	4	2	2	1	18
玉米	5	3	1	4	5	0	18
食用豆	3	3	3	0	0	0	9
马铃薯	5	3	2	1	1	0	12
胡麻	3	0	0	1	0	0	4

(九)泾源县抗逆农作物种质资源普查情况

泾源县位于宁夏回族自治区南部，地处六盘山东麓，地势西高东低，海拔 1608～2942m。隶属于固原市，全县土地面积 1131km²，下辖 7 个乡(镇)，总人口 12.39 万，农业人口 11.3 万，占 91.2%。泾源县属温带湿润半湿润气候区，年均降水量 640mm，年均气温 5.7℃，农作物覆盖率 22.58%。

通过调查发现，泾源县在 1985～2010 年气候变化不明显，年均气温基本在 6.4℃左右，年均降水量基本在 640mm 左右；从农作物覆盖率来看，变化较显著，从 1985 年的29.1%减少到 2010 年的 22.58%。

1. 泾源县主栽作物种植面积变化情况

泾源县在 1985～2010 年主栽作物种植面积变化趋势为：食用豆和胡麻表现为先上升后下降，但总体来看，种植面积较 1985 年均有所增加；牧草为先下降后上升，种植面积较 1985 年大幅增加；马铃薯、蔬菜和玉米呈明显上升趋势；小麦呈逐年下降之势，下降趋势明显。25 年来，农作物种植种类发生明显变化，主要种植作物由原来的牧草、小麦和胡麻变为牧草、马铃薯、小麦、蔬菜和玉米(图 5-11)。

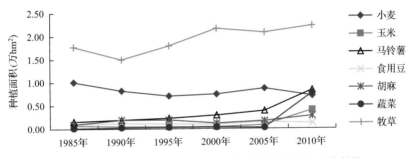

图 5-11　泾源县在 1985～2010 年主栽作物种植面积变化趋势

2010 年大宗作物种植面积为 1.94 万 hm²，比 1985 年增长 57.3%。其中，2010 年玉米和马铃薯的种植面积分别为 0.4 万 hm² 和 0.833 万 hm²，分别比 1985 年增长 4.6 倍和4.4 倍。2010 年小麦种植面积为 0.705 万 hm²，比 1985 年增长 29.9%。马铃薯、小麦和玉米 3 种大宗作物种植面积比由 1985 年的 2：15：1 变为 2010 年的 25：21：1。2010年食用豆的种植面积为 0.119 万 hm²，比 1985 年增长 15.6%。2010 年胡麻的种植面积为0.273 万 hm²，比 1985 年增长 1.81 倍。2010 年蔬菜的种植面积为 0.767 万 hm²，比 1985年增长 59.5 倍。2010 年牧草的种植面积为 2.224 万 hm²，比 1985 年增长 25.4%。

2. 泾源县大面积应用品种的更替情况

由表 5-9 可得，泾源县在 1985～2010 年大面积应用品种的更替情况为：小麦和马铃薯等作物的品种更新较快，小麦品种更替的主要集中在 2005～2010 年，而马铃薯品种则在普查的各个时间节点均有不同程度的更替，地方品种在生产中很少应用，大多由新育成种或杂交种替代；玉米、蔬菜和胡麻等作物的品种更新较慢，但 2010 年上述各作物品种均有不同程度的更新，尚有地方品种应用。除食用豆中的豌豆手拉手，荞麦中的当地甜荞麦、苦荞麦等作物沿用古老的地方品种外，其他种植作物大多由育成品种替代地方品种。泾源县境内地貌多样，分为侵蚀构造石山区、剥蚀构造丘陵区和侵蚀堆积平川区。山区主要种植冬小麦、马铃薯、蚕豆、荞麦、莜麦、蚕豆、胡麻、豌豆等，丘陵区主要种植冬小麦、马铃薯、玉米、莜麦等，平川区主要种植冬小麦、马铃薯、玉米等。经过多年的生产实践，筛选出一批适宜当地各不同农业区种植的抗逆高产品种，如小麦的'兰天 10 号''兰天 16 号''宁冬 3 号'（自选），玉米的'酒单 3 号'和'酒单 2 号'，胡麻的'宁亚 10 号''宁亚 11 号''宁亚 18 号'（自选）及当地的甜荞和苦荞等。

表 5-9　泾源县在 1985～2010 年大面积应用品种的更替情况

作物	1985 年	1990 年	1995 年	2000 年	2005 年	2010 年	合计
小麦	3	1	0	0	5	2	11
玉米	2	0	0	0	0	3	5
蔬菜	4	0	0	0	0	1	5
马铃薯	3	1	2	2	3	2	13
胡麻	2	0	0	0	2	1	5

（十）隆德县抗逆农作物种质资源普查情况

隆德县位于宁夏回族自治区南部，地处六盘水山西麓，地势东高西低，海拔 1720～2942m。隶属于固原市，全县土地面积 985km²，下辖 22 个乡(镇)，总人口 18.14 万，农业人口 15.57 万，占 85.8%。隆德县属中温带季风区半湿润向半干旱过渡性气候，年均降水量 400～685mm，年均气温 5.1℃，农作物覆盖率 42.4%。

通过调查发现，隆德县在 1985～2010 年气候变化明显，年均气温逐年上升，变化区间为 4.9～6.1℃；年均降水量呈减少趋势，变化区间为 400.5～686.4mm；从农作物覆盖率来看，变化不显著，基本维持在 42% 左右。

1. 隆德县主栽作物种植面积变化情况

隆德县在 1985～2010 年主栽作物种植面积变化趋势为：食用豆和胡麻表现为先上升后下降，总体来看，其中，食用豆种植面积较 1985 年小幅增加，胡麻种植面积略微缩减；马铃薯、蔬菜和玉米呈明显上升趋势；小麦呈逐年下降之势，下降趋势明显。25 年来，农作物种植种类发生明显变化，主要种植作物由原来的小麦、马铃薯、胡麻和食用豆变为马铃薯、小麦、食用豆、玉米、胡麻和蔬菜(图 5-12)。

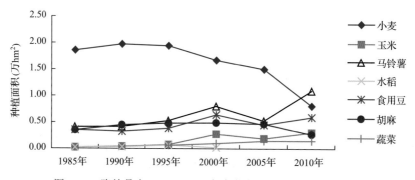

图 5-12　隆德县在 1985～2010 年主栽作物种植面积变化趋势

2010 年大宗作物种植面积为 2.215 万 hm^2，比 1985 年减少 4.5%。其中，2010 年玉米和马铃薯的种植面积分别为 0.308 万 hm^2 和 1.093 万 hm^2，分别比 1985 年增长 11.8 倍和 1.7 倍。2010 年小麦的种植面积为 0.812 万 hm^2，比 1985 年减少 56.4%。马铃薯、小麦和玉米 3 种大宗作物的种植面积比由 1985 年的 15∶70∶1 变为 2010 年的 11∶8∶3。2010 年食用豆的种植面积为 0.599 万 hm^2，比 1985 年增长 67.5%。2010 年胡麻的种植面积为 0.2713 万 hm^2，比 1985 年减少 23.1%。2010 年蔬菜的种植面积为 0.149 万 hm^2，比 1995 年增长 1.4 倍。

2. 隆德县大面积应用品种的更替情况

隆德县在 1985～2010 年大面积应用品种的更替情况为：小麦等作物的品种更新较快，品种更替主要集中在 2000 年以前，近 10 年，仅有 1 次品种更新，地方品种在生产中很少应用，大多由新育成种或杂交种替代；玉米、食用豆、马铃薯和胡麻等作物的品种更新较慢，其中，玉米和马铃薯在 2005～2010 年均有较大程度的品种更替，尚有地方品种应用。种植作物基本上都由育成品种替代地方品种，古老的地方品种未有规模种植。近年来，隆德县采取减夏增秋、发展特色农业产业的思路，大幅减少小麦种植面积，进一步扩大玉米、马铃薯的种植面积，做大做强以玉米、马铃薯为主的特色农业，提高当地农业规避自然灾害的能力。通过多年的生产实践，筛选出了一批适宜当地种植的抗旱高产优异种质资源，如马铃薯'克新 1 号''陇薯 3 号''庄薯 3 号'，冬小麦'中引 6 号'和'新选 1 号'，玉米'长城 706'和'金穗 9 号'，蚕豆'青海 9 号'和'青海 11 号'，胡麻'宁亚 11 号'和'宁亚 12 号'等(表 5-10)。

表 5-10　隆德县在 1985～2010 年大面积应用品种的更替情况

作物	1985 年	1990 年	1995 年	2000 年	2005 年	2010 年	合计
小麦	5	3	2	1	1	0	12
玉米	2	1	1	1	0	2	7
食用豆	2	1	1	1	0	1	6
马铃薯	3	1	3	0	0	2	9
胡麻	2	1	0	1	0	0	4

(十一)普查各县(区)大宗作物种植情况对比分析

1. 普查各县(区)大宗作物种植面积对比

各县(区)在 1985～2010 年大宗作物种植面积的变化趋势为：整体呈上升趋势，仅隆德县略微缩减。其中，西吉县的大宗作物种植面积最大，2010 年为 10.767 万 hm^2，较 1985年增长 1.77 倍；盐池县大宗作物种植面积增幅最大，2010 年为 1.967 万 hm^2，较 1985年增长 2.36 倍；隆德县大宗作物种植面积略微缩减，2010 年为 2.213 万 hm^2，较 1985年减少 4.48%；其余各县大宗作物种植面积均有所增加(图 5-13)。

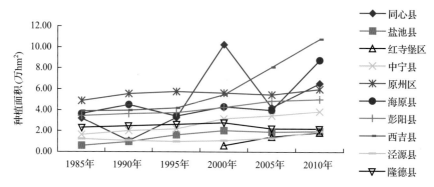

图 5-13　普查各县(区)在 1985～2010 年大宗作物种植面积变化趋势

由各县(区)大宗作物的组成来看，主要以小麦、玉米和马铃薯为主，大豆和其他作物为辅。其中，小麦因比较效益低及各县种植结构的调整，其种植面积整体呈现缩减之势，玉米和马铃薯因其比较效益高，且耐旱性强，使得其种植面积迅速上升。各县(区)大宗作物 1985 年前主要以小麦为主，玉米和马铃薯为辅，2000～2010 年，各县(区)小麦面积均小幅缩减或保持不变，玉米和马铃薯面积大幅增加，逐渐形成了以玉米和马铃薯为主，小麦、玉米和马铃薯均衡发展的局面。

各县(区)在 1985～2010 年小麦种植面积的变化趋势为：整体呈下降趋势,除同心县、红寺堡区、中宁县和西吉县表现为略微增加外，其他各县均表现为下降之势。其中，西吉县的小麦种植面积最大，2010 年为 3.297 万 hm^2，较 1985 年增长 3.9%；红寺堡区小麦的种植面积增幅最大，2010 年为 0.303 万 hm^2，较 1985 年增长 8.08 倍；原州区小麦的种植面积缩减最多，2010 年为 1.566 万 hm^2，较 1985 年减少 63.1%；其余各县(区)小麦的种植面积变化区间为–56.4%～18.9%(图 5-14)。

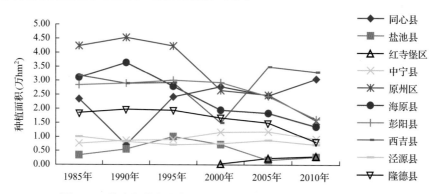

图 5-14　普查各县(区)在 1985～2010 年小麦种植面积变化趋势

各县(区)在 1985～2010 年玉米种植面积的变化趋势为：整体表现为上升之势，各县的玉米种植面积均有较大幅度的提升。其中,彭阳县的玉米种植面积最大,2010 年为 1.987 万 hm^2,较 1985 年增长 21.5 倍；原州区玉米种植面积增幅最大,2010 年为 1.033 万 hm^2,较 1985 年增长 80.6 倍；隆德县玉米种植面积最小，2010 年为 0.308 万 hm^2，较 1985 年增长 11.8 倍；其余各县(区)玉米种植面积增幅区间为 1.1～57.1 倍(图 5-15)。

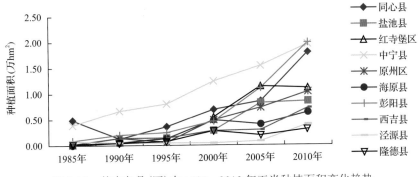

图 5-15　普查各县(区)在 1985～2010 年玉米种植面积变化趋势

　　各县(区)在 1985～2010 年马铃薯种植面积的变化趋势为：整体表现为上升之势，各县的马铃薯种植面积均有不同幅度的提升。其中，海原县和西吉县的马铃薯种植面积最大，均超过 6.667 万 hm²，其 2010 年马铃薯种植面积分别为 6.753 万 hm² 和 6.746 万 hm²，分别较 1985 年增长 11.6 倍和 8.7 倍；红寺堡区马铃薯种植面积增幅最大，2010 年为 0.345 万 hm²，较 2000 年增长 26.4 倍；中宁县马铃薯种植面积最小，其 2010 年开始首次大规模种植马铃薯，种植面积为 0.26 万 hm²；其余各县(区)马铃薯种植面积增幅区间为 1.7～8.7 倍(图 5-16)。

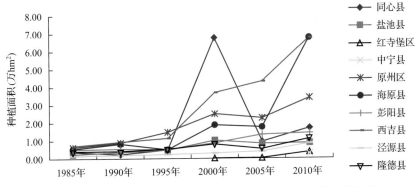

图 5-16　普查各县(区)在 1985～2010 年马铃薯种植面积变化趋势

2. 普查各县(区)大宗作物产量对比

　　各县(区)在 1985～2010 年大宗作物总产量的变化趋势为：整体呈上升趋势，尤其是 2005 年以后，各县大宗作物产量均呈现较大的增幅。其中，西吉县的大宗作物总产量最多，2010 年为 153 530.6 万 kg，比 1985 年增加 27.5 倍；盐池县大宗作物总产量最少，2010 年为 8193.1 万 kg，较 1985 年增加 14.3 倍；海原县的大宗作物总产量增幅最大，2010 年为 110 022.3 万 kg，较 1985 年增加 31.9 倍；原州区的大宗作物总产量增幅最小，2010 年为 18 573.1 万 kg，较 1985 年增加 2.4 倍；其余各县(区)大宗作物总产量均有所增加，增幅变化区间为 3.2～27.5 倍(图 5-17)。

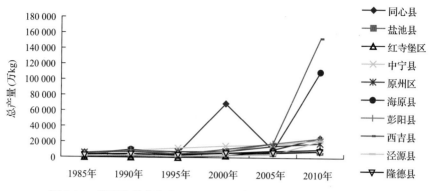

图 5-17　普查各县(区)在 1985～2010 年大宗作物总产量变化趋势

　　各县(区)的小麦总产量在 1985～2010 年来基本稳定,其中,同心县的小麦总产量较 1985 年增幅最大,增加 2.9 倍;原州区、海原县和泾源县的小麦总产量较 1985 年均有所减少,其余 6 个县的小麦总产量较 1985 年均有所增加(图 5-18)。25 年来,小麦的单产产量除海原县和泾源县降低外,其余各县(区)均有小幅度的提升,其中,中宁县小麦单产产量最高,2010 年为 4677kg/hm², 较 1985 年增加 11.3%;彭阳县小麦单产产量增幅最大,2010 年为 1948.5kg/hm²,较 1985 年增加 3 倍;泾源县小麦单产产量缩减最多,2010 年为 832.5kg/ hm², 较 1985 年减少 16.9%。但总体来看,各县(区)小麦单产产量仍处于较低水平,2010 年各县(区)小麦单产产量变化区间为 792～4677kg/hm²。

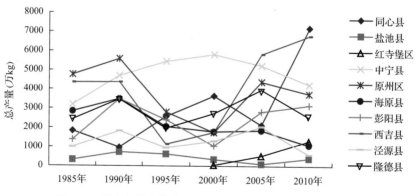

图 5-18　普查各县(区)在 1985～2010 年小麦总产量变化趋势

　　各县(区)的玉米总产量在 1985～2010 年呈逐年增加之势,且增幅较大,其中,原州区的玉米总产量增幅最大,2010 年为 6922.1 万 kg, 较 1985 年增加 476.4 倍,其余各县(区)的玉米总产量增幅区间为 2.6～322.5 倍(图 5-19)。25 年来,隆德县和西吉县的玉米单产产量小幅缩减,其余各县均有大幅度的提升,其中,同心县玉米单产产量最高,2010 年为 8902kg/hm², 较 1985 年增加 11.9%。据有关资料,自 2005 年以来,同心持续开展了玉米高产挖潜及高产创建研究与示范, 同心扬黄灌区先后获得 18 733kg/hm²、16 865kg/hm²、19 715kg/hm²、18 773kg/hm²、18 395kg/hm² 的高产水平,创造了宁夏或全国玉米高产纪录;泾源县玉米单产产量增幅最大, 2010 年为 6583.5kg/hm², 较 1985 年增加 38.2 倍;隆德县玉米单产产量缩减最多,2010 年为 5268kg/hm², 较 1985 年减少

35.2%；其余各县(区)玉米单产产量变化区间为 3676.5～8848.5kg/hm²。

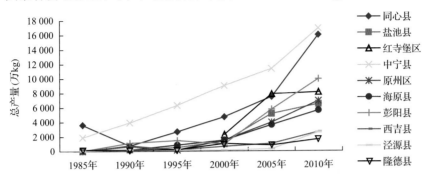

图 5-19　普查各县(区)在 1985～2010 年玉米总产量变化趋势

各县(区)的马铃薯总产量在 1985～2010 年来也呈增长之势，尤其是 2005 年以后总产量剧增，其中，海原县的马铃薯总产量增幅最大，2010 年为 103 326 万 kg，较 1985年增加 203.9 倍，其余各县的马铃薯总产量增幅区间为 4.6～149.1 倍(图 5-20)。各县马铃薯单产产量 25 年来均表现为大幅度增加，其中，西吉县和海原县马铃薯单产产量较高，均超过 15 000kg/hm²，2010 年分别为 21 357kg/hm² 和 22 273kg/hm²，分别较 1985 年增加14.5 倍和 15.2 倍。

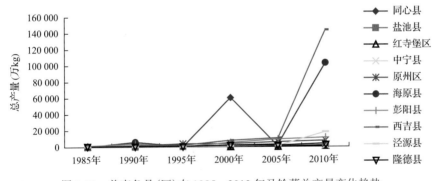

图 5-20　普查各县(区)在 1985～2010 年马铃薯总产量变化趋势

宁夏干旱区小麦种植起步较早，各县(区)均于 1985 年前就开始推广种植。但因 25年来各县降水量减少，土地瘠薄，各县(区)的小麦产量始终处于较低水平，外加小麦的收购价格较低，比较效益较低，农民种植小麦积极性不高，所以在各县(区)的种植结构调整中，小麦的种植比例一再缩减。玉米在宁夏干旱区推广种植较晚，但因其适宜各县的光热条件，以及覆膜技术的推广，所以其单产产量水平高，增速快，并且玉米用途广泛，市场需求大，收购价格高，农民种植积极性高，现玉米总产量已位于各县粮食作物之首。马铃薯的抗旱性极高，且其播种时期在 4～5 月，正好避开春寒，后期蓄水又与各县的降水期非常吻合，十分适宜马铃薯的种植。因此在各县(区)的"稳粮扩经，压夏扩秋"思路指导下，马铃薯种植面积大幅增加，总产量及单产也较 1985 年前有了翻天覆地的变化，成为当地的特色优势产业。

(十二)普查各县(区)食用豆种植情况对比

1. 普查各县(区)食用豆种植面积对比

各县(区)在1985～2010年食用豆种植面积的变化趋势为：整体呈下降趋势，其中，同心县、红寺堡区、泾源县和隆德县略微增加，其余各县均呈下降之势。西吉县的食用豆种植面积最大，2010年为0.977万hm²，但是比1985年减少23.26%；红寺堡区的食用豆种植面积增幅最大，2010年为0.93万hm²，较1985年增长97.87%；中宁县的食用豆种植面积缩减最为严重，2010年为0.021万hm²，较2000年减少74%；其余各县(区)食用豆种植面积变化区间为：–57.94%～67.54%(图5-21)。

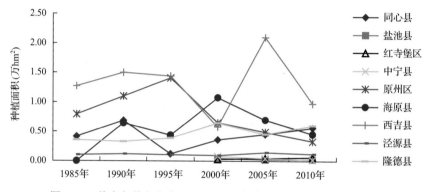

图5-21　普查各县(区)在1985～2010年食用豆种植面积变化趋势

2. 普查各县(区)食用豆产量对比

各县(区)在1985～2010年食用豆总产量的变化趋势为：整体呈下降趋势，其中，同心县、盐池县、红寺堡区、泾源县和隆德县略微增加，其余各县均呈下降之势。隆德县的食用豆总产量最多，2010年为1293.2万kg，比1985年增加2.3倍；盐池县的食用豆产量增幅最大，其2010年为29.4万kg，较2000年增长6倍；原州区的食用豆产量缩减最为严重，2010年为201.4万kg，较1985年减少72.9%；其余各县(区)食用豆总产量变化区间为：–67.8%～128.1%(图5-22)。25年来，同心县、红寺堡区和海原县的食用豆单产产量表现为小幅下降，其2010年单产产量较1985年的降幅均在5%以内；而原州区和西吉县的食用豆单产产量则有较大幅度的下降，其2010年单产产量分别为604.2kg/hm²和750kg/hm²，分别较1985年下降35.8%和21.5%；其余各县(区)食用豆单产产量均表现为不同幅度的增长，其中，盐池县食用豆单产产量增幅最大，其2010年为1026kg/hm²，较1985年增长9.9倍。

由于宁夏干旱区各县传统的种植习惯及独特的气候条件，食用豆的种植相对稳定，当地农民多以食用豆作轮作倒茬之用。但各县(区)食用豆的种植较为分散，生产规模小，种植随意性较大，产量低并且不稳定，经济效益低，并且随着玉米、马铃薯等高产作物的推广，食用豆的种植规模将逐渐缩小，产量也将逐渐缩减。

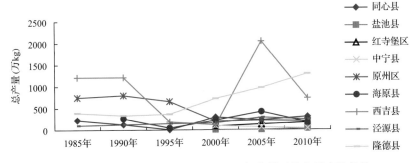

图 5-22 普查各县(区)在 1985～2010 年食用豆总产量变化趋势

(十三)普查各县(区)胡麻种植情况对比

1. 普查各县(区)胡麻种植面积对比

各县(区)在 1985～2010 年胡麻种植面积的变化趋势为：同心县、盐池县、原州区、彭阳县和隆德县呈下降趋势，红寺堡区、中宁县、海原县、西吉县和泾源县为上升趋势。西吉县的胡麻种植面积最大，为 1.312 万 hm²，比 1985 年增长 80.72%；泾源县的胡麻种植面积增幅最大，其 2010 年种植面积为 0.273 万 hm²，较 1985 年增长 1.81 倍；盐池县的胡麻种植面积缩减最严重，其 2010 年种植面积为 0.105 万 hm²，较 1985 年减少 71.91%；其余各县(区)胡麻植面积变化区间为：−53.23%～80.72%(图 5-23)。

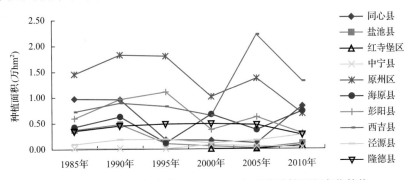

图 5-23 普查各县(区)在 1985～2010 年胡麻种植面积变化趋势

2. 普查各县(区)胡麻产量对比

各县(区)在 1985～2010 年胡麻总产量的变化趋势为：除盐池县和原州区总产量降低之外，其余各县均呈增长之势。西吉县的胡麻总产量最多，2010 年为 1377.6 万 kg，比 1985 年增加 3.2 倍；红寺堡区的胡麻产量增幅最大，其 2010 年为 100 万 kg，较 2000 年增加 11.4 倍；盐池县的胡麻产量缩减最为严重，2010 年为 68.6 万 kg，较 1985 年减少 48.8%；其余各县(区)胡麻总产量变化区间为：−0.3～10.9 倍(图 5-24)。25 年来，除红寺堡区、中宁县和海原县的胡麻单产产量表现为下降之外，其余各县胡麻单产产量均有所增加。其中，泾源县的胡麻单产产量最高，且其增幅最大，2010 年为 1816.5kg/hm²，较 1985 年增加 3.3 倍；红寺堡区、中宁县和海原县的胡麻单产产量均表现为缩减，其 2010 年胡麻单产产量分别为 1530kg/hm²、1543.5kg/hm² 和 1318.5kg/hm²，分别较 1985 年缩减 20.4%、

19.1%和 2.9%；其余各县（区）胡麻单产产量均表现为不同幅度的增长，其增幅区间为
57.3%～230%。

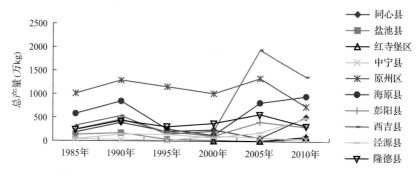

图 5-24　普查各县（区）在 1985～2010 年胡麻总产量变化趋势

胡麻作为宁夏最主要的油料作物，也是重要的经济作物，其在宁夏干旱区的种植结构
中占有重要的地位。但胡麻对灌溉条件要求较高，并且各县（区）对胡麻开发利用的认识不
足，定位不准，对农民的引导不够，造成胡麻的种植分散，投入低，规模小，品种更新慢，
以至于出现胡麻产量缩减的状况，导致本地胡麻油的生产需从外省大量购买原料。

（十四）普查各县（区）蔬菜作物种植情况对比

1. 普查各县（区）蔬菜作物种植面积对比

各县（区）在 1985～2010 年蔬菜种植面积的变化趋势为：整体呈明显上升趋势，尤其
是 2005 年以后，各县（区）的蔬菜种植面积均有较大幅度的增长。其中，原州区的蔬菜种
植面积最大，为 1.0 万 hm²，较 1985 年增长 13.02 倍；泾源县蔬菜种植面积增幅最大，
2010 年为 0.767 万 hm²，较 1985 年增长 59.53 倍；盐池县蔬菜种植面积增幅最小，2010
年为 0.032 万 hm²，较 2000 年增长 14.29%；其余各县（区）蔬菜种植面积增幅区间为：1.36～
39 倍（图 5-25）。

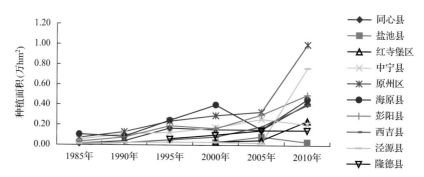

图 5-25　普查各县（区）在 1985～2010 年蔬菜作物种植面积变化趋势

2. 普查各县（区）蔬菜作物产量对比

各县（区）在 1985～2010 年蔬菜总产量的变化趋势为：总体呈上升趋势，各县（区）
均有不同幅度的增加。原州区的蔬菜总产量最多，2010 年为 46 425 万 kg，较 1985 年增

加 61.4 倍；泾源县的蔬菜总产量增幅最大，2010 年为 31 050 万 kg，较 1985 年增加 232倍；隆德县的蔬菜总产量最少，且其增幅最小，2010 年为 1396.3 万 kg，较 1995 年增加2.2 倍；其余各县蔬菜总产量增幅区间为：3~48.3 倍(图 5-26)。25 年来，除红寺堡区外，其余各县(区)的蔬菜单产产量均有不同程度的增加。其中，西吉县的蔬菜单产产量最高，2010 年为 56 916kg/hm^2；原州区的蔬菜单产产量增幅最大，2010 年为 46 425kg/hm^2，较 1985年增加 3.5 倍；红寺堡区的蔬菜单产产量小幅减少，2010 为 12 762kg/hm^2，较 1985 年缩减2.4%；其余各县(区)蔬菜单产产量均表现为不同幅度的增长，其增幅区间为 4.4%~290%。

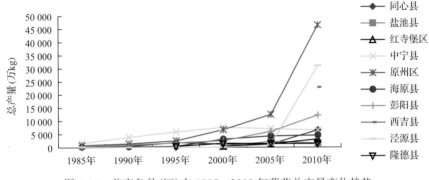

图 5-26　普查各县(区)在 1985~2010 年蔬菜总产量变化趋势

随着"菜篮子工程"的实施及设施农业的推广，近年来，宁夏干旱区蔬菜业发展迅猛，蔬菜种植面积逐年扩大，产量大幅提升。宁夏干旱区夏季、秋季日照充足，昼夜温差大，利于生产优质蔬菜种子，并且夏季和秋季大田蔬菜品质高，比较效益高。

(十五)普查各县(区)大面积应用品种的更替情况对比

各县(区)在 1985~2010 年小麦大面积应用品种更替情况为：各县(区)小麦大面积应用品种的更替情况差异较大，变幅为 2~18 个。其中，红寺堡区小麦品种更新最慢，为 2 个；西吉县小麦品种更新最快，为 18 个，但品种的更替主要集中在 2000 年以前，最近 10 年的品种更新明显放缓；泾源县小麦品种近 5 年更替最为频繁，为 7 个，占总数的 63.6%(表 5-11)。

表 5-11　普查各县(区)在 1985~2010 年小麦大面积应用品种的更替情况

县(区)	1985 年	1990 年	1995 年	2000 年	2005 年	2010 年	合计
同心县	4	1	2	0	0	0	7
盐池县	3	0	0	0	1	0	4
红寺堡区				1	0	1	2
中宁县	3	1	1	2	2	2	11
原州区	5	1	1	3	2	2	14
海原县	2	3	1	0	1	1	8
彭阳县	5	2	4	2	2	2	17
西吉县	5	4	4	2	2	1	18
泾源县	3	1	0	0	5	2	11
隆德县	5	3	2	1	1	0	12

各县(区)在1985~2010年玉米大面积应用品种更替情况为:各县(区)玉米大面积应用品种的更替较为频繁,变幅为5~19个。其中,泾源县玉米品种的更替最慢,为5个,但有3个品种是2010年更替的品种;彭阳县玉米品种的更替最快,为19个,品种更替的高峰在1990年,最近10年依旧保持较高的更替速度;中宁县玉米品种近5年更替最为频繁,为7个,占总数的46.7%(表5-12)。

表5-12　普查各县(区)在1985~2010年玉米大面积应用品种的更替情况

县(区)	1985年	1990年	1995年	2000年	2005年	2010年	合计
同心县	3	3	1	0	5	0	12
盐池县	2	0	2	2	3	3	12
红寺堡区	0	0	0	3	3	2	8
中宁县	4	0	1	3	4	3	15
原州区	2	4	2	3	2	4	17
海原县	2	0	1	4	2	1	10
彭阳县	5	5	1	4	2	2	19
西吉县	5	3	1	4	5	0	18
泾源县	2	0	0	0	0	3	5
隆德县	2	1	1	1	0	2	7

各县(区)在1985~2010年马铃薯大面积应用品种更替情况为:各县(区)马铃薯大面积应用品种的更替较为频繁,变幅为4~17个。其中,盐池县马铃薯品种更新最慢,为4个;原州区马铃薯品种更新最快,为17个,品种更替的高峰主要集中在2000~2010年,为10个,占总数的58.8%(表5-13)。

表5-13　普查各县(区)在1985~2010年马铃薯大面积应用品种的更替情况

县(区)	1985年	1990年	1995年	2000年	2005年	2010年	合计
同心县	3	3	0	1	1	0	8
盐池县	1	0	1	0	1	1	4
红寺堡区	0	0	0	2	2	2	6
原州区	5	2	0	4	3	3	17
海原县	5	3	1	1	3	2	15
彭阳县	5	4	0	2	1	1	13
西吉县	5	3	2	1	1	0	12
泾源县	3	1	2	2	3	2	13
隆德县	3	1	3	0	0	2	9

各县(区)在1985~2010年食用豆大面积应用品种更替情况为:各县(区)食用豆大面积应用品种的更替均较为缓慢,变幅为6~9个,且品种的更替主要集中在2000年以前。其中,隆德县食用豆品种更替最慢,为6个,品种更替集中在2000年以前;西吉县食用豆品种更替最快,为9个,其品种更替主要集中在1995年以前,近10年未有品种更替(表5-14)。

表 5-14　普查各县(区)在 1985～2010 年食用豆大面积应用品种的更替情况

县(区)	1985 年	1990 年	1995 年	2000 年	2005 年	2010 年	合计
同心县	2	1	1	3	0	0	7
原州区	4	0	0	2	0	1	7
西吉县	3	3	3	0	0	0	9
隆德县	2	1	1	1	0	1	6

　　各县(区)在 1985～2010 年胡麻大面积应用品种更替情况为：各县(区)胡麻大面积应用品种的更替均较为缓慢，变幅为 1～10 个，并且，品种的更替大多是在 2000 年以前。其中，红寺堡区胡麻品种更替最慢，为 1 个；彭阳县胡麻品种更替最快，为 10 个，但品种更替主要集中在 1995 年以前，为 8 个，占总数的 80%(表 5-15)。

表 5-15　普查各县(区)在 1985～2010 年胡麻大面积应用品种的更替情况

县(区)	1985 年	1990 年	1995 年	2000 年	2005 年	2010 年	合计
盐池县	2	0	0	0	0	0	2
红寺堡区	0	0	0	1	0	0	1
原州区	4	2	1	2	0	0	9
海原县	1	1	0	1	1	1	5
彭阳县	5	2	1	0	2	0	10
西吉县	3	0	0	1	0	0	4
泾源县	2	0	0	0	2	1	5
隆德县	2	1	0	1	0	0	4

　　各县(区)在 1985～2010 年蔬菜大面积应用品种更替情况为：各县(区)蔬菜大面积应用品种的更替较不均衡，变幅为 5～18 个。其中，泾源县蔬菜品种更替最慢，为 5 个，且品种更替集中在 1985 年；中宁县蔬菜品种更替最快，各时间节点均有蔬菜品种的更替，为 18 个(表 5-16)。

表 5-16　普查各县(区)在 1985～2010 年蔬菜大面积应用品种的更替情况

县(区)	1985 年	1990 年	1995 年	2000 年	2005 年	2010 年	合计
中宁县	5	0	4	4	2	3	18
海原县	2	1	2	0	2	0	7
彭阳县	4	2	1	3	3	0	13
泾源县	4	0	0	0	0	1	5

　　通过上述分析可以看出，各县的玉米、马铃薯和蔬菜等作物的品种更新较快，各种类作物的地方品种在生产实践中应用较少，如马铃薯作物中的'深眼窝'和'虎头'等地方作物仍保有小规模种植，其余种类作物的地方品种基本上全部被新育成品种或杂交种所取代；小麦、胡麻和食用豆等作物更新较慢，尚有地方品种在应用，如小麦作物中的红芒春麦，食用豆作物中的白豌豆、黑豆和麻豌豆，以及胡麻作物中的'宁亚 8 号'等。

第三节　作物种质资源调查

一、调查方法

通过对 10 个县(区)的自然环境特点的比较分析,结合各县(区)种质资源现有状况,最早选定盐池县、同心县、彭阳县、西吉县和海原县 5 个县为系统调查县。系统调查采取入户调查的方式,以调查资源种类多样性、特异性和区域代表性为依据,每个县选取有代表性的 3 个乡,每个乡选取有特点的 3 个村,每个村抽取数量不等的农户(但因某些县的乡与乡之间,村与村之间距离较近,农作物品种差异性较小,故未严格按照上述标准选取调查地点)。在完成上述 5 个县的系统调查之后发现,所收集到的农作物种质资源份数与本项目要求的份数相差较大。2013 年起陆续将普查过的其他 5 个县(区),如隆德县、泾源县、原州区、红寺堡区的重点区域,有针对性地进行了系统调查。调查采集地点见章末附表 3 和附表 4。

二、调查内容

系统调查以行政村为单位,根据调查目的设置相应调查条目,调查表由作物名称、种植类型、主要特性、种质用途、地形等 32 个条目组成。利用全球定位系统(GPS),对采集的种质资源基础样本定位,记录经、纬度和海拔,同步填写系统调查表,并采集相应图片信息。

三、调查结果

目前,共收集到宁夏干旱区抗逆农作物地方种质资源 617 份,隶属 19 科 57 属 78 种(表 5-17)。包括各种粮食作物种质资源,3 科 20 属 26 种(表 5-18);蔬菜地方种质资源,9 科 15 属 21 种(表 5-19);果树地方种质资源,5 科 14 属 22 种(表 5-20);经济作物地方种质资源,8 科 9 属 9 种(表 5-21)。

表 5-17　宁夏干旱区抗逆农作物种质资源调查结果统计表

科	属	种	同心县	盐池县	海原县	西吉县	彭阳县	泾源县	隆德县	原州区	贺兰山	红寺堡区	合计
禾本科	黍属	糜子	12	7	7	16	2	2	6	2	/	/	54
	狗尾草属	谷子	9	5	6	13	7	0	2	3	/	/	45
	蜀黍属	高粱	2	0	0	4	1	0	0	0	/	/	7
	小麦属	小麦	8	2	8	8	1	2	2	5	/	/	36
	大麦属	大麦	0	0	1	0	0	0	3	0	/	/	4
	玉蜀黍属	玉米	1	1	0	5	1	3	3	3	/	/	17
	燕麦属	莜麦	0	0	2	10	5	2	6	4	/	/	29
		燕麦	1	3	2	5	2	1	3	3	/	/	20
	冰草属	蒙古冰草	/	2	1	/	/	/	/	/	/	/	3

续表

科	属	种	同心县	盐池县	海原县	西吉县	彭阳县	泾源县	隆德县	原州区	贺兰山	红寺堡区	合计
禾本科	披碱草属	披碱草	/	/	/	1	1	/	/	/	/	1	3
	赖草属	赖草	1	/	/	1	/	/	/	/	/	/	2
	鹅观草属	无芒鹅观草	/	/	/	1	/	/	/	/	/	/	1
		垂穗鹅观草	/	/	/	/	1	/	/	/	/	/	1
蓼科	荞麦属	甜荞麦	4	8	7	14	4	1	5	3	/	/	46
		苦荞麦	2	2	1	2	1	0	0	0	/	/	8
豆科	豌豆属	豌豆	2	2	4	9	1	0	2	3	/	/	23
		山野蚕豆	0	0	1	0	0	0	0	0	/	/	1
	扁豆属	扁豆	5	0	3	11	5	0	1	2	/	/	27
	大豆属	大豆	3	1	1	1	3	0	0	0	/	/	9
		野生大豆											47
	鹰嘴豆属	鹰嘴豆	0	0	0	1	1	0	0	0	/	/	2
	山黧豆属	三角豆	0	0	0	3	0	0	0	1	/	/	4
	菜豆属	绿豆	1	1	0	0	1	0	0	0	/	/	3
		菜豆	5	3	1	1	2	1	0	0	/	/	13
	刀豆属	刀豆	2	0	0	0	4	0	0	0	/	/	6
	野豌豆属	蚕豆	0	0	3	4	0	2	4	1	/	/	14
	苜蓿属	紫花苜蓿	0	0	1	1	0	0	0	0	/	/	2
	胡卢巴属	香豆子	1	0	1	2	0	0	0	0	/	/	4
茄科	枸杞属	枸杞	0	3	15	10	0	0	0	0	/	/	28
	辣椒属	辣椒	4	0	1	0	2	0	0	0	/	/	7
藜科	菠菜属	菠菜	0	0	0	2	1	0	0	0	/	/	3
	甜菜属	甜菜	0	0	0	1	0	0	0	0	/	/	1
百合科	葱属	白花葱	2	0	0	0	0	0	0	0	/	/	2
		蒙古韭	0	2	0	0	0	0	0	0	/	/	2
		红葱	1	0	0	2	0	0	0	0	/	/	3
		葱	0	0	3	0	2	0	0	0	/	/	5
		韭菜	0	0	0	1	1	0	0	0	/	/	2
		蒜	0	0	0	2	0	0	0	0	/	/	2
菊科	红蓝花属	红花	0	0	1	0	0	0	0	0	/	/	1
	飞蓬属	飞蓬	2	0	0	0	0	0	0	0	/	/	2
	苦荬菜属	多头苦荬菜	0	1	0	0	0	0	0	0	/	/	1
	蒿属	碱蒿	1	0	0	0	0	0	0	0	/	/	1
十字花科	芝麻菜属	芝麻菜	3	2	2	4	1	0	0	1	/	/	13
	芸薹属	黄芥	0	0	1	1	1	0	0	0	/	/	3
	萝卜属	萝卜	2	1	1	1	1	0	0	0	/	/	6
葫芦科	南瓜属	菱瓜	0	0	1	0	1	0	1	0	/	/	3

续表

科	属	种	同心县	盐池县	海原县	西吉县	彭阳县	泾源县	隆德县	原州区	贺兰山	红寺堡区	合计
葫芦科	南瓜属	面瓜	0	0	0	1	1	0	0	0	/	/	2
	甜瓜属	菜瓜(变种)	0	1	0	0	0	0	0	0	/	/	1
	葫芦属	葫芦	2	0	0	1	0	0	0	0	/	/	3
伞形科	芫荽属	芫荽	1	0	1	1	0	0	0	0	/	/	3
	茴香属	小茴香	0	1	3	0	0	0	0	0	/	/	4
芸香科	花椒属	花椒	0	0	0	1	0	0	0	0	/	/	1
桑科	桑属	桑	1	0	0	0	0	0	0	0	/	/	1
	大麻属	大麻	0	2	1	0	1	0	0	0	/	/	4
		黑果枸杞	0	0	0	1	0	0	0	0	/	/	1
鼠李科	枣属	枣	2	0	0	0	0	0	0	0	/	/	2
胡桃科	胡桃属	胡桃	1	0	0	0	0	0	0	0	/	/	1
蔷薇科	樱属	毛樱桃	1	1	0	1	0	0	0	0	/	/	3
	杏属	杏	0	0	0	1	0	0	0	0	/	/	1
	梨属	白梨	1	0	0	0	0	0	0	0	/	/	1
	木瓜属	木瓜	1	0	0	0	0	0	0	0	/	/	1
	桃属	桃	1	1	0	0	0	0	0	0	/	/	2
	野木瓜属	野木瓜	1	0	0	0	0	0	0	0	/	/	1
	草莓	野草莓	0	0	1	0	2	0	0	0	/	/	3
	苹果属	花红	1	0	0	0	0	0	0	0	/	/	1
	悬钩子属	美丽悬钩子(秀丽莓)	/	/	2	/	13	/	/	/	/	/	15
		刺悬钩子(针刺悬钩子)	/	/	/	/	/	1	/	/	/	/	1
		茅莓	/	/	/	/	/	1	/	/	/	/	1
		喜阴悬钩子	/	/	/	/	/	7	/	/	/	/	7
		菰帽悬钩子	/	/	/	/	/	4	/	/	/	/	4
		多腺悬钩子	/	/	/	/	/	/	/	/	/	1	1
		腺花茅莓(变种)	/	/	/	/	/	/	1	/	/	/	1
		覆盆子(插田泡)	/	/	/	/	/	/	1	/	/	/	1
		库页悬钩子	/	/	/	/	/	/	/	/	1	/	1
胡麻科	胡麻属	胡麻	3	2	5	7	1	1	0	3	/	/	22
大戟科	蓖麻属	蓖麻	0	0	1	0	0	0	0	0	/	/	1
唇形科	紫苏属	苏子	0	1	0	0	1	0	0	0	/	/	2
玄参科	野胡麻属	野胡麻	1	1	1	1	4	0	0	0	/	/	8
19科	57属	78种	91	56	90	152	76	28	40	34	1	2	617

注：570份，野生大豆47份，总共617份

表 5-18　宁夏干旱区收集的各种粮食作物种质资源

科	属	种
禾本科	黍属	糜子
	狗尾草属	谷子
	蜀黍属	高粱
	小麦属	小麦
	大麦属	大麦
	玉蜀黍属	玉米
	燕麦属	莜麦
		燕麦
	冰草属	蒙古冰草
	披碱草属	披碱草
	赖草属	赖草
	鹅观草属	无芒鹅观草
		垂穗鹅观草
蓼科	荞麦属	甜荞麦
		苦荞麦
豆科	豌豆属	豌豆
		山野蚕豆
	扁豆属	扁豆
	大豆属	大豆
		野生大豆
	鹰嘴豆属	鹰嘴豆
	山藜豆属	三角豆
	菜豆属	绿豆
		菜豆
	刀豆属	刀豆
	野豌豆属	蚕豆
3 科	20 属	26 种

表 5-19　宁夏干旱区收集的蔬菜地方种质资源

科	属	种
豆科	胡卢巴属	香豆子
茄科	辣椒属	辣椒
藜科	菠菜属	菠菜
	甜菜属	甜菜
百合科	葱属	白花葱
		蒙古韭
		红葱
		葱
		韭菜

续表

科	属	种
百合科	葱属	蒜
菊科	苦荬菜属	多头苦荬菜
	蒿属	碱蒿
十字花科	芸薹属	黄芥
	萝卜属	萝卜
葫芦科	南瓜属	茭瓜
		面瓜
	甜瓜属	菜瓜(变种)
	葫芦属	葫芦
伞形科	芫荽属	芫荽
	茴香属	小茴香
芸香科	花椒属	花椒
9科	15属	21种

表5-20 宁夏干旱地区种植的果树地方种质资源

科	属	种
桑科	桑属	桑
	大麻属	黑果枸杞
鼠李科	枣属	枣
茄科	枸杞属	枸杞
胡桃科	胡桃属	胡桃
蔷薇科	樱属	毛樱桃
	杏属	杏
	梨属	白梨
	木瓜属	木瓜
	桃属	桃
	野木瓜	野木瓜
	草莓属	野草莓
	苹果属	花红
	悬钩子属	美丽悬钩子(秀丽莓)
		刺悬钩子(针刺悬钩子)
		茅莓
		喜阴悬钩子
		菰帽悬钩子
		多腺悬钩子
		腺花茅莓(变种)
		覆盆子(插田泡)
		库页悬钩子
5科	14属	22种

表 5-21　宁夏干旱地区种植的经济作物地方种质资源

科	属	种
菊科	红蓝花属	红花
	飞蓬属	飞蓬
豆科	苜蓿属	紫花苜蓿
桑科	大麻属	大麻
胡麻科	胡麻属	胡麻
大戟科	蓖麻属	蓖麻
唇形科	紫苏属	苏子
玄参科	野胡麻属	野胡麻
十字花科	芝麻菜属	芝麻菜
8 科	9 属	9 种

本次调查共收集到宁夏干旱区农民种植及利用的各类粮食作物地方品种、野生种质资源 166 份，分属禾本科、豆科、蓼科 3 科 20 属 26 种（表 5-18）。

（一）禾谷类（小麦、大麦、玉米、高粱、谷子、黍稷等）

本次宁夏共调查收集到小麦地方种质资源 36 份、大麦 4 份、玉米 17 份、高粱 7 份、谷子 45 份、黍稷 54 份、小麦近缘属种 10 份（表 5-22）。

表 5-22　宁夏干旱区禾谷类种质资源汇总表

科	属	种	同心县	盐池县	海原县	西吉县	彭阳县	泾源县	隆德县	原州区	红寺堡区	合计
禾本科	黍属	糜子	12	7	7	16	2	2	6	2	0	54
	狗尾草属	谷子	9	5	6	13	7	0	2	3	0	45
	蜀黍属	高粱	2	0	0	4	1	0	0	0	0	7
	小麦属	小麦	8	2	8	8	1	2	2	5	0	36
	大麦属	大麦	0	0	1	0	0	0	3	0	0	4
	玉蜀黍属	玉米	1	1	0	5	1	3	3	3	0	17
	燕麦属	莜麦	0	0	2	10	5	2	6	4	0	29
		燕麦	1	3	2	5	2	1	3	3	0	20
	冰草属	蒙古冰草	0	2	1	0	0	0	0	0	0	3
	披碱草属	披碱草	0	0	0	1	1	0	0	0	1	3
	赖草属	赖草	1	0	0	1	0	0	0	0	0	2
	鹅观草属	无芒鹅观草	0	0	0	1	0	0	0	0	0	1
		垂穗鹅观草	0	0	0	1	0	0	0	0	0	1

1. 小麦种质资源

1）小麦地方种质资源调查情况

由表 5-23 得出：宁夏本次调查共收集到小麦地方种质资源 35 份。其中，采自同心县 8 份、盐池县 2 份、海原县 8 份、西吉县 8 份、彭阳县 1 份、泾源县 2 份、隆德县 2

表 5-23　宁夏干旱区抗逆小麦种质资源农艺性状汇总表

编号	名称	播种期(月-日)	出苗期(月-日)	拔节期(月-日)	抽穗期(月-日)	成熟期(月-日)	生育期(d)	冬春性	幼苗习性	株高(cm)	穗长(cm)	中部穗粒数	穗粒数	抗旱性	芒长(cm)	芒色	壳色	粒色	粒质	千粒质重(g)	折合亩产(kg)
2011641015	老冬麦	9-26	10-5	4-23	5-12	6-26	264	冬	匍匐	106	7.8	3	31	较强	8.2	白	白	红	硬	39.32	316.67
2011641039	老春麦	3-23	4-20	5-20	7-1	8-15	117	春	匍匐	96	8.2	3	25	较强	8.0	红	白	红	硬	36.22	282.24
2011641051	秃毛冬麦	9-26	10-5	4-22	5-11	6-24	262	冬	匍匐	108	7.7	3	30	较强	7.9	白	红	红	硬	38.12	275.62
2011641057	红芒春麦	3-23	4-21	5-20	7-4	8-14	115	春	匍匐	94	8.1	4	27	强	6.2	红	白	红	硬	39.14	273.35
2011641088	红芒春麦	3-23	4-20	5-18	7-1	8-12	114	春	直立	112	8.0	3	26	较强	6.5	白	红	红	硬	39.23	275.57
2011641093	冬小麦	9-26	10-5	4-22	5-11	6-24	262	冬	匍匐	105	7.5	3	33	较强	7.8	白	白	红	硬	39.12	305.62
2011641095	红芒小麦	3-23	4-20	5-18	7-2	8-15	117	春	直立	103	8.2	3	25	较强	8.0	红	红	红	硬	39.17	320.02
2012641131	冬小麦	9-29	10-8	4-24	5-12	6-25	260	冬	匍匐	118	7.4	3	31	较强	8.5	白	白	红	硬	37.12	283.45
2012641172	冬小麦	9-29	10-8	4-25	5-13	6-25	260	冬	匍匐	128	6.4	3	30	较强	8.5	白	白	红	硬	38.12	293.35
2012641181	大熟麦	3-23	4-20	5-17	7-4	8-11	113	春	匍匐	109	10.3	4	31	强	8.0	白	白	红	硬	39.11	346.68
2012641182	小熟麦	3-23	4-20	5-17	7-2	8-13	115	春	直立	101	8.0	4	23	较强	8.8	白	白	红	硬	36.51	322.24
2012641192	冬小麦	9-29	10-8	4-24	5-12	6-26	261	冬	匍匐	102	8.1	3	31	较强	8.7	白	白	红	硬	39.44	311.26
2012641199	老冬麦	9-29	10-8	4-25	5-13	6-25	260	冬	匍匐	128	6.4	3	30	较强	8.5	白	白	红	硬	38.12	293.35
2012641204	白麦	3-23	4-20	5-10	7-1	8-12	114	春	直立	104	9.3	4	29	较强	8.5	白	白	红	硬	36.84	294.66
2012641218	红芒春麦	3-23	4-20	5-11	7-3	8-11	113	春	半直	110	8.9	4	28	较强	8.2	白	白	红	硬	35.24	280.01
2012641224	红芒麦	3-23	4-20	5-10	7-1	8-12	114	春	半直	103	8.6	3	28	强	5.5	红	红	红	硬	37.62	317.79
2012641242	红芒春麦	3-23	4-20	5-10	7-2	8-13	115	春	半直	105	9.0	3	26	较强	7.1	红	红	红	硬	36.71	296.68
2012641256	春小麦	3-25	4-22	5-13	7-5	8-17	115	春	半直	106	8.3	3	29	较强	8.0	白	白	红	硬	38.12	266.32

续表

编号	名称	播种期（月-日）	出苗期（月-日）	拔节期（月-日）	抽穗期（月-日）	成熟期（月-日）	生育期（d）	冬春性	幼苗习性	株高（cm）	穗长（cm）	中部穗粒数	穗粒数	抗旱性	芒长（cm）	芒色	粒壳色	粒质	千粒重（g）	折合亩产（kg）
2012641276	榆林8号	3-23	4-21	5-18	7-5	8-12	113	春	匍匐	95	6.5	3	27	强	6.3	红	红	硬	38.50	271.12
2013641304	红芒春麦	3-25	4-23	5-14	7-3	8-14	114	春	半直	109	8.6	3	28	较强	7.9	红	红	硬	37.56	263.17
2013641310	春小麦	3-25	4-22	5-13	7-4	8-17	117	春	半直	110	8.0	3	27	较强	8.1	白	白	硬	38.05	278.53
2013641312	红芒春麦	3-25	4-23	5-14	7-3	8-14	114	春	半直	109	8.6	3	28	较强	7.9	红	红	硬	37.56	263.17
2013641315	老红芒	3-25	4-22	5-13	7-4	8-15	115	春	半直	110	8.9	3	27	较强	8.3	红	红	硬	37.42	257.18
2013641320	老红芒春麦	3-25	4-22	5-14	7-5	8-16	116	春	半直	107	8.4	3	29	较强	8.2	红	红	硬	36.74	265.32
2013641340	春麦（定西15）	3-25	4-22	5-13	7-4	8-15	115	春	半直	110	8.9	3	27	较强	8.3	红	红	硬	37.42	257.18
2013641362	冬麦	9-29	10-8	4-24	5-13	6-24	258	冬	匍匐	102	7.8	3	30	较强	8.1	白	白	硬	39.42	312.65
2013641363	冬小麦	9-29	10-8	4-25	5-12	6-25	260	冬	匍匐	106	8.1	3	32	较强	8.3	白	白	硬	38.45	342.82
2013641386	冬小麦	9-29	10-8	4-24	5-13	6-26	261	冬	匍匐	105	8.2	3	31	较强	8.2	白	白	硬	39.53	302.61
2013641392	冬小麦	9-29	10-8	4-24	5-12	6-25	260	冬	匍匐	104	7.9	3	31	较强	8.5	白	白	硬	38.27	328.57
2013641397	中引6号	3-25	4-22	5-13	7-3	8-16	116	春	直立	106	8.6	3	30.2	一般	7.9	红	红	硬	39.56	305.51
2013641428	春小麦	3-25	4-23	5-14	7-3	8-15	115	春	直立	108	8.3	3	28.4	较强	8.1	红	红	硬	38.47	274.85
2014641471	冬麦	9-29	10-8	4-24	5-13	6-24	258	冬	匍匐	102	7.8	3	30	较强	8.1	白	白	硬	39.42	312.65
2014641479	红芒春麦	3-25	4-23	5-14	7-3	8-14	114	春	半直	109	8.6	3	28	较强	7.9	红	红	硬	37.16	262.84
2014641489	红芒春麦	3-25	4-22	5-14	7-3	8-14	116	春	半直	110	8.3	3	29	较强	8.2	红	红	硬	38.24	263.17
2014641499	永良4号	3-25	4-23	5-14	7-3	8-16	116	春	半直	100	8.5	3	30	较强	8.4	红	红	硬	40.55	315.42

份、原州区 5 份。其中冬小麦 12 份，占 34.29%；春麦 23 份，占 65.71%。由于'永良 4
号'（'宁春 4 号'）耐旱、耐寒性较好，经过宁夏南部山区农民多年种植，自然选择，
已与宁夏引黄灌区种植的'宁春 4 号'的遗传特性有了一定的差异，成为当地的一个地
方品种。在盐池县麻黄山收集到当地农民利用窑洞储存了 30 年的冬小麦种质老冬麦（编
号 2011641015），发芽率仍有 49.5%（图 5-27）。各县收集麦类作物地方种质资源数量由
多到少依次为：同心县=西吉县=海原县>原州区>盐池县=泾源县=隆德县>彭阳县。南部
山区受农业结构调整影响，小麦种植面积大幅度减少，致使种植的小麦地方种质资源数
量减少，导致收集到的小麦地方种质资源较少。

图 5-27　盐池县麻黄山农民利用窑洞储藏的冬小麦种子（编号 2011641015）

2）小麦种质资源农艺性状聚类分析

对小麦种质资源进行重新编号，并依据上述 6 个主要农艺性状，利用 SAS8.1 软件对
11 份小麦种质资源（表 5-24）进行聚类分析。由图 5-28 可看出，在欧式遗传距离为 0.5 时，
可将受试种质资源分为 4 组（表 5-25）。

表 5-24　宁夏干旱区小麦种质资源编号及来源

编号	采集号	采集地	经度	纬度
Ob1	2011641039	同心县下马关乡陈儿庄村	106°31′52.2″	37°05′44.7″
Ob2	2011641057	同心县张家塬乡范堡子村	106°20′26.05″	36°37′36.70″
Ob3	2011641088	同心县张家塬乡汪家塬村	106°26′4.56″	36°46′37.23″
Ob4	2011641095	同心县瑶山乡石塘岭村	106°10′17.08″	37°00′38.20″
Ob5	2012641181	西吉县王民乡三岔村	105°23′25.23″	35°54′30.64″
Ob6	2012641182	西吉县田坪乡碱滩村	105°23′25.23″	35°54′30.64″
Ob7	2012641199	西吉县田坪乡黄岔村	105°22′5.67″	35°40′54.88″
Ob8	2012641204	西吉县新营乡白城村	105°35′21.65″	36°9′28.71″
Ob9	2012641218	海原县关庄乡窑儿村	105°32′10.96″	36°16′32.83″
Ob10	2012641224	海原县关庄乡关庄村	105°30′49.58″	36°17′39.89″
Ob11	2012641242	海原县关桥乡脱场村	105°50′54.09″	36°47′13.53″

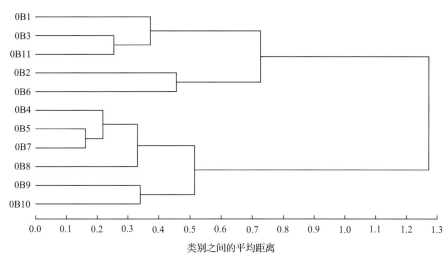

图 5-28　宁夏干旱区小麦种质资源农艺性状聚类图

表 5-25　宁夏干旱区小麦种质资源各组群主要性状分析

组群	生育期(d)	株高(cm)	穗长(cm)	芒长(cm)	中部穗粒(个)	千粒重(g)
1	89.00	118.67	8.40	7.20	3.37	37.39
2	90.00	127.00	9.20	7.50	4.05	37.83
3	90.00	108.75	8.33	8.25	3.95	38.31
4	90.00	103.50	9.05	6.85	3.90	36.43

宁夏干旱区小麦种质资源聚类分析得知2011641057(采自同心县张家塬乡范堡子村)和2012641182(采自西吉县田坪乡碱滩村)(图5-29)的两份材料同属于综合农艺性状较优异的地方小麦种质资源。

小麦2011641057

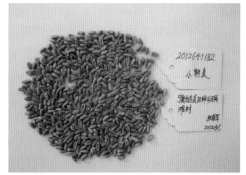
小麦2012641182

图 5-29　两份综合农艺性状较优异的地方小麦种质资源

3)中国农业科学院小麦种质资源抗旱鉴定结果

宁夏收集的 10 份小麦种质资源在中国农业科学院鉴定结果表明，9 份表现为冬性，1 份为半冬性。由表 5-26 可以看出：除 2 份需要重复鉴定之外，在萌发期宁夏小麦种质资源有 4 份达到 2 级抗旱[相对发芽率为 70.0%～89.9%；抗旱性为强(R)]，有 4 份达到 3

级抗旱[相对发芽率为 50.0%～69.9%；抗旱性为中等（MR）]；在苗期，宁夏小麦种质资源有 3 份达中等（MR）抗旱（3 级：相对生物量 79.9%～70.0%）、4 份抗旱较弱（4 级：相对生物量 69.9%～60.0%）、1 份抗旱性极弱（5 级）；在小麦全生育期中宁夏小麦种质资源有 3 份达到 2 级抗旱[抗旱指数为 1.10～1.29；抗旱性为强（R）]、1 份 3 级抗旱[抗旱指数为 0.90～1.09；抗旱性为中等（MR）]、4 份 4 级以下。

表 5-26　宁夏小麦种质资源萌发期抗旱鉴定结果（中国农业科学院，2014 年）

采集编号	种质名称	收集地点	芽期抗旱级别	苗期抗旱级别	全生育期抗旱级别	冬春性	株高（旱地）(cm)	株高（水地）(cm)	抽穗期（旱地）	开花期（旱地）
2011641039	老冬麦	宁夏吴忠市同心县下马关乡陈儿庄村			2014 重复鉴定	冬	104	131	4-25	4-28
2011641057	红芒春麦	宁夏吴忠市同心县张家塬乡范堡子村			2014 重复鉴定	冬	107	133	4-27	5-1
2011641088	白芒春麦	宁夏吴忠市同心县张家塬乡汪家塬村	2	4	2	冬	108	128	4-21	4-27
2011641095	红芒春麦	宁夏吴忠市同心县瑶山乡石塘岭村	3	5	4	冬	104	131	4-25	4-29
2012641182	小熟麦	宁夏固原市西吉县田坪乡碱滩村	2	3	2	半冬	114	129	4-14	4-21
2012641199	老冬麦	宁夏固原市西吉县田坪乡黄岔村	3	4	3	冬	116	138	4-21	4-26
2012641204	白麦	宁夏固原市西吉县新营乡白城村	2	3	2	冬	113	127	4-22	4-26
2012641218	红芒春麦	宁夏中卫市海原县关庄乡窑儿村	3	3	5	冬	113	127	4-26	4-30
2012641224	红芒春麦	宁夏中卫市海原县关庄乡关庄村	3	4	4	冬	101	130	4-26	4-29
2012641242	红芒春麦	宁夏中卫市海原县关桥乡脱场村	2	4	5	冬	100	132	4-25	4-28

由表 5-27 得出：2015 年提供宁夏干旱区小麦种质资源 6 份，在新疆进行抗旱鉴定。其中有 2 份在新疆表现为冬性，4 份表现为春性。4 份春麦有 1 份种质：红芒麦（2013641479）在 3 种抗旱指数法比较中均达 1 级抗旱级别，另有 2 份种质老红芒麦（2013641312）、红芒麦（2014641498），在抗旱指数法 2（对照‘新旱 688’）比较中达 1 级抗旱级别（图 5-30）。有 3 份种质达到 2 级抗旱级别。

图 5-30　2015 年 3 份 1 级抗旱级别的宁夏小麦农家品种籽粒样本
左图为红芒麦（2014641479）；中图为老红芒麦（2013641312）；右图为红芒麦（2014641498）

表 5-27　宁夏春小麦抗旱性试验评价结果(新疆农业科学院，2015 年)

采集编号	种质名称	采集地	抗旱指数法 1 (对照新春 6 号)	级别	抗旱指数法 2 (对照新旱 688)	级别	抗旱指数法 3 (对照产量均值)	级别	水地小区 产量(kg)	产量位次
2013641310	春小麦	宁夏	冬性	/	/	/	/	/	/	/
2013641312	老红芒麦	宁夏	1.1593	2	1.5933	1	1.4909	1	472.82	22
2013641428	春小麦	宁夏	冬性	/	/	/	/	/	/	/
2013641479	红芒麦	宁夏	1.3099	1	1.6197	1	1.5333	1	592.30	5
2014641498	红芒麦	宁夏	1.0752	3	1.3097	1	1.2572	2	495.49	19
新春 6 号	新春 6 号	新疆	1.0000	3	1.3316	1	1.2283	2	703.90	1
2011641057	红芒春麦	宁夏	0.7104	4	0.9090	3	0.8517	4	441.22	27
新旱 688	新旱 688	新疆	0.8232	4	1.0000	3	0.9512	3	610.45	4

4)宁夏干旱区小麦种质资源春化、光周期敏感、*Rht8* 矮秆基因位点检测

ⅰ.春化基因位点检测

由表 5-28 得出：宁夏农林科学院项目调查组对 11 份宁夏干旱区小麦种质资源样本进行相关基因位点检测。以已知基因组的'晋 47'和'宁春 45 号'作为试验的对照材料。

表 5-28　宁夏干旱区小麦地方种质资源编号及来源

编号	采集号	采集地	经度	纬度
1	2012641182	西吉县田坪乡碱滩村	105°23′25.23″	35°54′30.64″
2	2012641204	西吉县新营乡白城村	105°35′21.65″	36°9′28.71″
3	2012641224	海原县关庄乡关庄村	105°30′49.58″	36°17′39.89″
4	2012641172	西吉县王民乡三岔村	105°43′10.74″	35°44′21.70″
5	2012641218	海原县关庄乡窑儿村	105°32′10.96″	36°16′32.83″
6	2012641242	海原县关桥乡脱场村	105°50′54.09″	36°47′13.53″
7	2012641181	西吉县田坪乡碱滩村	105°23′25.23″	35°54′30.64″
8	2011641095	同心县瑶山乡石塘岭村	106°10′17.08″	37°00′38.20″
9	2012641131	彭阳县孟塬乡椿树岔村	106°46′38.93″	36°02′9.53″
10	2012641199	西吉县田坪乡黄岔村	105°22′5.67″	35°40′54.88″
11	2011641088	同心县张家塬乡汪家塬村	106°26′4.56″	36°46′37.23″

结果表明(图 5-31，图 5-32)，3 号、4 号、6 号和 11 号材料在 *Vrn-A1*、*Vrn-B1* 和 *Vrn-D1* 的基因检测中均表现为隐性，因此，推断其为冬性品种，其生育过程中需较长时间低温春化方可开花；1 号受试材料为半冬性品种，其生育过程中只需较短时间低温春化就可开花；其余 6 份材料为春性品种，其在生长过程中无需春化处理就能开花。

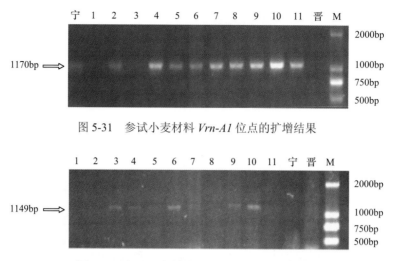

图 5-31　参试小麦材料 *Vrn-A1* 位点的扩增结果

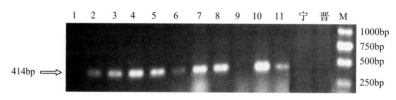

图 5-32　参试小麦材料 *Vrn-D1* 位点的扩增结果

ⅱ. 光周期基因位点的分子检测

在 11 份测试材料中，1 号和 9 号材料扩增出 288bp 特异条带，因此，这 2 份材料应该含有显性等位变异 *Ppd-D1a*。剩余 9 份材料扩增出 414bp 片段，推测这 9 份材料携带有隐性等位变异 *Ppd-D1b*。因此，1 号和 9 号材料含有 *Ppd-D1a* 显性基因，表现为对光周期不敏感；其余 9 份材料均携带 *Ppd-D1b* 隐性基因，表现为对光周期敏感(图 5-33)。

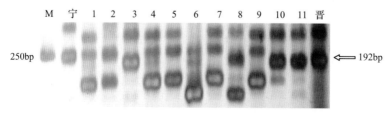

图 5-33　参试小麦材料 *Ppd-D1b* 位点的扩增结果

ⅲ. *Rht8* 矮秆基因位点检测

Rht8 基因位点中存在 4 个等位变异，片段大小分别为 165bp、174bp、192bp、210bp，Korzun 认为能扩增出 192bp 特异条带的材料都含有 *Rht8* 基因。用引物 Xgwm261 检测时，3 号、6 号、8 号、10 号和 11 号材料扩增出 192bp 片段，因此，认为这 5 个材料含有 *Rht8* 矮秆基因(图 5-34)。

M　宁　1　2　3　4　5　6　7　8　9　10　11　晋

250bp　　　　　　　　　　　　　　　　　　⟸ 192bp

图 5-34　参试小麦材料 *Rht8* 位点的扩增结果

综上所检测结果，2012641224(采自海原县关庄乡关庄村)、2012641172(采自西吉县王民乡三岔村)、2012641242(采自海原县关桥乡脱场村)和2011641088(采自同心县张家塬乡汪家塬村)为冬性品种,其生育过程中需较长时间低温春化方可开花;2012641182(采自西吉县田坪乡碱滩村)为半冬性品种,其生育过程中只需较短时间低温春化就可开花;其余6份材料为春性品种,其在生长过程中无需春化处理就能开花。

2012641182(采自西吉县田坪乡碱滩村)和2012641131(采自彭阳县孟塬乡椿树岔村)表现为对光周期不敏感;其余9份材料均表现为对光周期敏感。

2012641224(采自海原县关庄乡关庄村)、2012641242(采自海原县关桥乡脱场村)、2011641095(采自同心县瑶山乡石塘岭村)、2012641199(采自西吉县田坪乡黄岔村)和2011641088(采自同心县张家塬乡汪家塬村)等5份材料含有 *Rht8* 矮秆基因,是干旱区小麦抗旱、抗倒伏、稳产育种的重要基础材料。

2. 大麦、燕麦地方种质资源

宁夏大麦地方种质资源较少,共收集的大麦地方种质资源4份,其中隆德县3份、海原县1份。从分布上看,宁夏大麦地方种质资源主要分布在较为高寒的地区,而且很少种植。与此相反,宁夏燕麦属地方种质资源相对较多,共收集到49份。其中,莜麦29份、燕麦20份。当地农民经常用莜麦加工成面粉,制成凉面等食品。

3. 玉米种质资源

宁夏共收集玉米地方种质资源17份,当地农民称其为"火玉米"(图5-35),或"小玉米"。"火玉米"不仅耐旱、耐寒,旱涝保收,而且适口性好,当地农民喜欢种植。宁夏干旱区,尤其是固原地区农民有种植火玉米的习惯,一直延续到现在。经过筛选,2014年宁夏选送10份玉米种质资源到甘肃省农业科学院敦煌试验站进行抗旱鉴定。鉴定结果表明,有4份达到1级抗旱类型(表5-29)。其中包括:2012641169、2013641401、2013641394、2013641449(图5-36),占到七省、区玉米达1级抗旱类型种质资源(加权抗旱系数≥0.8799)的57.1%;1份达到2级抗旱类型。其他5份达到3级抗旱类型。2015年,宁夏早熟玉米种质资源有两份达2级抗旱级别,有6份达3级抗旱级别,其余在4级以下(表5-30)。

表5-29 宁夏玉米资源抗旱性评价结果(甘肃省农业科学院,2014年)

编号	加权抗旱系数	级别
2012641169	1.064 084	1
2013641401	0.934 436	1
2013641394	0.914 714	1
2013641449	0.897 693	1
2012641293	0.823 934	2
2012641156	0.809 310	3
2013641388	0.807 530	3
2012641160	0.784 813	3
2011641055	0.768 018	3
2013641426	0.735 055	3

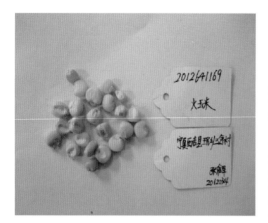
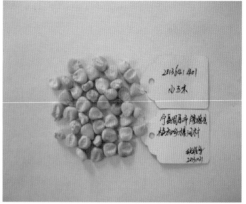
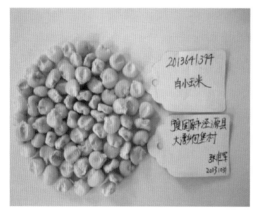
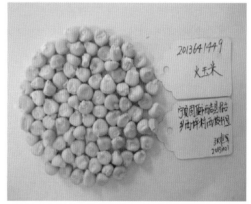

图 5-35　2014 年 4 份 1 级抗旱级别的宁夏玉米农家品种火玉米种质籽粒样本
2012641169（上左）、2013641401（上右）、2013641394（下左）、2013641449（下右）

图 5-36　2013 年宁夏火玉米种质资源在敦煌抗旱鉴定中的表现

表 5-30 宁夏玉米种质资源早熟组抗旱性评价值（甘肃省农业科学院，2015 年）

编号	生育期(d)	判定值	抗旱等级
2014641496	110	1.1339	2
2012641135	114	1.1165	2
2013641449	114	1.0409	3
2012641169	113	1.0257	3
2014641500	110	0.9312	3
2013641388	113	0.9260	3
2013641394	110	0.9207	3
2012641293	113	0.8885	3
2012641160	112	0.8592	4
2013641401	110	0.8572	4
2012641156	114	0.6030	5

4. 高粱种质资源

由表 5-31 得出：宁夏干旱区共收集到高粱种质资源 7 份。其中西吉县收集到 4 份，占高粱种质资源份数的 57.1%。宁夏干旱区种植的高粱主要是作家畜的饲草、饲料。当地农民称为"禾草"的作物，就是在夏季降水较多季节种植密度较大的高粱，主要是收获秸秆喂养家畜，但是种植面积很小。

表 5-31 系统调查高粱数量及分布情况

地方(县)	科	属	种	数量(份)	乡(镇)分布情况	百分比(%)
西吉				4	王民乡、田坪乡、震湖乡	57.1
同心	禾本科	蜀黍属	高粱	2	张家塬	28.6
彭阳				1	城阳乡	14.3
合计				7		100.0

5. 谷子种质资源

宁夏收集到地方谷子种质资源 45 份，其中西吉县收集到 13 份，占收集到的谷子种质资源总份数的 28.9%；其次，同心县、彭阳县、海原县、盐池县分别收集到 9、7、6、5 份，分别占 20.0%、15.6%、13.3%、11.1%。谷子是宁夏干旱区最抗旱农作物之一，而且品种较多，谷穗有红、黄、黑等颜色，有的专门供酿酒用，有的专门熬粥用，营养丰富，适口性好（表 5-32）。

表 5-32 系统调查谷子数量及分布情况

地方(县)	科	属	种	数量(份)	乡(镇)分布情况	百分比(%)
西吉				13	王民乡、田坪乡、震湖乡、兴隆镇	28.9
同心				9	下马关、张家塬、瑶山乡	20.0
彭阳				7	古城乡、孟塬乡、红河乡、草庙乡	15.6
海原	禾本科	狗尾草属	谷子	6	关庄乡、海城乡、观桥乡	13.3
盐池				5	花马池、王乐井	11.1
原州区				3	河川乡、寨科乡	6.7
隆德				2	温堡乡、张程乡	4.4
合计				45		100.0

2014 年筛选出 15 份谷子种质资源,送到新疆农业科学院农作物品种资源研究所进行抗旱性评价鉴定。结果表明,宁夏收集的 5 份早熟型谷子种质资源抗旱性达到 3 级,抗旱能力较弱。中熟型谷子种质资源有 2 份抗旱性达到 1 级(加权抗旱系数≥0.7821)(2011641054、2011641058)(图 5-37)、3 份达 2 级(0.7291≤加权抗旱系数<0.7821)(表 5-33,表 5-34)。

 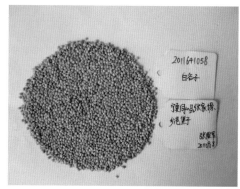

2011641054   2011641058

图 5-37   2014 年 2 份宁夏谷子农家种质达 1 级抗旱级别

表 5-33   宁夏早熟型谷子种质资源抗旱性评价结果(新疆农业科学院,2014 年)

种质编号	生育期(d)	加权抗旱系数	级别
2013641366	103	0.766 30	3
2013641446	104	0.781 82	3
2012641240	105	0.743 48	3
2013641370	105	0.726 37	3
2012641229	109	0.751 83	3

表 5-34   宁夏中熟型谷子种质资源抗旱性评价结果(新疆农业科学院,2014 年)

种质编号	生育期(d)	加权抗旱系数	级别
2011641058	116	0.784 95	1
2011641054	119	0.790 81	1
2012641183	112	0.742 04	2
2012641220	114	0.745 72	2
2012641149	116	0.729 77	2
2011641036	111	0.570 92	4
2012641103	120	0.567 19	4

2015 年提供谷子 18 份,在新疆进行抗旱鉴定。其中有 5 份在新疆表现早熟(表 5-35),13 份表现中熟(表 5-36)。早熟组中有 2 份种质达到 2 级抗旱级别。在中熟组中有 1 份种质:米谷子(2012641144)达到 1 级抗旱级别(图 5-38)。

表 5-35 宁夏早熟谷子抗旱性试验评价结果(新疆农业科学院，2015 年)

编号	种质名	2015 年生育期(d)	类型	抗旱指数	级别	水地小区产量(kg)	位次
2012641229	谷子	106	早熟	0.3994	3	634.69	28
2012641240	谷子	101	早熟	0.8967	2	554.40	37
2013641366	红谷子	105	早熟	0.5323	3	765.18	13
2013641370	谷子	102	早熟	0.4450	3	704.36	19
2013641446	谷子	99	早熟	0.8106	2	694.19	22

表 5-36 宁夏中熟谷子抗旱性试验评价结果(新疆农业科学院，2015 年)

编号	种质名称	2015 年生育期(d)	类型	抗旱指数	级别	水地小区产量(kg)	位次
2011641036	红谷子	111	中熟	0.3383	3	767.95	8
2011641054	草谷子	119	中熟	0.5474	2	668.21	16
2011641058	白谷子	116	中熟	0.6210	2	778.09	6
2012641103	白谷子	120	中熟	0.1497	3	838.69	3
2012641139	酒谷子	117	中熟	0.4153	3	392.80	45
2012641144	米谷子	119	中熟	0.8853	1	746.96	10
2012641149	谷子	116	中熟	0.3944	3	574.97	29
2012641183	大谷子	112	中熟	0.6511	2	602.58	24
2012641220	黄谷子	114	中熟	0.1501	3	660.96	18
2013641463	驴缰绳	122	中熟	0.3380	3	456.97	43
2013641474	毛谷子	124	中熟	0.1187	4	541.67	34
2013641478	谷子	未出苗	/	/	/	/	/
2013641491	谷子	114	中熟	0.5416	2	667.34	17

图 5-38 2015 年宁夏谷子农家种质 2012641144 达 1 级抗旱级别

　　2016 年向中国农业科学院作物科学研究所提供 14 份(表 5-37)宁夏干旱区谷子种质资源，在河北省曹妃甸 11 农场进行耐盐鉴定，以单株穗重和综合耐盐指数为评价指标，鉴定结果表明，2012641054 谷子资源的综合耐盐指数及单指标盐害评价指数均较高，位居第 4 位，可认定为全生育期耐盐谷子资源。

表 5-37　西部谷子地方品种前 10 位耐盐性评价

采集编号	耐盐性评价			
	综合耐盐指数	单株穗重(g)	综合评价	排名
2013621012	7	10	17	7
2011641054	3	6	9	4
2012612187	2	1	3	1
2012150298（1）	11	16	27	9
2012612115	8	7	15	6
2012150009	6	8	14	5
2011621124	9	9	18	8
2013621035	10	5	15	6
2012150330	14	14	28	10
2012150426	4	23	27	9
2012150368	15	12	27	9
2012141057	5	2	7	3
2012611478	1	3	4	2
公谷 62	20	13	33	13

6. 黍稷种质资源

宁夏干旱区特殊的生态环境及杂粮自身生育周期短、适应性强、抗旱耐瘠薄等特点决定了杂粮作物在当地粮食作物生产中的重要地位，也决定其成为当地居民的主要粮食作物。宁夏共收集到黍稷 54 份。因其生育习性与宁夏干旱区气候特点相适应而被广泛种植。近年来，随着宁夏干旱区干旱程度的加剧，糜子以其适应性强、生育周期短、适播期长而成为填闲补种、后茬复种的首选作物，保证了粮食生产的稳定性。当地人将软糜子和硬糜子按照一定的比例混合磨面，蒸制黄馍馍作为下地时随身携带的干粮食用。筛选出 20 份黍稷种质资源，2014 年送到新疆农业科学院农作物品种资源研究所进行抗旱性评价鉴定。鉴定结果表明，宁夏收集的 2 份早熟型黍稷种质资源抗旱性达到 2 级、4 份达到 3 级(表 5-38)；中熟型黍稷种质资源有 1 份抗旱性达到 1 级(加权抗旱系数≥0.6091，编号 2013641369)(图 5-39)、2 份达 2 级(0.5631≤加权抗旱系数<0.6091)、4 份达 3 级(表 5-39)；晚熟型黍稷种质资源有 1 份抗旱性达到 3 级(表 5-40)。

表 5-38　宁夏早熟型黍稷种质资源抗旱性评价结果(新疆农业科学院，2014 年)

采集编号	种质名称	全生育期(d)	加权抗旱系数	等级
2012641209	糜子	93	0.7751	2
2013641314	糜子	97	0.7374	2
2013641309	糜子	94	0.6886	3
2013641326	黄糜子	108	0.7062	3
2012641141	老黑糜子	109	0.6692	3
2013641349	黄糜子	110	0.6221	3
2013641333	糜子	109	0.5304	5

图 5-39　2014 年宁夏中熟型黍稷种质资源黑糜子达 1 级抗旱级别（编号 2013641369）

表 5-39　宁夏中熟型黍稷种质资源抗旱性评价结果（新疆农业科学院，2014 年）

种质编号	种质名称	生育期(d)	加权抗旱系数	等级
2013641369	黑糜子	117	0.6643	1
2011641097	黑糜子	112	0.5794	2
2012641166	山北糜子	112	0.6039	2
2011641033	黑糜子	111	0.4630	3
2011641022	软糜子	117	0.4773	3
2013641302	糜子	125	0.4854	3
2013641361	红糜子	127	0.5052	3
2012641279	黑糜子	117	0.4419	4
2013641371	红糜子	117	0.4554	4
2013641437	红糜子	119	0.4613	4

表 5-40　宁夏晚熟型黍稷种质资源抗旱性评价结果（新疆农业科学院，2014 年）

种质编号	种质名称	生育期(d)	加权抗旱系数	等级
2011641035	红粉糜子	134	0.5106	3

2015 年提供黍稷 24 份，在新疆进行抗旱鉴定。其中有 10 份在新疆表现早熟，14 份表现中熟。早熟组中有 1 份种质：黄糜子(2012641148)达 1 级抗旱级别（图 5-40），有 1 份种质达到 2 级抗旱级别（表 5-41）。在中熟组中有 2 份种质：软糜子(2011641022)和黑糜子(2011641097)达到 1 级抗旱级别（图 5-41），有 4 份种质达到 2 级抗旱级别（表 5-42）。在晚熟组黍稷种质资源中只有 1 份达 3 级抗旱级别（表 5-43）。

图 5-40　2015 年鉴定达 1 级抗旱级别的宁夏早熟型黍稷种质资源黄糜子种子样本

表 5-41　宁夏早熟黍稷抗旱性试验评价结果(新疆农业科学院，2015 年)

编号	种质名称	2014 年生育期(d)	2015 年生育期(d)	旱地小区产量(kg)	位次	抗旱指数	抗旱级别
2012641141	老黑糜子	109	106	286.27	58	0.8680	2
2012641148	黄糜子	100	99	299.35	44	1.0688	1
2013641309	糜子	94	93	354.09	15	0.4083	4
2013641314	糜子	97	91	291.57	52	0.5681	3
2013641326	黄糜子	108	95	264.59	74	0.6132	3
2013641333	糜子	109	106	341.47	22	0.2236	5
2013641349	黄糜子	110	105	304.03	37	0.4731	3
2013641441	糜子	115	102	264.23	75	0.7150	3
2013641453	糜子	110	105	302.03	41	0.2917	4
2012641209	糜子	93	87	456.21	/	/	暂无评价

软糜子(2011641022)

黑糜子(2011641097)

图 5-41　2015 年鉴定达 1 级抗旱级别的宁夏中熟型黍稷种质种子样本

表 5-42　宁夏中熟黍稷抗旱性试验评价结果（新疆农业科学院，2015 年）

编号	种质名称	2015 年生育期(d)	旱地小区产量(kg)	位次	抗旱指数	抗旱级别
2011641022	软糜子	115	100.77	130	1.2338	1
2011641033	黑糜子	107	316.07	9	0.2389	3
2011641050	红糜子	108	212.23	64	0.0906	3
2011641097	黑糜子	104	238.83	49	0.6631	1
2012641166	山北糜子	108	262.20	32	0.1207	3
2012641279	黑糜子	128	124.02	117	0.0924	3
2013641302	糜子	128	164.70	96	0.4448	2
2013641369	黑糜子	105	242.93	43	0.3854	3
2013641371	红糜子	113	235.70	51	0.1022	3
2013641437	红糜子	113	218.13	61	0.4454	2
2013641361	红糜子	113	56.77	147	0.1480	3
2013641465	红糜子	未出苗				/
2014641483	红糜子	116	220.10	58	0.3944	2
2013641493	红糜子	111	204.87	66	0.4647	2

表 5-43　宁夏晚熟型黍稷种质资源抗旱性评价结果（新疆农业科学院，2014 年）

编号	种质名称	生育期(d)	加权抗旱系数	等级
2011641035	红粉糜子	134	0.5106	3

2015 年，向中国农业科学院作物科学研究所提供 20 份宁夏干旱区黍稷种质资源，在河北省曹妃甸 11 农场进行耐盐鉴定，通过综合耐盐指数评价，宁夏有 2 份黍稷种质资源：2011641033、2013641302 为全生育期耐盐种质（表 5-44，图 5-42），分别排在前十位的第 9、第 10 位。

表 5-44　西部糜子地方品种前 10 位全生育期耐盐性综合评价

编号	主茎高盐害系数		综合耐盐指数	
	数值	排序	数值	排序
20121500215	−17.0	3	−28.56	3
20121500211	−8.8	7	−20.57	5
2012611294	−58.4	2	−52.69	2
2012611362	−2.3	11	−27.25	4
2012150214	−84.1	1	−68.70	1
2013641302	−9.1	6	−15.57	10
2012612053	−2.8	10	−16.99	7
2011641033	−11.4	4	−15.84	9
2012611306	−11.3	5	−18.54	6

2011641033　　　　　　　　　　　　　　　　2013641302

图 5-42　2015 年鉴定出全生育期耐盐的宁夏黍稷种质资源种子样本

7. 小麦近缘属种质资源

宁夏分别从盐池县大水坑、吴忠市红寺堡区、彭阳县城阳乡、西吉县吉强镇、海原县南华山等地收集到小麦近缘属 10 份。其中包括蒙古冰草(图 5-43)、赖草(图 5-44)、普通冰草(图 5-45)、披碱草(图 5-46)、鹅观草、无芒鹅观草。这些小麦近缘属分布在宁夏干旱、高寒地区，具有很强的耐旱耐寒性。

图 5-43　宁夏盐池县大水坑蒙古冰草　　　　图 5-44　宁夏吴忠市红寺堡区赖草

图 5-45　宁夏海原县南华山普通冰草　　　　图 5-46　宁夏海原县南华山披碱草

(二)豆类(大豆、食用豆)

宁夏干旱区居民种植的豆类作物多为历代传承下来的具有抗旱、耐贫瘠及耐盐碱等优良性状的古老品种，以菜用和饲用为主，种植规模较小，主要用以轮作养地。本次调查收集到抗旱、耐逆豆科作物地方种质资源共 108 份，隶属 10 属 10 种。各县收集豆类作物地方种质资源数量由多到少依次为，西吉县(33)>同心县(19)>彭阳县(17)>海原县(15)>隆德县(7)=盐池县(7)=原州区(7)>泾源县(3)。豌豆作为宁夏干旱区豆类作物中种植面积最大的作物，其播种面积为 3.47 万 hm^2，主要分布在西吉县、海原县、同心县和彭阳县，以地方品种为主。

1. 扁豆种质资源

宁夏收集到的扁豆种质资源数量较多，有 27 份，占豆类资源总份数的 25%；西吉县收集的扁豆份数较多，占扁豆总份数的 40.8%(表 5-45)。

表 5-45　系统调查扁豆数量及分布情况

地方(县)	科	属	种	数量(份)	乡(镇)分布情况	百分比(%)
西吉				11	震湖乡、田坪乡、将台乡、兴隆乡	40.8
同心				5	下马关、张家源、王团乡	18.5
彭阳				5	古城乡、罗洼乡、草庙乡	18.5
海原	豆科	扁豆属	扁豆	3	关庄乡、海城乡、观桥乡	11.1
原州区				2	河川乡、寨科乡	7.4
隆德				1	张程乡	3.7
合计				27		100.0

2. 豌豆种质资源

宁夏收集到豌豆种质资源 23 份，占豆类资源总份数的 21.3%。其中，西吉县收集的豌豆份数较多，占豌豆总份数的 39.1%(表 5-46)。

表 5-46　系统调查豌豆数量及分布情况

地方(县)	科	属	种	数量(份)	乡(镇)分布情况	百分比(%)
西吉				9	王民乡、田坪乡、新营乡、震湖乡	39.1
海原				4	关庄乡、海城乡	17.4
原州区				3	河川乡、寨科乡	13.0
同心	豆科	豌豆属	豌豆	2	下马关、张家源、王团乡	8.7
盐池				2	麻黄山	8.7
隆德				2	山河乡、温堡乡	8.7
彭阳				1	草庙乡	4.4
合计				23		100.0

2014 年豌豆种质资源抗旱鉴定：宁夏收集的 5 份豌豆种质资源抗旱性评价均属于 3

级以下抗旱类型，抗旱能力较弱（表5-47）。

表5-47　宁夏豌豆资源敦煌抗旱性评价结果（甘肃省农业科学院，2014年）

编号	加权抗旱系数	级别
2011641032	1.13048	3
2011641020	1.094957	3
2012641221	1.076144	3
2012641210	0.951137	3
2011641090	0.8747	4

3. 蚕豆种质资源

宁夏收集到的蚕豆种质资源14份，占豆类资源总份数的13.0%。西吉县和隆德县收集到的蚕豆份数较多，均占总份数的28.6%（表5-48）。

表5-48　系统调查蚕豆数量及分布情况

地（县）	科	属	种	数量（份）	乡（镇）分布情况	百分比（%）
西吉				4	王民乡、田坪乡、将台乡	28.6
隆德				4	山河乡、温堡乡、张程乡	28.6
海原	豆科	野豌豆属	蚕豆	3	观桥乡、关庄乡	21.4
泾源				2	大湾乡	14.3
原州区				1	寨科乡	7.1
合计				14		100.0

4. 大豆种质资源

宁夏收集到大豆种质资源9份，占豆类资源总份数的8.3%。同心县、彭阳县各收集到大豆3份，均占大豆总份数的33.3%（表5-49）。

表5-49　系统调查大豆数量及分布情况

地方（县）	科	属	种	数量（份）	乡（镇）分布情况	百分比（%）
同心				3	张家源、王团乡	33.3
彭阳				3	古城乡、孟塬乡、红河乡	33.3
海原	豆科	大豆属	大豆	1	观桥乡	11.1
西吉				1	田坪乡	11.1
盐池				1	惠安堡乡	11.1
合计				9		100.0

2014年大豆种质资源抗旱鉴定：宁夏收集的5份大豆种质资源中只有2012641128在未成熟资源抗旱性评价中属于1级抗旱类型（图5-47）、2012641197属于2级抗旱类型，其余均在3级以下（表5-50）。

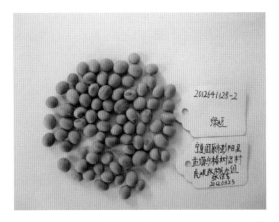

图 5-47　宁夏 1 级抗旱大豆种质 2012641128 种子样本

表 5-50　宁夏大豆未成熟资源敦煌抗旱性评价结果（甘肃省农业科学院，2014 年）

编号	模糊隶属函数	级别
2012641128	0.970 417	1
2012641197	0.556 741	2
2012641110	0.389 913	3
2012641275	0.021 823	5

2015 年向中国农业科学院作物科学研究所提供 6 份宁夏干旱区大豆种质资源，在河北省曹妃甸 11 农场进行耐盐鉴定，鉴定结果表明，有 3 份大豆种质资源黄豆（2012641197）、黄豆（2012641110）、绿大豆（2012641128）（图 5-48）比较耐盐害，出苗至收获植株耐盐能力分别达到 100%、94.21%和 91.48%，9 个重复 30 株平均籽粒重分别为 188.92g、310.20g、198.89g，比对照'铁丰 8 号'（120.735g/30 株）高 56.5%、156.9%和 64.7%。2014 年，甘肃省农业科学院在未成熟资源的抗旱性评价中就鉴定出，绿大豆（2012641128）属于 1 级抗旱类型。因此，绿大豆属于非常宝贵的抗旱、较耐盐害的大豆种质资源（表 5-51）。

图 5-48　宁夏比较耐盐害大豆种质资源

左图为黄豆（2012641197）；中图为黄豆（2012641110）；右图为绿大豆（2012641128）

表 5-51　宁夏干旱区大豆种质资源耐盐鉴定

编号	种质名称	出苗株数/30 株（9 重复平均）	成熟株数/30 株（9 重复平均）	出苗率(%)	成活率(%)	出苗至收获植株耐盐能力(%)	籽粒重(g)/30 株（9 重复平均）
2012641110	黄豆	21.11	19.89	70.37	66.30	94.21	310.20
2012641128	绿大豆	10.11	9.25	33.70	30.83	91.48	198.89
2012641197	黄豆	5.33	5.33	17.78	17.78	100.00	188.92
2012641234	绿大豆	1.78	1.22	5.93	4.07	68.75	38.67
2012641275	黄豆	0.33	0.14	1.11	0.48	42.86	31.48
2013641364	黄豆	未出苗	0.00	0.00	0.00	0.00	0.00

5. 宁夏野生大豆种质资源

中国农业科学院作物科学研究所王克晶研究员于 2011 年 10 月 15～11 月 3 日，在银川市、石嘴山市、青铜峡市、中卫市、中宁县、永宁县、贺兰县、平罗县、国营平吉堡农场、国营渠口农场等 10 个县(市、区、国营农场)、44 个地点收集到野生大豆资源 47 份(表 5-52)，并对野生大豆种质资源进行了深入研究。

表 5-52　宁夏野生大豆种质资源调查地点及分布

调查地点	数量
银川金凤区	4 点+2 份半野生
贺兰	5 点
石嘴山	1 点
石嘴山惠农区	1 点
平罗	1 点
永宁	7 点
青铜峡	18 点+1 份半野生
中宁	4 点
中卫沙坡头区	1 点
贺兰山	1 点
合计	43 点、47 份

黄河是我国的母亲河，她孕育了中华民族，也孕育了大量的农作物种质资源。野生大豆之所以能在宁夏发现，是与黄河流经、河道变迁分不开的。据汪一鸣(1984)研究，汉代至唐代初期，贺兰县以北地段属黄河故道(今唐徕渠和惠农渠之间)。两千年来，黄河河道的迁徙总趋势是由西往东。河道东徙的原因：一方面，银川盆地现代构造运动的特点是盆地两侧发生不等量的地壳上升运动，西侧的贺兰山地强烈抬升，东侧的鄂尔多斯台地虽也相对上升，但其幅度较小，而盆地中心部分则相对沉降，形成不均匀垂直运动，由此产生的动力迫使河道东移；另一方面，水平方向的动力作用，即科里奥利力(地球偏转力)影响，使黄河右岸受冲蚀较强，更加强了河床东移的趋势。但从卫星影像上看，西大滩一带存在黄河古道，表明历史时期黄河曾流经西大滩一带。

历史上黄河河道多次呈跳跃式迁徙，但迁徙后，在相当长的一段时间内，河道位置是相对稳定的，由于黄河的侧蚀及地球偏转力的影响，存在河槽向两侧摆动的现象。宁夏中、北部地区干旱，年降水量仅有 180～200mm。宁夏引黄灌溉历史悠久，从唐朝开始宁夏就引黄灌溉，水渠网络发达，给野生大豆生存提供了条件。宁夏野生大豆分布地点大部分在黄河西岸，只有少部分在黄河东岸。野生大豆主要分布在引水渠两侧，形成了我国特有的农田生态系统保护野生大豆的景观。在调查中，有 1 份发现在农田附近的干旱小环境，可能由于种子扩散到此，形成小群体，耐旱，植株高度仅 50cm 左右。

　　①依据细胞核遗传组成(图 5-50A)，宁夏野生大豆遗传上主要有 3 种成分，也可看到有遗传渗透存在；②依据细胞质遗传组成(图 5-50B)，宁夏野生大豆遗传上也有 3 种成分，一种是两种细胞质融合，另外是两个相对单纯成分。说明历史上宁夏野生大豆细胞质曾发生融合事件(图 5-49，图 5-50)。

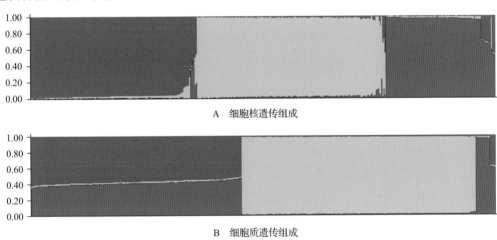

A　细胞核遗传组成

B　细胞质遗传组成

图 5-49　宁夏野生大豆遗传组成(源于王克晶)

图 5-50　青铜峡三趟墩村极晚熟野生大豆 10 月 30 日(源于王克晶)

(三)果蔬类

　　由于宁夏干旱区干旱少水、土地贫瘠等，当地农民种植的蔬菜品种较少，收集到蔬菜地方种质资源及野生资源共 33 份，隶属 7 科 12 属 17 种。调查收集到的蔬菜地方种质资源有藜科的菠菜、甜菜，百合科的韭菜，菊科的苦荬菜，十字花科的萝卜，葫芦科的茭瓜、面瓜、菜瓜、葫芦等共 5 份；野生资源有蒙古韭、碱蒿等共 2 份(表 5-53)。

表 5-53　宁夏干旱区收集的蔬菜地方种质资源

科	属	种	同心	盐池	海原	西吉	彭阳	合计
茄科	辣椒属	辣椒	4	0	1	0	2	7
藜科	菠菜属	菠菜	0	0	0	2	1	3
	甜菜属	甜菜	0	0	0	1	0	1
百合科	葱属	白花葱	1	0	0	0	0	1
		蒙古韭	0	1	0	0	0	1
		红葱	1	0	0	2	0	3
		葱	0	0	0	0	2	2
		韭菜	0	0	0	1	1	2
	萱草属	萱草	1	0	0	0	0	1
菊科	苦荬菜属	多头苦荬菜	0	1	0	0	0	1
	蒿属	碱蒿	1	0	0	0	0	1
十字花科	萝卜属	萝卜	1	0	0	1	1	3
葫芦科	南瓜属	茭瓜	0	0	0	0	1	1
		面瓜	0	0	0	0	1	1
	甜瓜属	菜瓜(变种)	0	1	0	0	0	1
	葫芦属	葫芦	2	0	0	0	0	2
伞形科	芫荽属	芫荽	1	0	0	1	0	2
合计			12	3	1	8	9	33

蔬菜种植主要以自给自足为主，种植面积较小，种植种类单一，种植较为分散。多在自家院内、房前空地种植，现吃现取。为弥补可种植蔬菜的不足，当地居民善于发现并利用可食用的野生蔬菜资源，形成了独特的饮食习惯，故高菊花、沙葱等野生资源成了饭桌上的家常菜。

1. 辣椒种质资源

调查收集到辣椒 7 份，在各县均有种植。辣椒是宁夏人日常饮食中必不可少的调料，几乎每一道菜都离不开辣椒。同心县等县收集到的灯笼辣椒以其个小、形似灯笼而得名，直径为 3~5cm，成熟期为 8~9 月。在炖肉时放入可用于去除腥味，也可用于调拌凉菜时加入提味(表 5-54)。

表 5-54　系统调查辣椒数量及分布情况

地方(县)	科	属	种	数量(份)	乡(镇)分布情况	百分比(%)
同心				4	张家塬	57.1
彭阳	茄科	辣椒属	辣椒	2	草庙乡	28.6
海原				1	观桥乡	14.3
合计				7		100.0

2. 十棱瓜种质资源

十棱瓜是于盐池麻黄山收集的干旱区特有品种，因其果皮有十道棱而得名，多在农家房前屋后少量种植。果实小，一般 1kg 左右，果形长椭圆，果皮棕黄，成熟期为 8～9 月。初步鉴定，认为十棱瓜是菜瓜的一种变种。

3. 果树种质资源

此次调查共收集到果树地方种质资源及野生资源 76 份，属于 5 科 14 属 22 种。果树种类主要集中在蔷薇科，有 9 种，所占比例为 40.9%。大部分果树地方品种都是在山上零星种植，规模种植的主要有大枣、枸杞、杏等。收集到野生资源 9 份，为蔷薇科的毛樱桃、毛桃。红枣作为抗旱、耐瘠薄的果树品种，在宁夏中部干旱带种植较为广泛，其中，同心圆枣因其独特的地方特色，皮薄肉厚，营养丰富，深受当地果农的喜爱。在调查途中发现一颗同心圆枣树龄达 200 多年，单株依然保有 100kg 的产量，显示出极强的生命力与适应能力（表 5-55）。

表 5-55　宁夏干旱区种植的果树地方种质资源

科	属	种
桑科	桑属	桑
	大麻属	黑果枸杞
鼠李科	枣属	枣
茄科	枸杞属	枸杞
胡桃科	胡桃属	胡桃
蔷薇科	樱属	毛樱桃
	杏属	杏
	梨属	白梨
	木瓜属	木瓜
	桃属	桃
	野木瓜属	野木瓜
	草莓属	野草莓
	苹果属	花红
	悬钩子属	美丽悬钩子(秀丽莓)
		刺悬钩子(针刺悬钩子)
		茅莓
		喜阴悬钩子
		菰帽悬钩子
		多腺悬钩子
		腺花茅莓(变种)
		覆盆子(插田泡)
		库页悬钩子
5 科	14 属	22 种

1）野生扁核种质资源

扁核，也称马茹子，本地野生樱桃资源，多生长在阴干低温的山区，成熟期集中在8～9月。在年均气温8℃、干旱少水的环境下依然能正常开花结实，是优异的低温耐逆樱桃种质资源。

2）野生树莓种质资源

宁夏首次开展了野生树莓种质资源的调查、收集。野生树莓种质资源属于蔷薇科悬钩子属。课题组先后对贺兰山、南华山、六盘山、罗山、隆德县奠安乡杨沟村孟沟、隆德县山河乡崇安村大漫坡等地进行了6次宁夏野生树莓种质资源的调查、收集工作。先后采集到12批次、200余份野生树莓种质资源，初步掌握了宁夏野生树莓分布的基本情况。

宁夏野生树莓种质资源主要分布在海拔1900～2400m的地区，具有很好的耐寒性和耐旱性。绝大多数宁夏野生树莓原生地土壤pH处在7.2～7.8。试验结果表明，宁夏野生树莓在pH为8.61的土壤中也可以栽培驯化。因此宁夏野生树莓可以在宁夏引黄灌区种植，可以作为水土保持树种利用（表5-56，表5-57）。

表5-56 宁夏野生树莓草莓种质资源分布调查表

名称	地点	经纬度（°）	海拔（m）
美丽悬钩子（秀丽莓）	彭阳挂马沟1	35 45.812N 106 21.259E	2223
美丽悬钩子（秀丽莓）	彭阳挂马沟1	35 45.660N 106 21.131E	2214
美丽悬钩子（秀丽莓）	彭阳挂马沟2	35 45.613N 106 21.138E	2204
美丽悬钩子（秀丽莓）	海原灵光寺1	36 30.232N 105 32.532E	2302
美丽悬钩子（秀丽莓）	海原灵光寺2	36 30.194N 105 32.575E	2282
刺悬钩子（针刺悬钩子）	泾源六盘山林场	35 22.315N 106 20.403E	2215
喜阴悬钩子	泾源六盘山王华南林场	35 22.314N 106 20.402E	2199
茅莓	泾源六盘山龙潭林场	35 23.441N 106 20.441E	1988
喜阴悬钩子	泾源六盘山王华南林场	35 23.441N 106 20.440E	1988
菰帽悬钩子	泾源六盘山龙潭林场	35 23.437N 106 20.439E	1989
多腺悬钩子	红寺堡罗山杨柳泉沟	37 19.454N 106 17.476E	2268
多腺悬钩子	红寺堡罗山杨柳泉沟	37 19.457N 106 17.473E	2280
腺花茅莓（变种）	隆德奠安乡杨沟村孟沟	35 24.294N 106 5.198E	1990
覆盆子（插田泡）	隆德山河乡崇安村大漫坡	35 30.138N 106 11.720E	2372
库页悬钩子	贺兰山哈拉乌沟青树湾	38 23.965N 105 26.532E	2532

表 5-57　宁夏野生树莓原生态及驯化保存地土壤养分检测汇总表

地点	pH	全盐 (g/kg)	有机质 (kg)	全量氮 (kg)	全量磷 (kg)	全量 (g/kg)	速效氮 (mg/kg)	速效磷 (mg/kg)	速效钾 (mg/kg)
六盘山龙潭林场 (茅莓)	7.65	0.48	42.2	2.04	0.68	18.8	114	22.6	180
六盘山二龙河林场 (刺悬钩子)	5.89	0.39	82.6	3.88	0.84	19.1	259	32.6	185
南华山灵光寺 1 (美丽悬钩子)	7.38	0.62	67.8	3.25	0.84	19.9	200	46.8	320
六盘山龙潭林场 (菰帽悬钩子)	7.5	0.52	68.2	3.27	0.88	20.1	207	57.2	545
六盘山王化南林场 (喜阴悬钩子)	6.42	0.52	95	4.46	0.96	21	268	26.2	345
南华山灵光寺 2 (美丽悬钩子)	7.79	0.5	47.2	2.58	0.76	19.9	146	27.5	335
南华山灵光寺 3 (美丽悬钩子)	7.52	0.52	67	3	0.8	18.9	187	38.3	435
彭阳挂马沟 (美丽悬钩子)	7.19	0.41	61.6	3.08	1.03	20.6	168	21.8	110
红寺堡罗山 (多腺悬钩子)	7.27	0.78	144	6.44	0.84	17.6	444	43.4	290
银川太阳岛 (野生树莓驯化基地)	8.61	0.48	9.21	0.58	0.46	16.9	41	12	138
隆德奠安乡杨沟村 (腺花茅莓)	8.04	0.55	19.8	1.19	0.61	19.2	92	3.9	235

　　2016 年课题组将库页悬钩子、栽培红树莓品种'哈瑞太兹'(美国)、'宁杞 7 号'浆果样品送检,进行主要化学成分比较。

　　贺兰山库页悬钩子的多糖含量比'宁杞 7 号'高 13.3%;库页悬钩子超氧化物歧化酶活力要比'宁杞 7 号'低 69.3%;库页悬钩子花青素总含量为 192mg/kg,由于'宁杞 7 号'含量太低,没有检测出。贺兰山库页悬钩子各项检测指标均比栽培红树莓低,这既说明树莓栽培品种与野生树莓生长环境差异会造成品质差异,又说明树莓不同种之间会有成分含量的差异(表 5-58)。

表 5-58　贺兰山库页悬钩子、栽培红树莓及鲜枸杞检测结果

样品名称	检测项目及测定结果			
	多糖(g/100g)	甜菜碱(g/100g)	超氧化物歧化酶(SOD)活力(U/g)	花青素总含量(mg/kg)
贺兰山库页悬钩子	1.36	未检出	141	192
栽培红树莓:哈瑞太兹	2.05	未检出	565	393
鲜枸杞:宁杞 7 号	1.2	0.4	459	未检出

3) 野生甜果枸杞

此次调查中还在多处发现野生甜果枸杞, 多生长在古城墙的残垣断壁上, 海拔 1800～1900m, 生长条件极其恶劣。其叶比普通枸杞叶小, 果实小, 果皮有红、黄、黑色, 成熟期在 5 月中旬。这些野生枸杞是宝贵的枸杞抗旱、耐逆种质资源。

4) 野生苦果枸杞

本课题组在宁夏发现野生苦果枸杞 (图 5-51)。多次前往海原县西安乡园河村、西吉县震湖乡等地野生苦果枸杞原生地采集枸杞植株和浆果。并将采集的野生苦果枸杞植株移栽。目前所采集的苦果枸杞植株成活 30 余株, 部分植株已开花、结果。

图 5-51　西吉苦果枸杞

ⅰ. 野生苦果枸杞植物学性状观察

叶片: 发现野生苦果枸杞叶片比栽培枸杞宽大些, 叶片呈条状或呈芭蕉叶状, 叶柄较长。叶面光滑, 叶片上分泌有白色物质, 病斑少; 果枝少刺, 刺较长。

花器: 发现宁夏野生苦果枸杞的花冠绝大多数为 5 裂, 但是 4 裂、6 裂、7 裂、8 裂花冠 (图 5-52) 出现的频率远较 '宁杞 7 号' 高。苦果枸杞雄蕊分别为 4～8 枚, 但大多数为 5 裂花冠、5 枚雄蕊、1 枚雌蕊, "花联合" 现象较多, 即两或多花柄联合、两或多花萼联合 (图 5-53); 4 裂花冠的雄蕊为 4 枚、雌蕊为 1 枚。花萼颜色有白色、紫蓝色、紫蓝与白色相间 3 种; 花器的雄蕊花丝、雌蕊花柱均较长。在西吉震湖苦果枸杞树上, 出现多花冠联合, 形成多裂花冠, 而且其 6 枚雌蕊连体 (图 5-53), 子房 12 室。一般中国枸杞种质的花器呈钟状, 雄蕊略比花冠长些或短些, 花丝与花冠位于同一水平。而宁夏野生苦果枸杞的雄蕊、雌蕊花柱呈拳曲状, 开花后花丝、花柱伸出长度均比其他中国枸杞种质资源长 1～2 倍多, 花丝与花冠明显地不在同一水平上, 而且发现花柱上端有一个明显的小弯状。

图 5-52　宁夏苦果枸杞花器

图 5-53　宁夏苦果枸杞花联合(左)及雌蕊连体(右)花器

果实：宁夏野生苦果枸杞浆果成熟时为鲜红色，果皮较栽培枸杞厚些，果实性状有圆形、椭圆形、卵形、长圆柱形等，顶端短尖或平，不同植株之间果实性状差异较大。宁夏野生苦果枸杞浆果有一个明显的特点，就是其浆果簇状着生在叶腋部(图 5-54)，包括独立着生果和联合果。其中，双果现象较多(图 5-55)。宁夏苦果枸杞浆果成熟时就可嗅到苦味，而宁夏栽培枸杞'宁杞 7 号'浆果成熟时便可嗅到一种清香味。按照成熟浆果苦的程度，宁夏野生苦果枸杞又可分为全苦果和半苦果类型。全苦果味没有任何甜味，半苦果为苦味中稍伴有丝微的甜味。在本试验地中，同时移栽成活的树，'宁杞 7 号'枸杞浆果汁早已被麻雀等鸟类吸食，而宁夏野生苦果枸杞浆果却完好无损，鸟类从不啄食。这也说明野生苦果枸杞果浆确实苦涩难咽。

图 5-54　宁夏苦果枸杞浆果簇状着生在叶腋部

图 5-55　苦果枸杞双果

种子：宁夏野生苦果枸杞种子与栽培枸杞'宁杞7号'种子性状相同，种子一端较圆，另一端有一小尖，与茄科其他属、种的种子形状相似，宁夏野生全苦果枸杞、半苦果枸杞种子较为饱满，宁夏野生全苦果枸杞种子平均为 2.15mm，宁夏野生半苦果枸杞种子平均为 2.05mm，宁夏栽培枸杞品种'宁杞7号'只有 1.65mm，全苦果枸杞、半苦果枸杞种子直径较'宁杞7号'分别大 30.3%、24.2%。而宁夏野生苦果枸杞与半苦果枸杞种子的直径差别不大，只是半苦果枸杞种子表皮具有的褐斑较多，苦果枸杞种子表皮的褐斑较淡（图 5-56，图 5-57）。

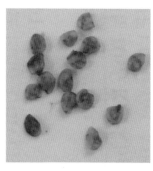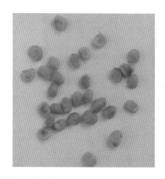

图 5-56 宁夏野生全苦果枸杞(左)、半苦果枸杞(中)、强半苦果宁杞7号(右)种子

图 5-57 宁夏西吉震湖苦果(左)、西吉吉栽培枸杞(中)、宁杞7号(右)果实比较

ⅱ. 宁夏野生苦果枸杞与'宁杞7号'杂交亲和性检测

2015 年 6 月，采用全苦果枸杞[海原苦果、西吉震湖(路东)]、半苦果枸杞[西吉震湖(路西)]、'宁杞7号'作亲本，进行正反交试验。初步实验结果如下。

宁夏野生苦果枸杞与栽培枸杞杂交，无论是正交，还是反交均能正常结实。其中，以'宁杞7号'作母本，苦果枸杞作父本，结实率较高，平均每个组合结实率变幅为 85.5%～95%。其反交为 54.8%～62.0%，明显低于正交，相差 23.5%～40.2%。这说明，宁夏苦果枸杞与'宁杞7号'之间杂交亲和性较好。正、反交授粉结实率的差异较大，是否与苦果枸杞柱头、花柱或胚室的某种分泌物对甜果枸杞花粉粒有某种抑制作用有关？尚需进一步研究证实。

以宁夏野生苦果枸杞作母本所得到的果实均为苦味，而以'宁杞7号'作母本所得到果实(F$_1$代)出现甜味、苦味的分离（图 5-58）。其中，'宁杞7号'/海原苦果、'宁杞7号'/西吉震湖(路东)得到果实甜、苦味分离个数分别为 16∶15、15∶11；接近 1∶1。'宁杞 7 号'/西吉震湖(路西)组合分离个数为 24∶6，即 4∶1。海原苦果、西吉震湖(路东)苦果枸杞均为全苦果枸杞，西吉震湖(路西)是半苦半甜枸杞(简称半苦果枸杞)。初步估计，苦果枸杞的苦味性状有可能是受多个独立遗传的显性、加性基因控制。2014 年聚合酶链反应-简单序列重复(PCR-SSR)分子标记检测：宁夏西吉、海原苦果枸杞均在 100bp、250bp 片段上具有中国枸杞其他种质资源没有谱带。苦味性状是否与这两条片段有关需进一步证实。本次杂交试验样本仅仅是小样本试验，下结论尚早。据有关资料介绍，'宁杞 1 号'和'宁杞 7 号'是目前发现的两种能自花授粉的品种，'宁杞 7 号'是'宁杞 1 号'芽变而形成的新品种。接下来，拟利用'宁杞 7 号'套袋自交，利用套袋自交的实生种子育苗，成株后再自交，建立杂交系。然后，利用基因纯合的'宁杞 7 号'作测交亲本，进行大样本的测交，观察苦味素性状分离比例。

图 5-58　苦果枸杞与宁杞 7 号杂交亲和性检测

2015 年还发现'宁杞 7 号'作母本的杂交种子较小，像母本，但是颜色有分离。而以苦果枸杞作母本种子较大，像母本，颜色也有分离。因此苦果枸杞与栽培枸杞杂交后，其种子形状具有倾母本性。此外，种子的颜色在 F_1 代也有分离。从表 5-59 中可以看出，以'宁杞 7 号'作母本组合的种子颜色出现黄色∶褐色(黄褐相间色的种子可归为褐色种子)为 17∶9、23∶5(半苦果枸杞作父本)、17∶14，与苦味分离相似；以海原、西吉苦果枸杞作母本组合的种子黄色∶褐色为 10∶12、7∶9，近于 1∶1，但与苦味分离不同；而以海原白花苦果为母本的组合种子全部为褐色，即 0∶11，与苦味分离相同。F_1 代枸杞种子颜色可能与母本所含的某种化学物质有关，或者与父母本化学成分之间的某种互作相关。

iii. 野生苦果枸杞主要化学成分初步检测

栽培品种'宁杞 7 号'的总糖含量最高，为 6.96g/100g，分别比西吉苦果枸杞、海原苦果枸杞高 40.3%、32.3%。然而，西吉野生苦果枸杞、海原野生苦果枸杞多糖含量分别比'宁杞 7 号'高 54.5%、74.3%。宁夏野生苦果枸杞中总糖含量较栽培品种低、多糖含量高，说明苦果枸杞总糖中的二糖，即果糖、蔗糖含量低。因此，苦果枸杞品尝起来不如栽培枸杞甜。此外，西吉野生苦果枸杞、海原野生苦果枸杞甜菜碱含量分别比宁杞 7 号高 30%、26.7%。至于黄酮含量，西吉苦果枸杞的黄酮含量比'宁杞 7 号'高 14.3%，而海原苦果枸杞的黄酮略低，比'宁杞 7 号'低 8.6%。这说明，三者黄酮含量差异不大(表 5-60)。

表5-59　甜果、苦果枸杞杂交结果统计

杂交类型	组合名称	每袋授粉花朵数	每袋结实果实数	授粉结实率(%)	每果结实种子数	平均种子/单果	果实颜色	甜苦		种子颜色		
								甜	苦	黄	褐	黄褐相间
	宁杞7号西吉震湖(路东)	2	2	100.0	11 41	26.0	红	1	1	2		
		7	7	100.0	46 40 35 51 55 58 35	45.7	红	2	5	2	2	3
		8	8	100.0	64 51 24 30 28 36 46	37.9	红	5	3	6	2	
		4	3	75.0	52 47 28	42.3	红	3		3		
		6	6	100.0	44 37 42 48 25 49	40.8	红	4	2	4		2
	平均值			95.0		38.6	合计	15	11	17	4	5
正交	宁杞7号西吉震湖(路西)	5	3	60.0	39 30 42	37.0	红	3			2	1
		7	7	100.0	43 18 42 15 44 34 28	32.0	红	6	1	6		1
		6	6	100.0	49 45 37 39 43 38	41.8	红	6	1	5		1
		5	5	100.0	38 24 34 45 36	35.4	红	5	0	5		
		11	8	72.7	20 37 10 40 14 38 22 29	26.3	红	7	1	7		
	平均值			86.5		34.5	合计	24	6	23	2	3
	宁杞7号海原苦果	8	8	100.0	39 51 56 39 45 32 44 40	43.3	红	7	1	8		
		7	7	100.0	50 28 58 53 30 35 54	44.0	红	5	2	4	2	1
		9	7	77.8	41 46 32 32 50 54 41	42.3	红	7		1	1	5
		6	6	100.0	16 34 48 30 31 27	31.0	红	2	4	2	4	
		6	3	50.0	25 40 36	33.7	红	2	1	2	1	
	平均值			85.6		38.8	合计	16	15	17	8	6

续表

杂交类型	组合名称	每袋授粉花朵数	每袋结实果实数	授粉结实率(%)	每果结实种子数	平均种子/单果	果实颜色	甜	苦	黄	褐	黄褐相同
	海原苦果/宁杞7号	14	6	42.9	20 2 13 4 6 17	10.3	红		6	2	4	
		2	2	100.0	14 16	15.0	红		2	2		
		5	3	60.0	17 17 18	17.3	红		3	3		
		8	6	75.0	17 20 15 18 21 17	18.0	红		6	1	1	4
		7	1	14.3	18	18.0	红		1		1	
		5	4	80.0	8 14 16 12	12.5	红		4	2	2	
	平均值			62.1		15.2	合计	0	22	10	8	4
正交	海原苦果白/宁杞7号	5	3	60.0	9 8 15	10.7	红		3		2	1
		13	8	61.5	9 17 12 16 13 13 14 17	13.9	红		8		8	
	平均值			60.8		12.3	合计	0	11	0	10	1
	西吉震湖(路东)/宁杞7号	3	3	100.0	24 16 14	18.0	红		3	2	1	
		7	6	85.7	66 25 18 24 24 10	27.8	红		6	4	2	
		7	2	28.6	20 18	19.0	红		2		2	
		5	3	60.0	8 20 20	16.0	红		3	1	1	1
		5	2	40.0	12 18	15.0	红		2	1		1
		7	1	14.3	21	21.0	红		1		1	
	平均值			54.8		19.5	合计	0	17	8	7	2

表 5-60　宁夏苦果枸杞主要化学成分检验结果

项目	西吉苦果枸杞	宁杞 7 号	海原苦果枸杞
甜菜碱(g/100g)	0.39	0.30	0.38
总糖(g/100g)	4.96	6.96	5.26
枸杞多糖(g/100g)	1.56	1.01	1.76
黄酮(g/100g)	0.040	0.035	0.032

综上所述,无论是植物学性状、传统的药用成分、分子生物学等方面,宁夏野生苦果枸杞与栽培枸杞存在较大的差异。宁夏野生苦果枸杞的多糖、甜菜碱含量远高于'宁杞 7号'的检测结果已经说明,野生苦果枸杞的药用价值非常高,因此值得深入研究和开发。

采用分子标记手段,提取宁夏野生苦果枸杞资源及已保存的中国枸杞种质资源DNA,并进行 PCR-SSR 分子标记检测。发现宁夏苦果枸杞与中国枸杞在 100～250bp 片段上遗传差异显著(图 5-59,图 5-60)。

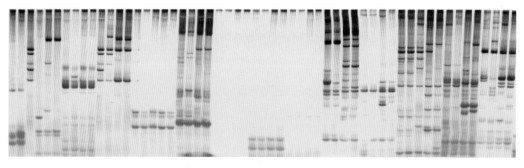

图 5-59　宁夏野生苦果枸杞资源 DNA 的 PCR-SSR 分子标记检测电泳图

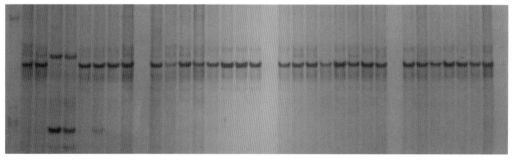

盐池野生枸杞　宁杞 7 号　海原苦果枸杞　西吉苦果枸杞　新疆枸杞　中国枸杞　北方枸杞　黑果枸杞　云南枸杞　柱筒枸杞　截萼枸杞　蔓生枸杞　红枝枸杞　宁杞 1 号　宁杞 2 号　宁杞 3 号　宁杞 4 号　宁杞 5 号　宁杞 7 号　菜用枸杞　大麻叶枸杞　宁夏黄果　白条枸杞　尖头圆果枸杞　尖头圆果枸杞　04-3-32　4-B　06-16　06-03　06-02　同心王家塬野生枸杞

图 5-60　宁夏野生苦果枸杞及中国枸杞种质资源 PCR-SSR 分子标记检测电泳图

　　2015 年将宁夏西吉震湖乡野生苦果枸杞鲜果、'宁杞 7 号'鲜果样本，送到中国科学院南京植物研究所进行检测。两份样品质谱图差别明显（质谱图及差谱），见图 5-61。提取其一级质谱图与相应二级质谱图（图 5-62）。分析质谱可知：主要差别在保留时间65.493min 处，一级质谱[M+H]$^{+}$：相对分子质量 585.5370；二级质谱主要离子碎片相对分子质量 304.2626。疑似为黄酮苷，通常情况下，槲皮素型的黄酮类化合物味道非常苦，初步推测主要物质为具有二氢槲皮素结构的黄酮类化合物（注：二氢槲皮素，相对分子质量 304.25，结构式见图 5-63）。初步判断该类物质为苦果枸杞的苦味物质。目前，已经检索枸杞所有发现的黄酮类成分，未发现该质荷比结构，同时检索黄酮类化合物，目前也尚未发现类似质荷比结构。

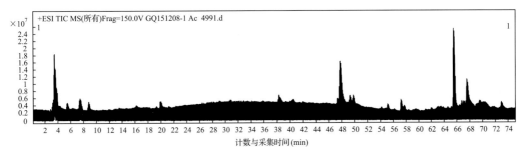

A　西吉震湖乡野生苦果枸杞乙酸乙酯部位

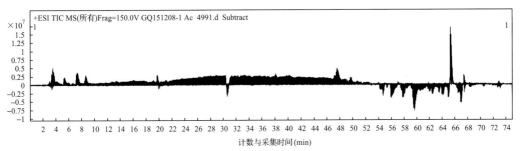

B　宁杞7号乙酸乙酯部位

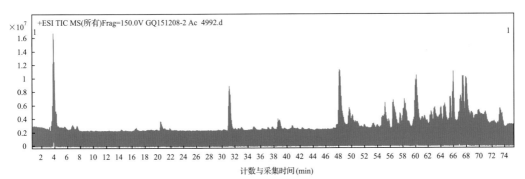

C　西吉震湖乡野生苦果枸杞与宁杞7号差谱

图 5-61　总离子流图（源于江苏省中国科学院植物研究所）

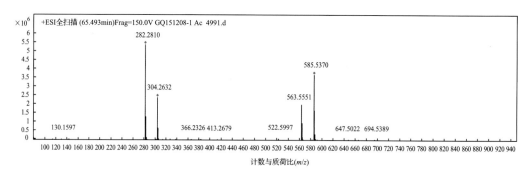

A　一级质谱(585.5370m/z)

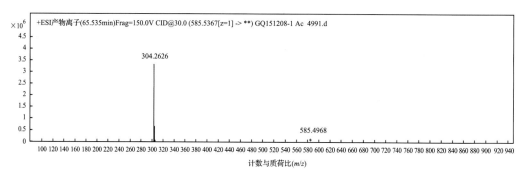

B　二级质谱(304.2626m/z)

图 5-62　一级质谱与相应二级质谱提取图(源于江苏省中国科学院植物研究所)

图 5-63　二氢槲皮素化学结构式

　　二氢槲皮素因具有抗肿瘤、抗氧化、抗辐射、抗病毒、抗心血管系统疾病、改善毛细血管微循环、改善脑部血液循环、抗血小板凝聚等作用，用于治疗脑梗及其后遗症、脑血栓、心脏冠状动脉等疾病，所以将其作为食品添加剂、保健食品和药品等相关产品，具有很高的开发潜力。由于二氢槲皮素为多羟基化合物特别是 5、7-OH 及 3′、4′邻位二羟基的存在，其抗氧化能力优于一般生物类黄酮。研究结果表明，二氢槲皮素是未来重要的抗衰老和抗癌的天然产物，是迄今为止发现的最强效纯天然抗氧化剂。

(四)其他类

1. 荞麦种质资源

　　宁夏干旱区荞麦种质资源有甜荞、苦荞之分，以苦荞麦份数居多。在 10 个县均有种植的苦荞麦，但是西吉、盐池、海原、隆德、同心、彭阳、原州等 7 个县(区)种植面积较大，收集的地方荞麦种质资源较多。其中，西吉县苦荞麦收集的份数最多，占苦荞麦总数的 30.4%，其次是盐池县、海原县，分别占到 17.4%、15.2%。荞麦具有适应性强、抗旱、耐盐碱、产量高等优良性状，是极为重要的耐逆种质资源（表 5-61，表 5-62）。

表 5-61　系统调查甜荞数量及分布情况

地方(县)	科	属	种	数量(份)	乡(镇)分布情况	百分比(%)
西吉				14	王民乡、田坪乡	30.4
盐池				8	花马池、麻黄山、惠安堡	17.4
海原				7	关庄乡、红阳乡、观桥乡、树台乡	15.2
隆德	蓼科	荞麦属	甜荞麦	5	杨和乡、山河乡、温堡乡	10.9
同心				4	下马关、张家源	8.7
彭阳				4	古城乡、罗洼乡、城阳乡	8.7
原州区				3	河川乡、寨科乡	6.5
泾源				1	大湾乡	2.2
合计				46		100.0

表 5-62　系统调查苦荞数量及分布情况

地方(县)	科	属	种	数量(份)	乡(镇)分布情况	百分比(%)
同心				2	下马关、张家源	25.0
盐池				2	花马池、麻黄山	25.0
西吉	蓼科	荞麦属	苦荞麦	2	新营乡、震湖乡	25.0
海原				1	关庄乡	12.5
彭阳				1	罗洼乡	12.5
合计				8		100.0

2. 小茴香

在海原县调查收集到小茴香 1 份，小茴香系伞形科茴香属一年生草本植物，其叶和种子均可用于调料及药用，有补肾养胃之功效。小茴香抗旱、耐盐碱、耐瘠薄，适应性广，在宁夏干旱区广为种植，尤其是在海原县，已经形成一定的种植规模，成为区域性特色支柱产业。

3. 胡麻

宁夏干旱区收集到胡麻 22 份。其中，西吉县收集的份数较多，占收集到的胡麻种质资源总份数的 31.8%。在 7 个县有较大面积种植，是当地主要的油料作物。当地农民有时把胡麻称为"净子"。胡麻对当地的干旱气候、贫瘠土壤有较强的适应性，被当地人誉为干旱区"油盆"中一颗闪耀的明珠（表 5-63）。

表 5-63　宁夏干旱区胡麻数量及分布情况

地方(县)	科	属	种	数量(份)	乡(镇)分布情况	百分比(%)
西吉				7	田坪乡、震湖乡、兴隆镇、王民乡	31.8
海原				5	观桥乡、树台乡、关庄乡	22.7
同心				3	瑶山乡	13.6
原州区	胡麻科	胡麻属	胡麻	3	河川乡、寨科乡	13.6
盐池				2	惠安堡	9.1
彭阳				1	孟塬乡	4.6
泾源				1	大湾乡	4.6
合计				22		100

　　2014 年甘肃省农业科学院敦煌试验站抗旱性鉴定结果表明：宁夏收集的胡麻种质资源在种子萌发期抗旱能力不强，只有 1 份达到 3 级(2013641336，加权抗旱系数 0.425 553)，其余均在 5 级以下(表 5-64)；而在胡麻苗期有 4 份宁夏胡麻种质资源：2013641336、2013641298、2011641046、2012641216 达到 1 级抗旱类型(幼苗反复干旱存活率≥70.2221)(表 5-65，图 5-64)，占到七省(区)胡麻苗期达 1 级抗旱类型种质资源的 44.4%。在胡麻成株期有 2 份宁夏胡麻种质资源：2012641216、2013641313 达到 1 级抗旱类型(加权抗旱系数≥0.8943)(表 5-66)，占到七省(区)胡麻成株期达 1 级抗旱类型种质资源的 40%。

表 5-64　宁夏胡麻萌发期资源敦煌抗旱性评价结果(甘肃省农业科学院，2014 年)

编号	加权抗旱系数	级别
2013641313	0.354 679	5
2012641216	0.338 266	5
2012641130	0.321 078	5
2012641162	0.310 145	5
2011641073	0.252 985	5
2011641046	0.247 428	5

表 5-65　宁夏胡麻种质资源苗期敦煌抗旱性评价结果(甘肃省农业科学院，2014 年)

编号	反复干旱存活率(%)	级别
2013641336	84.52	1
2013641298	77.59	1
2011641046	76.00	1
2012641216	75.64	1
2013641323	68.09	2
2012641162	62.50	3
2012641188	50.00	3
2013641313	50.00	3
2012641130	23.86	5
2011641073	20.00	5

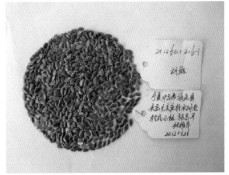

图 5-64　宁夏胡麻苗期 1 级抗旱种质资源种子样本

2013641336（上左）、2013641298（上右）、2011641046（下左）、2012641216（下右）

表 5-66　宁夏胡麻成株期敦煌资源抗旱性评价结果（甘肃省农业科学院，2014 年）

编号	加权抗旱系数	级别
2012641216	1.0332	1
2013641313	1.0297	1
2012641188	0.8598	2
2013641323	0.8221	3
2011641046	0.8094	3
2013641298	0.8012	3
2012641130	0.6810	4
2011641073	0.6760	4
2012641162	0.6029	5
2012641162	0.6029	5

2015 年，经过筛选，宁夏选送 18 份胡麻种质资源再次在甘肃省农业科学院敦煌试验站进行抗旱鉴定。鉴定结果表明，有 4 份达到 1 级抗旱类型。其中包括：2012641216、2013641348、2013641323、2013641385，占到七省（区）胡麻达 1 级抗旱类型种质资源（加权抗旱系数≥0.86）的 33.3%；4 份达到 2 级抗旱类型；6 份达到 3 级抗旱类型；4 份达 4～5 级抗旱类型（表 5-67，图 5-65）。

表 5-67　胡麻资源敦煌抗旱性评价结果（甘肃省农业科学院，2015 年）

编号	种质名称	来源	生育期(d)	判定值	级别
2012641216	胡麻	宁夏	86	1.1660	1
2013641348	胡麻	宁夏	86	1.0255	1
2013641323	胡麻	宁夏	89	0.9956	1
2013641385	胡麻	宁夏	87	0.9107	1
2013641439	胡麻	宁夏	85	0.8582	2
2014641492	胡麻	宁夏	91	0.8464	2
2013641313	胡麻	宁夏	85	0.8459	2
2013641298	胡麻	宁夏	84	0.8109	2
2012641188	胡麻	宁夏	84	0.7719	3
2013641448	胡麻	宁夏	84	0.7353	3
2012641130	胡麻	宁夏	87	0.7274	3
2014641480	胡麻	宁夏	84	0.6980	3
2012641162	胡麻	宁夏	87	0.6935	3
2011641046	胡麻	宁夏	83	0.6655	3
2011641073	胡麻	宁夏	83	0.5926	4
2013641336	胡麻	宁夏	84	0.5850	4
2014641472	老胡麻	宁夏	84	0.5470	5
2013641367	小胡麻	宁夏	83	0.5257	5

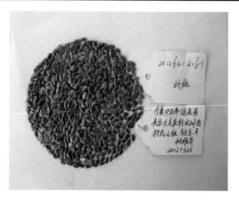

图 5-65　2015 年鉴定出宁夏 4 份达到 1 级抗旱级别胡麻种质资源种子样本

2012641216（左上）、2013641348（右上）、2013641323（左下）、2013641385（右下）

4. 芸芥

收集到芸芥 6 份，在 5 个县有种植。芸芥也是一种重要的油料作物，当地农民有时把芸芥称为"圆圆胡麻"，被当地人用于与胡麻掺和在一起榨油，以此来提升胡麻油的口感。

5. 野生胡麻

课题组在宁夏干旱区共收集到 8 份野生胡麻种质资源。籽粒比栽培胡麻种子小许多、籽粒颜色有红褐色、黑色等。野生胡麻一年两熟、宿根、多年生、耐寒、耐旱、靠根芽蘖再生。因此，野生胡麻是一种非常宝贵的抗逆农作物种质资源。

6. 宁夏抗逆种质资源鉴定统计

2014 年宁夏收集的农作物种质资源在中国农业科学院、甘肃省农业科学院、新疆农业科学院鉴定出 12 份 1 级抗旱型、13 份 2 级抗旱型种质资源，共计 25 份抗旱型种质资源(表 5-68)。

表 5-68　宁夏抗旱农作物种质资源深入鉴定统计表(2014 年 12 月)

项目	胡麻	大豆	玉米	谷子	黍稷	小麦	合计
1 级抗旱种质	4 份(苗期)	1 份(未成熟)	4 份	2 份	1 份		12 份
2 级抗旱种质	1 份(苗期)	1 份(未成熟)	1 份	3 份	4 份	3 份(全生育期)	13 份

2015 年，鉴定出宁夏 1 级抗旱种质资源 10 份、2 级抗旱种质资源 14 份，7 份耐盐种质资源，共计 31 份抗逆种质资源(表 5-69)。

表 5-69　2015 年鉴定出宁夏干旱区抗逆优异农作物种质资源统计表

项目	胡麻	玉米	春小麦	谷子	黍稷	大豆	
1 级抗旱	4		3	1	2		10
2 级抗旱	4	1		6	3		14
耐盐				2	2	3	7
合计	8	1	3	9	7	3	31

两年抗逆农作物种质资源鉴定结果表明，宁夏共获得 56 份(次)抗逆农作物种质资源(个别种质资源有重复或年份差异)，完成了 35～50 份抗逆优异种质资源样本的任务。

第四节　作物种质资源保护和利用建议

为有效保护及高效利用宁夏干旱区抗逆农作物种质资源，特提出以下建议。

一、转变理念，加快抗逆农作物种质资源考察收集

近年来，地方政府及农业主管部门在本地种植业结构调整方面成果显著，但是作物

种植结构单一性的问题凸显，某些当地原有特色作物濒临消失的危险，对当地的生物多样性构成极大威胁。地方政府应充分认识到种质资源多样性的重要性，地方种质资源的利用受经济快速发展影响，导致当地种质资源多样性的减少。例如，考察过程中看到，由于宁夏大搞新的农田水利建设，改土水渠建设成水泥水渠。多年后宁夏野生大豆的生存环境也受到破坏，野生大豆处于消失的危险之中。种质资源的收集、保护与利用工作是一项长期性、基础性、公益性的科技工作，因此，各级政府要充分认识对干旱区抗逆农作物种质资源进行保护、开发和利用的重要性，并将其列入议事日程，列入常规事业开支，加大资金投入，确保工作正常开展。建议：宁夏各级政府及有关部门在进行农田等基本建设时一定要注意保护野生种质资源；或与宁夏农林科学院等科研院所联系，进行抢救性收集和保存，或避让；由中国农业科学院或宁夏农林科学院等牵头，组织各县农牧局和种植管理站等单位，加大对干旱区抗逆农作物种质资源的抢救性调查、收集、整理、鉴定评价和入库保存等工作力度，避免宁夏特有的耐逆农作物种质资源的丢失。

二、加大宣传，制定积极有效的收集保护和利用政策

宁夏干旱区农民缺乏对抗逆农作物种质资源的保护意识，一些农家老品种保存条件差，种子生虫，或失去发芽能力。有的农民偷牧放羊，造成许多宝贵的抗逆野生种质资源濒临消失。例如，2011年我们在盐池发现一处野生胡麻原生境地，到第二年竟被偷牧的羊群吃得不见踪影（由偷牧放羊所致）。建议：采取有效措施，利用多种手段，借助各种媒体，加大宣传力度，增强广大民众对耐逆农作物种质资源的保护意识。借助网络宣传、开展科技下乡讲座及开放种质库科普展览等形式，来提高民众的保护意识和参与度，强化封山禁牧的措施。制定地方法规，如《宁夏农作物种质资源管理规定（办法）》，规范农作物种质资源调查、收集、整理、鉴定、评价、保存、开发和利用，为种质资源的收集、保存与利用提供法律依据；加强对农作物野生近缘属种质资源的原生境保存，出台对在原生地种植耐逆农作物种质资源的农户给予现金补贴等优惠政策，提出珍贵作物野生近缘种就地保护方案，对于野生枣树、野生胡麻、野生树莓、野生苦味枸杞及小麦野生近缘属等采取就地保护的原则，建立原生境保护区；在保护种质资源知识产权的前提下，制定种质资源交换开发利用政策，加大资源的交换利用率，最大程度地将优异种质资源运用到育种或其他产业中，培育出适合宁夏栽种的优良种质资源。

三、完善基础设施，构建抗逆农作物种质资源保护和利用体系

目前，宁夏尚未建立起抗逆农作物种质资源保护和利用体系及其配套的基础设施。建议：以宁夏农林科学院农作物研究所为主要依托，以区内科研院校及各级农业科研单位为辅助，建立全区抗逆农作物种质资源保存中心。承担宁夏的粮食作物、经济作物、绿肥牧草等作物的地方品种、农家品种、野生及野生近缘种、育成品种和引进品种等耐逆种质资源的中期保存及繁种、鉴定评价等工作。按照相关技术标准，完善中期种质库和种质圃等基础设施的建设，扩大库存容量，同时酌情增加试管苗保存库、超低温保存库、DNA库等基础设施。加强与国内外科研单位种质资源研究的交流、合作等工作的开

展，根据宁夏本地实际需求，有针对性地开展种质资源的引进和交换等工作。

　　建设宁夏抗逆农作物种质资源信息网络共享平台，实现网络信息共享。对库存耐逆种质资源资料、图片进行数字化整理及数据库构建工作，运用网络技术，建立宁夏农作物抗逆种质资源信息网络共享平台，推进种质资源管理现代化、信息化，为自治区政府制定农业决策，以及与国内、国际引进、交流种质资源提供有效信息，并实现种质资源信息的网络共享。

四、深入鉴定评价特异种质，促进开发利用

　　目前，宁夏对抗逆农作物种质资源深入鉴定、评价基本上是一个空白区。全面评价不应局限于农艺性状的评价，种质资源深入鉴定、评价是开发利用的前提，更需从生理指标和遗传多样性等方面进行全面深入的评价。例如，宁夏种植小杂粮历史悠久，小杂粮以其富含多种维生素、氨基酸和微量元素等越来越受人们青睐，但目前多以原粮的形式售出，价格较低，导致农户种粮收入不高，影响种粮积极性。此次调查中发现的宁夏野生苦味枸杞中富含枸杞多糖、甜菜碱，以及二氢槲皮素，且二氢槲皮素具有的抗癌、治疗心脑血管病和保健作用应引起高度重视，深入研究和开发，延长生产链，深化加工，开创新型产业，将有益于大幅地提高种质资源的经济效益。

五、挖掘抗逆农作物种质资源优异基因，提升育种工作

　　抗逆农作物种质资源是经过长期的自然选择和演化下形成的一类自然资源，具有许多优良遗传性状，对当地环境有非常强的适应性，尤其是宁夏干旱区的耐逆农作物种质资源耐瘠薄、耐逆性突出。在育种工作中，对已鉴定出优异耐逆农作物种质资源如胡麻、莜麦、玉米、豌豆、扁豆、野生树莓、野生苦味枸杞等运用SSR、内部简单重复序列（ISSR）、限制性片段长度多态性（RFLP）、随机扩增多态性DNA（RAPD）、同工酶等多种标记手段进行遗传研究，并以其为基础材料，选育开发耐逆高产农作物新品种，为宁夏农业的可持续发展提供支撑。

六、加强宣传，推进抗逆农作物种质资源保护和利用

　　(1) 我国绝大多数科技人员、基层干部和农民缺乏种质资源方面的知识。在宁夏，抗逆农作物种质资源流失严重，主要原因是地方政府和农民对种质资源的保护力度薄弱。因此建议国家除了加大力度开展全社会的抗逆农作物种质资源保护的宣传教育工作外，还要鼓励和资助地方政府和农民原生地保存抗逆农作物种质资源。

　　(2) 目前，我国对农作物种质资源的研究工作资助和支持的力度还显得不够。应将农作物种质资源收集、保存、研究、利用、创新工作作为国家的一项长期战略工作来实施。

　　(3) 我国在保护、收集农作物种质资源方面的立法不够完善。建议国家从法律层面给予种质资源研究更多的保障。

· 242 · 西北地区抗逆农作物种质资源调查

附　表

附表 5-1　西北地区抗逆农作物种质资源普查表(以西吉县为例)

1. 基本情况普查(重点普查 1985～2010 年的基本情况, 按每 5 年一个时间节点填报)								
普查地点	宁夏回族自治区　　固原市　　西吉县　　乡(镇)　　村					普查日期	年　月　日	
普查时间节点	☑1985 年　□1990 年　□1995 年　□2000 年　□2005 年　□2010 年							
国土面积	总 面 积: 3143.85 平方千米, 其中, 城镇面积: 　　平方千米 乡村面积: 　　平方千米							
气候及植被情况	(1)年均气温: 5.1℃　　　　　(2)年降水量: 535.2mm (3)植被总覆盖率: 46.73% 　　其中, 森林覆盖率: 8.2%, 农作物覆盖率: 37.22%							
人口及农户	(1)总人口: 33.1416 万, 其中, 农业总人口: 32.1363 万 (2)乡(镇)总数: 24 个 (3)农户总数: 5.27 万户							
年生产总值	总产值: 6130 万元 其中, 农业总产值: 2964 万元, 占总产值的比例: 48.35%							

2. 农业生产情况普查						
作物种类	种植总面积 (万亩)	总产量 (万 kg)		作物种类	种植总面积 (万亩)	总产量 (万 kg)
小麦	47.60	4355.5		薯类	10.44	960
玉米	0.28	73.6		棉花		
水稻				油菜		
大豆				胡麻	10.89	326
高粱				蔬菜	0.15	
谷子				果树		
食用豆	19.09	1215.5		牧草		

注: 表中数字请全部填写阿拉伯数字, 并请注意数量单位

续表

			总面积（万亩）	总产量（万 kg）	平均亩产（kg）	主要种植县（乡、镇）

3. 农作物品种资源普查

作物种类	品种名称	主要特点	总面积（万亩）	总产量（万 kg）	平均亩产（kg）	主要种植县（乡、镇）
☑ 小麦 □ 玉米 □ 水稻 □ 大豆 □ 高粱 □ 谷子 □ 食用豆 □ 薯类 □ 棉花 □ 油菜 □ 胡麻 □ 蔬菜 □ 果树 □ 牧草 □ 其他	宁春 4 号	□高产　　□优质 □抗病（　　） □抗虫（　　） □高效　　☑抗旱 □耐盐碱　☑耐贫瘠 □广适性　□其他	15.5	1519	98	全县范围
	定西 35 号	□高产　　□优质 ☑抗病（条锈病、白粉病） □抗虫（　　） □高效　　☑抗旱 □耐盐碱　□耐贫瘠 □广适性　□其他	9.7	1018.5	105	全县范围
	定西 33 号	□高产　　□优质 ☑抗病（锈病） □抗虫（　　） □高效　　☑抗旱 □耐盐碱　□耐贫瘠 ☑广适性　□其他	7.6	760	100	全县范围
	定西 24 号	□高产　　☑优质 □抗病（　　） □抗虫（　　） □高效　　☑抗旱 □耐盐碱　□耐贫瘠 □广适性　□其他	8.3	854.9	103	全县范围
	宁春 10 号	□高产　　☑优质 □抗病（　　） □抗虫（　　） □高效　　☑抗旱 □耐盐碱　□耐贫瘠 ☑广适性　□其他	2.5	275	110	全县范围

注：表中数字请全部填写阿拉伯数字，并请注意数量单位

附表 5-2 宁夏调查的县（区）、乡（镇）和村

县(区)	乡(镇)	村
盐池县	花马池乡	冒寨子村、东塘村
	麻黄山乡	孙崾岘村、包塬村、申滩村
	王乐井乡	刘四渠村、西沟村、张家沟村
	惠安堡乡	隰宁堡村、萌城村
同心县	下马关乡	陈儿庄村、刘家滩村、申家滩村
	张家塬乡	范堡子村、张家塬村、汪家塬村
	石狮乡	庙儿岭村、深沟村
	瑶山乡	石塘岭村
	王团乡	马套子村
彭阳县	古城乡	挂马沟村
	红河乡	文沟村
	孟塬乡	椿树岔村
	草庙乡	周庄村
	王洼乡	姚岔村
	罗洼乡	寨科村、张湾村
	城阳乡	杨塬村
西吉县	王民乡	学杨村、二岔马村、三岔村、二岔口村
	田坪乡	碱滩村、姚庄村、黄岔村、李沟村
	新营乡	白城村、大沙河村、大窑滩村
	将台乡	西坪村、火集村、韩塬村
	兴隆镇	下堡村、兴隆村
	硝河乡	隆堡村
	震湖乡	和平村、王平村、孟湾村
海原县	关庄乡	关庄村、窑儿村
	海城乡	山门村、高台村
	观桥乡	麻春村、脱场村、张湾村
	红羊乡	石岘村、南梁湾村、五沟桥村
	西安乡	范台村
	树台乡	龚湾村、红井村
	南华山林管局	灵光寺
泾源县	大湾乡	董庄村、大湾村、苏堡村、何堡村
六盘山林管局	二龙河林场	
	王华南林场	
	老龙潭林场	
隆德县	杨河乡	穆沟村、红旗村
	张程乡	桃联村、张程村
	山河乡	二滩村、菜子川村、王庄村、大漫坡
	温堡乡	大麦村
	奠安乡	孟沟村
原州区	河川乡	骆驼河村
	寨科乡	新塘村、东塘村
	官厅乡	官厅村
罗山林管局(红寺堡)	杨柳泉沟	

附表 5-3　宁夏野生大豆采集地点

县(区)	乡(镇)	村
银川金凤区	良田镇	植物园、魏家村
国营平吉堡农场	平吉堡农场 4 队(银巴路)	
石嘴山市大武口区	沟口办事处	汝箕沟口(原潮湖村)
	市苗木场(原园艺场)	
石嘴山市惠农区	礼和乡	劳改农场(现种子公司)
青铜峡市	广武乡	旋风槽村、三趟墩村
	叶盛镇	光明村、龙门村、蒋滩村
	瞿靖镇	友谊村
	小坝镇	南庄村
	大坝镇	大坝村、刘庙村、韦桥村
	立新乡	立新村
	蒋顶乡	蒋顶村
中卫市沙坡头区	永康镇	杨滩村
	滨河镇	前锋村
	宣和镇	草台村
	镇罗镇	胜金村
中宁县	石空镇	白马湖村
	余丁乡	余丁村
国营渠口农场	园艺一队	
永宁县	杨和镇	王太村、北全村、观桥村
	增岗乡	增岗村
	望洪镇	东方村
平罗县	陶乐镇	马太沟村、林业站
	渠口乡	分水闸村
	通伏乡	周城村
	崇岗镇	汝箕沟沟口村
贺兰县	常信乡	丁北村

参 考 文 献

固原市统计局. 2006. 2005 年固原经济要情.

固原市原州区党史区志编纂委员会. 2010. 固原市原州区志. 北京: 方志出版社.

固原市原州区统计局. 2009. 辉煌 60 年 1949-2009. 北京: 方志出版社.

固原市原州区统计局. 2011. 2010 年原州区经济要情.

海原县统计局. 2011. 2010 年海原县经济要情.

海原县志编纂委员会. 1999. 1998 年海原统计年鉴.

红寺堡开发区统计局. 2009. 2004-2008 年红寺堡开发区国民经济和社会事业发展统计情况.

红寺堡开发区志编纂委员会. 2006. 红寺堡开发区志. 银川: 宁夏人民出版社.

红寺堡区统计普查工作办公室. 2010. 红寺堡区 2010 年度国民经济和社会发展统计情况.

泾源县志编纂委员会. 2011. 泾源县志. 银川: 宁夏人民出版社.

李扬汉. 1998. 中国杂草志. 北京: 中国农业出版社.

刘孟军. 1986. 中国野生果树. 北京: 中国农业出版社.

刘妍, 王遂. 2011. 二氢槲皮素的提取及抗氧化性研究. 化学研究与应用, 23 (1): 107-111.

隆德县计划统计局. 1999. 隆德县统计年鉴 (1991-1995). 银川: 宁夏人民出版社.

隆德县统计局. 2006. 隆德县统计年鉴 (1995-2005). 银川: 宁夏人民出版社.

彭阳县地方志编纂委员会. 2011. 彭阳县志 (上). 兰州: 甘肃文化出版社.

彭阳县计划局. 1986. 1985 年彭阳县国民经济统计.

彭阳县统计局. 2001. 2000 年彭阳县国民经济要情.

彭阳县统计局. 2011. 2010 年彭阳县国民经济要情.

彭阳县志编纂委员会. 1996. 彭阳县志. 银川: 宁夏人民出版社.

同心县志编纂委员会. 2011. 同心县志. 银川: 宁夏人民出版社.

西吉县统计局. 2011. 2010 年西吉县经济要情.

西吉县志编纂委员会. 2006. 西吉年鉴 (2005 年). 北京: 方志出版社.

盐池县统计局. 2006. 2005 年盐池县经济要情.

盐池县统计局. 2011. 2010 年盐池县经济要情.

盐池县志编纂委员会. 2002. 盐池县志 (1981-2000). 银川: 宁夏人民出版社.

中宁县志编纂委员会. 2011. 中宁县志 (1981-2010). 银川: 宁夏人民出版社.

第六章 甘肃省作物种质资源调查

第一节 概 述

一、地理环境

甘肃位于中国西北部，地处黄土高原、内蒙古高原和青藏高原三大高原的交汇地带，地跨黄河、长江、内陆河三大流域，干旱少雨为其主要气候特点。地理位置在北纬 32°11′～42°57′、东经 92°13′～108°46′，东西长 1655km，总面积 42.59 万 km²，总人口近 2600 万。现辖 12 个地级市、2 个自治州；17 个市辖区、4 个县级市、58 个县、7 个自治县，省会兰州位居中国陆域地理版图的中心。

甘肃文化底蕴深厚，丝路文化、黄河文化、长城文化、始祖文化等多元文化在这里交相辉映。中国旅游标志铜奔马和中国最早的邮政代表形象驿使图均出土于甘肃，现有 2 处世界级文化遗产、18 个国家级生物文化遗产、16 个国家级自然保护区，主要用于保护文化遗产和多种珍稀濒危野生动植物资源及其赖以生存的自然生态环境。其中，2008 年经农业部批复，在甘肃省徽县建立了野生大豆原生境保护区，该保护区位于徽县江洛镇马鞍山村，属陇南北部暖温带湿润区，区内水资源丰富，有洛河和多条沟溪水流过，适宜多种植物生长，是国家二级保护植物——野生大豆在甘肃省的集中分布区。

甘肃自古以来就是多民族聚居的省份，拥有 54 个民族，其中千人以上的有汉、藏、回、东乡、裕固、土、蒙古等 16 个民族，裕固、东乡、保安为甘肃独有的 3 个少数民族。境内地形复杂，山脉纵横交错，海拔相差悬殊，山地、高原、平川、河谷、沼泽、永久性积雪和冰川、沙漠、戈壁等类型齐全，交错分布。从东南到西北包括了北亚热带湿润区到高寒区、干旱区的各种气候类型(温克刚和董安祥，2005)。

由于浓郁的民俗风情、复杂的地貌特征、多样化的气候类型和严酷的自然条件，经过长期自然选择和人工干预，形成了具有民族特色和抗旱、抗寒、耐盐、耐瘠薄的农作物种质资源，为选育抗逆新品种提供了基础材料。同时在寒、旱育种环境下，育成的陇油系列冬油菜品种，可抵御−32.0℃极端低温，使我国冬油菜种植界向北移了 5～13 个纬度；在敦煌利用自然干旱条件，完成了 9 种作物近万份种质资源的抗旱性鉴定评价工作，为国内外抗旱种质鉴定筛选做出了贡献。

二、自然资源

甘肃省总土地面积约为 42.59 万 km²，占全国总土地面积的 4.48%，居全国第 7 位。其中，农用地 2592.5 万 hm²，占土地总面积的 60.89%；耕地面积为 537.52 万 hm²，占农用地的 20.73%（表 6-1）；林地 609.92 万 hm²，占农用地的 23.53%；草地 1419.37 万 hm²，占农用地的 54.75%；其他农用地 25.69 万 hm²，占农用地的 0.99%。耕地中有效灌溉面积和水平梯田呈逐年上升的趋势。全省呈现山地多、平地少的状况，山地和丘陵占总土地面积的 78.2%，全省土地利用率为 45.66%，尚未利用的土地有 2314.37 万 hm²，占全省总土地面积的 54.34%，主要包括沙漠、戈壁、高寒石山、裸岩、低洼盐碱、沼泽等，后备土地资源丰富。

表 6-1　1978～2013 年甘肃省耕地面积　　　　　　（单位：万 hm²）

年份	耕地面积	有效灌溉面积	水平梯田	年份	耕地面积	有效灌溉面积	水平梯田
1978	356.22	84.87	55.22	1996	348.64	93.90	121.33
1979	355.48	84.65	55.63	1997	348.83	95.44	127.67
1980	355.38	85.20	55.99	1998	348.89	96.39	135.27
1981	354.21	84.36	56.75	1999	348.62	97.26	142.13
1982	356.45	84.69	53.86	2000	343.32	98.15	148.74
1983	356.27	84.61	60.03	2001	341.88	98.23	153.99
1984	352.81	84.73	62.16	2002	340.86	98.83	159.04
1985	349.10	83.15	64.19	2003	339.89	99.44	162.86
1986	348.04	82.58	67.93	2004	340.39	100.33	167.32
1987	347.90	83.42	73.63	2005	342.10	103.04	170.60
1988	347.56	83.84	77.55	2006	344.14	105.02	172.31
1989	347.71	84.13	81.73	2007	344.90	106.30	173.20
1990	347.68	85.45	87.66	2008	346.84	106.92	175.42
1991	347.99	86.74	92.85	2009	348.52	107.56	179.08
1992	348.24	88.49	98.16	2010	349.38	109.89	184.06
1993	348.12	89.98	104.16	2011	350.30	110.59	188.58
1994	348.11	91.43	109.75	2012	353.09	113.06	193.65
1995	348.25	92.54	114.96	2013	353.79	114.16	199.57

甘肃干旱少雨，水资源缺乏，全省自产地表水资源 299 亿 m³，纯地下水 8.7 亿 m³，自产水资源总量约为 250 亿 m³，人均 1500m³，居全国第 22 位。全省河流年总径流量 415 亿 m³，其中，1 亿 m³ 以上的河流有 78 条。内陆河流域年总地表径流量 174.5 亿 m³。水资源主要分属黄河、长江、内陆河 3 个流域、9 个水系。黄河流域有洮河、湟水、黄河干流(包括大夏河、庄浪河、祖厉河及其他直接入黄河干流的小支流)、渭、泾等 5 个水系；黄河干流纵贯省境中部，支流有 36 条。黄河流域面积大、水利条件优越。但流域内绝大部分地区为黄土覆盖，植被稀疏，水土流失严重，河流含沙量大。长江流域有嘉陵江水系；长江水系包括省境东南部嘉陵江上源支流的白龙江和西汉水，水源充足，年内变化稳定，冬季不封冻，河道坡降大，且多峡谷，蕴藏有丰富的水能资源。内流区有石羊河、黑河、疏勒河(含苏干湖水系)3 个水系，流域面积 27 万 km²。河流大部源头出于祁连山，北流和西流注入内陆湖泊或消失于沙漠戈壁之中。具有流程短、上游水量大、水流急、下游河谷浅、水量小、河床多变等特点，但水量较稳定，蕴藏有丰富的水能资源。

甘肃省气候干燥，气温日差较大，光照充足，太阳辐射强。年均气温为 0～14℃，由东南向西北降低；河西走廊年均气温为 4～9℃，祁连山区为 0～6℃，陇中和陇东分别为 5～9℃和 7～10℃，甘南为 1～7℃，陇南为 9～15℃。年均降水量 300mm 左右，降水各地差异很大，为 42～760mm，自东南向西北减少，降水各季分配不匀，主要集中在 6～9 月。甘肃省光照充足，光能资源丰富，年日照时数为 1700～3300h，自东南向西北增多。河西走廊年日照时数为 2800～3300h，敦煌是日照最多的地区；陇南为 1800～2300h，是日照最少的地区；陇中、陇东和甘南为 2100～2700h。

甘肃风能资源丰富，总储量为 2.37 亿 kW，风力资源居全国第 5 位，可利用和季节可利用区的面积为 17.66 万 km^2，主要集中在河西走廊和省内部分山口地区，河西的瓜州素有"世界风库"之称。目前正在建设一个世界上最大的千万千瓦级的超大型风电基地。太阳能资源丰富，各地年太阳总辐射值为 4800～6400MJ/m^3，其中河西西部、甘南西南部是中国太阳能资源最丰富的地区，按现有利用水平测算可开发资源量约为 520 万吨标准煤/年。

除土地资源和水资源以外，全省拥有丰富的动植物资源、矿产资源。

三、人口民族

截至 2016 年年末，甘肃省常住人口为 2609.95 万人。其中，城镇人口 1166.39 万人，占 44.69%，乡村人口 1443.56 万人，占 55.31%。男性人口 1331.86 万人，占 51.03%；女性人口 1278.09 万人，占 48.97%。

甘肃省是一个多民族聚居的省份，有汉族、回族、藏族、东乡族、裕固族、保安族、蒙古族、哈萨克族、土族、撒拉族等民族。其中，东乡族、裕固族、保安族是甘肃省特有的少数民族。全省现有 54 个少数民族，少数民族总人口 219.9 万人，占全省总人口的 8.4%。各民族人民喜好各异，在长期的社会劳动生产实践中发挥着自己的聪明才智，总结、创造、积累了丰富的经验和知识，包括风俗礼仪、宗教、农事习俗及农地管理、传统文化，以及对自然资源、生物的利用和生存环境的保护等。

四、生态环境

甘肃省是生态环境十分脆弱的地区。从自然生态环境特点上看，可以划分为四大生态类型区，即陇中黄土高原区、河西地区、甘南高原区和陇南山区。陇中黄土高原地处甘肃省中东部，有着全省 70% 以上的耕地，但耕地主要为坡耕地，川塬地面积不到 10%，过度开垦及农林牧用地结构不合理，加之降水强度偏大，致使水土流失相当严重。极端脆弱的生态环境和严酷的自然条件，导致农业生产大起大落，粮食产量低而不稳，使甘肃省成为多灾、低产的贫困地区。河西地区兼有三大自然区，即河西湿润、半湿润生态系统大区，河西干旱、半干旱生态系统大区，河西北部荒漠带生态系统大区。青藏高原东北即高寒生态大区具有自然生态环境条件总体上较差、水土流失和沙漠化较为严重等特点。在自然因素和人为因素的相互作用、相互影响下，全省生态环境不断发生变化，透析全省生态环境，突出存在着土地沙漠化、地下水水位下降、植被退化、内陆湖泊萎缩、地表水水质恶化、水土流失、土壤盐碱化和沙尘暴频率加快等问题。

五、作物生产

甘肃省从东南到西北包括了北亚热带湿润区到高寒区、干旱区的各种气候类型，地形地貌复杂，气候变化异常，自然条件严酷，生态类型多样，为发展特色现代农业，提供了独特的区位优势和机遇。河西走廊有充足的水资源，良好的水利设施和灌溉条件，属灌溉农业区，是甘肃省重要的商品粮基地、制种基地和高原夏菜基地；陇中、陇东干旱少雨，属旱作农业区，全膜双垄沟播等旱作农业技术有一定的推广基础，是全国重要的马铃薯生产基地。

(一)甘肃省作物生产历史、面临的机遇与挑战

甘肃省农业历史悠远，已有几千年的历史，是中华民族早期农业的发祥地之一。在距今7800~5000年第一期文化层中，发现了已炭化的农作物谷子和菜籽，可以肯定大地湾所处的清水河谷是中国最早的粮食作物种植地。在东乡县还出土了五六千年前的糜(稷)和大麻籽。

从马家窑文化到马厂文化时期，甘肃省东部主要以农业经济为主，农业生产工具有石铲、石刀、石镰、石斧、陶刀、骨铲，石器经过了较细磨制。在距今3500年左右的玉门火烧沟遗址中有粟的籽粒，说明当时河西农业有了一定的发展。随着古丝绸之路的开通，西域的植物源源不断传入，胡麻、胡蒜(大蒜)、胡荽(芫荽)、胡瓜(黄瓜)、葡萄、石榴、胡桃、胡豆(豌豆或蚕豆)、苜蓿等先后引进，很快河西地区成为五谷丰登的富庶之地。《居延汉简》记载，近张掖地区有屯田种谷，种植的作物有谷(禾)、小麦、大麦、秔麦、糜、胡麻等，在当时为普遍栽培作物。

魏晋时期，由于河西地区社会比较安定，农业生产有了发展，不但出现了新的农具，还大量使用牛耕，很重视碎土保墒的农业技术。唐代甘肃农业经济繁荣昌盛，物产富庶，尤其河西走廊，当时的农业生产水平和畜牧业及文化相当发达。西夏时期牛耕在农业上已普遍推广使用(榆林石窟壁画中，有西夏时绘制的《牛耕图》)，种植的粮食作物主要有小麦、大麦、荞麦、粟、糜、稻及豆类，棉花的种植在北宋中期由新疆传入。蔬菜主要有芥菜、芫荽、蔓菁、韭菜、萝卜、葱、蒜等，用于生产的工具种类很多，主要有犁、耙、搂等。说明西夏社会经济及农业经济较为进步。明代，甘肃种植的粮食作物和经济作物品种基本齐全，瓜果蔬菜已大宗栽植，分布较广。西瓜、兰州醉瓜、籽瓜、哈密瓜已盛产，明末开始推广种植烟草。清代，甘肃园艺业已成为农业的重要组成部分。西瓜、籽瓜、梨、苹果、杏、桃等已普遍栽植，花椒、红花、蓝叶、菜油、麻等都成为重要的农副产品。道光前后，农业生产的逐渐扩大和商品经济的发展，烟草的种植与销售也不断扩大，如皋兰、榆中、靖远、临夏、洮河及永靖、渭源等地的水烟，已畅销蜀、湘、江、浙、闽、粤、滇、黔各省，占有相当广阔的国内市场。其产量仅兰州一地，年产就达300万kg以上。

进入现代社会，随着国家的大力支持和农业科技的进步，甘肃农业进入了精耕细作的高速发展时代，从2004年开始，到2015年，全省粮食生产连续12年获得丰收，连续8年增产并创历史新高，连续4年产量稳定在100亿kg以上，跨越了90亿kg、100亿kg、

110亿kg三个大的台阶，2015年达到了117亿kg，综合生产能力有了较大幅度的提升，实现了全省粮食生产由总量基本平衡到有部分调出的历史性转变。粮食"十二连丰"成为这一时期全省经济社会发展的突出亮点，为有效应对国际金融危机、促进全省经济平稳较快发展提供了有力支撑。

如2013年全年粮食产量达113.89亿kg，增长2.63%，再创历史新高（表6-2）。全年蔬菜播种面积达48.19万hm²，蔬菜产量达157.87亿kg，同比分别增长6.1%和8.1%。其中，夏粮产量27.84亿kg，减产14.02%；秋粮产量86.05亿kg，增产9.49%（表6-3）。谷物播种面积呈逐年下降趋势，豆类播种面积先升后降，薯类播种面积逐年增加（表6-4）。粮食作物播种面积285.87万hm²，比上年增加1.93万hm²；棉花播种面积4.07万hm²，减少0.75万hm²；油料作物播种面积33.68万hm²，增加0.04万hm²；蔬菜48.19万hm²，增加2.79万hm²，其中设施蔬菜播种面积8.42万hm²，增加1.36万hm²。主要经济作物中，棉花产量0.71亿kg，比上年减产12.35%；烟叶产量0.15亿kg，增加15.38%；油料产量6.97亿kg，增加4.03%（表6-5～表6-7）。近年来，甘肃省各地充分发挥独特的气候资源优势，做大做强蔬菜、瓜果、中药材等优势产业，进一步调整种植业内部结构，2013年粮经饲结构由2012年的69.0∶28.6∶2.4调整为68.4∶29.3∶2.3，粮食作物比例较2012年下降0.6个百分点，饲料作物比例下降0.1个百分点。

表6-2　1978～2013年甘肃省粮食生产情况

年份	粮食作物面积	增速(%)	粮食总产量	增速(%)	年份	粮食作物面积	增速(%)	粮食总产量	增速(%)
1978	299.60		51.06		1996	292.57	−0.10	82.06	30.72
1979	296.83	−0.92	46.14	−9.64	1997	492.33	−0.08	76.62	−6.63
1980	293.99	−0.96	49.25	6.75	1998	289.00	−1.21	87.20	13.81
1981	286.25	−2.63	41.28	−16.18	1999	291.07	0.79	81.49	−6.54
1982	284.40	−0.65	46.91	13.64	2000	279.82	−3.86	71.35	−12.45
1983	287.42	1.06	53.96	15.03	2001	269.06	−3.84	75.32	5.57
1984	281.69	−1.99	53.98	0.03	2002	262.88	−2.30	78.27	3.91
1985	277.48	−1.49	53.06	−1.71	2003	249.95	−4.92	78.93	0.85
1986	276.47	−0.37	55.10	3.85	2004	253.46	1.41	80.58	2.09
1987	282.05	2.02	52.94	−3.92	2005	258.72	2.07	83.69	3.86
1988	280.48	−0.56	59.31	12.03	2006	259.88	0.45	80.81	−3.45
1989	282.48	0.71	63.92	7.78	2007	268.70	3.39	82.44	2.03
1990	20.85	1.78	68.66	7.41	2008	268.30	−0.15	88.85	7.77
1991	284.01	−1.22	65.64	−4.40	2009	274.00	2.13	90.62	1.99
1992	289.35	1.88	68.91	4.98	2010	279.98	2.18	95.83	5.75
1993	284.60	−1.64	75.03	8.88	2011	283.37	1.21	101.46	5.87
1994	288.28	1.29	70.74	−5.72	2012	283.94	0.20	110.97	9.37
1995	292.87	1.59	62.68	−11.39	2013	285.87	0.68	113.89	2.63

注：粮食作物面积的单位为万hm²；粮食总产量的单位为亿kg

表6-3　1978～2013年甘肃省分季节粮食生产情况

年份	夏粮		秋粮		年份	夏粮		秋粮	
	播种面积	产量	播种面积	产量		播种面积	产量	播种面积	产量
1978	181.69	28.42	117.91	22.63	1996	167.14	43.31	125.43	38.75
1979	179.47	27.14	117.36	18.99	1997	162.99	41.48	129.34	35.14
1980	178.39	29.47	115.61	19.78	1998	160.10	46.06	128.70	41.14
1981	177.87	26.81	108.39	14.47	1999	144.15	37.54	146.92	43.95
1982	184.63	34.90	99.77	12.01	2000	143.59	31.75	136.24	39.60
1983	188.24	38.16	99.18	15.80	2001	136.29	34.70	132.77	40.63
1984	187.93	38.80	93.76	15.18	2002	130.54	36.92	132.33	41.35
1985	182.05	36.28	95.43	16.78	2003	119.41	33.33	130.53	45.60
1986	181.08	37.57	95.39	17.53	2004	115.63	33.69	137.83	46.89
1987	176.10	34.71	105.95	18.23	2005	119.33	33.80	139.39	49.89
1988	172.93	36.87	107.56	22.44	2006	116.88	33.91	143.01	46.89
1989	178.60	41.16	103.88	22.77	2007	115.28	31.68	153.43	50.77
1990	178.95	42.20	108.57	26.46	2008	114.24	35.13	154.06	53.72
1991	176.81	42.22	107.20	23.41	2009	111.14	34.13	162.86	56.49
1992	169.75	38.07	119.61	30.84	2010	105.32	33.08	174.66	62.75
1993	2648.22	47.51	108.05	27.52	2011	103.23	31.95	180.14	69.51
1994	2603.55	41.80	114.71	28.94	2012	96.53	32.38	187.40	78.59
1995	2568.32	32.94	121.65	29.74	2013	93.52	27.84	192.36	86.05

注：播种面积的单位为万hm²；产量的单位为亿kg

表6-4　1978～2013年甘肃省分大类粮食生产情况

年份	谷物		豆类		薯类	
	播种面积	产量	播种面积	产量	播种面积	产量
1978	268.88	45.84	2.99	0.54	27.91	4.71
1979	267.03	41.49	3.19	0.46	26.61	4.19
1980	260.18	43.36	7.56	1.48	26.25	4.41
1981	252.82	36.98	8.35	1.10	25.08	3.20
1982	251.06	43.03	8.38	1.20	24.96	2.68
1983	253.89	48.71	8.44	1.33	25.09	3.92
1984	248.15	48.95	8.99	1.32	24.55	3.71
1985	243.37	46.90	9.53	1.68	24.59	4.47
1986	241.28	48.76	10.18	1.76	25.00	4.58
1987	244.23	46.87	10.72	1.93	27.10	4.13
1988	239.23	51.92	12.23	2.28	29.03	5.48
1989	226.89	54.83	26.92	3.79	28.67	5.30
1990	230.83	59.14	27.31	3.90	29.37	5.63
1991	228.48	57.82	26.25	3.66	29.28	4.80

续表

年份	谷物		豆类		薯类	
	播种面积	产量	播种面积	产量	播种面积	产量
1992	229.18	58.69	29.67	4.60	30.50	6.41
1993	223.97	63.50	30.93	4.74	29.71	6.37
1994	221.51	59.25	35.97	5.27	30.79	6.61
1995	227.48	53.70	34.07	3.46	31.33	6.82
1996	227.85	67.05	30.47	4.94	34.25	7.89
1997	226.48	64.38	28.58	3.52	37.27	6.80
1998	225.34	71.30	28.42	4.63	35.04	8.60
1999	223.05	66.91	24.79	4.23	43.22	10.64
2000	211.94	57.08	26.17	3.77	41.71	10.50
2001	195.63	56.84	25.11	3.83	48.32	14.65
2002	190.99	60.25	23.40	3.86	48.49	14.16
2003	177.22	60.03	23.07	3.90	49.66	15.01
2004	175.10	59.70	23.45	3.80	54.91	17.08
2005	181.11	60.54	24.50	4.17	53.10	18.99
2006	179.40	58.06	22.49	3.95	58.00	18.80
2007	179.61	58.22	23.31	3.56	65.78	20.66
2008	179.77	63.71	22.79	3.68	65.74	21.46
2009	188.93	68.11	20.72	3.37	64.36	19.14
2010	195.55	73.77	19.89	3.55	64.54	18.52
2011	195.20	75.09	19.99	3.48	68.17	22.89
2012	195.14	83.63	19.13	3.39	69.66	23.95
2013	198.00	85.91	18.37	3.52	69.50	24.46

注：播种面积的单位为万 hm²；产量的单位为亿 kg

表 6-5　1978～2013 年甘肃省蔬菜瓜果生产情况

年份	蔬菜		瓜类		白兰瓜	
	播种面积	产量	播种面积	产量	播种面积	产量
1978	4.56	5.77	0.69	—	0.08	0.10
1979	4.25	5.36	0.75	—	0.05	0.05
1980	4.53	5.77	0.66	0.89	0.05	0.08
1981	4.13	5.92	0.71	1.24	0.08	0.12
1982	4.85	9.12	0.73	1.36	0.09	0.16
1983	4.71	8.06	0.78	1.88	0.09	0.22
1984	4.71	9.66	1.06	2.72	0.12	0.27
1985	5.06	11.67	1.47	4.60	0.20	0.51
1986	6.21	15.62	1.87	6.00	0.19	0.48
1987	6.27	16.23	2.00	6.97	0.18	0.46

续表

年份	蔬菜		瓜类		白兰瓜	
	播种面积	产量	播种面积	产量	播种面积	产量
1988	7.23	18.02	1.88	7.10	0.10	0.32
1989	7.11	20.89	1.69	5.98	0.09	0.28
1990	7.23	20.63	1.38	5.29	0.07	0.24
1991	7.18	20.19	1.47	5.71	0.10	0.31
1992	8.37	23.38	1.69	5.91	0.11	0.31
1993	8.78	25.20	1.67	5.62	0.20	0.61
1994	10.23	29.39	1.55	5.25	0.05	0.14
1995	13.03	32.94	1.69	5.20	0.05	0.14
1996	12.94	32.86	1.70	5.03	0.05	0.16
1997	13.94	34.69	1.95	5.92	0.05	0.19
1998	17.89	43.96	2.67	7.96	0.05	0.19
1999	18.62	48.73	2.58	8.12	0.05	0.19
2000	19.84	50.58	3.10	10.46	0.20	0.82
2001	20.33	60.32	3.05	9.62	0.12	0.35
2002	22.64	64.52	3.41	10.02	0.15	0.56
2003	26.87	73.26	3.21	10.11	0.17	0.53
2004	28.34	81.08	3.34	10.33	0.22	0.75
2005	30.68	86.69	3.54	10.68	0.23	0.54
2006	31.75	93.39	3.99	12.66	0.36	1.48
2007	34.70	99.99	4.42	12.92	0.22	0.86
2008	36.78	108.23	4.63	16.24	0.22	1.04
2009	37.16	114.54	4.94	18.12	0.24	0.90
2010	39.50	123.55	5.14	18.91	0.18	0.66
2011	41.54	132.06	5.00	18.85	0.49	1.72
2012	45.40	146.04	512.53	20.43	0.44	1.74
2013	48.19	157.87	5.13	21.91	0.42	1.55

注："—"表示数据缺失，下同。播种面积的单位为万 hm²；产量的单位为亿 kg

表 6-6　1978～2013 年甘肃省棉花油料生产情况

年份	棉花		油料		油菜籽		胡麻籽	
	播种面积	总产量	播种面积	总产量	播种面积	总产量	播种面积	总产量
1978	1.07	0.03	16.68	0.86	3.71	0.23	10.45	0.48
1979	0.70	0.02	16.09	0.85	3.48	0.22	9.99	0.45
1980	0.56	0.03	19.35	1.40	3.71	0.33	12.07	0.68
1981	0.56	0.04	19.97	1.32	4.08	0.32	12.65	0.64
1982	0.63	0.05	22.04	1.43	5.27	0.45	13.70	0.66
1983	0.73	0.07	22.43	1.93	5.59	0.54	14.03	0.98
1984	0.79	0.08	22.85	2.11	5.80	0.61	14.25	1.03

续表

年份	棉花		油料		油菜籽		胡麻籽	
	播种面积	总产量	播种面积	总产量	播种面积	总产量	播种面积	总产量
1985	0.58	0.05	26.39	2.63	6.60	0.71	16.67	1.39
1986	0.51	0.04	28.33	2.99	7.57	0.81	17.97	1.66
1987	0.48	0.05	28.95	2.95	8.19	0.90	18.49	1.63
1988	0.48	0.05	29.86	3.03	7.89	0.86	19.39	1.70
1989	0.45	0.05	29.44	3.04	7.97	1.04	19.49	1.64
1990	0.60	0.08	30.24	3.37	8.59	1.18	19.59	1.77
1991	0.79	0.12	30.83	3.26	9.20	1.04	18.80	1.77
1992	1.26	0.18	30.87	3.65	9.23	1.33	19.64	1.88
1993	1.21	0.13	30.87	3.75	9.29	1.42	19.72	1.93
1994	1.52	0.18	33.36	3.99	9.95	1.54	20.55	1.94
1995	1.80	0.23	32.82	3.17	12.09	1.52	18.60	1.19
1996	1.99	0.26	33.65	4.31	12.09	1.81	19.48	2.01
1997	2.14	0.34	31.92	3.56	11.89	1.74	18.07	1.39
1998	3.35	0.61	33.31	4.55	13.03	2.16	17.78	1.76
1999	3.10	0.43	33.93	4.38	13.60	2.11	17.31	1.69
2000	3.47	0.58	31.21	4.17	13.76	2.21	14.30	1.45
2001	5.69	0.99	32.65	3.84	13.87	1.78	15.66	1.51
2002	4.04	0.70	31.08	4.19	13.65	2.03	14.01	1.61
2003	5.22	0.87	33.50	4.60	15.42	2.26	14.24	1.67
2004	6.83	1.10	33.27	4.85	16.20	2.60	13.36	1.58
2005	6.39	1.11	32.89	5.03	15.73	2.66	12.98	1.62
2006	7.60	1.28	32.49	4.90	16.23	2.67	12.09	1.48
2007	7.93	1.29	30.52	4.64	15.25	2.46	11.16	1.37
2008	7.27	1.23	33.17	5.35	16.21	2.86	11.90	1.51
2009	5.57	0.95	35.19	5.85	18.89	3.31	11.27	1.44
2010	4.79	0.76	34.57	6.41	18.29	3.32	10.55	1.52
2011	4.79	0.76	35.11	6.35	18.48	3.31	10.09	1.38
2012	4.82	0.81	33.64	6.70	17.50	3.39	9.70	1.51
2013	4.07	0.71	33.68	6.97	17.00	3.32	9.53	1.57

注：播种面积的单位为万 hm^2；产量的单位为亿 kg

表 6-7　1978～2013 年甘肃省线麻、甜菜和烟叶生产情况

年份	线麻		甜菜		烟叶	
	播种面积	产量	播种面积	产量	播种面积	产量
1978	0.58	0.04	0.97	0.58	0.31	0.05
1979	0.53	0.04	0.56	0.44	0.17	0.04
1980	0.54	0.05	0.46	0.63	0.21	0.05
1981	0.36	0.03	0.53	1.06	0.35	0.08

续表

年份	线麻		甜菜		烟叶	
	播种面积	产量	播种面积	产量	播种面积	产量
1982	0.21	0.02	0.66	1.47	0.44	0.09
1983	0.18	0.01	0.70	1.75	0.35	0.06
1984	0.18	0.02	0.87	2.70	0.40	0.10
1985	0.33	0.04	1.87	6.16	0.46	0.10
1986	0.34	0.04	1.58	5.21	0.37	0.09
1987	0.24	0.03	1.82	5.63	0.42	0.10
1988	0.21	0.03	2.13	9.29	0.67	0.19
1989	0.24	0.02	1.81	6.63	0.87	0.22
1990	0.18	0.03	1.93	7.24	1.13	0.27
1991	0.22	0.03	2.37	10.36	1.69	0.37
1992	0.23	0.03	2.13	6.42	2.19	0.51
1993	0.24	0.03	2.44	10.46	2.61	0.53
1994	0.26	0.03	2.80	11.31	2.63	0.46
1995	0.26	0.03	2.94	10.70	2.82	0.49
1996	0.23	0.02	2.86	11.91	3.23	0.73
1997	0.24	0.02	3.37	13.91	4.63	0.95
1998	0.26	0.03	3.12	13.10	0.94	0.23
1999	0.21	0.02	1.87	7.39	1.91	0.38
2000	0.21	0.02	1.01	3.79	2.10	0.38
2001	0.23	0.02	1.14	4.51	1.40	0.26
2002	0.43	0.14	0.72	2.89	0.94	0.16
2003	0.34	0.11	0.53	2.00	1.34	0.31
2004	0.38	0.11	0.46	1.59	1.42	0.35
2005	0.44	0.17	0.44	1.45	1.42	0.34
2006	0.34	0.13	0.51	1.90	1.59	0.39
2007	0.32	0.09	0.59	2.78	0.48	0.10
2008	0.23	0.05	0.46	2.01	0.40	0.10
2009	0.23	0.04	0.45	2.04	0.44	0.12
2010	0.17	0.03	0.51	2.20	0.41	0.12
2011	0.14	0.02	0.48	1.81	0.37	0.12
2012	0.18	0.03	0.50	2.47	0.41	0.13
2013	0.23	0.03	0.49	2.47	0.43	0.15

注：播种面积的单位为万 hm^2；产量的单位为亿 kg

近年来，甘肃省委、省政府把推进 1000 万亩国家级旱作农业示范区和 500 万亩省级旱作农业示范区建设，作为依靠科技提升农业发展质量和效益的重大行动，作为发展现代农业、确保粮食安全和农民持续增收的重大部署加以推广，使甘肃省不少干旱贫瘠的土地变成"高产田"。据有关部门统计，2013 年，全省共推广全膜双垄沟播技术 90.53 万 hm^2。

其中，全膜双垄沟播玉米 72.07 万 hm^2，全膜双垄沟播马铃薯 18.47 万 hm^2，为全年粮食丰收打下了坚实的基础。全膜覆土穴播小麦 13.36 万 hm^2、重点县脱毒种薯推广面积 65.13 万 hm^2，粮棉油高产创建实现农业县区全覆盖。

虽然粮食产量逐年增加，但仍存在不少问题，自然灾害频繁发生(表 6-8)，在抓住好机遇的同时也存在着巨大的挑战。甘肃省农业生产中存在的主要限制因素表现在：一是干旱少雨，全省年均降水量 280.6mm，约为全国的 47%、全球的 38%，河西走廊尤其稀少，敦煌多年平均不足 40mm；二是土壤盐渍化严重，占全省面积的 2.26%，主要分布在秦王川引大灌区、中部沿黄灌区和河西走廊灌区；三是低温霜冻时有发生，多年平均霜冻受灾面积占农作物种植面积的 2.24%；四是甘肃为小麦条锈病菌易变区和新小种的策源地，其发生和流行不仅对当地农业生产造成为害，而且对全国小麦可持续发展带来极大威胁。

表 6-8　1978～2013 年甘肃省农业自然灾害情况　　　　（单位：万 hm^2）

年份	受灾面积	灾害		成灾面积	灾害		粮食作物成灾面积	经济作物成灾面积
		旱灾	风雹灾		旱灾	风雹灾		
1978	105.54	52.00	—	85.10	—	—	79.01	6.09
1979	160.47	87.51	—	13373.07	—	—	124.56	8.56
1980	102.87	58.40	—	88.59	—	—	83.03	5.56
1981	183.39	117.46	—	158.73	—	—	147.61	11.12
1982	166.68	126.38	—	141.79	—	—	128.21	13.48
1983	95.03	23.15	—	77.73	—	—	70.79	6.83
1984	119.27	11.80	—	96.87	—	—	88.64	8.18
1985	125.23	17.51	—	104.84	—	—	96.02	8.82
1986	131.94	61.45	—	103.00	—	—	91.87	11.10
1987	163.62	115.16	—	133.89	—	—	121.14	12.74
1988	129.24	46.97	—	94.74	—	—	85.23	9.67
1989	119.32	50.62	—	81.72	—	—	74.55	7.99
1990	125.85	31.35	—	80.42	—	—	72.45	7.93
1991	179.80	106.13	23.00	127.95	80.83	23.00	111.76	16.62
1992	154.10	102.39	18.00	117.28	80.69	18.00	102.90	14.28
1993	104.30	24.38	28.73	67.85	17.70	28.73	55.92	11.51
1994	164.03	116.61	20.00	119.00	83.10	20.00	102.99	16.56
1995	236.93	208.74	8.70	191.37	170.75	8.70	170.58	28.69
1996	125.44	50.45	26.67	91.92	38.02	26.67	78.04	14.69
1997	187.62	157.41	8.88	148.82	126.95	8.88	129.48	23.95
1998	123.61	73.05	10.48	88.95	54.32	10.48	74.90	12.40
1999	148.09	98.45	18.75	110.26	74.62	18.75	91.20	14.95
2000	200.41	162.23	17.06	157.29	130.39	17.06	133.92	25.05
2001	157.56	108.98	18.60	118.07	83.31	18.60	92.80	20.91
2002	127.03	63.68	17.48	91.33	48.31	17.48	73.04	15.56

续表

年份	受灾面积	灾害		成灾面积	灾害		粮食作物成灾面积	经济作物成灾面积
		旱灾	风雹灾		旱灾	风雹灾		
2003	117.64	56.26	10.95	81.39	38.33	10.95	66.91	14.48
2004	124.38	37.86	9.57	86.68	28.60	9.57	66.05	20.63
2005	113.80	60.70	11.76	74.00	38.08	11.76	62.46	11.53
2006	142.21	87.55	14.73	106.17	66.28	11.96	86.59	19.58
2007	143.62	97.57	14.50	104.06	70.03	10.47	84.36	19.70
2008	123.87	73.18	20.74	87.18	52.00	15.37	67.75	19.43
2009	129.98	100.89	10.47	98.16	79.25	7.74	80.82	17.34
2010	116.75	60.18	18.65	87.77	44.99	14.27	69.41	18.36
2011	120.98	89.38	16.79	88.16	65.67	13.15	73.03	15.13
2012	67.64	21.18	18.12	49.00	14.41	14.31	38.98	10.02
2013	97.76	55.18	13.04	59.36	29.74	9.00	47.28	12.08

(二)甘肃省栽培作物的类型及特色

甘肃省自然条件多样，农业栽培历史悠久，农作物品种资源十分丰富。栽培的粮食作物主要有小麦、玉米、马铃薯、豆类、谷子、糜子、荞麦、高粱等 30 种；经济作物主要有油料、棉花、甜菜、中药材、水果、蔬菜、瓜类、烟叶等；省内野生植物资源非常丰富。

近年来，在省委、省政府的坚强领导下，甘肃省特色产业发展势头强劲，农业产业化发展步伐明显加快，着力打造旱作农业、高效节水农业、草原畜牧业可持续发展三个国家级示范区，形成了以设施蔬菜、优质林果、马铃薯、中药材、现代制种和酿酒原料六大特色优势产业，同时，突破以粮为主的单一格局，粮、经、饲三元结构基本形成，农林牧渔全面发展，农业区域化布局日趋形成，走出了一条优质、高效、可持续发展的具有甘肃省特色的现代农业发展新路子。

截至"十二五"末，全省苹果种植面积 36.67 万 hm²，产量达到 40 亿 kg，分别比"十一五"末增长 33.4%、98.4%，苹果面积居全国第 2 位；蔬菜种植面积达到 54.13 万 hm²，产量达到 193 亿 kg，分别比"十一五"末增长 37.1%、56.2%，面积居全国第 18 位；中药材种植面积达到 25.87 万 hm²，产量达到 9.9 亿 kg，分别比"十一五"末增长 56.4%、88.7%，人工药材种植面积居全国第 1 位；马铃薯种植面积达到 68.20 万 hm²，生产鲜薯 119.7 亿 kg，分别比"十一五"末增长 5.7%、24.5%，产量和面积均居全国前列；玉米制种面积 9.93 万 hm²，产种量 5.3 亿 kg，面积和产量分别占全国玉米制种总面积和总产量的 43.5% 和 48.3%，产量和面积均位居全国第一。

特色产业的迅猛发展不仅对甘肃省农业结构调整、农业发展布局产生了深远影响，而且进一步加快了全省农业产业化的步伐。经过"十二五"的发展，全省优势特色产业实现了布局区域化，形成了以定西为主的马铃薯种薯及商品薯生产基地，河西走廊的杂交玉米、瓜菜制种基地，定西、陇南的中药材生产基地，陇东、陇南的优质苹果生产基地，临夏、甘南的畜牧养殖基地。在优势特色产业迅猛发展的带动下，全省农业产业化组织也逐步做大做强。目前，龙头企业和中介组织等新型农业经营主体已成为甘肃省特色优势产业发展的重要组织形式。

(三)甘肃省作物生产增产增收的主要措施

在甘肃这样一个自然条件严酷、农业基础设施落后、干旱多灾的省份，要实现粮食生产的稳定发展，除了一靠政策、二靠科技、三靠投入外，最主要的措施有两项：一是顺应天时，调整结构，大力发展玉米、马铃薯等大秋作物，压夏扩秋，压劣扩优，提高粮食生产的稳定性。二是立足省情转变思路，依靠科技创新大力发展旱作农业，全力打造全省粮食生产新的增长点和增长极，努力提高旱作农业的可控水平。与全国其他省区相比，这两项措施可以说是具有甘肃特色、最根本、最重要的经验，也可以说是符合甘肃省实际的粮食生产发展道路。

第二节　作物种质资源普查

农作物种质资源又称为农作物遗传资源，包括农作物种质资源品种和品系及其野生近缘种种质资源，是人类生存和发展最有价值的宝贵财富，是国家重要的战略资源，是作物育种、生物科学研究和农业生产的物质基础，是实现粮食安全、生态安全与农业可持续发展的重要保障(陈叔平，1995)。2012年国务院印发《全国现代农作物种业发展规划(2012-2020年)》，把"开展农作物种质资源普查、搜集、保护、鉴定、深度评价和重要功能基因发掘，建设种质资源共享平台，实现种质资源依法向社会开放"列为重点发展任务，为农作物种质资源的普查提供了政策保障。

甘肃省农作物种质资源研究，紧紧围绕农业生产中存在的"旱、寒、盐、锈"主要问题，突出地域特色，重视学科建设。甘肃省农业科学院作物研究所从1957年就已开始农作物种质资源的征集工作；1977年组建科研队伍，成立了品种资源研究室；"八五"至"九五"期间，在农业部和省科技厅的扶持下，组织开展了"甘肃省主要农作物品种资源研究"协作攻关，使农作物品种资源研究从单一的粮食作物扩展到经济作物及蔬菜、豆类、绿肥等农作物，并建成了$800m^2$的资源研究实验楼，内设一间省内唯一的种质资源低温保存库；2004年完成了"小麦种质资源数据库管理系统"；"十一五"期间在国家和甘肃省科技平台专项的支持下，又新建了一间低温保存库，研发出了63种作物的种质信息数据库，通过互联网实现了社会共享。

随着农业生产的发展，农业生态体系的变化，农作物种质资源种类、分布、数量、品质和应用，作物种植结构等都发生了很大变化，因此，对农作物种质资源进行详细的摸底调查十分必要。根据《西北抗逆农作物种质资源普查》要求，按照《甘肃省干旱区抗逆农作物种质资源普查》子课题计划进度和考核指标，甘肃省农业科学院作物研究所组织相关课题组全体成员历时2年多，对甘肃省10县(区、市)(环县、静宁、会宁、安定、皋兰、永登、广河、民勤、临泽、敦煌)抗逆资源进行了普查，并取得了相应的结果。

一、普查基本情况概述

根据项目进度安排，2011 年完成了庆阳市环县、平凉市静宁县、白银市会宁县和定西市安定区 4 县(区)的资源普查工作，2012 年完成敦煌、临泽、民勤、永登、皋兰、广河 6 县(市)普查，内容主要包括自 1985～2010 年 25 年间 6 个时间节点上气候和植被情况、农业生产总值；当地种植的作物类型、面积、产量及应用品种的更替情况。在普查过程中基本按照普查表既定格式执行，种植作物依照当地种植面积大小做了相应调整，并对表中未列出但在当地种植的特色作物进行了补充普查。

本次普查填写基础信息表格 960 余张，通过走访调查、查阅资料和对普查数据的统计分析，摸清了 1985～2010 年 10 个普查县(区、市)的气候变化、种植结构调整、作物品种更替、农业总产值占国民生产总值的比例及种质资源保护与利用等基本情况，发现 25 年来气温升高了 1.1℃，降水量减小了 83.6mm，干旱加重；种植作物类型趋向单一，小麦大幅下降，玉米和马铃薯迅速增加，具有地方特色的杂粮杂豆锐减，资源保护压力加大；尽管农业总产值稳步提升，但其占国民生产总值的比例各县均呈降低趋势，平均降低近 28 个百分点。提出了甘肃省农作物资源有效保护和高效利用建议，这为政府实施抗旱措施、调整种植结构、保护生物多样性提供了基础信息。

二、普查县(区、市)的基本情况

环县：位于庆阳市西北部，土地面积 9236km²，年末常用耕地面积 9.01 万 hm²，属黄土高原丘陵沟壑区，境内多山起伏不平，地势西北高、东南低，平均海拔 1450m，山脉无明显走向，岭梁交错，沟谷纵横，年均降水量 322.3mm，年均气温 9.7℃，全年无霜期 186d。辖 21 乡镇，250 个村民委员会。该县是庆阳市土地面积最大、作物类型最多、降水量较少的县，素有"中国小杂粮之乡"的美名。种植作物除小麦、玉米、马铃薯外，还种植荞麦、燕麦、谷子、胡麻、葵花等特色作物。

静宁县：位于甘肃省东部，地处华家岭以东，六盘山以西，隶属平凉市。总土地面积 2194km²，年末常用耕地面积 9.81 万 hm²，属典型黄土高原丘陵沟壑区，地势由西北向东南倾斜，平均海拔 1663m，本县气候属中温带、半干旱气候，年均气温 7.4℃，全年无霜期 154d，年均降水量 446.2mm。辖 24 个乡镇，392 个村民委员会，2319 个村民小组。除种植大宗作物小麦、马铃薯、玉米等外，辣椒、红富士和早酥梨等驰名省内外。

会宁县：位于甘肃中部，白银市南端，总土地面积 6439km²，年末常用耕地面积 15.07 万 hm²，县境群山连绵，梁峁交错，沟壑纵横，平均海拔 2025m，年均降水量 332.6mm，年均气温 7.9℃，全年无霜期 155d。水资源短缺，地表水大部分苦咸，干旱是主要自然灾害。辖 28 个乡镇，248 个村民委员会。除种植大宗作物小麦、马铃薯、玉米等外，会宁县境内还种植扁豆、莜麦、荞麦、燕麦、良谷米、黑谷米、胡麻等特色作物，由于会宁干旱少雨，部分地区种植西瓜、籽瓜、向日葵、杏子、麻子等耐旱作物。

安定区：地处甘肃省中部，隶属定西市。总土地面积 3639km²，年末常用耕地面积 11.47 万 hm²，安定区属黄土梁峁沟壑区，平均海拔 1896.7m，地势东南高、西北低，年均降水量 325.3mm，年均气温 7.6℃，全年无霜期 155d，是典型的大陆性气候。辖 19 个乡镇，306 个村民委员会，2264 个村民小组。除种植大宗作物小麦、马铃薯、玉米等外，胡麻、扁豆、豌豆、荞麦、莜麦等作物，柴胡、防风、党参等中药材种植也较广。

敦煌市：位于河西走廊最西端，南有祁连山，北有马鬃山，东、西两面为戈壁沙漠，平均海拔 1139m。其地势为南北高，中间低，自西向东北为倾斜的盆地平原地带。土地面积 31 200km²，年末常用耕地面积 1.70 万 hm²。地处内陆，气候干燥，昼夜温差大，年均降水量 42mm，年均气温 10.5℃，全年无霜期 142d，属典型的大陆干旱性气候。辖 11 个乡镇，79 个村民委员会。该市主要种植小麦、玉米、棉花、李广杏、香水梨、鸣山大枣等果类驰名省内外。

临泽县：地处河西走廊中部，总土地面积 2755km²，年末常用耕地面积 1.89 万 hm²，属典型的大陆性荒漠草原气候，地势南北高、中间低、由东南向西北逐渐倾斜，平均海拔 1785m，年均气温 8.2℃，全年无霜期 179d 左右，年均降水量 122.3mm。辖 7 个乡镇，104 个村民委员会，754 个村民小组。除种植大宗作物小麦、马铃薯、玉米、水稻等外，名优特产临泽小枣扬名省内外。

民勤县：位于河西走廊东北部，石羊河流域下游，南邻武威市，西接金昌市，西、北、东三面被巴丹吉林和腾格里两大沙漠包围，总土地面积 15 907 km²，年末常用耕地面积 6.39 万 hm²。境内沙漠戈壁和盐碱滩点占 91%，农田绿洲占 9%。平均海拔 1367m。年均降水量只有 69.9mm，年均气温 9.2℃，全年无霜期 210d。辖 8 个乡镇，244 个村民委员会，1745 个村民小组。除种植小麦、玉米等大宗作物外，近年来大力发展种植棉花和向日葵。地方名优特产有黄蜜瓜、白蜜瓜、棉花、锁阳、甘草。

永登县：位于兰州市的西北部。东接皋兰，北靠武威市，西接青海省。总土地面积 6090km²，年末常用耕地面积 9.13 万 hm²。境内地势由西北向东南倾斜，平均海拔 2225m，地貌是"三川两河一片"特征。辖 18 个居民委员会，240 个村民委员会，1515 个村民小组。种植大宗作物小麦、马铃薯、玉米等，地方名优特产有苦水玫瑰和虹鳟鱼。

皋兰县：地处兰州市东北部，总土地面积 2556km²，年末常用耕地面积 2.83 万 hm²，平均海拔 1669m，年均降水量 253.8mm，年均气温 7.1℃，全年无霜期 176d。辖 7 个乡镇，71 个村民委员会，298 个村民小组。除种植大宗作物小麦、马铃薯、玉米等外，还种植胡麻、糜子、谷子等作物。地方特产西甜瓜、软梨等种植较广。

广河县：位于甘肃省中部西南，临夏回族自治州东南部，北接东乡族自治州，西接和政县，总土地面积 538km²，年末常用耕地面积 1.28 万 hm²，全境多为山地，平均海拔 1953m，年均降水量 476.5mm，年均气温 6.3℃，全年无霜期 151d。光照充足，但热量不够。辖 9 个乡镇，102 个村民委员会，1121 个村民小组。除种植小麦、玉米、马铃薯大宗作物外，还种植青稞、食用豆。

三、气候变化

甘肃省地处黄土、青藏和内蒙古三大高原交汇地带。境内地形复杂，山脉纵横交错，海拔相差悬殊，高山、盆地、平川、沙漠和戈壁等兼而有之，是山地型高原地貌。从东南到西北包括了北亚热带湿润区到高寒区、干旱区的各种气候类型。

从普查的 10 个县(区、市)25 年的降水量和气温变化趋势看，年降水量临泽县增加

55.6～124.7mm、敦煌市保持在 50mm 左右，其余 8 个县(区)均呈波浪式下降趋势，年均降水量降低 83.6mm。年均气温调查各县均呈上升趋势，平均升高了 1.1℃(图 6-1)。

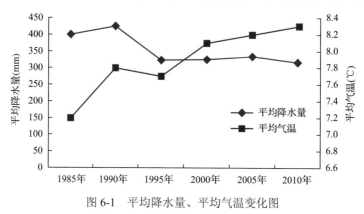

图 6-1　平均降水量、平均气温变化图

由此可见，甘肃省的气候变化与全球气候变化相吻合，降水减少、气温升高、干旱加重，需要引起政府部门的高度重视，需要在收集筛选抗旱资源、培育抗旱节水品种上下工夫。

四、植被覆盖变化

从图 6-2 可以看出，普查县 25 年间植被覆盖率呈上升趋势，而农作物覆盖率基本保持在 17%左右。在所普查的 10 个县(区、市)中，永登的植被覆盖率最高，达到了 87.15%，敦煌植被覆盖率最低，仅为 4.53%；农作物覆盖率的变化也比较大，变幅为 0.56%～46.98%，定西最高，敦煌最低。由于全国调整种植结构，发挥区域种植比较优势，宜林则林，宜牧则牧，宜耕则耕，当地政府积极引导农户种植传统特作，种植比较效益高的作物来增加收入，因而农作物覆盖率占植被总覆盖率变化较大。

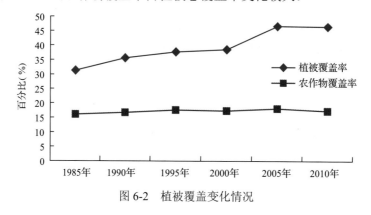

图 6-2　植被覆盖变化情况

五、种植结构调整

随着气候变化、栽培技术革新、农业比较效益和人民生活水平的提高，尤其是随着双垄沟地膜覆盖技术的推广应用和马铃薯产业、玉米制种产业的迅速发展，使甘肃省的作物种植结构发生了重大变化。

(一)三大作物变化情况

如图 6-3 所示,1985~2010 年 10 个县(区、市)的小麦种植面积大幅度下降,从 1985 年的 25.50 万 hm² 降至 2010 年的 11.09 万 hm²,降幅达 56.5%,在敦煌,小麦甚至退出了生产。随着科技进步,高产优质新品种的选育及科学的田间管理,使得小麦产量呈逐年上升的趋势,各县均值由 1985 年的 2782.95kg/hm² 上升到 2010 年的 3921.15kg/hm²;不同县(区、市)间产量差异很大,产量达到 7781.40kg/hm² 的临泽是会宁的 7 倍。

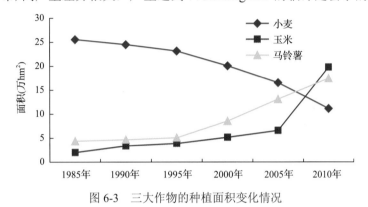

图 6-3　三大作物的种植面积变化情况

甘肃省是一个降水偏少、严重缺水的省份,因此在政府部门的大力支持和推广下,覆膜(全膜、半膜)、双垄沟播配套栽培等新型模式应运而生,使玉米栽培海拔提高 200m 以上,玉米杂交种广泛使用,产量也稳步增长。另外,玉米不仅是重要的粮食作物、饲料作物,也是主要的能源作物,玉米价格由此接近甚至超过小麦,使得玉米成为干旱、半干旱地区提高粮食产量、增加农民收入的主推作物,种植面积大幅度增加。玉米除敦煌外,各县种植面积均呈强劲增加势态,由 1.96 万 hm² 增加到 19.74 万 hm²,增加了 9 倍,其中环县净增近 6.68 万 hm²、会宁净增近 5.17 万 hm²;由于新品种及覆膜技术的大力推广,玉米平均产量也呈稳步增长的态势,25 年间增长了 1.75 倍,其中民勤产量最高,达到 11 878.80kg/hm²。

马铃薯营养丰富,加工附加值高,产品类型众多,深受人们喜爱,是甘肃省主要的粮食和经济作物。随着近年来价格攀升,为马铃薯种植创造了有利条件,种植面积稳中有增,由 4.39 万 hm² 增加到 17.42 万 hm²,净增 13.03 万 hm²,定西大力发展马铃薯产业,提高产品附加值,马铃薯种植面积也有显著增加,其中安定区 2010 年达 6.67 万 hm²,增加了 6.4 倍。产量呈波浪式上升,由 1985 年的 9537.15kg/hm² 上升到 2010 年的 12 983.85kg/hm²。

(二)其他作物变化情况

由图 6-4 表明,小杂粮先升后降,1995 年种植面积达 11.88 万 hm²,之后直线下降至 2010 年的仅 2.45 万 hm²；食用豆 1985～2010 年种植面积出现明显滑坡，较最大年份减少了 3.93 万 hm²；油料变化幅度相对较小。

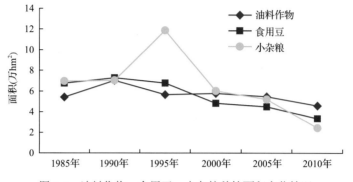

图 6-4　油料作物、食用豆、小杂粮种植面积变化情况

随着养殖业、高原夏菜和苹果产业的快速发展，10 个普查县(区、市)的牧草、蔬菜和果树种植面积显著增加，其中牧草从 2000 年的低谷增至 2010 年的 22.74 万 hm²，扩大了近 7.09 万 hm²；果树、蔬菜种植面积持续上升，分别增加了 7.1 倍和 5.4 倍(图 6-5)。

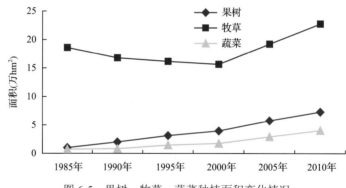

图 6-5　果树、牧草、蔬菜种植面积变化情况

六、农业总产值变化

改革开放以来，甘肃省产业结构发生了明显变化，从 1990 年开始第一产业持续下降，第二产业稳中有升，第三产业整体呈上升势态。从普查 10 个县(区、市)6 个时间节点的农业总产值变化情况看，尽管农业总产值稳步提升，但其占国民生产总值的比例各县均呈降低趋势，其中环县降幅最大，达 56.16 个百分点，民勤最小，约 2 个百分点，平均降低近 26 个百分点(图 6-6)。

总之，1985～2010 年由于气温升高、降水减少，作物种植结构发生了重大变革，小麦和特色杂粮杂豆锐减，玉米、马铃薯、牧草及园艺作物稳步上升，农业总产值所占比例下降，抗旱形势严峻，资源保护压力加大。

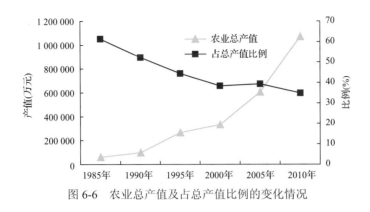

图 6-6　农业总产值及占总产值比例的变化情况

七、作物品种的更替

从普查数据看，所普查 10 个县(区、市)25 年间三大作物小麦、玉米、马铃薯品种更新较快，蔬菜、油料作物品种更新也较频繁，牧草、果树、食用豆更新较慢，其余作物介于二者之间。

(一)小麦品种更替概况

在所普查的 10 个县(区、市)中，自 1985 年以来发生了 3 次更替，小麦种植主要以春小麦为主，除敦煌、永登和皋兰之外，其余县主栽品种均属当地研究院所选育而成，如定西市的定西系列、静宁县的静宁系列、临泽县的张春系列、环县的西峰系列和环冬系列等。'定西 24 号'和'定西 35 号'从 1985 年开始在定西市和会宁县等地区大面积种植，在全省曾一度达到 6.67 万 hm^2 以上，种植面积最大年份分别占该地区小麦种植面积的 34.29% 和 44.01%，2010 年'定西 35 号'在会宁县种植面积占小麦总面积的 24.88%，'定西 24 号'在定西市占 8.8%，可见，'定西 24 号'和'定西 35 号'至今仍是该地区的主栽品种。同时'甘春 11 号'和'甘春 12 号'等品种具有抗旱耐高温能力，产量也高，逐步发展成为各自最适种地区的主栽品种，形成了小麦品种的第一次更替。20 世纪末，小麦品种的选育进入一个较快的发展阶段，由于国家重视和科研人员的努力，品种在产量、品质、抗性各方面进入一个更高的水平，'甘春 20''西峰 22 号''高原 602'和'宁春 4 号'等一批新材料大面积种植，从而形成了小麦的第二次更替。2005～2010 年，'西峰 27 号''西峰 28 号''陇春 22 号'和'宁春 18 号'等一批优良品种的选育在生产中发挥了重要作用，由甘肃省农业科学院和甘肃农业大学选育的陇春系列和甘春系列在所普查县(区、市)均有种植，但品种更新换代速度较快，形成了第三次更替。'和尚头'作为甘肃省的一种特色小麦农家品种，主要分布在皋兰县和永登县，1985～2010 年均有种植，面积最大时占小麦面积的 50.02%。

在外引品种方面，大部分品种均从邻近省份引进，主要有宁春系列、永良系列和新春系列，'晋 2148'和'墨宝石'分别从福建和黑龙江引进；外引品种以'宁春 4 号''高原 602'和'晋 2148'种植面积最大，分别占引进品种的 15.5%、15.29% 和 14.38%，'晋 2148'在 1995 年以后退出了种植历史，而'宁春 4 号'和'高原 602'自引进以来至今仍在种植。

总体而言，小麦品种更替速度较快，在所普查的每个时间点上均有不同的主栽品种，且以当地所育品种为主，外引品种更新速度较慢。

(二)玉米品种更替概况

通过分析本次普查数据显示，玉米经历了 3 次大的更替，主栽品种主要以育成品种为主，当地农家品种甚少，仅有白玉米、白马牙、马牙苞谷等零星种植，1985 年以后农家品种几乎退出了生产，从而被'酒单 2 号''酒单 3 号''敦玉 1 号''中单 2 号'等高产、抗旱新品种所代替，形成了第一次玉米更替换代。

酒单系列品种属甘肃省自育品种，在甘肃省玉米生产中起到了重要作用，1985~2010 年该系列品种均有种植，25 年间占玉米总面积的 6.80%，其中 1995 年占到 8.26%，2010 年占 5.29%，说明该系列品种在甘肃省的种植面积趋于稳定状态。

从 1985 年开始，'中单 2 号'在甘肃大面积种植，1990 年种植面积占玉米总面积的 49.27%，1995 年仍是当地主栽品种，占到 40.28%，之后面积逐渐减少，但至今仍有少量种植。2000 年，'酒单 4 号''豫玉 22 号''沈单 16 号'等新品种的引入逐渐取代了'中单 2 号'，已成为当时的当家品种，从此形成了玉米的第二次更替。2005 年以后不同省份育成品种被引入，但种植面积相对较少，如掖单系列、沈单系列、金穗系列、承单系列等，该时期'郑单 958'和'先玉 335'开始引入种植，到 2010 年已成为主栽品种，形成了第三次更替。

在 2005 年以前玉米品种更替速度较慢，酒单系列和'中单 2 号'在甘肃玉米生产中发挥了重要作用，之后由于国内育种公司的兴起，加快了玉米品种的选育，品种的更替速度也随之加快，同时也提高了玉米产量。

(三)马铃薯品种更替概况

1985~2010 年所普查 10 个县(区、市)马铃薯品种更替次数两次，主栽品种以陇薯系列、渭薯系列和青薯系列为主。陇薯系列从 1985 年开始不断选育更新，2010 年'陇薯 6 号'开始大面积种植。渭薯系列从 2000 年以后种植面积逐渐减少，到 2005 年已很少种植。从 1985 年到 1995 年，由青海引进的品种'深眼窝'在甘肃占据主导地位，占该时期马铃薯总面积的 17.76%，之后退出了生产。除此之外，在甘肃马铃薯产业中占有重要地位的外引品种有'青薯 168''高原 8 号''克星 6 号''大西洋'。1995 年开始，随着'深眼窝'等品种的退出，'青薯 168'和'高原 8 号'的引入，马铃薯第一次更替形成。

马铃薯品种'新大坪'是甘肃省定西市农民在全省马铃薯区域试验中保留的一个参试品种，亲本已无法查证，2005 年以后'新大坪'在甘肃省马铃薯生存中占主导地位，占当时总面积的 14.09%，尤其在马铃薯之乡定西市，曾一度达到 31.61%。2005 年以后，'陇薯 6 号'和'新大坪'等高产品种大面积种植，形成了马铃薯第二次更替。

八、定西市作物结构变化

定西市属旱作农业区，当地居民以面食为主，一直以来小麦是该地区主栽作物，自 2000 年以来小麦播种面积呈急剧下降趋势，从而被极具发展潜力的玉米和马铃薯所代替。玉米在 2005 年的播种面积为 0.26 万 hm^2，到 2010 年增加到 2.04 万 hm^2，增幅 684.62%；

马铃薯由 2000 年的 3.58 万 hm² 增加到 2010 年的 6.67 万 hm² 以上，增幅 86.31%。"全膜双垄沟播"技术的推广，极大地提高了旱作区玉米产量，调动了当地农户的积极性，使得玉米种植面积急剧上升。由于价格高、销路广，定西马铃薯播种面积大幅增加，并且带动了当地中小型企业的大力发展，许多淀粉精加工企业和物流公司落户定西，将定西人眼中的"金蛋蛋"洋芋及加工产品运往全国各地乃至国外。

受经济条件的影响，2000 年以前小杂粮在定西占有一定面积，随着人们生活水平的提高，小杂粮食用量逐渐减少，种植面积也随之下降。胡麻作为主要的油料作物在当地一直有所种植，目前胡麻种植基本上用于满足人们对植物油的需求。近年来，蔬菜和果树的种植面积逐年增加，随着养殖业的发展，当地牧草面积基本保持稳定的趋势。

九、敦煌市作物结构变化

敦煌市是甘肃省著名的旅游城市，年降水量不足 40mm，农业发展比较缓慢，小宗粮豆的种植面积几乎为零，小麦种植面积从 1985 年的 0.83 万 hm² 到 2005 年的 0.02 万 hm²，再到后来的零种植；玉米从 1990 年的 0.30 万 hm² 降到 2010 年的 0.09 万 hm²，近年来有回升趋势。棉花是敦煌市的主栽作物，品种更替快，面积从 1985 年的 0.37 万 hm² 增加到 2010 年的.23 万 hm²，受价格和销路的影响，目前棉花种植面积逐渐减少。

敦煌市素有"瓜州"之称，很早就是一个瓜果之乡，盛产各种香甜味美的瓜果葡萄。'李广杏'可称敦煌市水果之王，几乎每家农户都有种植；目前，葡萄产业是敦煌市第一大产业，发展势头强劲，其果品大而甜，除鲜食外，全部用于葡萄酒酿制。

第三节　作物种质资源调查

干旱缺水是全球农业生产面临的严重问题，甘肃省是我国水资源严重短缺的省份之一，在干旱地区，干旱缺水、土壤盐渍化等非生物胁迫已成为制约农业生产发展的主要因素。因此，调查收集、研究利用抗旱、耐盐碱、耐贫瘠等抗逆优异农作物种质资源，培育抗逆农作物新品种是抵御非生物胁迫最有效的途径，已经成为保障粮食安全和生态安全的紧迫任务。

甘肃省地处黄土高原、内蒙古高原和青藏高原的过渡地带，生态类型多样，自然条件严酷，长期以来经过自然选择和人工干预措施，形成了丰富多彩的抗逆农作物种质资源。迄今为止尚未对干旱地区抗逆农作物种质资源进行专门系统的调查，对该地区抗逆农作物种质资源的类型、分布、数量等情况了解不足，基础数据缺乏，大大地制约了甘肃省农作物种质资源的保护、研究和可持续利用。因此，"西北地区抗逆农作物种质资源调查"项目组于 2011～2013 年对该地区种植的粮食作物、棉油作物、蔬菜及其野生种质资源进行了系统调查，并收集种质资源，特别是抗旱、耐盐碱、耐瘠薄等具有优异性状的种质资源，同时对其进行了繁殖鉴定，为今后有效地保存、研究和利用抗逆农作物种质资源遗传多样性和完整性提供了科学依据。

2011～2013 年，由甘肃省农业科学院作物研究所品种资源研究室组织，聘请 2～3 名相关专业专家，在调查前，通过查阅相关资料了解各县(区、市)的自然环境、农业产业结构、农作物种质资源的种类和分布情况，确定调查的乡(镇)。调查的程序是，利用全球定位系统(GPS)定位调查路线，进入乡(镇)，联系当地农业负责人并组织座谈，掌握该乡(镇)农作物种质资源分布情况，进一步确定重点调查的村，然后进村对村委及熟悉该村农业生产情况的村民进行访谈，重点调查该村农作物品种、种植历史及现状，并做好访谈全过程的记录工作。系统调查采取入户调查方式，每县(区、市)抽取 1~4 个乡(镇)，每个乡(镇)抽取 1~4 个村，每个村抽取 5~8 户，对非系统调查乡、村的特殊资源及沿途中发现的野生资源进行补充调查。

系统调查主要以行政村为基本单位，样本采集方法参照郑殿升等(2007)编写的《农作物种质资源收集技术规程》，填写西北地区抗逆农作物种质资源调查表，记录样品的采集编号、采集地点、时间、种质名称、作物名称、种质类型、种质用途、生态类型、样品来源、样品照片等 30 项内容。最后对所收集种质资源进行整理、分类、保存，并及时撰写总结报告(陈盛瑞和袁汉民，2012；丁汉凤等，2013)。

本次调查对分布在甘肃干旱地区 18 个县(区、市)、48 个乡(镇)、75 个行政村的抗逆农作物种质资源的保存及利用现状进行了调查，并对种质进行了收集，共收集到各类抗逆农作物种质资源 845 份，隶属 16 科 46 属 62 种。其中以禾谷类数量最多，共计 249 份，分属 7 属 9 种；果蔬类作物所涉及的科、属、种最多，分属 9 科 19 属 24 种；豆类 207 份，分属 8 科 10 属 10 种；棉油类作物 148 份，分属 7 科 7 属 8 种；其他作物 92 份，分属 7 科 10 属 11 种。剔除重复资源和丧失生活力资源后，对 39 种作物 654 份资源进行了农艺性状鉴定和种子扩繁，全部入国家种质库临时保存，同时在甘肃省种质库备份 1 套(表 6-9)。

表 6-9　入国家种质库临时保存作物种类及资源数量统计表

序号	作物名称	资源份数	序号	作物名称	资源份数
1	小麦	22	17	葵花	29
2	玉米	26	18	大麻	27
3	马铃薯	1	19	棉花	20
4	高粱	31	20	蓖麻	2
5	扁豆	39	21	烟草	4
6	豌豆	61	22	刀豆	4
7	蚕豆	27	23	普通菜豆	34
8	鹰嘴豆	5	24	西葫芦	11
9	大豆	40	25	绿豆	10
10	糜子	40	26	芫荽	8
11	谷子	38	27	西瓜	5
12	荞麦	35	28	茴香	8
13	燕麦	22	29	箭舌豌豆	5
14	大麦	19	30	萝卜	5
15	油菜	31	31	胡萝卜	2
16	胡麻	22	32	黄瓜	1

续表

序号	作物名称	资源份数	序号	作物名称	资源份数
33	香豆	4	37	甜菜	3
34	莴笋	2	38	多花菜豆	4
35	辣椒	1	39	小豆	5
36	洋葱	1			

一、禾谷类

本次调查共收集到禾谷类作物种质资源 249 份，分属 7 属 9 种(表 6-10)。

表 6-10 甘肃省干旱地区抗逆禾谷类作物种质资源收集情况

收集地	小麦属	大麦属		玉米属	高粱属	燕麦属		狗尾草属	黍属
	普通小麦	普通大麦	青稞	玉米	中国高粱	裸燕麦	普通燕麦	谷子	黍稷
白银	1							4	
会宁	3	1		2	4	6		14	12
景泰	5	1	2					2	2
临洮		2	3	2	1	1	2	5	5
通渭	1				1	1		2	1
敦煌				3	3			1	
皋兰	1							2	2
永登	9	3	2	1		3	1	2	2
环县	4			2	3	1	5	5	8
古浪	6	1	1	2	2	2	2	4	7
民勤	1	5	4	14	27			6	16
合计	31	13	12	26	41	14	10	47	55

(一)小麦种质资源

1. 概述

小麦是甘肃省主要粮食作物,其种植面积仅次于玉米,最近 20 年种植面积一直下降,目前稳定在 80 万 hm² 左右。当前所种植的大多为育成品种，如'定西 24''宁春 4 号''陇春 27 号''陇春 28 号' 等,收集到的种质大多数属地方资源,在该地区已很少种植,其发芽率很低,已有相当一部分失去了发芽能力。此次调查共收集到小麦种质 31 份,其中春小麦 29 份,冬小麦 2 份;具有抗旱特性种质 14 份,耐盐碱种质 2 份;10 份种质感白粉病。从农艺性状看,小麦种质类型丰富,有无芒、顶芒、短芒和长芒;壳色有红、浅红和白色;粒色有浅红、红和浅绿色。

2. 优异资源

调查收集到的资源中，农家品种'和尚头'主要分布在永登、皋兰、白银、景泰等地，在当地表现出了耐瘠薄、耐盐碱等优良性状，主要种植在旱砂田中，在当地口碑甚好，据史料记载，明清时期作为贡品，供皇室家族享用，在西北地区享有较高的声誉，距今已有 500 多年的历史(图 6-7)。其面粉质量好，尤其是蛋白质含量高，具有滑润爽口、味感纯正、面筋强、食用方便等特点，民间用'和尚头'小麦面粉作"长寿面"，烧制的"烧锅子"是当地人民喜爱的食品。

图 6-7　'和尚头'小麦生长环境

白银市武川区中山村的'和尚头'(采集编号：2013621034，图 6-8)生育期 109d，株高 110.1cm，穗长 8.4cm，小穗个数 16.1 个，穗粒数 30.6 粒，千粒重 40.88g。经鉴定，全生育期抗旱性达到 1 级，15cm 播深条件下出苗率达到 80%，具有强抗旱性和耐深播性。粗蛋白质含量 14.99%，湿面筋 33.6%，达强筋标准，面条评分 85，可用于制作面条、烧锅子等食品。

(二)玉米种质资源

1. 概述

玉米是主要的粮食作物、饲料作物及能源作物，由于近几年政府大力支持全膜双垄沟播技术，甘肃省干旱地区玉米种植面积大幅度上升，目前已成为甘肃省第一大粮食作

图 6-8　小麦品种'和尚头'（2013621034）

物，2014 年达到 93.33 多万公顷。种植的品种几乎全部为育成品种，如'豫玉 22 号''先玉 335''沈单 16 号''陇单 4 号''吉祥 1 号'等。地方品种'金皇后'等只是零散地种植在田间地头，面临着消失的窘境，此次共收集到 26 份玉米资源，其中糯玉米 4 份，爆裂玉米 2 份，10 份表现较强的抗旱性，2 份具有耐盐碱特性；14 份高抗锈病。穗型有锥形、筒形和长筒形；粒型有硬粒、半硬粒、马齿型；粒色分白、黄、黄白、紫和黑色，由此看出，本次收集的玉米类型较丰富。

2. 优异资源

在 20 世纪 80 年代以前，玉米是甘肃省的粮食作物，人们将玉米打磨成面粉，制作成干粮当作主食来食用。随着人们生活水平的提高，现在玉米种植主要用作饲料供养殖业消耗。甘肃省是一个水资源匮乏的省份，在旱作农业区，当地农民种植玉米不浇水、不打农药、不施化肥，经过长期的自然选择，形成了丰富的抗逆性资源。

民勤县薛百乡更名村的'马牙玉米'（采集编号：2012621252）（图 6-9）生育期 121d，株高 163cm，穗长 13.5cm，穗粗 3.8cm，穗行数为 20，百粒重 15.5g，粒色为红色，属硬粒型玉米。抗锈、抗旱，全生育期抗旱性达 1 级，籽粒品质好，可作为粮食用。民勤县东坝乡篙子村的'老苞谷'（采集编号：2012621440）（图 6-10）生育期 141d，株高 225cm，穗位高 100cm，穗长 20cm，穗粗 4.3cm，穗行数为 16，百粒重 23g，粒色为紫色，属硬粒型玉米。经鉴定，在全生育期抗旱性达 1 级。可粮饲兼用。

图 6-9　马牙玉米（2012621252）　　　　图 6-10　老苞谷（2012621440）

(三)小杂粮种质资源

1. 概述

甘肃省地貌复杂多样，东西蜿蜒1600km，从东南到西北包括了北亚热带湿润区到高寒区、干旱区的各种气候类型。小杂粮作物本身具有抗旱、耐贫瘠等优异特点，大多数属于秋粮作物，生育期雨水充沛，产量高，决定了其在干旱地区的种植优势(贾根良等，2008；刘天鹏等，2014)。小杂粮作为甘肃省特色粮食作物，种类齐全，营养丰富。小杂粮具有很大的市场需求潜力，常年播种面积约16.67万 hm^2，在甘肃省粮食生产和发展当地农村经济中有着重要的作用(赵有彪，2007；牛婷婷，2010；窦学诚等，2012)。本次调查收集的小杂粮种质资源主要有谷子、糜子、燕麦、高粱、大麦、青稞等，共计192份。从表6-10看出，种植最多的是黍稷和谷子。

2. 优异资源

(1)谷子在甘肃省种植历史悠久，物种、品种资源十分丰富，生长期间仅施用农家肥，不施化肥，不打药。糯性好、品质好，富含蛋白质、维生素 B_2 等，在当地人们将小米煮成稀饭，或者将其与面食一起食用。小米除了食用外还有药用价值，能降血压、防治消化不良、补血健脑、安眠等功效，适宜老人小孩等身体虚弱的人滋补。

民勤县东湖乡振新村的'秋谷子'(采集编号：2012621041)(图6-11)生育期115d，株高107.85cm，主茎节9.8，茎粗0.61cm，穗长19.35cm，穗粗2.19cm，千粒重4.16g，出谷率为86.1%。经鉴定，具有较强的抗旱性和耐盐性，全生育期抗旱性达到1级，大多数连同秸秆被用作饲料。白银市武川乡武川村的'大谷子'(采集编号：2013621035)(图6-12)生育期129d，株高178.2cm，主茎节数9.6，茎粗0.57cm，穗长25.1cm，穗粗2.45cm，千粒重3.78g，出谷率为84.8%。田间表现出较强的抗旱性和耐盐性，芽期耐盐性达到1级，秸秆可作饲用，籽粒可作小米食用。

(2)糜子原名黍，是甘肃省的特色小杂粮作物，也是过去人们的主要粮食作物，主要分布在甘肃省陇东和陇中地区。黍米磨成面，俗称黄米面。黍的籽粒有非糯性与糯性之分，黍为非糯质，不黏，一般供食用。糯性黍为糯质，性黏，磨米去皮后称为大黄米或软黄米，用途广泛，可磨面作糕点，古代也广泛用于酿酒。

图6-11　秋谷子(2012621041)

图 6-12　大谷子（2013621035）

　　民勤县东湖乡致力村的'糜子'（采集编号：2012621091）（图 6-13）生育期 106d，株高 161.05cm，主茎节数 7.2，穗型为散型，穗长 36.65cm，粒色为黄色，千粒重 8.1g。表现较强的抗旱性、抗病性和耐盐性，经鉴定，芽期耐盐性达到 1 级，当地人们常用来制作糕点。民勤县东湖乡致力村的'红糜子'（采集编号：2012621092）（图 6-14）生育期 106d，株高 157.3cm，主茎节数 8.1，穗型为侧型，穗长 31.75cm，茎粗 0.63cm，粒色为白色，千粒重 7.9g。经鉴定，同时表现出较强的抗旱性和耐盐性，全生育抗旱性达 1 级，芽期耐盐性达到 1 级。人们常将其磨成黄米面，制作各种面食。

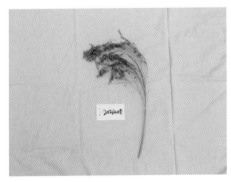

图 6-13　糜子（2012621091）

图 6-14　红糜子（2012621092）

二、豆类

豆类的营养价值非常高，我国传统饮食讲究"五谷宜为养，失豆则不良"，意思是说五谷是有营养的，但没有豆子就会失去平衡。现代营养学也证明，每天坚持食用豆类食品，只要两周的时间，人体就可以减少脂肪含量，增加免疫力，降低患病的概率。豆类所含蛋白质含量高、质量好，其营养价值接近于动物性蛋白质，是最好的植物蛋白，其中大豆含油率较高，又属油料作物。豆类作物的嫩豆荚、鲜豆粒、豆芽和豆制品，都是人们喜欢的蔬菜和食品；豆类作物根部有根瘤菌共生，与其他作物轮种，可以提高土壤肥力。本次调查收集的豆类种质资源主要有大豆、豌豆、蚕豆、绿豆、扁豆等，共计207份，分属8属10种。其中大豆包括栽培大豆45份，野生大豆资源5份。从表6-11看出，种植最多的豆类为豌豆和大豆。

表 6-11 甘肃省干旱地区抗逆豆类作物种质资源收集情况

收集地	大豆属		野豌豆属		豇豆属	豌豆属	兵豆属	鹰嘴豆属	刀豆属	扁豆属
	大豆	野生大豆	蚕豆	绿豆	小豆	豌豆	小扁豆	鹰嘴豆	刀豆	扁豆
白银	2									1
会宁	3		6	2		10	6	2		
景泰						2				2
临洮			3			5	2		1	1
通渭						2				2
敦煌	6		2	1		3				
皋兰										1
永登	2		3			6	2			4
成县		1								
徽县		2								
两当		2								
环县	11		1	2	5	9	3			
古浪	2		7			13	9	2		3
民勤	18		5	6		11	9	1	3	
合计	44	5	27	11	5	61	31	5	4	14

(一) 大豆种质资源

1. 概述

大豆是世界主要的油料、食用和饲料作物，是人们植物优质蛋白的主要来源，世界人均消费量已达 25kg/年，并且经济越是发达的国家人均消费量越高。中国是大豆消费大国，近 5 年平均年总需求量达 450 亿 kg 左右，而年总产量约 150 亿 kg，大量缺口需要通过进口来弥补，大豆已成为国内进口量最大的农产品。

甘肃省常年种植大豆 9.33 万 hm² 左右，主要分布于陇东、陇南旱作农业区，在河西、沿黄灌区生产条件较好的地区也有种植。而依赖自然降水的陇东旱塬大豆生产因降水量不足、缺乏抗旱品种，产量低而不稳，即使在河西、沿黄灌区因水资源紧缺和大气干旱，也使大豆生产受到干旱的严重威胁。本次调查共收集到大豆种质资源 44 份，其中有 28 份抗旱资源、1 份耐盐碱资源，野生大豆 5 份，全部来自陇南。野生大豆具有抗病、抗虫、抗旱、耐盐碱和耐贫瘠等优良性状，是栽培大豆重要的优异基因来源，应予以格外重视和保护，在大豆育种中加强利用（李向华等，2003；刘旭等，2008）。

2. 优异资源

甘肃省光能资源丰富，昼夜温差大，热量充足，所生产的大豆蛋白质含量高，适合食用和饲用。

环县八珠乡杏树沟村的'扁黑豆'（采集编号：2011621023）（图 6-15）生育期 143d，株高 79.2cm，主茎节数 16.3，有效分枝 2.1，百粒重 10.55g，叶形椭圆，直立生长，有限结荚习性，经鉴定全生育期抗旱性、耐盐性均达到 1 级。能降胆固醇、补肾益脾、改善贫血、美容养颜、抗衰老，常用作保健食品。白银市武川乡武川村的'大豆'（采集编号：2013621036）（图 6-16）生育期 158d，株高 93.1cm，百粒重 10.1g，叶形卵形，半直立生长，亚有限结荚习性，田间表现出耐贫瘠，全生育期抗旱性、耐盐性达到 1 级。食用口感好，当地人们常用来制作豆腐、豆浆等食品。

图 6-15　扁黑豆（2011621023）　　　　图 6-16　大豆（2013621036）

（二）食用豆种质资源

1. 概述

食用豆类是指以食用籽粒为主，包括食用其干、鲜籽粒和嫩荚为主的各种小宗豆类作物。目前人类栽培的主要食用豆有 15 属 26 种，我国目前栽培并已收集、繁种入库的主要食用豆有 11 属 17 种，其中蚕豆、豌豆、小扁豆和鹰嘴豆为长日照作物，又称喜凉豆类作物，通常在秋季或早春播种；其他豆种均为短日照作物，也称喜温豆类作物，一般春播，豇豆、绿豆、小豆等可以夏播。

我国食用豆类品种资源丰富，栽培遍及全国各地。食用豆类是当今人类栽培的三大类食用作物（禾谷类、食用豆类及薯类）之一，在农业生产和人民生活中占有重要地位，具有以下三大特点：①食用豆类作物均有根瘤菌固氮；②食用豆类籽粒蛋白质含量高达

20%以上；③种类和类型较多，一些豆种具有特殊的耐旱、耐阴、耐寒性，能适应各种轮作倒茬、间作、套种等多种耕作制度。所以食用豆类称为三营养作物，即营养人类、营养畜禽、营养地力的优良作物。随着我国农业种植业结构调整及人们食物构成优化，食用豆类品种资源的研究和开发利用将更加重要。本次调查共收集到食用豆种质资源158 份，分属 7 属 8 种，其中豌豆、小扁豆和蚕豆份数最多。

2. 优异资源

豌豆作为一种小杂粮在甘肃种植面积较大，资源种类繁多。在当地人们将豌豆做成各类食物食用，嫩豌豆可作为蔬菜炒食，成熟的豌豆籽粒也可炒熟食用，也可磨成面制作各种面食，还可制作淀粉。在甘肃豌豆一般种植在旱作农业区，因此形成了一批抗旱、抗病，耐贫瘠的种质资源。

环县八珠乡八珠原村的'白豌豆'（采集编号：2011621036）（图 6-17）生育期 135d，株高 102cm，主茎分枝数 2，主茎节数 14，单株荚数 5 个，荚长 6.3cm，荚宽 1.2cm，单荚粒数 3，粒形球形，粒色淡黄色，百粒重 16.97g。田间抗旱性达 1 级，同时抗白粉病、抗锈抗霜霉病。常被用作蔬菜炒食和制作淀粉。会宁县翟家所乡六房岔村的'豌豆'（采集编号：2011621209）（图 6-18）生育期 138d，株高 127cm，主茎分枝数 1，主茎节数 19，单株荚数 8 个，荚长 6.3cm，荚宽 1.2cm，单荚粒数 6，粒形球形，粒色淡黄色，百粒重 14.28g。经鉴定，抗旱性达 1 级，抗白粉病，抗蚜虫。常将籽粒磨成面制作各种杂粮小吃和淀粉。

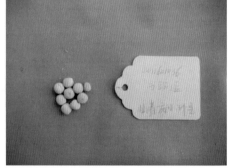

图 6-17　白豌豆（2011621036）

图 6-18　豌豆（2011621209）

(三)棉油类种质资源调查

1. 概述

棉油作物生产在甘肃省农业中占有重要地位，主要是除满足人们正常生活对食材的需求外，同时也是一些主产区农民的重要经济来源。胡麻是甘肃省重要的油料作物，常年种植面积达 10 万 hm²。胡麻生产不仅影响种植业，同时也影响相关的加工业和养殖业的发展，近年来，胡麻的营养价值和保健功能引起了医疗、食品、农业等许多领域学者的广泛关注，其应用前景十分广阔(陈炳东，1998；赵利等，2006)。油菜、向日葵、棉花、大麻、蓖麻、芝麻也是甘肃省重要的经济作物和油料作物，菜籽油和葵花油是经济实惠的植物油，很受老百姓欢迎；棉籽油只局限于少数地区人们食用，如酒泉地区。本次调查共收集到棉油作物 148 份，分属 7 科 7 属 8 种，其中栽培亚麻 26 份，野生亚麻资源 16 份(表 6-12)。

表 6-12　甘肃省干旱地区抗逆棉油作物种质资源收集情况

收集地	桑科	菊科	锦葵科	十字花科	大戟科	胡麻科	亚麻科	
	大麻属	向日葵属	棉属	芸薹属	蓖麻属	芝麻属	亚麻属	
	大麻	栽培向日葵	亚洲棉	甘蓝型油菜	蓖麻	芝麻	亚麻	野生亚麻
会宁	4	5					3	3
安定								3
临洮	2			5				
通渭	1	2					1	3
敦煌	3	1	20				1	
皋兰	3							
永登	3	3		6			2	
榆中								1
徽县								1
静宁								2
环县	2	2					3	
麦积								2
秦安								1
古浪	6	1		7			3	
民勤	6	15		4	4	1	13	
合计	30	29	20	22	4	1	26	16

2. 优异资源

油用亚麻在甘肃俗称胡麻，是甘肃省的特色和优势农作物，其面积和总产量居全国首位。胡麻籽粒含油率在 40% 左右、不饱和脂肪酸含量高达 99%，其中人体必需脂肪酸 α-亚麻酸占 54% 左右。胡麻籽的营养价值高，而且具有抗肿瘤、降血脂、降血糖、抗炎等保健功能。胡麻种植区干旱少雨，土地贫瘠，因而形成了丰富的抗逆性地方资源。

环县毛井乡山西掌村的'胡麻'（采集编号：2011621080）（图 6-19）生育期 79d，株高 52.3cm，分茎数 1.8，硕果数 17.4，千粒重 5.10g，花冠漏斗形，花瓣蓝色，花药浅灰色，直立生长。抗旱性达 1 级，抗倒伏，用来制作植物油。民勤县东湖乡冬固村的'红胡麻'（采集编号：2012621062）（图 6-20）生育期 89d，株高 52.5cm，分茎数 0.8，硕果数 19.9，千粒重 4.62g，花冠漏斗形，花瓣蓝色，花药浅灰色，半匍匐生长。抗旱性达到 1 级，抗倒伏，用来制作植物油和保健产品。古浪县西靖乡古山村的'木板胡麻'（采集编号：2012621341）（图 6-21）生育期 84d，株高 54.1cm，分茎数 1.7，硕果数 18.1，千粒重 4.30g，花冠漏斗形，花瓣蓝色，花药浅灰色，半匍匐生长。抗旱性强，达到 1 级抗旱，抗倒伏，用来制作植物油和保健产品。

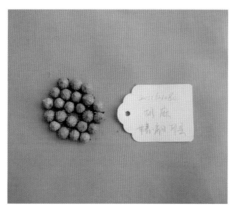

图 6-19　胡麻（2011621080）

图 6-20　红胡麻（2012621062）

（四）果蔬类种质资源调查

果蔬类作物的主要成分包括人体所必需的一些维生素、无机盐、生物酶及植物纤维，果蔬中蛋白质和脂肪含量少，随着人们生活水平的提高，果蔬类作物消费量大增。

图 6-21　木板胡麻(2012621341)

甘肃省地处黄土高原、内蒙古高原和青藏高原的过渡地带，海拔落差和温差大，光照充足，生态类型多样。近年来，甘肃省各地充分发挥独特的气候资源优势，做大做强蔬菜等优势产业，大力发展高原夏菜种植，且大多数农户都有自己的菜园，蔬菜自给自足，所以该地区蔬菜种类丰富，分布范围广。2013 年全省蔬菜种植面积达 48.19 万 hm^2，蔬菜产量达 157.9 亿 kg，同比分别增长 6.1%和 8.1%。

豆科和葫芦科蔬菜抗旱、耐贫瘠，适应性广，几乎每家每户都有种植，且品种类型丰富。本次调查共收集到蔬菜资源 149 份，主要有普通菜豆、西葫芦、萝卜、芫荽、多花菜豆等(表 6-13)，隶属 9 科 19 属 24 种，其中以葫芦科和豆科为主，占 48.99%。

表 6-13　甘肃省干旱地区抗逆果蔬类作物种质资源收集情况

科	属	种	会宁	临洮	通渭	敦煌	永登	环县	古浪	民勤	合计
蝶形花科	菜豆属	多花菜豆	1				1	1	1	6	10
伞形科	胡萝卜属	胡萝卜	1						1	2	4
	芫荽属	芫荽	2	1		1		2	1	4	11
	水芹属	水芹							1	3	4
葫芦科	南瓜属	西葫芦		1	1	2	1	3	8		16
		南瓜		1			1		4		6
	甜瓜属	甜瓜							2		2
	西瓜属	西瓜							5		5
	黄瓜属	黄瓜				1					1
	丝瓜属	丝瓜							1		1
豆科	豇豆属	豇豆						3			3
	菜豆属	普通菜豆	1			3	10	1	24		39
百合科	葱属	韭菜	3				2	1	3		9
		蒜		1			2				3
		洋葱							3		3
		葱		1	1						2
十字花科	萝卜属	萝卜	2	7	1			2			12
	芸薹属	白菜			1			1	2		4

续表

科	属	种	会宁	临洮	通渭	敦煌	永登	环县	古浪	民勤	合计
茄科	茄属	马铃薯						1			1
		茄子			1					3	4
	辣椒属	辣椒			1						1
藜科	菠菜属	菠菜							2	3	5
菊科	菊苣属	苦苣								2	2
	向日葵属	菊芋	1								1

(五)其他种质资源调查

甘肃省处于比较特殊的地理位置,生态类型多样,农作物种质资源丰富,除以上主要的禾谷类、豆类、棉油类和果蔬类作物外,此次调查还收集到92份其他一些抗逆农作物种质资源,隶属7科10属11种,包括荞麦、芝麻菜、苜蓿、小茴香、烟草、甜菜、香豆子、红花、孜然等种质资源,这些农作物与我们日常生活密切相关。

表6-14　甘肃省干旱地区其他抗逆作物种质资源收集情况

收集地	豆科		菊科	茄科	十字花科		伞形科		藜科	蓼科	
	苜蓿属	胡卢巴属	红花属	烟草属	芝麻菜属	芸薹属	茴香属	孜然芹属	甜菜属	荞麦属	
	紫花苜蓿	香豆子	红花	黄花烟草	芝麻菜	子芥菜	小茴香	孜然	甜菜	甜荞	苦荞
白银											1
会宁	2				2	1				6	7
景泰											1
临洮				1						2	3
通渭										1	1
敦煌		1		1							1
永登										2	4
环县	2				2	3				3	5
古浪		2		1					2		6
民勤	5	1	1	1	9		8	1	3		
合计	9	4	1		14	1	8		5	14	29

(六)资源抗逆性鉴定

受项目主持单位——中国农业科学院作物科学研究所委托,在敦煌对玉米、大豆等6种作物的489份资源进行了抗旱性鉴定评价。

1. 敦煌的气候特点

甘肃省敦煌市位于北纬39°53′~41°35′、东经92°13′~95°30′,地处甘肃、青海、新疆三省(自治区)交汇点,境内东有三危山、南有鸣沙山、西是沙漠、北是戈壁,平均海拔不足 1200m,年均降水量 39.9mm、蒸发量 2486mm、日照时数 3246.7h、气温 9.4℃、无霜期 142d,属典型的暖温带干旱性气候,具有抗旱性鉴定得天独厚的自然条件。

2. 鉴定评价方法

芽期:采用高渗溶液法。即用 20%的聚乙二醇-6000(PEG-6000)水溶液对种子进行模拟干旱胁迫处理,以无离子水培养作为对照。按照 GB/T3543.4—1995 的标准进行发芽试验,调查发芽率、测量苗高和根长。

用加权抗旱系数法进行评价,按式(6-1)、式(6-2)、式(6-3)计算抗旱性评价值。

$$TR = X_d / X_w \tag{6-1}$$

$$ADC = \frac{1}{n}\sum_{i=1}^{n} TR \tag{6-2}$$

$$WDC = \sum_{i=1}^{n}\left[TR \times \left(|r_i| \div \sum_{i=1}^{n}|r_i| \right) \right] \tag{6-3}$$

式中,TR 为性状相对值;X_d 为干旱胁迫处理性状测定值;X_w 为清水对照性状测定值;ADC 为平均抗旱系数;WDC 为加权抗旱系数;r_i 为入选性状相对值与平均抗旱系数的相关系数;$|r_i| \div \sum_{i=1}^{n}|r_i|$ 为指数权数,表示第 i 个指标在所有指标中的重要程度;n 为 x、y 两变量的等级对子数,即样本容量。

苗期:采用两次干旱胁迫-复水法。在日平均气温为(25±5)℃,干燥度大于 18 的条件下进行试验。选用长×宽×高=70cm×40cm×30cm 的塑料周转筐,筐中装入 14cm 厚的中等肥力水平的耕层土,灌水至土壤含水率达到 15.5%~18.5%时播种,覆土 2cm。当植株持续萎蔫 2d 时开始第一次复水,使土壤达饱和含水量;72h 后调查存活苗数,幼苗或叶片恢复为鲜绿色的判定为存活苗。第一次复水后即停止供水,进行第二次干旱胁迫。

幼苗反复干旱存活率按式(6-4)计算:

$$DS = (DS_1 + DS_2) \cdot 2^{-1} = (\overline{X}_{DS_1} \cdot \overline{X}_{TT}^{-1} \cdot 100 + \overline{X}_{DS_2} \cdot \overline{X}_{TT}^{-1} \cdot 100) \cdot 2^{-1} \tag{6-4}$$

式中,DS 为幼苗反复干旱存活率的实测值(%);DS_1 为第一次干旱存活率(%);DS_2 为第二次干旱存活率(%);$\overline{X}_{TT}$ 为第一次干旱前 3 次重复总苗数的平均值;$\overline{X}_{DS_1}$ 为第一次复水后 3 次重复存活苗数的平均值;$\overline{X}_{DS_2}$ 为第二次复水后 3 次重复存活苗数的平均值。

成株期:采用田间自然鉴定法。在常年降水量不足 50mm、地下水不能有效补给作物根系土壤水分的地区进行。试验设置干旱胁迫和灌水对照两个处理,其中干旱处理播种前灌 1 次水,以保证苗齐苗全,出苗至成熟期不灌水,使其充分受旱;对照处理按当地大田生产进行灌水。成熟后按小区计量生物产量、籽粒产量,考查株高等农艺性状。

利用加权抗旱系数法进行评价，即按式 (6-5)～式 (6-7) 计算抗旱性评价值。

$$TR = X_d / X_w \tag{6-5}$$

$$ADC = \frac{1}{n} \sum_{i=1}^{n} TR \tag{6-6}$$

$$WDC = \sum_{i=1}^{n} \left[TR \times \left(|r_i| \div \sum_{i=1}^{n} |r_i| \right) \right] \tag{6-7}$$

式中，TR 为性状相对值；X_d 为干旱胁迫处理性状测定值；X_w 为正常灌水处理性状测定值；ADC 为平均抗旱系数；WDC 为加权抗旱系数；r_i 为入选性状相对值与平均抗旱系数的相关系数；$|r_i| \div \sum_{i=1}^{n} |r_i|$ 为指数权数，表示第 i 个指标在所有指标中的重要程度；n 为 x、y 两变量的等级对子数，即样本容量。

3. 鉴定评价结果

鉴定评价结果表明：在参试的 6 种作物 489 份资源中，筛选出不同时期或不同年份抗旱性达 1 级类型的种质 89 份，其中胡麻芽期 1 级为 7 份、苗期 1 级为 8 份、成株期 2 年均为 1 级的 4 份、2 个不同时期为 1 级的 3 份；大豆成株期 2 年均为 1 级的 4 份、玉米 1 份；豌豆 1 年鉴定为 1 级的 7 份、绿豆 4 份、菜豆 4 份 (表 6-15)。

表 6-15　不同时期不同年份筛选的 1 级抗旱种质

序号	采集编号	种质名称	作物名称	来源	抗旱级别			
					芽期	苗期	2014 年成株期	2015 年成株期
1	2011142021	长沟胡麻	亚麻	山西	1	1		
2	2012141119	胡麻	亚麻	山西		1		
3	2012141172	胡麻	亚麻	山西		1	1	1
4	2013150075	胡麻	亚麻	内蒙古				1
5	2011621210	胡麻	亚麻	甘肃			1	1
6	2012621062	红胡麻	亚麻	甘肃			1	1
7	2012621097	红胡麻	亚麻	甘肃				1
8	2012621118	白胡麻	亚麻	甘肃	1			
9	2012621187	胡麻	亚麻	甘肃	1			
10	2012621237	胡麻	亚麻	甘肃		1		
11	2012621341	木板胡麻	亚麻	甘肃				1
12	2013621115	胡麻	亚麻	甘肃				1
13	2011641046	胡麻	亚麻	宁夏		1		
14	2012641216	胡麻	亚麻	宁夏		1	1	1

续表

序号	采集编号	种质名称	作物名称	来源	抗旱级别			
					芽期	苗期	2014 年成株期	2015 年成株期
15	2013641298	胡麻	亚麻	宁夏		1		
16	2013641313	胡麻	亚麻	宁夏			1	
17	2013641323	胡麻	亚麻	宁夏				1
18	2013641336	胡麻	亚麻	宁夏		1		
19	2013641348	胡麻	亚麻	宁夏				1
20	2013641385	胡麻	亚麻	宁夏				1
21	2012631028		亚麻	青海	1			
22	2012631091		亚麻	青海	1			
23	2012631217		亚麻	青海	1			
24	2012631226		亚麻	青海	1			
25	2012141346	小黑豆	大豆	山西			1	
26	2013141017	小黑豆	大豆	山西			1	1
27	2013141058		大豆	山西				1
28	2013141090	大黑豆	大豆	山西				1
29	2013141113	小黑豆	大豆	山西				1
30	2013141138	小黑豆	大豆	山西			1	
31	2011141100		大豆	山西			1	
32	2012141322		大豆	山西			1	
33	2013141072		大豆	山西			1	
34	2012150047	大豆	大豆	内蒙古				1
35	20121500410	大豆	大豆	内蒙古				1
36	2013150062	大豆	大豆	内蒙古				1
37	2012611266	小黑豆（毛）	大豆	陕西				1
38	2012611437	黑豆	大豆	陕西				1
39	2012611484	黄豆	大豆	陕西				1
40	2012612008	黄豆	大豆	陕西				1
41	2012612287	黑豆	大豆	陕西				1
42	2012612314	黑豆	大豆	陕西				1
43	2012612357	槐豆	大豆	陕西				1
44	2012612401	大豆	大豆	陕西				1
45	2012612404	大豆	大豆	陕西				1
46	2011621014	羊眼豆	大豆	甘肃			1	
47	2011621023	扁黑豆	大豆	甘肃			1	
48	2011621039	羊眼豆	大豆	甘肃			1	

序号	采集编号	种质名称	作物名称	来源	抗旱级别			
					芽期	苗期	2014 年成株期	2015 年成株期
49	2011621118	大豆	大豆	甘肃			1	1
50	2011621136	绿豆	大豆	甘肃			1	
51	2011621233	黄豆	大豆	甘肃			1	1
52	2011621236	黄豆	大豆	甘肃			1	1
53	2012621036	黄豆	大豆	甘肃				1
54	2012621236	绿黄豆	大豆	甘肃			1	
55	2012641128		大豆	宁夏			1	
56	2012141081	白马牙	玉米	山西				1
57	2013150127	黑玉米	玉米	内蒙古				1
58	2013150128	红玉米	玉米	内蒙古				1
59	2012611031		玉米	陕西			1	
60	2012611403	玉米	玉米	陕西				1
61	2012612304	黑玉米	玉米	陕西			1	
62	2012621196-1	玉米	玉米	甘肃				1
63	2012621244-1	玉米	玉米	甘肃				1
64	2012621252	玉米	玉米	甘肃				1
65	2012641169	小玉米	玉米	宁夏			1	
66	2013641394	白玉米	玉米	宁夏			1	
67	2013641401	火玉米	玉米	宁夏			1	
68	2013641449	火玉米	玉米	宁夏			1	
69	2011651001	和田黄	玉米	新疆			1	1
70	2013651004	新和玉米 2	玉米	新疆				1
71	2013651015	黄玉米	玉米	新疆				1
72	2013651017	玉米	玉米	新疆				1
73	2013651199	玉米	玉米	新疆				1
74	2013651203	玉米	玉米	新疆				1
75	2011621036	白豌豆	豌豆	甘肃			1	
76	2011621209	豌豆	豌豆	甘肃			1	
77	2013631009	无叶豌豆	豌豆	青海			1	
78	2012651023	麻豌豆	豌豆	新疆			1	
79	2012651051	豌豆-2	豌豆	新疆			1	
80	2012651054	豌豆-1	豌豆	新疆			1	
81	2012651055	豌豆-2	豌豆	新疆			1	
82	20121500289	绿豆	绿豆	内蒙古			1	
83	20121500355	绿豆	绿豆	内蒙古			1	

续表

序号	采集编号	种质名称	作物名称	来源	抗旱级别			
					芽期	苗期	2014年成株期	2015年成株期
84	2012611090	绿豆	绿豆	陕西			1	
85	2012611477	绿豆	绿豆	陕西			1	
86	2012150012		菜豆	内蒙古			1	
87	2012150020		菜豆	内蒙古			1	
88	2012150021		菜豆	内蒙古			1	
89	2012150405		菜豆	内蒙古			1	

4. 甘肃资源的抗逆性表现

甘肃省在项目执行期间，调查收集的小麦、玉米等7种作物209份资源，参加了在敦煌、北京、新疆进行的抗旱、耐盐和耐深播性鉴定试验。结果表明，有67份表现出了极强抗逆性（表 6-16），其中采集编号为 2011621023、2011621090、2011621118、2011621136、2011621233、2012621036 的大豆和 2012621092 的糜子同时表现抗旱和耐盐性，2013621028、2013621034 的小麦兼有抗旱性和耐深播性。

表 6-16 甘肃抗逆性极强资源列表

序号	采集编号	种质名称	作物名称	抗旱性			耐盐性		耐深播性
				芽期	苗期	全生育期	芽期	全生育期	芽期
1	2011621014	羊眼豆	大豆			1			
2	2011621023	扁黑豆	大豆			1		1	
3	2011621039	羊眼豆	大豆			1			
4	2011621090	鸡腰子黄豆	大豆			1		1	
5	2011621095	黑滚豆	大豆					1	
6	2011621099	黑豆	大豆					1	
7	2011621116	绿豆	大豆					1	
8	2011621118	大豆	大豆			1		1	
9	2011621136	绿豆	大豆			1		1	
10	2011621233	大豆	大豆			1		1	
11	2011621236	大豆	大豆			1			
12	2011621237	黄豆	大豆					1	
13	2012621161	黄豆	大豆					1	
14	2012621166	棕豆子	大豆					1	
15	2012621236	绿黄豆	大豆			1			
16	2012621251	小黄豆	大豆					1	
17	2012621389	大豆	大豆					1	
18	2012621423	郭城猫眼豆	大豆					1	

续表

序号	采集编号	种质名称	作物名称	抗旱性			耐盐性		耐深播性
				芽期	苗期	全生育期	芽期	全生育期	芽期
19	2013621029	大豆	大豆					1	
20	2013621036	大豆	大豆			1		1	
21	2013621143	黄豆	大豆					1	
22	2013621145	黄豆	大豆					1	
23	2013621149	大豆	大豆					1	
24	2011621084	大谷子	谷子	1					
25	2011621124	新坪小红谷	谷子				1		
26	2012621041	秋谷子	谷子			1			
27	2012621330	黄谷子	谷子			1			
28	2012621399	黄谷子	谷子			1			
29	2013621012	红谷子	谷子				1		
30	2013621035	大谷子	谷子				1		
31	2011621003	红硬糜子	糜子			1			
32	2011621075	糜子	糜子			1			
33	2011621085	红糜子	糜子			1			
34	2011621108	黄糜子	糜子				1		
35	2011621165	大保安红	糜子			1			
36	2012621016	糜子	糜子			1			
37	2012621091	糜子	糜子				1		
38	2012621092	红糜子	糜子			1	1		
39	2012621211	糜子	糜子				1		
40	2012621233	红糜子	糜子			1			
41	2012621276	糜子	糜子				1		
42	2012621342	糜子	糜子			1			
43	2013621030	半个红	糜子				1		
44	2013621069	半专糜	糜子				1		
45	2011621036	白豌豆	豌豆			1			
46	2011621209	豌豆	豌豆			1			
47	2011621092	榆林 8 号	小麦	1					
48	2011621195	春麦	小麦		1				
49	2012621395	三根芒	小麦		1				
50	2012621412	和尚头	小麦			1			
51	2013621001	和尚头	小麦						1
52	2013621010	和尚头	小麦			1			

续表

序号	采集编号	种质名称	作物名称	抗旱性			耐盐性		耐深播性
				芽期	苗期	全生育期	芽期	全生育期	芽期
53	2013621022	和尚头	小麦						1
54	2013621028	和尚头	小麦			1			1
55	2013621034	和尚头	小麦			1			1
56	2011621080	胡麻	亚麻			1			
57	2011621210	胡麻	亚麻			1			
58	2012621062	红胡麻	亚麻			1			
59	2012621097	红胡麻	亚麻			1			
60	2012621118	白胡麻	亚麻	1					
61	2012621187	胡麻	亚麻	1					
62	2012621237	胡麻	亚麻		1				
63	2012621341	木板胡麻	亚麻			1			
64	2013621115	胡麻	亚麻			1			
65	2012621252	马牙玉米	玉米			1			
66	2012621440	老苞谷	玉米			1			
67	2012621441	玉米	玉米			1			

(七)'和尚头'小麦专题调研

在收集到的资源中,农家品种'和尚头'主要分布在永登、皋兰、白银区、景泰等地,在当地口碑甚好,据史料记载,明清时期作为贡品,供皇室家族享用,在西北地区享有较高的声誉,距今已有500多年的历史,因其抗旱、耐瘠、品质优良至今仍有一定的种植面积,且产品价格较普通小麦高出2倍多。

为了全面了解'和尚头'小麦的分布区域、产量水平、品质表现和抗逆性,课题组于2013~2015年进行系统调查与研究,旨在为'和尚头'小麦的开发利用提供理论依据。

1. 分布范围及生长环境

据调查,目前'和尚头'小麦主要分布在永登、皋兰、景泰等海拔1700~2400m的地区,该区域气候干燥,年降水量250mm左右,而蒸发量却高达1800mm以上,≥10℃的积温2800℃,无霜期144d。'和尚头'小麦在不同地区农艺性状存在较大差异,不同地区的'和尚头'小麦随海拔的升高,生育期和株高有延长和增高的趋势,而其他农艺形状表现各异,有待进一步研究(表6-17)。

经土样分析,'和尚头'小麦种植区,土壤pH为9.10~9.55、有机质和全氮含量中等,有效磷普遍偏低。说明'和尚头'小麦具有一定的耐盐碱、耐瘠薄能力(表6-18)。

表 6-17 和尚头小麦调查地点

调查地点	经度	纬度	海拔(m)
白银区武川乡红岘村	104.633 80°	36.742 83°	1 704
白银区武川乡中山村	104.020 00°	36.633 06°	1 762
景泰县寺滩乡三道趟村	103.839 92°	37.240 64°	1 881
皋兰县黑石川镇石青村	103.740 83°	36.752 22°	2 202
永登县上川镇达家梁村	103.640 25°	36.772 28°	2 244
景泰县正路乡正路村	103.693 88°	36.897 22°	2 400

表 6-18 土壤成分分析结果表

调查地点	重复	pH	EC (μs/cm)	有机质 (g/kg)	全氮N (g/kg)	全磷P (g/kg)	全钾K (g/kg)	碱解氮N (mg/kg)	有效磷P (mg/kg)	速效钾K (mg/kg)
景泰县正路乡	1	9.32	305.0	17.13	1.03	0.69	29.26	42.06	4.08	168.54
	2	9.32	306	16.14	1.03	0.67	29.91	51.87	3.26	172.46
	平均	9.32	305.5	16.63	1.03	0.68	29.56	46.96	3.67	170.5
皋兰县黑石川	1	9.16	134.3	11.3	0.75	0.66	25.8	20.17	4.38	194.07
	2	9.2	143.2	11.82	0.73	0.68	26.55	20.82	4.7	191.99
	平均	9.18	138.8	11.56	0.74	0.67	26.18	20.49	4.54	193.03
永登县上川镇	1	9.22	187	22.24	1.47	0.71	26.39	58.11	3.36	85.13
	2	9.22	173.4	21.95	1.51	0.68	26.27	56.98	3.6	84.43
	平均	9.22	180.2	22.1	1.49	0.69	26.33	57.55	3.48	84.78
白银区武川乡	1	9.53	295	9.65	0.65	0.53	25.79	23.68	3.02	70.45
	2	9.56	284	9.83	0.64	0.53	24.85	21.56	3.41	70.51
	平均	9.55	289.5	9.74	0.65	0.53	25.32	22.62	3.22	70.48
景泰县寺滩乡	1	9.13	148.3	9.63	0.61	0.64	29.78	21.6	5.75	110.31
	2	9.07	157.2	10.11	0.6	0.59	29.01	20.84	6.46	108.42
	平均	9.1	152.8	9.87	0.61	0.61	29.4	21.22	6.11	109.37

2. 方式与产量水平

'和尚头'小麦主要种植在旱砂田中，水浇地种植容易倒伏，产量和品质下降。经调查'和尚头'小麦在正常年份新砂地种植产量在 1875~2250kg/hm^2，中砂地种植产量在 1125~1500kg/hm^2，老砂地种植产量在 375~750kg/hm^2。

3. 农艺性状

'和尚头'小麦，属禾本科一年生草本植物，具有发达的须根系，主根可入土 300cm以上，次生根多集中在 20~50cm 的耕作层，以利于充分吸收其生长所需的水分和养分。茎直立、空心，由 4~6 个生长节组成。在新砂地和雨水较正常年份，'和尚头'小麦分蘖成穗率可超过 10%。蘖小叶窄，株高 122cm，穗状花序，小穗有 2~3 朵花，穗无芒，圆锥形，壳色红，成熟后口紧，不掉籽。颖果椭圆、褐红色，麦粒中小，较细长。发芽时，芽鞘坚硬、粗壮而长，鞘尖锐利似锥，可刺破坚硬的沙层或土块，利于抗旱深播、早播。'和尚头'小麦质量好，尤其是蛋白质含量高，这是在强光照、昼夜温差大的条件下，植物新陈代谢的同化作用强于异化作用的结果。

4. 品质分析

对所收集的 7 份不同地区'和尚头'小麦种质进行了品质测定，籽粒品质除永登上川的蛋白质为 10.12 外，其他的都达到强筋标准；面粉品质湿面筋除永登上川为 22.1 外，吸水量均接近或达到强筋标准；面条评价除景泰正路的略低外，其他的均达到精制级 85 分的标准(表 6-19)。

表 6-19　和尚头小麦各项品质一览表

检测项目	白银中山	白银红岘	永登上川	景泰寺滩	景泰正路	皋兰黑石	强筋标准
容重(g/L)	774	780	796	764	804	798	≥770
粗蛋白质(干基)(%)	14.99	15.59	10.12	17.45	15.19	14.98	≥14.0
湿面筋(14%湿基)(%)	33.6	34.2	22.1	39.1	36.1	34.1	≥32.0
吸水量(14%湿基)(mL/100g)	61.6	59.8	58.2	61.4	64.8	62.3	≥60.0
形成时间(min)	3.6	3.7	2.5	3.4	3	2.8	/
稳定时间(min)	3.4	4.4	2.3	2.9	2.4	2.4	≥7.0
拉伸面积(135min)(cm²)	77	85	43	40	59	59	≥100
延伸性(mm)	215	235	151	208	204	243	/
最大拉伸阻力 EU	242	245	188	135	194	158	≥350
面条评分	85	87	89	85	82	85	/

'和尚头'面粉质量好，尤其是蛋白质含量高，具有滑润爽口、味感纯正、面筋强、食用方便等特点，民间用'和尚头'小麦面粉做"长寿面"，烧制的"烧锅子"是当地人民喜爱的食品。

5. 抗旱性表现

7 份'和尚头'小麦种质在北京参加芽期、苗期和全生育期抗旱性鉴定，鉴定结果显示，2012621412、2013621010、2013621028 三份种质在全生育期表现 1 级抗旱类型，芽期和苗期无 1 级抗旱类型种质(表 6-20)。

表 6-20　和尚头小麦抗旱性分级统计表

生育时期	参试份数	抗旱级别				
		1 级	2 级	3 级	4 级	5 级
芽期	7	0	1	2	3	1
苗期	7	0	0	3	3	1
成株期	7	3	2	2	0	0
合计	21	3	3	7	6	2

6. 耐深播性

选用不同地区的'和尚头''宁春4号'和'定西24'等105份国内外春、冬性小麦作为小麦耐深播研究对象,在田间分别种植7cm和15cm播深,调查出苗率,测量胚芽鞘长、地中茎长和苗高。

经统计分析,收集的4份'和尚头'小麦(编号:2013621001、2013621022、213621028、2013621034)在15cm播深条件下出苗率≥70%,初步认为具有较强耐深播性能。

(八)野生胡麻利用研究

野生胡麻在甘肃省分布广泛、抗旱性极强,但存在人工种植出苗低、与栽培胡麻杂交难以成功等问题,限制了其有效利用。为此,2012~2015年甘肃省农业科学院作物研究所品种资源课题组考察收集了甘肃省中部干旱地区8个县(区)的野生胡麻资源22份,开展了多种处理的发芽试验和不同方式的杂交研究。

1. 不同处理对野生亚麻种子萌发的影响

采用低温冷冻、热水温汤、流水冲洗、硫酸浸泡、机械损伤等5种不同的方法对野生亚麻种子进行处理。结果表明,热水温汤处理效果最好,发芽率达81.33%,较对照(CK:40.22%)升高了102.13%;其次是流水冲洗处理,发芽率为58.67%,较对照升高了45.87%;低温冷冻处理对野生亚麻种子发芽率效果不明显,机械损伤和硫酸浸泡处理会使种子失去发芽能力。

2. 远缘杂交亲和性分析

以栽培胡麻'陇亚10号'和野生胡麻为亲本,取栽培自交、野生自交、正交、反交、提前授粉、延迟授粉、切割柱头等方法在授粉后2h、6h、12h、24h、48h杂交子房,压片后用荧光显微镜观测花粉的黏合、萌发和花粉管在柱头中的生长情况。结果表明,栽培胡麻自交和野生胡麻自交花粉管均可伸长;除延迟授粉和切割柱头授粉外,其余杂交方法均可见花粉粒附着在柱头上,并有少量花粉粒萌发,但未伸长。由此可见,胡麻远缘杂交不亲和,花粉粒不能附着在柱头上、花粉粒不能正常萌发、花粉管不能正常生长或者花粉管畸形等因素是造成胡麻远缘杂交不亲和性的主要因素。

第四节　作物种质资源保护和利用建议

甘肃省位于黄土高原、内蒙古高原与青藏高原交汇地带,地处祖国西部的腹心,是西部大开发的重点省份之一。境内具有北亚热带、暖温带、中温带和高寒带等多种气候条件,地形地貌复杂,生态类型多样,自然条件严酷,经过长期自然选择和人工定向选择形成了丰富多彩的农作物种质资源。甘肃省农业科学院在资源研究保护方面做了大量工作,对支撑作物新品种选育和农业生产做出了重要贡献,但与国家现代种业发展需求相比,尚存在较大差距,主要表现在以下几个方面。

一是资源存量明显不足。目前甘肃省农业科学院低温库收集保存的种质数量仅占国家库保存种质的1/36,是青海省保存种质的1/4。

二是资源收集编目力度不够。自 2000 年以来，由于受研究经费的限制，甘肃省没有组织过全省范围内的资源收集鉴定与编目入库工作，资源增量十分缓慢，尤其新育成资源和国内外引进资源未能及时收集，随着作物品种退出农业生产，这些资源丧失的可能性很大。尽管本项目的实施，对保护部分县（区、市）农作物种质资源起到了重要作用，但覆盖面太小，大部分地区的作物资源尚未收集鉴定与入库保存。

三是资源深度鉴定评价工作有待提高。在现有种质库编目保存的资源，由于当时对种质的抗逆性、品质性状、优异基因检测定位等项目没有纳入重要的位置研究，现急需组织力量补充鉴定、测定相关数据资料，以保证资源信息的完整性。

四是资源信息交流不畅，利用率不高。尽管甘肃省农业科学院于 2007 年完成了 63 种作物的种质表型数据库建设，并挂接于甘肃省农业科学院门户网站，首次实现了甘肃省农作物种质资源信息的网络化社会共享。但该数据库以农艺性状数据为主，缺少图像、视频信息，直观性较差。现需要对其进行升级改造，提高点击量，进而提高资源利用率。

总之，农作物种质资源对粮食安全、农业可持续发展、经济发展和农民增收具有十分重要的现实意义。本次调查结果表明，抗逆农作物种质资源濒危现象十分严重，加强种质资源收集、保护、鉴定、育种材料的改良和创制工作意义重大，是实现甘肃省由种业大省向种业强省转变的必然选择。因此，根据本次对甘肃省干旱地区抗逆农作物种质资源的调查结果，结合当地种植模式存在的问题及种质资源现状，现提出如下建议。

一、建立农作物种质资源收集、更新与创新基地

通过本次普查和调查发现，近年来随着政府部门的宏观调控和农业产业结构的调整，以及春秋覆膜、全膜双垄沟播技术和旱地秸秆带状覆盖栽培技术的推广，显著增加了当地农民经济收入，提高了农业生产值，同时，该地区农业种植结构也发生了较大变化。敦煌小麦播种面积缩减程度非常严重，到 2010 年种植面积缩减为零，小麦在当地已经灭绝；环县玉米种植面积由 1985 年的 0.11 万 hm^2 迅速上升到 2010 年的 6.79 万 hm^2，增速惊人，而定西糜子和谷子呈现相反的发展态势，种植面积从 1985 年的 1.92 万 hm^2 下降到 2010 年的 0.01 万 hm^2，降低近 200 倍；近年来，定西马铃薯产业蓬勃发展，2010 年种植面积达 6.67 万 hm^2 左右，较 1985 年增加 6 倍之多。从本次普查数据分析看出，甘肃省农业种植结构由以前以小麦、小宗粮豆为主，经济作物为辅的格局转变为现在的以玉米、经济作物和蔬菜为主，小麦、小宗粮豆为辅的种植格局，使得种植结构单一，自然灾害抵御能力降低，加大了作物生产的风险。

因此，应抓紧在经济、交通发展而生态环境即将发生重大变化的地区的考察收集，由甘肃省农业科学院作物研究所主持，以甘肃省农业科学院相关研究所和市（州）农业科学院为依托，按照不同生态区，在陇东旱塬、高寒阴湿区、中部干旱区、陇南地区和河西灌区，建立 5 个农作物种质资源收集、更新与创新基地，承担相应作物的资源研究工作任务，各基地将获得的种子、数据、照片提交资源库统一管理保存。对鉴定筛选的优异资源在各基地进行展示，邀请种质用户考察观摩，从田间直接获取资源。进一步加强农作物种质资源库（圃）和原生境保护区建设，完善种质资源保护体系，重点收集保护地方特色品种和作物野生近缘种。

　　由于甘肃省是一个经济欠发达省份，科技投入相对较少，试验条件和研究手段比较落后，对抗逆农作物种质资源的收集、保护和保存重视程度不够，许多抗逆农作物种质资源急剧减少，或已濒临灭绝。种质资源的收集、保护和保存是一项长期性、基础性和公益性的科技工作，建议国家和地方政府部门拟定立项，从财政预算中安排一定的经费，组建专门的研究团队，加强对甘肃省干旱地区抗逆农作物种质资源的收集、原生境保护（王述民和张宗文，2011）、低温库保存和超低温保存（陈晓玲等，2013）工作，最大程度地避免该地区抗逆农作物种质资源的丢失。

二、加快抗逆农作物种质资源的研究和开发利用

　　农作物种质资源是自然界不同生态条件胁迫下和人工改良过程中逐步形成的遗传资源，也称基因资源。农作物新品种选育是遗传资源不同形式的加工与改造，人们只有通过合理利用各种优异资源，不断培育出具有突破性的作物新品种，才能为人类生存与社会发展提供物质保证。甘肃省皋兰县、永登县、景泰县等地的特色小麦‘和尚头’具有较高的食用价值，其面粉质量好，尤其是蛋白质含量高，具有滑润爽口、味感纯正、面筋强等特点，市面价格也高出普通面粉的 2 倍多，同时该品种耐盐碱、耐贫瘠和耐深播；陇南地区野生大豆资源非常丰富，对我国大豆起源研究及新品种的选育具有重要意义；甘肃省特殊油料作物胡麻生产不仅影响全省种植业，同时也影响相关的加工业和养殖业的发展。近年来，胡麻的营养价值和保健功能引起了医疗、食品、农业等许多领域学者的广泛关注，应用前景十分广阔，其野生种具有较强的抗旱性、抗病性和耐贫瘠，在甘肃省分布范围广阔，种类繁多，利用价值高。加强对这些野生资源及优势资源的保护、研究和开发利用，挖掘它们更多的潜在利用价值，为新品种的选育提供优异基因资源，为当前农业生产提供优势品种，并大力推广种植创收，对开发价值高的资源进行深加工，增加农民收入，将资源优势变为经济优势。

　　目前，甘肃省种质资源研究工作大多数仍然停留在形态学鉴定方面，缺少有关抗逆、品质、分子生物学及开发方面的研究，造成对高产、优质、多抗、高效等具有重大应用前景的基因资源的发掘与利用滞后、突破性新种质匮乏，进而影响种质资源的高效利用。实践证明，随着现代生物技术育种的迅速发展，借助直观形态特征来鉴定种质资源的传统方法已很难满足育种工作的要求。未来农业的进步与种质资源优异基因的发掘和种质创新工作息息相关，因此，可联合甘肃省内各科研院所和各大高校，在资源形态学鉴定基础之上，充分结合各单位的基础条件和优势学科，利用现代生物技术与常规遗传育种技术相结合的方法，加快对抗逆农作物种质资源优异基因的发掘、种质创新与开发利用。

三、加大农作物种质资源的共享和转变资源服务方式

　　甘肃省农业科学院作物研究所已建成了 63 种作物的种质资源信息数据库，每年向省内外科研、教学和农技推广部门提供种质 600 份左右。但该库中数据信息以农艺性状为主，利用价值较大的抗逆性、品质等数据极少，甚至个别作物的数据库基本处于空库状态，不利于用户查询引用种质。鉴于此，以甘肃省农业科学院作物研究所现有种质资源信息数据库为基础，参照中国作物种质信息网中"种质信息规范"的要求，组织科技人

员，开展图像数据和视频数据收集，逐步规范农作物种质资源收集、整理、繁殖更新、鉴定评价、保存技术程序、操作标准和指标参数等，研发集数据、图像、视频于一体的种质信息数据库，形成科学的种质资源统一管理体系，实现对种质资源的信息储存、查询和应用，建议将数据库挂接到甘肃省农牧厅网站、甘肃省农业科学院网站、甘肃省种业信息网站，实现种质信息的网络化共享，提高资源利用效率。

作物资源研究保存的核心在于高效利用，为现代种业发展提供优质化服务。随着科技体制改革的不断深化，以产学研相结合、企业为主体的商业化育种模式逐步形成，资源服务方式需要随之发生如下转变，以适应现代种业发展需求。第一，加大宣传力度。通过网络、报刊、广电新闻媒体和举办科技培训、发放资料、田间展示等多种方式方法，大力宣传优质资源，让广大用户认识到资源的重要性，进而提高资源利用效率。第二，转变服务方式。采用邮件、信函、拜访等方式，主动向种质用户推荐优质资源，改变过去等待以科研、教学单位为主的用户前来引种的被动局面，转向以企业、合作社为主的主动服务。

附　表

附表 6-1　系统调查的县（市/区）、乡（镇）、村

市	县(市/区)	乡(镇)	村
白银	白银	武川	红岘
			武川
			中山
	会宁	大沟	厍家去
			新坪
		会师镇	东山根
		郭城驿	新堡子
		翟家所	六房岔
		头寨子	老鸦
			老鸦（上社）
			头寨子
		中川	大墩
			高陵
	景泰	寺滩	三道趟
		正路	正路
定西	安定	青岚山	原坪
		凤翔	柏林
	临洮	连儿湾	王西湾
		龙门	甜水沟
			廿铺
		上营	漫坪
		洮阳	车刘家
			木厂

市	县(市/区)	乡(镇)	村
定西	临洮	洮阳	阳洼
		峡口	普济寺
		衙下	中川
		玉井	岚观坪
	通渭	平襄	温泉
		第三铺	第三铺
			石家庄
		华家岭	老站
酒泉	敦煌	肃州	肃州庙
			魏家桥
		转渠口	秦安
兰州	皋兰	黑石川	和平
			三和
			石青
		西岔	铧尖
	永登	民乐	安仁
		七山	官川
			长沟
		上川	达家梁
			苗联
	榆中	甘草店	东村
陇南	徽县	江洛	马鞍山自然保护区
	两当	城关	香泉
平凉	静宁	八里	靳坪
		威戎	上磨
庆阳	环县	八珠	八珠原
			杏树沟
		毛井	山西掌
			砖城子
		秦团庄	新集子
天水	麦积区	中滩	后川
		麦积	麦积
	秦安	郭嘉	员王
武威	古浪	定宁	长流
		古浪	陈家庄
		横梁	尖山
			路家台
			峡峰
		土门	新丰
			永西
		西靖	古山

续表

市	县(市/区)	乡(镇)	村
	古浪	新堡	一座磨
		东坝	拐湾
			篙子
		东湖	冬固
			永庆
			振新
武威	民勤		致力
		西渠	大坝
			东胜
			食珍
			万顺
		薛百	更名
			上新

附表 6-2　1985～2010 年普查县(市)年降水量　　　（单位：mm）

地区	1985 年	1990 年	1995 年	2000 年	2005 年	2010 年
定西	444	448	349	360	471	440
皋兰	347	224	291	282	157	192
广河	493	485	402	412	386	356
环县	537	730	456	332	346	310
会宁	444	499	346	351	395	331
静宁	466	598	286	439	485	412
民勤	144	80	100	122	97	112
永登	331	349	363	314	348	384
均值	401	427	324	327	336	317

注：年降水量临泽县由 55.6mm 增加到 124.7mm，增量明显；敦煌市保持在 50mm 左右，因此该数据未进行总体评价

附表 6-3　1985～2010 年普查县(市)年均气温　　　（单位：℃）

地区	1985 年	1990 年	1995 年	2000 年	2005 年	2010 年
定西	6.4	6.9	7.1	7.8	7.7	7.3
敦煌	9.3	10	9.4	10.1	10.2	10.5
皋兰	6.6	7.3	6.7	7.8	7.7	7.9
广河	6.2	6.7	6.7	6.8	8.1	7.5
环县	8.3	9.2	9.2	9.7	9.2	8.9
会宁	6.3	6.9	7.5	7.6	7.8	8.3
静宁	6.9	7.7	8	8.3	8.1	8.3
民勤	8	9.1	8.3	9.1	9	9.5
临泽	7.6	8.4	7.7	8.2	8.5	8.7
永登	5.9	5.6	6.1	5.8	5.7	6.4
均值	7.2	7.8	7.7	8.1	8.2	8.3

附表 6-4　1985～2010 年普查县（市）植被覆盖率（%）

地区	1985 年	1990 年	1995 年	2000 年	2005 年	2010 年
定西	61.04	70.60	72.73	75.32	84.97	79.90
敦煌	4.49	4.49	4.49	4.50	4.60	4.60
皋兰	14.10	15.08	15.03	14.81	15.14	18.52
广河	25.00	30.00	42.00	35.00	39.00	42.00
环县	25.00	26.40	29.70	34.50	92.20	91.50
会宁	39.20	66.01	66.80	66.82	66.78	66.80
静宁	28.50	28.00	27.10	30.20	38.20	42.40
民勤	20.70	21.60	22.60	25.30	26.50	26.80
临泽	7.97	7.09	9.54	10.68	11.81	11.85
永登	88.00	87.80	88.20	89.30	88.40	81.20
均值	31.40	35.71	37.82	38.64	46.76	46.56

附表 6-5　1985～2010 年普查县（市）作物覆盖率（%）

地区	1985 年	1990 年	1995 年	2000 年	2005 年	2010 年
定西	45.21	48.91	49.14	48.60	47.75	42.29
敦煌	0.56	0.56	0.56	0.56	0.56	0.56
皋兰	9.80	10.38	10.33	9.91	9.78	10.17
广河	18.00	20.00	28.00	25.00	28.00	28.00
环县	21.60	23.30	26.80	29.60	26.20	23.80
会宁	23.90	24.25	24.05	24.00	24.40	24.30
静宁	18.40	15.60	12.40	10.50	17.40	16.50
民勤	8.20	8.50	9.10	9.20	10.50	10.70
临泽	2.55	2.58	2.62	2.81	3.95	3.06
永登	13.42	13.80	13.62	13.84	13.39	14.20
均值	16.16	16.79	17.66	17.40	18.19	17.36

附表 6-6　1985～2010 年普查县（市）小麦面积　　　　　（单位：万 hm²）

地区	1985 年	1990 年	1995 年	2000 年	2005 年	2010 年
定西	3.89	3.79	3.52	2.54	1.64	1.14
敦煌	0.83	0.79	0.71	0.35	0.02	0
皋兰	1.71	1.57	1.25	0.99	0.53	0.51
广河	0.98	0.52	0.50	0.28	0.28	0.12
环县	2.67	2.79	2.83	2.80	3.01	0.81
会宁	4.43	4.41	4.34	4.00	3.43	2.04
静宁	3.39	3.67	3.83	3.48	3.20	3.12
民勤	2.37	2.26	1.95	2.09	1.53	0.70
临泽	0.68	0.66	0.62	0.55	0.12	0.09
永登	4.55	3.97	3.57	2.95	2.69	2.56
总值	25.50	24.43	23.12	20.03	16.45	11.09

附表 6-7　1985～2010 年普查县(市)玉米面积　　(单位：万 hm²)

地区	1985 年	1990 年	1995 年	2000 年	2005 年	2010 年
定西	0.01	0.12	0.29	0.67	0.26	2.04
敦煌	0.18	0.30	0.27	0.08	0.03	0.09
皋兰	0.06	0.08	0.09	0.08	0.13	0.15
广河	0.24	0.52	0.55	0.59	0.60	0.72
环县	0.11	0.18	0.19	0.62	1.06	6.79
会宁	0.55	0.70	0.96	0.75	0.97	5.72
静宁	0.35	0.44	0.61	1.15	1.30	1.69
民勤	0.04	0.37	0.24	0.39	0.29	0.34
临泽	0.39	0.55	0.59	0.61	1.62	1.61
永登	0.03	0.05	0.07	0.19	0.29	0.59
总值	1.96	3.31	3.86	5.13	6.55	19.74

附表 6-8　1985～2010 年普查县(市)马铃薯面积　　(单位：万 hm²)

地区	1985 年	1990 年	1995 年	2000 年	2005 年	2010 年
定西	1.04	1.27	1.38	3.58	4.87	6.67
皋兰	0.09	0.12	0.13	0.29	0.27	0.29
广河	0.16	0.28	0.29	0.45	0.23	0.40
环县	0.43	0.31	0.32	0.09	2.17	1.48
会宁	1.19	1.17	1.16	1.78	2.95	5.07
静宁	0.87	0.87	1.10	1.35	1.56	2.22
民勤	0.04	0	0	0.07	0	0
临泽	0.01	0.01	0.01	0.01	0	0
永登	0.56	0.64	0.68	0.96	1.05	1.29
总值	4.39	4.67	5.07	8.58	13.10	17.42

附表 6-9　1985～2010 年普查县(市)油料作物面积　　(单位：万 hm²)

地区	1985 年	1990 年	1995 年	2000 年	2005 年	2010 年
定西	1.07	1.11	1.21	0.92	1.06	0.46
敦煌	0.03	0.01	0.01	0	0	0
皋兰	0.18	0.20	0.22	0.17	0.23	0.25
广河	0.14	0.09	0.10	0.06	0.08	0.03
环县	1.08	2.47	1.67	2.36	1.72	1.00
会宁	1.18	1.36	0.86	0.76	0.84	0.67
静宁	0.74	0.90	1.02	0.79	0.78	0.76
民勤	0.62	0.45	0.14	0.13	0.23	0.95
临泽	0.08	0.10	0.07	0.09	0.01	0.00
永登	0.31	0.33	0.37	0.50	0.51	0.47
总值	5.43	7.02	5.67	5.78	5.46	4.59

附表 6-10　　1985～2010 年普查县(市)食用豆面积　　（单位：万 hm²）

地区	1985 年	1990 年	1995 年	2000 年	2005 年	2010 年
定西	2.19	2.11	2.17	1.19	0.76	0.43
皋兰	0.11	0.02	0.24	0.26	0.11	0.01
广河	0.01	0.00	0.00	0.00	0.00	0.00
环县	0.83	0.83	0.76	0.36	1.10	0.81
会宁	2.15	2.30	1.50	1.17	0.62	0.51
静宁	0.68	0.95	0.84	0.39	0.47	0.23
民勤	0	0.04	0	0	0	0
临泽	0.02	0.01	0.02	0.06	0.01	0.01
永登	0.76	1.02	1.23	1.39	1.42	1.35
总值	6.75	7.28	6.76	4.82	4.49	3.35

附表 6-11　　1985～2010 年普查县(市)小杂粮面积　　（单位：万 hm²）

地区	1985 年	1990 年	1995 年	2000 年	2005 年	2010 年
定西	1.92	0.51	1.08	0.80	0.68	0
敦煌	0.29	0.02	0.06	0	0	0
皋兰	0.15	0.32	0.34	0.26	0.26	0.10
广河	0.01	0	0	0	0	0
环县	0.64	2.74	6.48	1.75	1.43	0.99
会宁	2.06	2.08	2.65	1.50	1.74	0.27
静宁	1.60	1.34	1.23	1.64	0.71	0.48
民勤	0.22	0	0	0	0	0
临泽	0.05	0.01	0.01	0.02	0	0
永登	0.03	0.03	0.03	0.06	0.39	0.61
总值	6.97	7.05	11.88	6.03	5.21	2.45

附表 6-12　　1985～2010 年普查县(市)果树面积　　（单位：万 hm²）

地区	1985 年	1990 年	1995 年	2000 年	2005 年	2010 年
定西	0.04	0.11	0.16	0.22	0.20	0.20
敦煌	0.16	0.24	0.25	0.38	0.42	0.72
皋兰	0.27	0.41	0.52	0.49	0.44	0.43
广河	0	0.01	0.20	0.14	0.24	0.27
环县	0.11	0.13	0.14	0.15	0.51	0.62
会宁	0.10	0.32	0.25	0.29	0.61	0.60
静宁	0.06	0.31	0.74	1.25	2.01	3.39
民勤	0.03	0.14	0.24	0.24	0.44	0.23
临泽	0.10	0.20	0.48	0.61	0.71	0.69
永登	0.16	0.16	0.16	0.17	0.17	0.17
总值	1.03	2.03	3.14	3.94	5.75	7.32

附表 6-13　1985～2010 年普查县(市)牧草面积　（单位：万 hm²）

地区	1985 年	1990 年	1995 年	2000 年	2005 年	2010 年
定西	5.27	7.46	7.30	6.97	6.83	3.95
皋兰	0.02	0.07	0.09	0.08	0.06	0.06
广河	0.08	0.10	0.10	0.09	0.09	0.01
环县	4.45	3.24	3.16	3.71	7.73	14.69
会宁	5.58	2.98	3.14	3.37	3.33	3.33
静宁	2.48	2.11	2.01	1.19	0.62	0.51
民勤	0.03	0.60	0.09	0.09	0.38	0.04
临泽	0.51	0.05	0.08	0	0.04	0.02
永登	0.16	0.17	0.17	0.15	0.13	0.13
总值	18.58	16.78	16.14	15.65	19.21	22.74

附表 6-14　1985～2010 年普查县(市)蔬菜面积　（单位：万 hm²）

地区	1985 年	1990 年	1995 年	2000 年	2005 年	2010 年
定西	0.03	0.02	0.20	0.19	0.20	0.43
敦煌	0.10	0.12	0.15	0.15	0.20	0.34
皋兰	0.05	0.08	0.16	0.23	0.47	0.69
广河	0.03	0.08	0.08	0.08	0.08	0.01
环县	0.08	0.09	0.09	0.16	0.29	0.38
会宁	0.09	0.06	0.07	0.15	0.50	0.26
静宁	0.09	0.10	0.31	0.35	0.33	0.55
民勤	0.05	0.05	0.14	0.09	0.36	0.81
临泽	0.04	0.06	0.09	0.14	0.16	0.14
永登	0.19	0.19	0.20	0.23	0.35	0.43
总值	0.75	0.85	1.49	1.77	2.94	4.04

附表 6-15　1985～2010 年普查县(市)农业总产值及所占国民生产总值的比例　（单位：万元）

地区	1985 年	1990 年	1995 年	2000 年	2005 年	2010 年
定西	11 322.97	12 466.51	38 699.42	36 879.20	91 497.41	141 694.80
敦煌	6 887.00	13 938.00	21 071.00	30 753.00	62 903.00	19 074.06
皋兰	2 863.00	9 233.00	18 133.00	20 300.00	24 374.00	42 350.00
广河	1 540.00	4 230.90	14 542.84	12 305.43	22 800.00	34 729.97
环县	3 744.98	5 882.00	18 379.00	11 555.20	31 000.00	47 200.00
会宁	5 091.20	5 636.20	22 316.16	33 353.00	55 247.13	178 106.86
静宁	6 302.87	16 372.00	27 263.00	25 120.65	84 461.24	85 815.39
民勤	6 394.21	12 930.00	46 200.00	50 434.26	81 836.07	157 920.00
临泽	10 830.20	12 169.00	31 929.00	75 450.00	153 997.00	233 417.00
永登	6 679.80	7 288.00	28 500.00	37 864.00	55 845.00	131 500.00
农业总产值	61 656.23	100 145.61	267 033.42	334 014.74	607 326.70	1 071 808.08
比例(%)	61.34	52.30	44.43	38.40	39.32	34.90

参 考 文 献

陈炳东. 1998. 甘肃省油料作物生产现状及发展对策. 甘肃农业科技, 10: 40-41.

陈盛瑞, 袁汉民. 2012. 宁夏干旱区、半干旱区耐逆农作物地方种质资源调查. 农业科学研究, 33(4): 7-12.

陈叔平. 1995. 我国作物种质资源保存研究与展望. 植物资源与环境, 4(1): 14-18.

陈晓玲, 张金梅, 辛霞, 等. 2013. 植物种质资源超低温保存现状及其研究进展. 植物遗传资源学报, 14(3): 414-427.

丁汉凤, 王栋, 张晓冬, 等. 2013. 山东省沿海地区农作物种质资源调查与分析. 植物遗传资源学报, 14(3): 367-372.

窦学诚, 龚大鑫, 关小康. 2012. 甘肃省小杂粮产业竞争优势度及影响因素分析. 干旱地区农业研究, 30(5): 1-6.

甘肃农村年鉴编委会. 2015. 甘肃农村年鉴 2014. 北京: 中国统计出版社.

甘肃省统计局. 2015. 2014 年甘肃省国民经济和社会发展统计公报. 兰州: 甘肃省统计局.

贾根良, 戴惠萍, 冯佰利, 等. 2008. PEG 模拟干旱胁迫对糜子幼苗生理特性的影响. 西北植物学报, 28(10): 2073-2079.

李向华, 田子罡, 李福山. 2003. 新考察收集野生大豆与已保护野生大豆的遗传多样性比较. 植物遗传资源学报, 4(4): 345-349.

刘天鹏, 董孔军, 何继红, 等. 2014. 糜子育成品种芽期抗旱性鉴定与评价研究. 植物遗传资源学报, 15(4): 746-752.

刘旭, 郑殿升, 董玉琛, 等. 2008. 中国农作物及其野生近缘植物多样性研究进展. 植物遗传资源学报, 9(4): 411-416.

牛婷婷. 2010. 甘肃小杂粮产业竞争力研究. 兰州: 甘肃农业大学硕士学位论文.

王述民, 张宗文. 2011. 世界粮食和农业植物遗传资源保护与利用现状. 植物遗传资源学报, 12(3): 325-338.

温克刚, 董安祥. 2005. 中国气象灾害大典(甘肃卷). 北京: 气象出版社.

赵利, 党占海, 李毅, 等. 2006. 亚麻籽的保健功能和开发利用. 中国油脂, 31(3): 71-74.

赵有彪. 2007. 关于甘肃小杂粮产业化开发的思考. 甘肃科技, 23(1): 12-15.

郑殿升, 刘旭, 卢新雄. 2007. 农作物种质资源收集技术规程. 北京: 中国农业出版社.

中国农学会遗传资源分会. 1994. 中国作物遗传资源. 北京: 中国农业出版社.

中华人民共和国民政部. 2017. 中华人民共和国行政区划简册 2017. 北京: 中国地图出版社: 174.

第七章　青海省作物种质资源调查

第一节　概　　述

　　"青海省干旱区抗逆农作物种质资源调查"项目是国家科学技术部下达的国家科技基础性工作专项——西北干旱区抗逆农作物种质资源调查(编号为 2011FY110200)的子专项,起止年限为 2011~2016 年,主持单位为中国农业科学院作物科学研究所,青海省农林科学院为参加单位之一,负责青海片区的普查和调查工作。

　　本项目所实施的区域主要包括青海省境内的农业、畜牧业地、市、县及周边生态类似的干旱地区。青海大部分地区属于青藏高原及黄土高原与青藏高原的过渡地区,地域辽阔,地理、生物生态类型丰富,形式多样。自然条件恶劣,土地贫瘠。该区既是我国少数民族的聚居区,又是高海拔寒冷地区的特色生物多样性较丰富的地区之一。在长期演变和进化过程中,高原生物形成了特色鲜明的、兼有抵抗和忍耐高原极端气候类型的生物种质类型,严酷的自然条件孕育了抗旱、耐盐碱、耐瘠薄等优异的栽培种、野生种及作物近缘野生物种等种质资源。近年来,随着地方经济的发展、社会的进步,传统的农业形式逐渐被现代农业所取代,维系高原生态的资源正在迅速消失。

　　该项目实施期间,基本摸清了当地部分农牧业县区的资源储备和保护利用现状,以及 1985~2010 年当地农作物种质资源研究和利用与当地社会经济、气候生态相关的演变规律和变迁更替特点。该项目的实施为西部地区种质资源现状的评估和抢救性保护积累了重要的技术储备和理论依据。特别是针对高原地区特有的农家种、野生种、野生近缘种、珍稀濒危种,以及青藏高原地区极具科研和市场挖掘潜力的一些特色植物物种资源,给予了较大的关注,获得的一大批珍贵的资源材料和数据资料,将为高原地区特色物种资源原生境的有效保护、可持续发展和共享利用提供翔实的技术依据。

一、社会经济及人口状况

　　青海省地处青藏高原东北部,地域辽阔、地势高峻、地形复杂、地貌多样。境内横亘着多条长度 1000km 以上的大山脉,海拔 5000m 以上的山脉大都终年积雪、广布冰川。全省总人口 580 多万,居住着汉、藏、回、土、蒙、撒拉等 43 个民族,少数民族人口占总人口的 46%。全省辖西宁市、海东市两个地级市和玉树藏族自治州、海西州、海北州、海南州、黄南州、果洛州等 6 个民族自治州,共 48 县,其中有农业的县有 29 个。2013 年全省国民经济总产值为 1884.5 亿元。2013 年全省作物耕种面积 55.4 万 hm^2,主要农作物产品产量 10.2 亿 kg。2013 年农牧业总产值为 264 亿元,其中农业产值仅为 117 亿元,占当年全省总产值的 6.2%。

二、地理气候及生态

青海省全省地形复杂，地貌多样。全省平均海拔 3500m，最高点昆仑山的布喀达坂峰为 6851m，最低点在民和下川口村，海拔为 1647m。青南高原超过 4000m，面积占全省的一半以上，河湟谷地海拔较低，多在 2000m 左右。在总面积中，平地占 30.1%，丘陵占 18.7%，山地占 51.2%，海拔在 3000m 以下的面积占 26.3%，3000～5000m 的面积占 67%，5000m 以上占 5%，水域面积占 1.7%。海拔 5000m 以上的山脉和谷地大都终年积雪、广布冰川。山脉之间，镶嵌着高原、盆地和谷地。西部极为高峻，自西向东倾斜降低，东西向和南北向的两组山系构成了青海地貌的骨架。其地形可分为祁连山地、柴达木盆地和青南高原 3 个自然区域。

由于受到青藏高原冷凉气候的影响，全省绝大多数地区春种秋收，一年一熟，复种指数为 95%，黄河及其支流湟水沿岸的温暖灌区可以间套复种粮、菜、饲料。高原农业气候的特点是：干旱少雨，低温霜冻，无霜期短，对农作物生长不利；而日照时间长，光照充足，雨热同季，有利于光合作用和干物质积累，粮油作物单产较高，柴达木盆地曾创造了世界春小麦单季亩产 1013kg 的最高纪录。全省自然灾害频繁，干旱、霜冻、冰雹、洪水、低温、雨涝年年发生，对农业生产造成了极大威胁。

全省属于高原大陆性气候，有以下特点。

(一)太阳辐射强，光照充足

青海省虽地处中纬度，但地势高，空气稀薄，干燥少云，太阳辐射被大气层反射和吸收的较少，因此日射强烈，阳光灿烂，日照充足。青海省年太阳辐射量高达 58.8～75.6kJ/m²，比同纬度的东部季风区高出 1/3 左右，仅低于西藏自治区，居全国第二位。全年日照时数长决定了太阳总辐射量高。平均每天日照时数为 6～10h，夏季长于冬季，西北多于东南。冷湖镇全年日照时数 3553.9h，比有名的"日光城"拉萨还要高，居全国各城镇之首。年日照时数在 2500h 以上，是中国日照时数多、总辐射量大的省份。

(二)平均气温低

境内年均气温为 –8.5℃～–5.7℃，全省各地最热月平均气温为 5.3～20℃；最冷月份平均气温为 –17～–5℃(表 7-1)。

(三)降水量少，地域差异大

境内绝大部分地区年降水量在 400mm 以下。青海省深居内陆，远离海洋，又受地形影响，大部分地区属非季风区，降水量较同纬度的东部地区稀少，干旱少雨，年降水量为 50～450mm，冷湖镇仅为 15mm。全省降水量最多的是久治县，多年平均降水量为 774mm，1981 年曾达到 1030.8mm。年降水量集中于 5～9 月，从东南向西北递减，且降水多夜雨。降水的水汽主要来自印度洋，其次是太平洋，因而出现降水东南多、西北少的特点(表 7-1)。

表 7-1　项目普查 10 个地区 1985～2010 年平均气温及降水总量

年份	大通县 气温(℃)	大通县 降水(mm)	互助县 气温(℃)	互助县 降水(mm)	湟中县 气温(℃)	湟中县 降水(mm)	乐都区 气温(℃)	乐都区 降水(mm)	循化县 气温(℃)	循化县 降水(mm)	门源县 气温(℃)	门源县 降水(mm)	格尔木市 气温(℃)	格尔木市 降水(mm)	都兰县 气温(℃)	都兰县 降水(mm)	海南州 气温(℃)	海南州 降水(mm)	贵德县 气温(℃)	贵德县 降水(mm)
1985	3.0	555.8	3.4	499.6	3.8	657.3	6.9	401.9	8.0	403.9	0.7	604.9	5.2	27.4	3.1	173.2	3.7	384.7	7.1	318.3
1986	2.6	488.8	3.1	450.8	3.5	487.9	6.9	366.4	8.2	223.2	0.4	469.3	4.9	56.2	2.7	230.3	3.3	293.7	6.7	196.7
1987	3.4	440.3	4.0	402.0	4.4	516.5	7.8	325.5	9.0	259.8	1.2	487.0	5.9	47.8	3.7	237.7	4.3	305.8	7.6	249.4
1988	3.2	645.5	3.7	592.8	4.0	585.7	7.3	409.2	8.6	251.5	1.2	631.5	5.6	52.1	3.5	237.6	4.5	398.0	7.6	272.2
1989	3.2	653.3	3.8	576.6	3.8	633.8	7.5	298.2	8.8	241.5	1.0	730.7	4.8	48.8	2.7	318.4	4.0	471.0	7.4	321.9
1990	3.5	461.1	4.0	458.2	4.5	459.5	7.9	344.8	8.9	284.8	1.2	519.5	5.5	17.5	3.5	171.1	4.5	254.9	7.5	246.0
1991	3.2	387.2	3.9	363.1	4.3	364.2	7.7	244.2	9.0	187.8	0.9	431.5	5.4	37.4	3.4	185.4	4.4	278.0	7.5	197.6
1992	2.8	605.5	3.5	658.7	3.8	677.4	7.2	369.4	8.2	326.2	0.5	599.4	4.9	54.2	2.8	230.0	3.8	350.3	6.9	271.1
1993	4.0	509.5	3.5	525.6	3.8	658.4	7.3	382.9	8.5	281.9	1.1	560.8	5.3	22.5	3.3	169.9	4.2	397.5	7.1	237.8
1994	4.9	559.1	4.2	517.1	4.4	613.8	8.0	376.2	9.0	313.8	1.1	501.0	5.7	43.5	3.8	212.2	4.7	290.0	7.4	265.3
1995	4.0	484.2	3.5	410.8	3.7	482.1	7.2	302.5	8.5	338.4	0.3	522.6	5.0	36.0	2.9	167.3	3.9	244.6	6.9	203.7
1996	3.9	486.5	3.6	457.5	3.7	513.8	7.1	261.1	8.3	233.5	1.1	463.5	5.6	55.4	3.5	174.7	4.3	267.2	7.0	187.8
1997	4.5	538.1	4.2	494.4	4.4	554.7	7.9	340.6	9.3	264.8	1.1	479.6	5.6	41.9	3.4	202.9	4.3	312.9	7.1	318.1
1998	5.5	546.9	5.0	569.4	5.4	473.1	8.8	356.5	10.0	267.9	2.2	555.5	6.6	65.0	4.6	213.7	5.7	299.7	8.3	230.1
1999	5.1	512.7	4.6	517.8	4.9	574.9	8.5	346.9	9.7	284.7	1.9	404.0	6.5	44.9	4.3	183.9	5.2	308.6	8.0	280.5
2000	4.7	515.3	4.2	411.6	4.6	447.6	8.1	284.4	9.4	210.4	1.4	512.2	5.7	25.9	3.5	212.4	5.0	244.0	8.0	135.0
2001	5.0	449.2	4.6	513.9	4.9	521.6	8.3	263.2	9.5	220.3	1.8	523.2	6.2	28.3	4.2	123.6	5.1	336.2	8.0	204.2
2002	5.0	467.7	4.5	477.4	5.0	420.7	8.5	259.7	9.6	201.7	1.6	452.0	6.5	56.6	3.9	337.6	4.9	316.8	7.9	166.4
2003	5.2	663.4	4.5	660.9	4.9	562.5	8.3	376.4	9.4	285.6	1.8	615.2	6.2	30.9	4.3	142.5	5.2	266.7	8.0	229.9
2004	5.0	488.2	4.3	456.2	4.6	555.3	8.1	364.4	9.2	310.5	1.3	524.3	6.4	32.2	3.9	270.6	4.6	359.3	7.7	287.3
2005	5.1	493.3	4.6	532.6	4.4	533.0	8.2	301.7	9.3	249.4	2.3	525.3	6.6	41.9	3.1	278.4	5.1	377.0	8.0	302.9
2006	5.5	484.5	5.2	449.5	5.1	509.8	9.0	277.0	9.9	222.9	2.0	626.9	7.1	44.2	4.3	242.6	5.6	322.1	8.4	274.5
2007	5.3	589.2	5.0	618.4	4.8	719.6	8.6	417.4	9.4	346.9	1.8	561.1	6.5	59.1	3.7	281.5	5.4	332.9	8.0	341.8
2008	5.0	520.1	4.3	455.4	4.5	535.8	8.1	405.0	8.9	414.5	1.7	437.0	6.1	43.5	3.2	229.8	5.0	353.6	7.8	314.6
2009	5.8	571.1	4.8	547.2	4.9	557.5	8.7	370.2	9.7	305.3	2.1	498.4	6.7	59.9	3.9	273.6	5.6	340.1	8.5	285.4
2010	6.2	465.8	5.1	479.0	5.2	485.0	8.9	276.5	9.8	196.3	2.1	557.6	6.8	90.8	3.9	318.7	5.8	328.8	8.8	238.6

(四)雨热同期

青海大部分地区 5 月中旬以后进入雨季,至 9 月中旬前后雨季结束,这期间正是月平均气温≥5℃的持续时期。青海省全境位于中纬度,如不考虑其他因素的影响,应属于温带气候,因此太阳辐射量较高,在地势相对低洼的地方,热量条件较好。但由于深居内陆,受海洋影响微弱,降水少,晴日多,蒸发强,大气中水分稀少,决定了气候具有干旱的特性。

(五)气象灾害多,危害较大

主要气象灾害有干旱、冰雹、霜冻、雪灾和大风。夏季多雷暴和冰雹。地势起伏大、降水较多的祁连山东段和玉树州南部,雷暴和冰雹日数最多,分别达到 60d 和 80d(囊谦)、15d 和 25d(清水河地方)以上。全省每年有几万公顷的农田受冰雹灾害减产或绝收。冬季青南地区常发生雪灾。

三、青海省种质资源的特点

(一)极端逆生境

青藏高原为地球的第三极,许多生物至此已达到生命的分布边缘和分布极限,形成了珍贵的种质资源和高原基因库,某些特有物种是高原生物链的基本环节,同时也成为这些地区重要的生态指示植物和标志性植物。

(二)兼具遗传资源种质价值和生态价值

青藏高原分布的植物物种不仅是栽培作物优异基因的重要来源和潜在供体,同时也是高寒、干旱草原野生优良牧草资源和生态草种资源的潜在供体。

(三)物种多样性丰富且遗传差异显著

物种丰富,特有种多。物种间甚至居群间变异丰富,并且存在着一些疑似远缘杂种的特殊中间类型和渐进类型。据《青海植物志》记载植物种类有 3500 余种;其中具有开发利用价值的种类有 905 种。独特、珍稀的牧草及药材类植物物种丰富,其中牧草种类多,以禾草类、蒿草类植物为主,其次为菊科、豆科、莎草科、蔷薇科、藜科等科属的植物。具有栽培价值的种类有数十种,各科中有饲用价值的几乎均在 65% 以上,且营养丰富,适口性好,在饲用牧草中占有重要地位。

四、青海高原的农业植物种质资源种类及分布

青海省的农业主要集中在东部农业区的河湟谷地和柴达木灌区。全省土地面积 72.1 万 km², 约折合 0.72 亿 hm²。其中可利用牧业用地 0.33 亿多公顷,占 46%;各种林地 180.4 万 hm²,占 2.5%;有鱼水面占 1.5%;耕地 58.7 万多公顷,占 0.82%(图 7-2)。在耕地中水浇地 17.33 万多公顷,占耕地的 29.5%;山旱地 41.2 万 hm²,占耕地面积的 70.2%。耕地主要分布在东部农业区、海南台地和柴达木盆地(图 7-2)。根据高原独特的自然生态条件,习惯上把东部农业区的耕地分为川水、浅山和脑山 3 种类型。

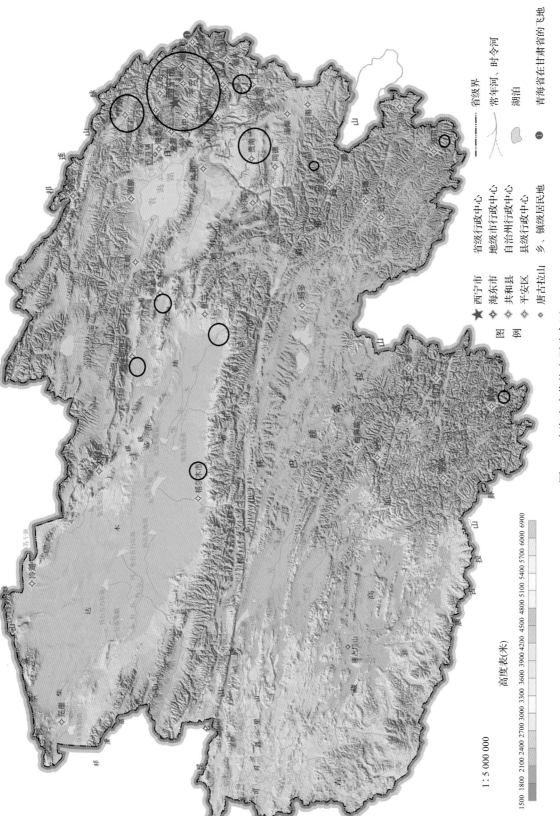

图 7-1 青海省农作物主要分布区

圆圈所示为农作物分区

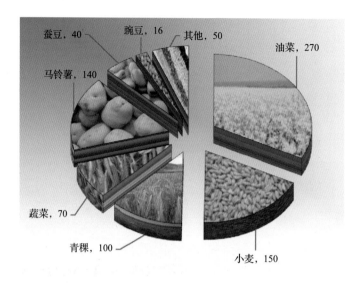

图 7-2　青海省 2011 年耕地利用情况（单位：万亩）

其他作物为胡麻等小杂粮、中藏药材、花卉苗木等

第二节　作物种质资源普查

一、普查工作的实施

（一）普查目标的确定

项目启动后即进行了参加（协作）单位和人员的选聘、合同的签订，明确了拟普查 10 个县的具体实施方案和工作任务，制定出"干旱区抗逆农作物种质资源调查计划"，完成普查表的编制，制订出"抗逆农作物种质资源调查、收集技术标准"，完成参加人员的技术培训。

（二）普查地区

以东部农业区及柴达木盆地、共和盆地及三江源等不同生态区位选择区域，进行了农作物种质资源的系统普查，范围涉及相关 7 州（地）共 10 个县（图 7-3）。普查地域共计 127 963km²，农区海拔为 2217～3513m。

（三）民族

普查地区主要包括藏、回、土、撒拉、蒙、汉等 6 个民族。

（四）普查对象

主要以当地农牧业植物资源为主，同时对当地人口发展、经济状况、耕地变化、文化教育、生态环境等均做了系统普查。

图 7-3　资源普查现场调查工作情景

　　以农业生物资源(种类)多样性、特异性和青海主要农业分布地区,以及周边的传统小块农业代表区域为依据,根据各地植物物候期和生长季节的地理差异等具体情况,有针对性地实施先东部地区后西南部、先低海拔温暖河谷地区后高海拔寒冷地区,以及分步骤、分阶段地对相关县乡村进行普查,为进一步确定重点地区的系统调查做好前期工作。

(五)历史资料的收集与参考

　　对青海各相关地区,特别是青海境内比较偏远落后、原生态状况较为完整的特有少数民族地区资源的调查做了详细的准备工作,查阅了大量的有关青海民族历史、风土人情、民族宗教、区域经济、农作方式、生物资源等文献资料,初步掌握了第一手资料。

　　项目实施期间得到青海省农牧区划办、农牧厅、三江源办公室,青海大学农牧学院、畜牧兽医学院、生命科学系,中国科学院西北高原生物研究所,各县农牧局、农牧技术推广站、草原站,各乡政府等省地县相关部门的大力支持,在资料、人力、向导、翻译等方面提供了帮助,保证了普查工作的顺利开展。

　　项目实施期间共查阅有关资料和书籍文献共计 30 多篇(部),获得了较为翔实的资料。

二、主要进展

(一)资源普查

1. 摸清了所调查地区的农作物资源种类、分布及消长状况

通过 12 个县 1985~2015 年 30 年间的农作物资源普查,完成了拟定 12 个县(市)的资源普查(表 7-2);基本上摸清了调查地区的农作物种质资源的种类多样性状况、分布和变化趋势等基础数据。

2. 掌握了青海省各主要农作物品种近 30 年的变化情况

1)小麦

青海小麦主要以春小麦为主,在黄河谷地温暖区有少量的冬小麦栽培。近年来随着种植结构的调整和对高效益农作物种植的追求,小麦种植面积剧减,群众基本上已经不再自繁自留麦种,主要是采取异地调种和种子串换,以栽培新培育品种为主。

表 7-2　各县(市)普查情况汇总

地区	耕地面积 (万 hm²)	降水量 (mm)	土壤盐碱度 pH	作物多样性	备注
民和县	4.29	350~420	8.30	小麦(冬、春)、油菜、马铃薯、胡麻、玉米、杂豆类、糜谷类、荞麦、瓜果蔬菜、向日葵、红花、菊芋、烟草等	湟水谷地干旱丘陵区
互助县	7.43	380~420	8.28	春小麦、油菜[甘蓝型、白菜型、芥菜型(简称甘、白、芥)]、马铃薯、青稞、燕麦、蚕豆、红花、菊芋、豌豆等	中高位冷凉山旱区
湟中县	6.51	380~420	8.24	春小麦、油菜(甘、白、芥)、马铃薯、青稞、燕麦、蚕豆、豌豆、菊芋、荞麦等	湟水谷地沟岔山旱地
化隆县	3.64	380~420	8.15	小麦(冬、春)、油菜(甘、白、芥)、马铃薯、青稞、燕麦、胡麻、豌豆、荞麦、烟草、线椒、花椒、野生草莓、野生猕猴桃等杂果蔬菜类	高寒山旱冷凉农作区及黄河谷地丘陵山旱地
同仁县	1.06	380~420	8.20	春小麦、油菜(甘、白、芥)、马铃薯、青稞、燕麦、蚕豆、豌豆、荞麦、黄果、山杏等	隆务河谷沟岔山旱地
门源县	3.99	420~500	8.41	青稞、白菜型小油菜、马铃薯、燕麦、披碱草类、早熟禾类、微孔草、蕨麻(野生)	祁连山南麓大通河谷冷凉农作区
德令哈市	1.00	45~200	8.38	春小麦、油菜(甘、白、芥)、马铃薯、甜菜、油葵、菊芋、青稞、枸杞、沙棘	柴达木盆地北部绿洲农业区
都兰县	1.75	150~200	8.38	春小麦、油菜(甘、白、芥)、马铃薯、甜菜、油葵、菊芋、青稞、枸杞、沙棘、莴苣、甘蓝等	柴达木盆地南缘绿洲农业区
贵德县	1.39	350~420	8.21	小麦(冬、春)、油菜(甘、芥)、马铃薯、青稞、燕麦、胡麻、豌豆、杂果蔬菜类等	黄河谷地干旱丘陵区
共和县	2.08	280~350	8.30	小麦(冬、春)、油菜(甘、白、芥)、马铃薯、青稞、燕麦、胡麻、豌豆、小麦野生近缘物种等	黄河阶地荒漠化农牧交错区
班玛县	0.10	500 以上	8.10	青稞、马铃薯、油菜(白)、燕麦、莞根、豌豆、蕨麻(野生)等	海拔 3200m 以上高寒河谷小块农作区
囊谦县	0.80	500 以上	8.00	青稞、马铃薯、油菜(白)、燕麦、莞根、豌豆、蕨麻(野生)等	海拔 3200m 以上高寒河谷小块农作区

　　小麦主要分布在青海东部农业区、海西柴达木盆地及海南黄河阶地等地区，20 世纪 50 年代地方品种主要为'小红麦''一支麦''红短麦''尕老汉''六月黄'，以及引进的'碧玉麦'和'阿勃'等，其中'阿勃'及系列衍生品种仍为目前春小麦的主栽品种，除此之外只有'小红麦'在东部农业区的山旱地有少量分布，种植面积为 3 万～5 万亩，主要特点是具有较强的抗旱、抗条锈性等较好的品质性状，缺点是不抗倒伏、农艺性状差。其他地产种都已经失传了。迄今已经历了 7 次品种更新换代，70 年代，'高原 338'曾创造亩产 1013kg 的世界高产。

　　与全国相比，青海为小麦非主产区，近年来随着种植结构的调整和对高效益农作物种植的追求，小麦种植面积剧减，目前全省仅 10 万 hm² 左右(河湟谷地有少量冬小麦种植，年均种植 1 万 hm² 左右)。

　　根据 10 个县普查结果和全省总体情况来看，使用周期长(20 年以上)的品种有：'小红麦'(无确切统计数字)'阿勃''互助红'和'高原 448'(图 7-4)。

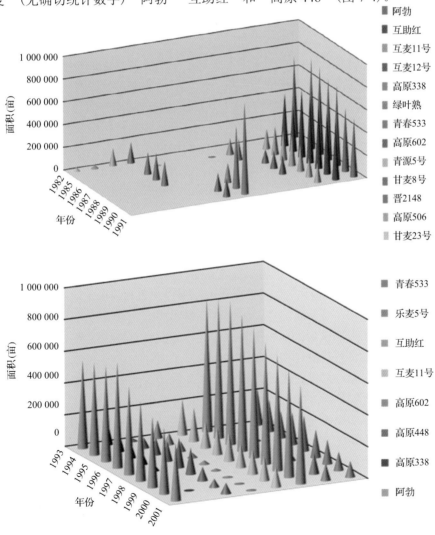

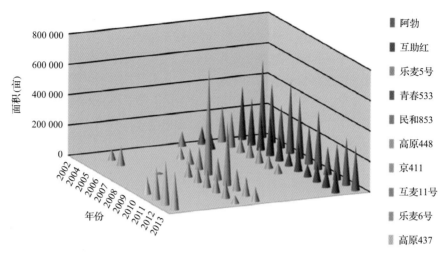

图 7-4　近 30 年青海省小麦品种利用变化情况

2) 青稞

青稞是青藏高原最具特色和代表的古老农作物，是藏区群众世代相依为命的主要食物来源。青藏高原也是北方栽培大麦的起源地，地产种质资源十分丰富，且具有广适性强、生育期短、适口性好、营养价值高等特点。具有代表性的地产种有：'门源亮蓝''红胶泥''黑老鸦'和'肚里黄'等。'肚里黄'由于具有较强的抗旱性和早熟性，目前仍有较大面积种植，其他地产种几乎已难见踪迹了。而培育品种具有突出的丰产性，但广适性较差，种植地区较易受地域生态限制。

青稞生育期短，耐寒性强，是该地种植历史最久、分布范围最广的粮食作物，也是青海最主要的杂粮作物和藏族、蒙古族农牧民群众的主要口粮。虽然目前推广的'柴青 1 号''北青号''昆仑号'等新品种很多，丰产性状也很好，但当地群众仍然喜欢种植一些老品种。受当地群众青睐的老品种有'肚里黄''白浪散''白六棱''门源亮蓝''黑老鸦'和一些难以确定名称的杂色青稞种。据群众反映老品种抗逆性强且适口性好，是加工主食糌粑的上好原料，而新品种专用化较强，产量高，主要作为酿酒等加工业的原料。

青稞是喜凉耐寒作物，具有早熟性、耐寒性、耐阴和抗盐碱等特性，以及对水肥反应不敏感性等特点，在当地耕制改革和生态适应性等方面具有独特优势，长时期内在当地将持续占据优势，不会被其他作物所取代。

青稞属于栽培裸大麦，据有关考证，青藏高原是栽培大麦的起源地之一，资源种类很丰富。群众主要从籽粒色泽方面进行种质区分，有黑青稞、蓝青稞、白青稞 3 类。但随着交通的发展和信息的交流及新品种推广力度的加强，当地原有的地道资源已是面目全非了，所以原种质的保护已是非常困难。老品种'肚里黄'种植时间已有 30 多年，至今仍然为主栽品种之一(图 7-5)。

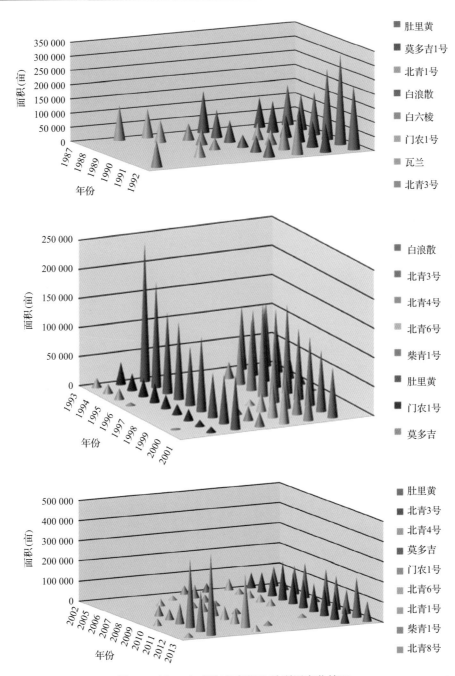

图 7-5　近 30 年青海省青稞品种利用变化情况

3）油菜

青海小油菜属于白菜型的北方春油菜基本种，原产于青藏高原海拔 3000m 左右的冷凉湿润山区，从遗传进化角度来讲，北方小油菜是现有三大类型油菜的共同祖先（田正科，2006），是青藏高原优异的油用植物种质资源。自 20 世纪 70 年代起，由于加拿大优质甘蓝型油菜品种的陆续引进，以及双低高产的常规、杂优新品种的相继育成与推广，小油菜和当地芥菜型油菜种植面积逐步缩小，同时也会引起外来遗传基因的天然导入和当地种质的漂移和丢失，久而久之，当地原有物种遗传特性就会丧失，因此特异种质的收集与保护也同样极为紧迫。目前仍然在使用的当地品种除面积较大的白菜型品种外，另在较高海拔的山旱地区有零星种植的当地黑菜籽及田边地头零散种植的芥菜型油菜品种(图 7-6)。

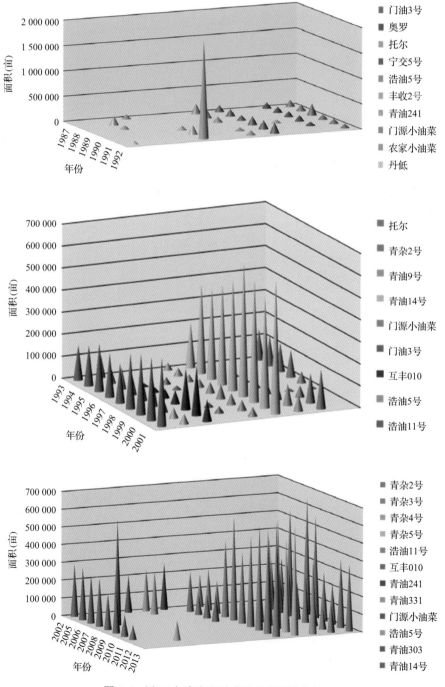

图 7-6　近 30 年青海省油菜品种利用变化情况

另外油用亚麻(当地也称胡麻)在东部的干旱山区广泛种植，主要是作为食用油的调剂来种植的。品种较杂，近年来自甘肃省引进的陇亚、定亚系列的品种较多，成为当地亚麻油等系列产品产业化开发的主要原料。

4) 豆类

蚕豆原产西南亚，据《太平御览》记载："张骞使外国得胡豆归"。青海地处丝绸之路南侧，蚕豆自西汉从西域传入我国。青海是种植蚕豆较早的地区之一，目前也是我国重要的春蚕豆栽培区，素以产量高、质量优而闻名遐迩，蚕豆也是青海省传统的主要出口农产品，在中东市场上占有一席之地。主要农家品种有'湟源马牙'和'互助小蚕豆'等。近年来随着'青海 9 号''青海 12 号''青海 13 号'等系列新育品种的种植与推广，以及日本菜用蚕豆'陵西一寸''德国小蚕豆''南美蚕豆'等种质材料的引进，再加上与当地品种进行遗传改良等活动的实施，作为常异花授粉的蚕豆作物，其地方品种的地域保护屏障已是十分脆弱。与油菜等作物类似，无疑会引起外来遗传基因的天然导入和当地种质的漂移与丢失，久而久之，'湟源马牙'作为地方资源的原位保护种质，其特有的物种遗传特性就会有丧失的危险(图 7-7)

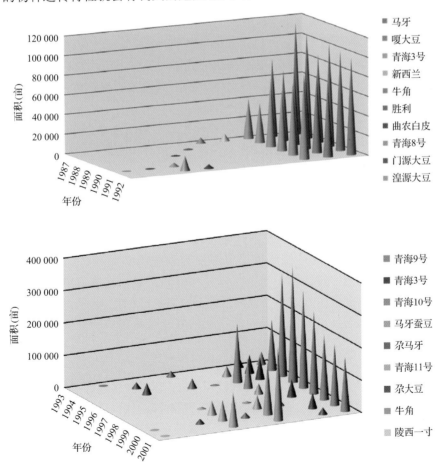

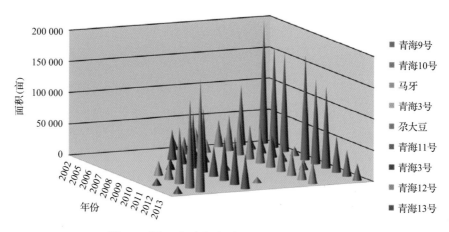

图 7-7　近 30 年青海省蚕豆品种利用变化情况

　　豌豆曾经是青海冷凉干旱区的主栽作物，长期以来主要用于饲用和淀粉加工。2000年以后逐渐培育出系列化的专用豌豆品种，大致可以分为麻豌豆、白豌豆、青豌豆 3 种类型。目前的主栽品种主要来自于当地资源的培育筛选，以及外来品种的引进。但自 2000 年以来，青海豌豆产业逐渐下滑，种植面积越来越少，主要原因是管理成本高且效益低。近年来随着麦豆混播、粮草兼用的实施，用引进的黑饲麦与'草原 224'和'草原 23 号'豌豆混播模式的推广，种植面积有所恢复。其他豆科作物还有紫花苜蓿、毛苕子、箭筈豌豆等(图 7-8)。

　　青海是冷季豆类生产的适宜生态区。1999 年世界著名冷季豆类专家 DUC Gerard 博士考察青海豆类生产时认为，青海是冷季豆类繁种的最佳生态区。

　　5) 薯类

　　青海薯类作物主要以马铃薯为主。马铃薯在青海种植历史悠久，是贫困山区救灾度荒的优良菜用、食用主要作物。农家品种主要有'深眼窝''牛踏扁''白洋棒'和'牛头'等。随着新品种的选育推广，以及脱毒产业化制种技术的运用，地方品种几乎绝迹。目前，青海还没有较理想和专业的外植体种质资源保存设施用于青海地方马铃薯种质的保护。目前零星种植的有'深眼窝'等，虽然抗病性和产量性状难与新育品种相媲美，但符合当地群众蒸煮食用的方式和习惯。当地群众有这样的说法，"过去村里谁家煮洋芋满巷道都能闻得到香味，吃起来具有散、绵的独特香味和口感，但现有品种的那种感觉越来越少"。

　　从青海近 30 年的马铃薯种质利用情况来看，'下寨 65''青薯 168''青薯 2 号'栽培时间较长。随着国家马铃薯主粮化战略的调整和推进，以及种薯脱毒技术的广泛利用，青海的马铃薯产业将会有长足的发展，特别是青海高寒冷凉的气候环境，非常适宜种薯的繁殖，目前青海已经成为西部各省(自治区)的种薯繁殖更新基地，青海培育的'青薯 168''青薯 9 号'等品种已经在甘肃、宁夏、新疆大面积推广，成为当地主栽品种(图 7-9)。

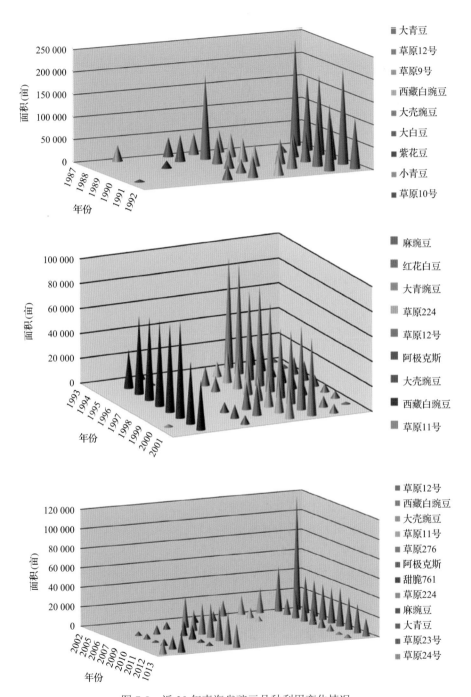

图 7-8　近 30 年青海省豌豆品种利用变化情况

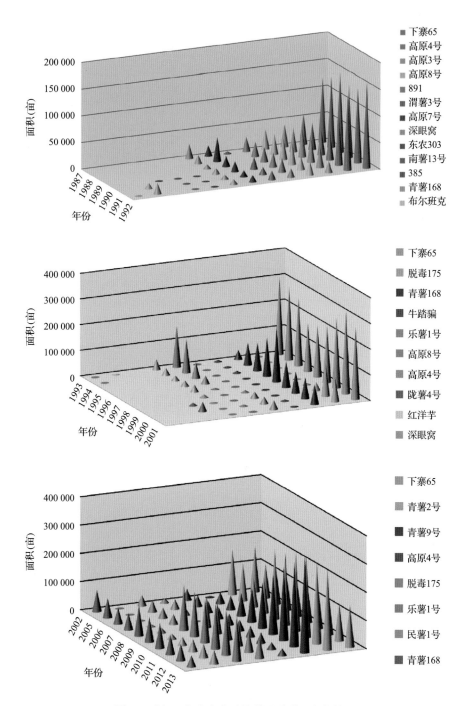

图 7-9　近 30 年青海省马铃薯品种利用变化情况

青海 44 年来各阶段主推作物品种见表 7-3。

表 7-3 青海 44 年来各阶段主推作物品种情况一览表

年份	小麦	青稞	蚕豆	豌豆	马铃薯	油菜	玉米	胡麻
1971	阿勃、青春(4、5、6、10、13、18号)、甘麦8号、587-2、龙丁、维如芬、内乡5号、斯卡美达、欧柔	白六棱、循化兰、肚里黄、黑老鸦、西藏青稞	马牙、青海1号、长角、牛角、胜利蚕豆	大青豌豆、多纳夫、1295、贺尔川大白豆、绿色草原豌豆	高原(1、2、3、4、5号)	云油3号、云油4号、325、大黄菜籽、牛尾梢、黑菜籽、小日期	维尔、156、吉双4号	匈牙利3号、定压2号
1979	阿勃、晋(2148、0129、71、3269)、高原506、甘麦8号、青春(5、6、18、24、25、26号)、互助红、晋71、春燕1号、墨波、铁杆糙、香农3号	昆仑(1、2、3、8号)、南繁3号、白六棱、白浪散、循化兰、肚里黄、循化兰青稞	马牙、尕大豆	青豌豆、大壳豌豆、草原(2、3、7号)	高原(3、4、7、8号)	门油(3、4号)、门源小油菜(3、5号)、浩油(3、5号)、青油(3、5号)、奥罗、毛豌尾、小日期		
1982	阿勃、高原506、晋71、高原338、晋2148、甘肃338、晋0219、互助红、春燕1号、铁杆糙、互助红、墨波、晋0219	白六棱、昆仑(1、2、3号)、红胶泥、南繁3号、瓦蓝、肚里黄、白浪散	马牙、尕大豆、青海3号、曲农白皮	大青豆、大白豆、大壳豌豆、西藏白豌豆、草原(2、7号)	高原(3、4、7、8号)、深眼窝、"891"、下寨65	奥罗、托尔、里金特、青油(4、9号)、艾尔特斯、门油(3、4号)、斯班、小日期、丰收2号		
1995	互助红、高原602、青春11号、互麦12号、互麦11号、京437	肚里黄、昆仑10号、莫多吉	青海8号、青海9号	草原10号、草原12号、草原11号、草原224	下寨65、互薯202、青薯168	马努、丹低、青油14号、青油241、浩油5号		
2005	阿勃、互助红、乐麦7号、互麦12号、乐麦5号、高原584、民和588、互麦13号、宁春4号、高原448、互麦14号、青春38、山旱265、互麦39、青麦15号、901、互麦15号、冬小麦:京411、京437、济南173、烟辐188	肚里黄、昆仑164、北青6号、互青23、北青7号、青青12号、昆仑12号、北青8号	青海10号、陵西一寸、青海11号、马牙、青海12号	草原12号、草原276、甜豌脆、761、无须豌171、青豌1号、草原205、草原225、草原235	青薯168、互薯202、下薯202、互薯65、脱毒175、青薯2号、青薯4号、乐薯15、大西洋、青薯5号、青薯7号、互薯3号、青薯8号	青油331、昆油1号、下丰010、H165、青杂2号、青油4号、青杂3号、青杂4号、青油241、浩油5号、青油17号		
2014	中麦175、蓝天15号、乐麦7号、高原437、青麦38、互麦13号、通麦2号、高原448	柴青1号、北青(6、8、9号)	青蚕14号(12、13号)		民薯2号、费乌瑞它、乐薯1号、青薯(2、6、9、10号)、青薯168	青杂(2、3、5、6、7号)、浩油11号、青油21号		

(二)品种资源的变化及消长原因

1. 变化情况

本地农作物种质资源自 20 世纪 80 年代至 21 世纪初,种植物种从科属种的数量上来看变化情况不大,仍以传统物种为主,而各作物品种数量呈现增长和波浪式变化,但即使如此,本地作物种类中,地方品种的多样性依然高于培育品种,培育品种主要以粮油主流作物为主。长期以来,青海农耕面积小,种植区域窄,一些非主流具特殊功用的小宗作物的研究和选育基本是一项空白,但恰恰这些小宗作物种质以最原生态的形式保存于农家的庭院、果园等地方。

随着经济的发展和社会的进步,传统的农业格局逐步被现代农业模式所打破,青海作为农业小省,有限的耕地不可能再进行低效益高成本的传统作物种植。一些市场前景看好的作物,如果树、蔬菜、枸杞、藜麦及一些特殊功用的经济作物种植面积迅速增加,同时传统作物新品种也通过各种渠道来源不断扩大种植面积,尤其是杂种化品种的大量采用,传统作物品种资源日益丧失,不断减少。个别品种经过长期栽培驯化和种植户不断的筛选改良,或由于当地少数民族的传统生活习惯、日常饮食等方面的特殊需要,产生了较长的种植历史得以保留如种植历史超过 30 年以上的大田作物品种,以及一些小宗作物如红花、胡麻、黑紫青稞、小红谷、杂果土菜等。这些小宗作物主要在农家的房前屋后、庭院果园、田边地头等的零星种植,供自家食用,有丰富的多样性。

2005 年以后,以小麦为主的大田作物下降幅度明显加快,而其他作物或由于市场效益的拉动或政策性的偏向,其种植规模产生较大的起伏。果树中近几年核桃、樱桃、油桃、草莓发展较快,蔬菜主要是以设施农业为主,经济作物中枸杞、药材种植规模逐渐扩大,如曾经是青海小麦主产区和小麦著名高产区的柴达木盆地绿洲农业区,70% 的耕地改种了枸杞,成为国内新兴的优质枸杞生产基地。

2. 消长原因分析

(1)地域适应性:青海高原是青藏高原的一部分,境内气候多变、生态多样,农耕地区有川水、脑山、浅山、绿洲、林地、阶地等海拔不等的生态地区。许多地方品种在这里经过长期自然和人工选择,形成了稳定的适应性,并且栽培种植习惯于粗放管理,这些特点是其他新品种所不具备的,故一些老品种得以保留。

(2)文化及传统习惯的影响:由于少数民族地区的传统文化和生活习俗的需要,许多地方品种得以保留。例如,青藏高原的特色作物青稞(裸大麦),该作物与青藏高原各民族的饮食文化、宗教历史、传统习惯等息息相关,是当地群众不可或缺的重要作物,有许多传统的利用方式:青稞酒的酿造、甜醅风味食品的制作、藏族主食"糌粑"的制作、宗教仪式中煨桑、祭祀活动中的宝瓶内含物等,均保留了种类多样的、不同色泽和特性的种质材料。

在玉树州囊谦县香达村考察中遇到当地一名藏族农民技术员(阿保,63 岁)(图 7-10),其一生喜好于收集和筛选作物种子,但由于年事渐高,又由于三江源生态移民工程的实施,在搬迁中将多年收集的宝贵种子损失殆尽。在调查收集的过程中,当他知道我们的来意后，非常惋惜地一再埋怨我们来晚了，我们也顿觉十分遗憾。他把仅剩的几束挂在房梁上收集多年的青稞穗送给了我们。

图 7-10　藏族农民技术员阿保

当地群众喜食糌粑、杂合面搅团(主要是青稞和麻豌豆混种混收混磨而加工的一种吃食)，这种饮食习惯也使得各消费者对不同性状青稞、豌豆种质材料进行了保留和延续，以满足不同口感的需要。

虽然自 20 世纪 90 年代以来，青海地区高产优质的甘蓝型杂交油菜系列新品种面积不断扩大，单产和总产水平均大幅度提高，青海也成为北方春油菜的主产地，相对于当地传统的低产品质不优的白菜型小油菜面积越来越小，种质资源也有很大流失。但当地群众，特别是一些山区群众对白菜型小油菜而且是土法压榨的菜籽油非常青睐，有一种它们自己习惯认可的油香味，所以一些白菜型小油菜种质资源得以保留。

青海农家，特别是互助土族自治县的当地土族农家妇女，至今还保留着纳鞋底做布鞋的习惯。千层底的布鞋穿着舒适、别具一格，适于做农活。当然现在当地妇女主要是把它作为一种茶余饭后的消遣和休闲劳作。而鞋底的材料主要是用胡麻胶将废旧棉布一层层的糊平晒干，俗称"打褙褙"。所以家家门前院后均种有少量的胡麻自留种，做当地的种质资源得以保留。类似的情况还有许多，如红花、苦香豆(胡卢巴)，当地人用其花瓣和干叶粉来作面食品的花色点缀。所以家家户户均有自留自种的这些种源材料。

(3)优良品种的持久性：春小麦'阿勃'是一个非常特殊的材料。该品种于 20 世纪 50 年代引入我国，在春麦区广泛种植，其他省区早已淘汰多年，但该品种竟然能在青海高原扎根至今，几十年如一日，始终作为主栽品种的地位毫不动摇。而且在调查的过程中，发现该品种产生了许多地域和生态类型方面的形态学微小变种，所以在调查过程中对不同地区群众自留自种延续的'阿勃'种质进行了收集和多样性的分析。该品种为什么能在青海扎根，多方也曾做过广泛的探讨和研究，但迄今仍然得不出令人信服的结论。根据调查结果和群众反映：首先该品种有着极强的抗旱、抗病广适性及良好的农艺性状；其次该品种无芒、茎秆较柔，特别适合于冬季农家牲畜及生活燃料的储存，其他品种的这些相关特性则较差；另外与当地良种繁殖场对该品种的长期提纯复壮也有很大的关系，使其始终保持活力。例如，乐都县良种繁殖场坚持数十年的三圃田工作，对该品种的长久生命力保持起了重要的作用。

(4)其他影响因子：其一是交通偏僻，相对偏僻落后的地区，由于对外交流少，小村小户，自给自足，一些种源得以保留；二是当地对小宗作物的研究力量薄弱，甚至尚无育种研究，所以其资源的延续即认为当地资源；三是一些传统栽培耕作习惯的影响，如不同作物的间套复种合理搭配，需要多样性的品种与之相适应等。

3. 资源减少的原因分析

(1)科技发展的影响：主流作物新品种的不断更新推广使得当地低产劣质的品种资源不断丧失。

(2)经济效益的驱使：随着社会的发展，农业产业结构的不断改变和优化，传统小农经济已逐渐被现代农业模式的商业化生产所取代，规模化种植往往受到市场利益的驱使而单一化，传统栽培物种的多样性正在不断丧失，而被新型的、外来的物种多样性所取代。

(3)生态环境的影响：城市化的推进、乡镇的扩建、矿产的开发等对当地生态环境的影响，在很大程度上加速着地方品种资源的消失。

第三节　作物种质资源的调查和收集

一、收集物种和总收集量

"青海省干旱区抗逆农作物种质资源调查"项目执行期间共收集各类资源材料 780份，经认真筛选和查重淘汰，最终保留 658 份，影像资料 1461 张，计 162 个种，建立了收集资源的规范化数据库。依据农作物的用途可分为五大类：粮食作物(谷物类、薯类和荞麦)、经济作物(油用、纤用和药用)、蔬菜(茎叶蔬菜和豆类)、果树(栽培种类和野果)和牧草(禾本科牧草、蘽草和苜蓿等)。粮食作物和蔬菜作物的野生种类收集较少，而多数野生种类为饲用和野果资源。栽培粮食作物资源种类较少，以青稞和小麦为最多，其次为燕麦、莜麦和荞麦；玉米、高粱、谷子等小杂粮地方品种在青海东部山地农业区小面积栽培，本项目收集到了 10 份谷子当地种。不少野生牧草资源可作栽培，其中老芒麦、早熟禾、紫野麦草和苜蓿等为常见优质栽培牧草。

高原作物资源有其独特性和生物资源的多样性，受高原气候条件限制，栽培作物的种类多样性比较单调，但得益于高原牧区草原的优势，其植物物种中与农牧业相关的野生物种资源多样性非常丰富。

农作物种类少，种植规模小。目前青海省农耕面积总共为 58.7 万 hm^2，其中 73% 为高寒旱地。整个农耕面积仅占总面积(7.2 万 hm^2)的 1/1000。作物种类少，较为单一。早在汉代，就有关于青海的记载："所居无常，依随水草。地少五谷，以产牧为业"(《后汉书·西羌传》)。青海的农耕历史大约可追溯到先秦时期。历史上，在吐谷浑王朝时期，开辟了丝绸之路南线青海道，加强了青海与中原内地和西域、漠北、西藏、印度的联系。农耕文明随即开始于河湟谷地而向各地传播。吐蕃时期唐蕃联姻，文成公主和金城公主进藏均走过闻名中外的"唐蕃古道"，从青海腹地通过，带来了中原地区的作物品种和生产技术，从而使当地小块区域农业得以产生和发展。当地传统作物主要有青稞、小麦、白菜型(芥菜型)油菜、蚕豌豆、马铃薯、胡麻、燕麦、荞麦、糜谷类、莞根等。

(一)收集并编号的资源量

共收集并编号的资源达 704 份，其中入库资源 658 份材料，包括：31 科 107 属 162 种(亚种、变种)；其中栽培种 392 份、野生种 266 份。

禾谷类 177 份、果蔬类 94 份、蔬菜类 39 份、油料类 86 份、牧草类 158 份、豆类 67 份、其他 37 份。

不同年份收集和采集的资源数量：2011 年 117 份；2012 年 236 份；2013 年 257 份；2014 年 37 份；2015 年 11 份。

不同生境收集资源统计：草地 139 份、荒漠 14 份、农田 470 份、湿地 5 份、森林 30 份。不同地形收集资源统计：高原 204 份、盆地 62 份、山地 392 份。

其中收集资源数超过 15 份的属有：大麦属(89 份)、芸薹属(51 份)、小麦属(47 份)、以礼草属(39 份)、燕麦属(29 份)、披碱草属(27 份)、亚麻属(22 份)、梨属(21 份)、苹果属(21 份)、豌豆属(18 份)、狗尾草属(16 份)，占总收集资源数的 58%。收集资源最多的科有：禾本科(322 份)、豆科(69 份)、十字花科(64 份)和蔷薇科(64 份)。具体收集资源见表 7-4 和表 7-5。

表 7-4　收集资源科属分类及采集份数

科名	属名	资源份数	科名	属名	资源份数	科名	属名	资源份数
禾本科	稗属	1		新麦草属	2		葫芦豆属	2
	冰草属	14		偃麦草属	1		黄华属	1
	臭草属	1		燕麦属	29		棘豆属	5
	大麦属	89		羊茅属	4		豇豆属	4
	短柄草属	5		以礼草属	39		锦鸡儿属	1
	鹅观草属	11		异燕麦属	1		苦马豆属	2
	高粱属	1		玉蜀黍属	2		苜蓿属	7
	狗尾草属	16		早熟禾属	3		豌豆属	18
	固沙草属	1		针茅属	4		香豌豆属	1
	旱雀麦属	3	茄科	枸杞属	1		野豌豆属	8
	黑麦属	1		辣椒属	4	十字花科	播娘蒿属	1
	虎尾草属	1		茄属	4		独行菜属	1
	碱茅属	2	豆科	扁豆属	2		萝卜属	7
	赖草属	8		扁蓄豆属	1		荠菜属	1
	狼尾草属	2		兵豆属	2		糖芥属	2
	芦苇属	2		菜豆属	2		蒜葿属	1
	披碱草属	27		蚕豆属	7		芸薹属	51
	雀麦属	1		大豆属	3	菊科	顶羽菊属	1

科名	属名	资源份数	科名	属名	资源份数	科名	属名	资源份数
	黍属	4		刀豆属	2		红花属	2
	小麦属	47		甘草属	1		莴苣属	5
	向日葵属	1		樱属	2	麻黄科	麻黄属	1
	红花属	4	夹竹桃科	白麻属	1	猕猴桃科	猕猴桃属	1
	茼蒿属	1		罗布麻属	1	荨麻科	荨麻属	1
胡颓子科	胡颓子属	1	藜科	菠菜属	1	胡桃科	胡桃属	6
蔷薇科	扁核木属	1		碱蓬属	1	鼠李科	枣属	1
	花楸属	1		甜菜属	5	无患子科	文冠果属	1
	梨属	21	蓼科	荞麦属	10	亚麻科	亚麻属	22
	李属	2		菠菜属	3	芸香科	花椒属	3
	栋属	1	伞形科	胡萝卜属	7	紫草科	微孔草属	6
	苹果属	21		芫荽属	2	桦木科	榛属	1
	蔷薇属	2	莎草科	藨草属	1	忍冬科	忍冬属	3
	山楂属	1		薹草属	4	五加科	五加属	1
	桃属	2	茶藨子科	茶藨子属	1	小檗科	小檗属	5
	委陵菜属	1	葱科	葱属	9	樟科	木姜子属	1
	杏属	6	葫芦科	南瓜属	2	桑科	大麻属	6
	枸子属	3	蒺藜科	白刺属	8			

表 7-5　收集作物栽培种及野生物种资源（共计 162 个种）

资源大类	栽培种类	野生种类
粮食作物	小麦、糜子、燕麦、大麦、荞麦、青稞、莜麦、玉米、高粱、谷子、马铃薯	
经济作物	草红花、微孔草、花椒、箭筈豌豆、芥菜、向日葵、罗布麻、赤小豆、荨麻、兵豆、油麻、蕨麻、红花、甜菜、胡麻	白麻、播娘蒿、苦马豆、香豌豆、披针叶黄华、野海茄、野胡萝卜、野芥菜、野亚麻、单子麻黄、顶羽菊、甘草、鬼箭锦鸡儿、紫花棘豆、糖芥、胡卢巴、扁蓄豆、野豌豆、垂果大蒜芥
蔬菜作物	白菜、菠菜、豇豆、菜豆、韭菜、莴苣、西葫芦、香菜、辣椒、萝卜、葱、油麦、饭豇豆、胡萝卜、茼蒿、豌豆、蚕豆、刀豆、大豆、扁豆	野葱、荠菜
果树作物	梨、李、李子、杏、苹果、樱桃、枣、沙枣、海棠、核桃、黑果枸杞、桃	文冠果、小苹果、枸子、猕猴桃、茶藨子、野生海棠、蔷薇、楸子、小果白刺、白刺、山荆子、山杏、唐古特忍冬、红脉忍冬、华西忍冬、毛榛子、狭叶五加、小檗、绢毛木姜子、齿叶扁核木
牧草作物	老芒麦、冷地早熟禾、毛稃羊茅、偃麦草、长柔毛野豌豆、苜蓿、披碱草、垂穗鹅观草、大颖草、短柄草、圆柱披碱草、早熟禾、中华鹅观草、素羊茅、旱雀麦、黑麦、天蓝苜蓿	矮冶草、白草、扁茎早熟禾、冰草、布顿大麦、藏异燕麦、糙毛鹅观草、虎尾草、无芒稗、西北羊茅、西伯利亚冰草、薪蓂、宽叶独行菜、赖草、小花棘豆、芦苇、小株鹅观草、新麦草、星星草、芒颖大麦草、柴达木赖草、长芒草、臭草、扭轴鹅观草、羊草、羊茅、贫花鹅观草、单花新麦草、异针茅、野燕麦、青藏薹草、青海固沙草、青海以礼草、短芒大麦草、雀麦、窄颖以礼草、狗尾草、光穗鹅观草、广布野豌豆、疏花以礼草、针茅、双柱头藨草、梭罗草、胎生早熟禾、紫野麦草

(二)收集地区

以 5 个县(贵德、湟中、互助、门源、都兰)为重点和核心区,同时顾及邻近和生态类型相似的地区,进行了种质实物样本的收集和采集。收集对象在普查掌握一手资料的前提下,采访乡长、农牧民技术员、老村干部、护林员、民间中藏医、药农等有关人员,涉及少数民族 5 个(土族、藏族、回族、撒拉族、蒙古族),年龄幅度在 50~80 岁,调查资料可信度较强。通过详细地了解、追踪种质材料的来源、该物种的生物学特性、农艺性状等情况,通过索要、有偿付费等方式收集,每份收集量保持在 500g 左右。同时各分工人员进行图像、地理位置、简单的形态学描述等数据的收集,对收集资源样品及时分类、清选、晾晒、装袋、编号、封存(图 7-11~图 7-19)。

图 7-11　可可西里采样

图 7-12　野外采集

图 7-13　样品的现场整理

图 7-14　野外山坡采集

图 7-15　荒漠草原采集

图 7-16　农家收集

图 7-17　采集航点　　　　　　　　　图 7-18　室内筛选整理

图 7-19　种质资源考察路线

资源的采集主要是针对野生物种的采集。青海地域广袤、生态多样、气候恶劣、交通不便，但青海是我国四大牧区之一，一些与栽培作物种质近缘的众多野生物种，是极为珍贵的优良基因的供源材料。项目系统调查的几个县，区域涉及海拔 4000m 上下的三江源区和可可西里地区，在实施期间克服高寒缺氧、路况艰险等困难，对上述青藏高原核心区进行了多层面、大范围、多批次的本土原生物种材料的采集活动，收集地区包括河谷、山旱地、高寒草原、森林、高原湖泊湿地、干旱荒漠草地、沙漠等海拔在 2500～4500m 的自然生态区。海拔均在 3000～4800m。所采集的物种多以禾本科、豆科等物种为多。

(三)收集资源的分类

根据用途将收集的 658 份种质资源分为 7 类，如图 7-20 所示，其中粮食作物类 177 份、牧草类 158 份、豆类 67 份、果树类 94 份、油料类 86 份、蔬菜类 39 份、其他 37 份。

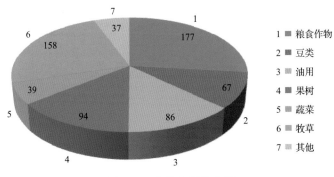

图 7-20　收集资源的分类

(四)资源的分布状况

1. 收集资源的海拔和生态类型分布

本项目收集的资源还可以结合海拔和生态类型进行大致的分类。海拔 1800~2600m 的川水地区以河谷山地为主,降水稀少且水分难以保持,为比较缺水的地区,代表性的资源为小麦、小杂粮及一些果蔬资源;小红麦、豌豆、白刺多收集于 2600~3000m 海拔的脑山地区;海拔在 3000~3400m 的地区适合青稞、白菜型油菜、冰草、糙毛以礼草等野生资源;海拔 3400~3800m 及 4000m 以上地区,除分布少量青稞和小麦外,采集较多的资源有梭罗草、大颖草、薹草、垂穗披碱草等。

收集的 658 份资源的海拔和生态类型分布见表 7-6。

表 7-6　收集资源的海拔和生态类型分布(合计 658 份)

海拔	资源份数	州县	代表种质
1800~2200m 川水	120	贵德、尖扎、化隆、平安、乐都、民和、循化	阿勃小麦、狗尾草、谷子、蒿蓄豆、红胡麻、核桃、梨
2200~2600m 浅山	154	贵德、循化、乐都、民和、湟中、大通、同仁	阿勃小麦、胡麻、燕麦、苜蓿、红花、刀豆、梨、海棠
2600~3000m 脑山	232	化隆、互助、大通、尖扎、贵德、平安、格尔木、德令哈、祁连、门源、共和、湟中	小红麦、燕麦、豌豆、白刺、山杏
3000~3400m 低位草原	100	贵南、班玛、同德、玛多、海晏、共和、刚察、贵德、玛沁、湟源	小麦、青稞、油菜地方品种、白菜型油菜、冰草、垂穗披碱草、糙毛以礼草、老芒麦、大颖草、野燕麦、野亚麻
3400~3800m 高位草原	27	囊谦、称多、格尔木、玛沁	青稞、小麦、垂穗披碱草、糙毛以礼草
3800~4700m 高寒草地	25	格尔木、治多、玛多、达日、曲麻莱	梭罗草、大颖草、垂穗披碱草

2. 收集资源的县域分布

青海各农牧业生产和农作物近缘野生资源分布地区海拔差异较大,本项目收集资源的调查点从海拔最低约 1700m 的东部农业区到约 4700m 的西部可可西里高寒荒漠草地,海拔跨度达 3000m,各调查点收集的资源有鲜明的特点。东部农业区的海东、西宁、海北的门源、海南的贵德等以粮食作物和经济作物为主,而果洛、玉树、黄南、海西、海北的海晏、海南的共和等以畜牧业为主的高海拔地区则主要收集到了禾本科、莎草科牧草资源(表 7-7)。

表 7-7 青海收集资源的地区和海拔分布(658 份)

市、州	县	资源份数	海拔(m)	收集资源特点
果洛(25 份)	班玛	9	3300	以青稞、豌豆、梭罗草、鹅观草属物种为主
	达日	2	4100	
	玛多	9	3300~4600	
	玛沁	5	3100~3900	
海北(78 份)	刚察	5	3200	以青稞、油菜、冰草、糙毛以礼草、大颖草、微孔草为主,以育成品系为主
	海晏	11	3200	
	门源	45	2800	
	祁连	17	2700~3500	
海东(243 份)	互助	26	2700	以小麦、小杂粮和果蔬类为主,以地方品种为主
	化隆	41	2000~3000	
	乐都	19	1900~2500	
	民和	76	1700~2300	
	平安	24	2100~2900	
	循化	57	1800~2500	
海南(141 份)	共和	15	2500~3300	以小麦、青稞、油菜、果树及小麦族野生近缘种为主
	贵德	87	2200~3500	
	贵南	22	2900~3400	
	同德	14	2900	
	兴海	3	2800	
海西(38 份)	格尔木	30	2700~4600	以小麦族近缘野生种及沙生植物为主
	德令哈	2	2900	
	都兰	6	3000	
黄南(45 份)	尖扎	39	2000~3100	以果树、小麦和小杂粮为主
	同仁	6	2400~2700	
西宁(66 份)	大通	22	2200~2900	以小麦、小杂粮为主
	湟源	13	3000	
	湟中	31	2200~3100	
玉树(22 份)	称多	5	3700	以青稞地方品种和以礼草属物种为主
	囊谦	6	3700	
	曲麻莱	5	4100~4500	
	治多	6	4600	

本项目收集到了 300 余份禾谷类及小麦近缘种资源,约占总收集资源的 49%(表 7-4)。其中青稞(大麦)和小麦收集最多,分别达 80 份和 47 份,占总收集资源的 12%和 7%;高粱和玉米收集最少,分别为 1 份和 2 份(表 7-8)。野生种类中收集最多的是冰草、糙毛以礼草、梭罗草和垂穗披碱草,各收集了 13、11、13、14 个居群。

表 7-8　收集粮食作物资源统计表

作物类别	合计	资源份数									
		化隆	民和	互助	循化	贵德	门源	尖扎	都兰	湟中	其他
高粱	1	0	1	0	0	0	0	0	0	0	0
谷子	10	0	6	0	4	0	0	0	0	0	0
糜子	4	0	3	1	0	0	0	0	0	0	0
小麦	47	6	2	1	4	8	0	6	3	4	13
荞麦	10	0	3	0	3	0	0	1	0	3	0
青稞(大麦)	80	4	0	3	1	5	41	2	1	0	23
燕麦	16	3	0	3	1	0	0	0	0	2	7
莜麦	7	2	0	0	0	0	0	0	0	1	4
玉米	2	0	1	0	0	0	0	0	0	0	1

二、优异种质资源介绍

(一)禾谷类栽培种

收集粮食作物 187 份，分布于全省各地，其中以化隆、民和、互助、循化、贵德、门源、尖扎、都兰、湟中 9 县收集粮食作物资源最多，占到 71%，其余 10 余县的占比不足 30%。这种情况符合青海省农牧业区的划分格局，即大多数粮食作物资源是从东部农业区收集的。

1. 阿勃(春小麦)

调查编号：2012631008(图 7-21)

物种学名：*Triticum aestivum*

调查地点：青海化隆。

种质用途：食用。

主要特性：高产、抗倒伏、广适。

基本描述：芽鞘淡绿色。幼苗半匍匐，苗叶深绿色，短而宽。株高 120cm 左右。茎秆白色较粗，基部节间短而粗硬。穗下节长，较柔韧，茎叶表面有蜡质，旗叶较短，中下部叶片宽而长，与茎秆夹角小，但多批垂，叶无毛，有淡黄色斑点，尤其在肥力不足的土地上更为明显，是识别阿勃的典型性状之一。株型紧凑，田间生长整齐，穗层厚度在

图 7-21　阿勃(春小麦)

40cm 左右。穗纺锤形。顶芒。护颖白色，椭圆形，肩方斜，嘴钝，脊明显，有齿。穗长 7～9cm。小穗排列扭曲不整齐，密度 2.3～2.5。每穗有小穗 18～20 个，中部每小穗结实 2～3 粒，全穗结实 30～40 粒，多的达 80 粒。红粒，椭圆形，腹沟较浅，冠毛多，粒大小中等，千粒重 45g 左右。

该品种为弱冬性，中晚熟。根系发育好，扎根深，分布广。分裂多而分裂时间长。该品种拔节晚，较能抵抗晚霜危害，较耐春旱，但生长后期不耐低温，抗倒伏能力较强，

口较松，耐水肥。成熟期间穗黄株青，灌浆速度快，强度大，转色、亮秆、落黄正常，籽粒饱满。该品种历经数十年不倒，并已形成许多形态变化微小的地方变种，通过对不同地区收集的'阿勃'材料进行多样性的分析，显示出了较大的差异(王晓辉，2013)。'阿勃'现仍为本地的主栽品种。

2. 互助红

调查编号：2013631051（图 7-22）

物种学名：*Triticum aestivum*

调查地点：青海互助。

种质用途：食用。

主要特性：耐旱、耐寒、适应性广。

图 7-22　互助红

基本描述：芽鞘绿色。幼苗半匍匐，生长缓慢，苗叶长，绿色。株高 110～120cm，茎秆较粗。穗纺锤形，顶芒。护颖红色，椭圆形，无茸毛，厚而硬，方肩，鸟嘴形，脊明显。穗长 10cm，小穗着生稀，每穗有小穗 19.2 个，其中不孕小穗 2.6 个，穗粒数 40 粒。籽粒红色，卵圆形，饱满，腹沟浅，冠毛多。千粒重 40g 左右，半硬质。

该品种弱冬性，晚熟。根系发达，分蘖力强。抗白秆病。自育成至今 30 多年，目前仍为青海广大山旱区的主栽品种。

3. 小红麦

调查编号：2012631233 图（7-23）

物种学名：*Triticum aestivum*

调查地点：青海都兰。

种质用途：食用。

主要特性：抗旱、耐寒、优质、耐贫瘠。

基本描述：芽鞘绿色。幼苗半匍匐，叶细长，苗叶淡绿色。旱地株高 90～100cm，水地株高 120cm。叶片、叶鞘密生茸毛。穗纺锤形，长芒，芒略为弯曲，张开角度小。护颖红色，披针形，无茸毛，肩斜，嘴锐。穗长约 6cm，小穗着生密度中等，密度 2.5 左右。每穗有小穗 12～15 个，其中

图 7-23　小红麦

不实小穗 3 个，中部每小穗结实 2～3 粒，每穗 30 粒左右。籽粒红色，卵圆形，腹沟浅而窄，千粒重 34～39g。容重每千克 795g，硬质，面筋多，品质好，出粉率为 80%以上。

该品种自引进至今已有数十年的历史。春性，中早熟，分蘖力强，秆细弱，阴湿多雨易致倒伏，口紧不易落粒。产量不高但稳定，高度抗旱、耐寒，但不耐肥，易感染条锈病和腥黑穗病，抗盐碱能力弱，但抗根腐病。目前在一些偏僻的高寒山区仍有小面积栽培。

4. 循化洋麦子

调查编号：2016631240（图7-24）

物种学名：*Triticum aestivum*

调查地点：青海循化县。

种质用途：青食用、饲用。

主要特性：抗病，耐贫瘠。

基本描述：株高1.2m左右，长麦芒，芒色黑白间杂，一般亩产200kg左右，抗病但不抗倒伏。据农户反映，该品种生育期短，产量低，已在当地自留自种数十载。主要用途为在乳熟期搓揉青吃，是以前未曾收集到的一份特异资源。

图7-24　循化洋麦子

5. 肚里黄（青稞）

调查编号：2013631109（图7-25）

物种学名：*Hordeum vulgare*

调查地点：青海贵南县。

种质用途：食用、饲用。

主要特性：抗寒、广适。

基本描述：为四棱裸大麦。幼苗直立，叶色灰绿，叶耳微红色。株高75～95cm，株型较紧凑，茎秆黄色，粗细中等，蜡粉多。穗不抽出剑叶鞘，闭颖授粉，穗纺锤形，直立，长5.2cm，小穗着生密度稀疏，护颖窄，长芒有齿，外颖脉呈微红色，每穗结实32～38粒，千粒重44g，口紧不易落粒。籽粒蓝色，椭圆形，饱满度好，硬质，食味中等。春性强，早熟。穗下节短，仅18～20cm，穗不出鞘故名'肚里黄'。抗寒性好，抗逆性强，较抗倒伏，适应性广，抗散黑穗病。分蘖力强，成穗数高，群体结构好，产量高。缺点是抗旱性差，不耐瘠，秆矮，与杂草竞争能力弱，在水肥条件差的地区秆矮产草量少。种子休眠期短，易发芽，中度感染条锈病。

图7-25　肚里黄（青稞）

'肚里黄'是国家种质资源中期库在藏区青稞（裸大麦）种植区收集筛选的一个优良农家品种，其适应性广、抗逆性强、农艺性状好，作为青海省青稞育种的骨干种质材料，培育出了一大批衍生品种（系）后代，目前生产上广泛应用的'柴青1号'、部分昆仑系列和北青系列青稞主栽品种都具有'肚里黄'的血统。

6. 瓦蓝（青稞）

调查编号：2013631111（图7-26）

物种学名：*Hordeum vulgare*

图 7-26　瓦蓝(青稞)

调查地点：青海班玛县。

种质用途：食用、饲用。

主要特性：耐贫瘠、耐寒、抗旱。

基本描述：为四棱裸大麦。幼苗直立，叶绿色，叶片大小中等，叶耳红色。株高 95～105cm，株型松散，叶片与茎秆夹角大，茎秆黄色，细软易倒伏，蜡粉少。穗全抽出，穗下节细软，穗下垂，闭颖授粉，穗纺锤形，长 5cm，小穗着生密度稀疏，长芒有齿，穗、芒黄色，芒顶部及外颖脉呈紫红色，护颖窄，每穗结实 30～34 粒，千粒重 40～44g。籽粒蓝色，椭圆形，大小均匀、饱满，硬质，食味好。春性强，早熟，产量稳定。

7. 黑老鸦(青稞)

调查编号：2016631001(图 7-27)

物种学名：*Hordeum vulgare*

调查地点：青海西宁。

种质用途：食用、饲用。

主要特性：抗寒、广适、耐贫瘠。

基本描述：为四棱裸大麦，幼苗直立，叶绿色，叶片大小中等，叶耳红色。株高 110～115cm，株型松散，叶片与茎秆夹角大，茎秆黄色，细软易倒伏，蜡粉少。穗全抽出，下垂，闭颖授粉，穗纺锤形，长 6.5～7.0cm，小穗着生密度稀疏，长芒有齿，穗芒分黑、紫两色，护颖窄，每穗结实 42～48 粒，千粒重 38～42g。籽粒分紫、黑两色，椭圆形，大

图 7-27　黑老鸦(青稞)

小均匀，饱满度中等，硬质，品质上等。春性强，特早熟。分蘖力强，成穗率中等，抗寒性很强，耐土壤瘠薄。黑老鸦对温度、光照反应迟钝，抽穗后灌浆速度快，适应性很广，抗逆性强。中度感染条纹病、散黑穗病，易倒伏。

随着人们保健意识的增强和功能性食品开发的发展，紫色和深紫色(黑色)的青稞籽粒越来越受到消费者的青睐，黑色食品的消费逐渐成为一种时尚，在调查中，藏族群众也反映用黑青稞做的糌粑及酿造的青稞酒具有独特及纯正的清香。

8. 小红谷(谷子)

调查编号：2011631127(图 7-28)

物种学名：*Setaria italica*

调查地点：青海民和。

种质用途：食用、复种。

主要特性：抗旱、抗病、耐瘠。

基本描述：属于禾本科狗尾草属的一个栽培种。青海谷子栽培面积不大，资源类型不多，多分布于东部农业区的丘陵山旱地区，零星栽培，主要用于风味食品加工和宠物鸟食市场。调查收集的这份种质资源，'小红谷'分布在青海东部海拔 2200m、年降水量仅 260mm 的山旱地区，而且当地群众一般不用良田，而是用坡地、瘠薄地种植，均有较好的收获。

图 7-28　小红谷(谷子)

9. 燕麦

调查编号：2013631130（图 7-29）

物种学名：*Avena sativa*

调查地点：大通县。

种质用途：饲用。

主要特性：抗旱耐瘠、耐病。

基本描述：燕麦是禾本科燕麦属一年生草本植物，一般分皮燕麦和裸燕麦两大类。是北方地区的主要作物，在青海也有较大面积，本地种分黑燕麦、黄燕麦、白燕麦 3 种类型，裸燕麦以白色为主，主

图 7-29　燕麦

要饲用和食品加工，是农牧区冬春季牲畜补饲的良好牧草。主要性能是抗旱、耐瘠、耐存储、营养价值高，是农牧交错区栽培种植的主要牧草作物。

图 7-30　荞麦

10. 荞麦

调查编号：2012631027 图（7-30）

物种学名：*Fagopyrum esculentum*

调查地点：青海循化县。

种质用途：食用。

主要特性：抗旱耐瘠、生育期短。

基本描述：茎直立，株高 60～80cm，圆形红色；花粉红色，聚伞花序，两性花；籽粒为瘦果，

棕褐色，千粒重 25g 左右。地方种多为甜荞，主要分布在青海省东部干旱农业区，虽属

小宗作物，但从农业到畜牧业，从食品加工到功能保健食品开发，从国内市场到外贸出口等，其经济价值都很高，所以作为特用作物，在救灾填闲、发展地方特色、帮助贫困地区脱贫致富都有积极的作用。

(二)小麦野生近缘物种资源

小麦近缘植物泛指小麦族中除小麦属以外的植物。小麦族是禾本科中一个重要的族，它不仅包括小麦、大麦、黑麦和小黑麦等麦类作物，还有大量的野生种为优良牧草，所以说它是一个粮饲兼用的族。

小麦族的特点：复穗状花序，穗的侧面是带有两个颖片的密集小穗；淀粉粒为单粒，染色体较大，且为 7 的倍数。生物学机制和遗传学体系的类型丰富：包括二倍体和多倍体、一年生和多年生、自花授粉和异花授粉、无融合生殖等，小麦族常被用作植物遗传学、育种学、分类学、遗传多样性和物种形成研究的重要材料。

青藏高原小麦近缘野生物种具有外源优异基因的种质价值和高原生态价值的多重性：青藏高原小麦近缘野生物种不仅是麦类栽培作物优异基因的重要来源和潜在供体，同时也是高寒、干旱草原野生优良牧草资源和生态草种资源的潜在供体。

青海境内小麦近缘植物的种类共有 9 属、61 种、2 变种，其中以下几种为青海所特有：大颖草、青海以礼草、大河坝黑药草、无芒以礼草、毛鞘以礼草、梭罗草。

以礼草属物种为三江源区主要的生态优势物种，对高寒荒漠化地区有非常强的适应性，其居群多集中于高原湖泊边的固定和半固定移动沙丘上及湖岸坡地的石烁灰漠土上，通常与棘豆、黄芪、猪毛菜、碱蓬、藜、梭梭、马齿苋、沙棘，以及蔷薇科、菊科、莎草科、毛茛科等科属植物类型伴生，为青藏高原腹地高寒沙化地区的绝对优势种群。

近年来，有关学者对青海境内分布的鹅观草属拟冰草组(以礼草属)内的小麦近缘野生物种的研究给予了很大的关注。青藏高原汇聚了该属的大多数种类，且不同等级和演化水平的类群均集聚于此。

从物种种类及其特产种种类多而丰富的特点来看，青藏高原是小麦族野生物种的次生起源地及富集区之一，也是我国小麦近缘植物以礼草属植物的现代分布中心(蔡联炳，2001)。小麦族野生种在青海境内共分布有 9 属 63 种及变种。青海以礼草属物种为青海高寒地区主要的牧草草种和生态优势物种，对高寒荒漠化地区有极强的适应性，其居群多集中于高原湖泊边的固定和半固定移动沙丘上及湖岸坡地的石烁灰漠土上，为青藏高原腹地高寒沙化地区的绝对优势种群。

随着气候变暖和西部开发经济建设的飞速发展，也引发了严重的生态问题，青藏高原生态系统的脆弱性和不稳定性近年来明显增加。包括梭罗草在内的极有研究利用价值的以礼草属野生物种濒危状况十分严重，其中的一些珍贵物种已难觅踪迹，其生态恢复和保护利用迫在眉睫。

本项目在执行过程中，着重对青海省内广布全境的、多样性非常丰富的小麦野生近缘物种给予了较大的关注，一是由于多年来对这一学科方向考察研究经验的积累，二是该物种在科研、牧草、生态多领域的重要价值。五年来对青海省内几乎所有生态地区进行了大面积、高密度、多批次的考察收集，特别是多次深入海拔 4500m 的青藏高原腹地可可西里地区进行多居群的采集是前所未有的。

下面列举几种青海重要的小麦族物种。

1. 梭罗草

调查编号：2012631147（图 7-31）

物种学名：*Kengyilia thoroldiana*

调查地点：三江源及可可西里地区。

种质用途：饲用、生态修复、远缘种质利用。

主要特性：优质、抗旱、耐贫瘠。

基本描述：多年生。常具下伸或横走根茎。秆丛生，下部有倾斜，高 5～25cm，具 2～3 节，无毛。叶鞘无毛或疏生柔毛，长于或短于节间；叶舌

图 7-31　梭罗草

极短或几缺如；叶片扁平或内卷，长 2～8cm，宽 2～4.5mm，无毛或上、下两面密生短柔毛。穗状花序弯曲或稍直立，常密集成长圆状卵圆形，长 2～5cm；穗轴无毛或密被柔毛，节间长 1～3mm；小穗常偏于穗轴一侧，长 9～14mm，含 3～6 小花；颖长圆状披针形，具 3～5 脉，背面密生长柔毛，顶端尖至具短尖头，第一颖长 5～6.5mm，第二颖长 5～7.5mm；外稃背部密生粗长柔毛，第一外稃长 7～8mm，顶端短尖头长 1～2mm。内稃与外稃等长或稍短，顶端下凹，脊上部具长纤毛；花药长 1.5～1.9mm。花果期 7～10 月。

梭罗草主要分布在三江源区昆仑山及其支脉阿尼玛卿山、巴颜喀拉山和唐古拉山高寒区域，平均海拔 3800m 以上，年均气温 -4～-3℃，为生命物种的极端生境区。植株矮小，通常为 20cm 左右。在生长季节，特别是在当地 5～6 月夜间经常出现负温的情况下，其植株还能正常生长和发育。在极端低温达到 -48.1℃ 的黄河源区仍能安全越冬，表现了高度的耐寒性。在青海省玛多县境内的星星海湿地保护区及黄河乡沙化地区，梭罗草居群在湖岸边的固定和半固定移动沙丘上及湖岸坡地的石砾灰漠土上零星分布，是青藏高原腹地沙化地区禾本科植物的绝对优势种群。

梭罗草是青藏高原重要的生态草种，现代研究认为：梭罗草属于以礼草属短穗组中具备以礼草属性状演变的所有进化特征，是该属系统发育中最进化的类群（蔡联炳，2001），具有重要的种质资源和生态资源研究价值。

2. 扁穗冰草

调查编号：2013631075（图 7-32）

物种学名：*Agropyron cristatum*

调查地点：青海祁连。

种质用途：饲用、远缘种质利用。

主要特性：优质、抗旱。

基本描述：多年生。有时具横走或下伸根茎。秆疏丛，高 60～80cm，2～3 节，基部节稍膝曲，花序下或节下被短柔毛。叶鞘短于节间，光滑或边缘粗糙；叶舌长 0.5～1.0mm，顶端平截而具细齿；叶片长 4～13cm，宽 2～5mm，上面粗糙或密被柔毛，下面无毛。穗状

图 7-32　扁穗冰草

花序直立,扁平。常呈矩圆形,长 2～6cm,宽 8～15mm;穗轴被柔毛,节间长 0.5～1.5mm;小穗单生,整齐排列于穗轴两侧,呈篦齿状,长 6～11mm,含(3)5～7小花;颖舟形,背部密被柔毛,第一颖长 2～3.5mm,第二颖长 3～4.5mm,顶端具 2～4mm 长的短芒;外稃舟形,密被长柔毛,第一外稃长 5～6mm,顶端具长 2～3mm 的短芒;内稃与外稃近等长,顶端 2 裂,脊上疏生短纤毛;花药长约 3mm。花果期 7～9 月。

扁穗冰草为禾本科冰草属(*Agropyron*)多年生优质牧草。疏丛型,须根系密生,具沙套,入土深达 100cm。茎直立,高 60～80cm,有短地下根茎,分蘖能力强,属于典型的草原型广幅旱生植物。抗旱、抗寒能力强,干旱严重时生长停滞,但叶片仍能保持绿色,一遇雨水即可迅速恢复生长。种子在 2～3℃时就能萌发,日平均气温稳定通过 3℃时开始返青。对土壤要求不严格,能在砂性或黏重土壤上良好生长,在半沙漠地带也能正常生长,耐盐碱性强,但不耐盐渍化和沼泽化土壤。它是刈割和放牧兼用牧草,质地柔软,营养价值高,适口性好,各种家畜均喜食。旱作条件下,年干草产量为 500kg/hm²,在水肥条件较好时,产量可达 15 000kg/hm²。根系发达,为禾本科多年生牧草,具横走根状茎,茎直立粗壮,高 60～80cm,叶片质地较硬。抗逆性强,大部分地区可安全越冬;在年降水量 350mm 地区可良好生长;在中度盐渍化土壤上也可种植;侵占性强,耐践踏,可通过匍匐根茎扩展蔓延;对土壤要求不严,并且由于根群密集,还可有效改善土壤结构。叶量丰富,适口性好,消化率高,普遍表现出抗寒、抗旱、生长势强、再生性好、植株高大、茎叶繁茂等优良特性,是高寒、干旱及半干旱草原广泛适用的草种。

3. 大颖草

调查编号:2012631132(图 7-33)

物种学名: *Roegneria grandiglumis*

调查地点:青海共和。

种质用途:饲用、生态修复、外缘种质利用。

主要特性:抗旱、抗寒、优质、耐贫瘠。

基本描述:秆成疏丛,基部倾斜或膝曲,高 40～70cm,平滑无毛。叶鞘平滑无毛;叶片内卷或对折,灰绿色,长 6.5～17cm(分蘖叶长达 25cm),宽 1～4mm,先端长渐尖,上面微糙涩,下面平滑无毛。穗状花序长 7～8cm,穗轴节间无毛;小穗长 10～13mm,含 3～5 小花;颖长圆状披针形,

图 7-33　大颖草

灰绿色或带紫色,边缘质薄近于膜质,上部偏斜,无毛或上部疏生柔毛,先端长渐尖至具短尖头,通常具 3 脉,或第二颖具 4～5 脉,长 8～10mm,2 颖几等长或第一颖稍短;外稃背部上方及其两侧密生长糙毛,中央近基部处常平滑无毛,具 5 脉,第一外稃长约

9mm，先端具 1～3mm 长的小尖头；内稃稍短于外稃，先端凹陷，上部被微毛，脊的上部具短小刺毛，其余部分平滑无毛；花药黑色或暗绿色。

4. 糙毛以礼草

调查编号：2011631089（图 7-34）

物种学名：*Kengyilia hirsuta*

调查地点：青海贵德。

种质用途：饲用、外缘种质利用。

主要特性：优质、广适。

基本描述：多年生。具根头或短根茎。秆丛生，高 30～70（150）cm，具 2～3 节，节常有膝曲，紧接花序下被短柔毛。叶鞘光滑，常短于节间；叶舌

图 7-34　糙毛以礼草

长 0.4～0.8mm；顶端平截；叶片扁平或边缘内卷，长 5～13cm，宽 2～5mm，无毛或被微毛，有时边缘疏生长纤毛。穗状花序直立，紧密，长 4～6（7.5）cm；穗轴密被柔毛，节间长 2～5mm；小穗有时带紫色，长 10～15mm（芒除外），含 4～7 小花；颖卵状披针形，具 3～4 脉，光滑或主脉粗糙，顶端尖或具长约 1.2mm 的短尖头，长 3.5～6.5mm；外稃具 5 脉，背面密被长硬毛，第一外稃长 7～9mm，顶端具 1.5～6mm 长的短芒；内稃等于或稍短于外稃，顶端微凹，脊上疏生刺状纤毛；花药长 2～2.5mm。花果期 7～9 月。

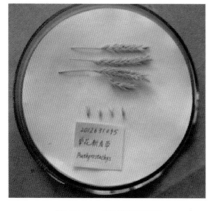

图 7-35　单花新麦草

5. 单花新麦草

调查编号：2012631095（图 7-35）

物种学名：*Psathyrostachys kronenburgii*

调查地点：青海西宁。

种质用途：饲用。

主要特性：抗旱、耐贫瘠。

基本描述：多年生。具短根茎，须根粗壮并有沙套。秆丛生，高 35～70cm，3～4 节，无毛。叶鞘光滑，秆基部叶鞘常枯碎成纤维状；叶舌膜质，长 1～2mm，顶端具齿；叶片长 2～10cm，宽 2～4mm，上、下两面无毛或粗糙。穗状花序直立，长 5～10cm，宽 6～8mm；穗轴侧棱具白色长柔毛，节间长 2～3mm；小穗排列紧密，通常 3 枚生于一节，长 6～7mm，含 1 小花和 1 棒状不孕花；颖针刺状，脉不明显，周围密被柔毛，两颖近等长，长 5～7mm；外稃披针形，长 6～7mm，具 5 脉，背部被柔毛，顶端渐尖成 1～2mm 长的短芒；内稃与外稃近等长，顶端 2 裂齿，脊上粗糙或具纤毛，脊间疏生短柔毛；花药长 3～4mm。花果期 6～8 月。

6. 赖草

调查编号：2012631160（图 7-36）

物种学名：*Leymus secalinus*

调查地点：青海格尔木。

图 7-36　赖草

种质用途：饲用、生态维护。

主要特性：优质、抗旱、耐贫瘠。

基本描述：多年生。具下伸或横走根茎。秆单生或丛生，高 25～120cm，2～4 节。叶鞘无毛，基部残留叶鞘呈纤维状；叶舌长 1～2mm，顶端平截；叶片长 5～25cm，宽 2～6mm，上、下两面无毛或均被短柔毛。穗状花序直立，密集，长 5～15cm，宽 7～14mm，常呈淡棕色；穗轴被短柔毛，节间长 3～7mm；小穗常 2～3 枚生于各节，长 9～20mm，含 4～7 小花；颖锥形，常具 1 脉，光滑或粗糙，第一颖短于第二颖，长 7～14mm；外稃披针形，被短柔毛或上部无毛，具 5 脉，第一外稃长 8～11mm，顶端渐尖或具 1～3mm 长的短芒；内稃与外稃近等长，顶端微 2 裂，脊上部具刺毛；花药长 3～4mm。花果期 7～9 月。

赖草青海境内分布广，种类多，在青海境内有 8 个种，适应性和生长势非常强，国内外许多专家学者对该属草种进行了广泛的研究，在种质鉴定及创新利用方面已取得一定的进展。

7. 布顿大麦

调查编号：2014631009（图 7-37）

物种学名：*Hordeum bogdanii*

调查地点：青海格尔木。

种质用途：饲用及遗传种质利用。

主要特性：优质、抗旱、耐贫瘠、耐盐碱。

基本描述：多年生，通常无根茎。秆丛生，高 20～40cm，4～5 节，节突起并被灰色柔毛；叶鞘光滑，基部长于节间；叶舌膜质，长约 1mm；叶片长 4～10cm，宽 3～5mm，上、下两面平滑或稍粗糙。

图 7-37　布顿大麦

穗状花序直立或略下垂，长 4～6cm，宽 5～7mm，穗轴成熟时韧性不断；小穗 3 枚连生于一节，其中间小穗发育较大，而两侧小穗发育不完全；颖为针刺形，脉不明显；外稃常密被短柔毛，内稃具 2 脊，常无毛。花药黄色，花果期 6～9 月。海西柴达木盆地居多。

图 7-38　疏花以礼草

8. 疏花以礼草

调查编号：2011631065（图 7-38）

物种学名：*Kengyilia laxiflora*

采集地点：青海玉树玛沁。

种质用途：饲用及遗传种质利用。

主要特性：优质、抗旱、耐贫瘠、耐盐碱。

基本描述：多年生。秆丛生，高 50～110cm，具 3～4 节，光滑或花序下被微毛。叶鞘，叶舌短。穗状花序疏松，稍下垂，长 6～16cm，小穗长 12～

18mm，含 6～8 枚小花；颖卵状披针形，无毛，常具 3 脉，外颖具 5 脉，背面密被绒毛，花药黄色，花果期 7～9 月。

该物种分布于海拔 2800～3000m 区域内，根据调查结果，较为稀少。

（三）油料作物

1. 祁连八宝小油菜

调查编号：2012631077（图 7-39）

物种学名：*Brassica campestris*

调查地点：青海门源县。

种质用途：油用。

主要特性：抗寒、抗风、耐涝。

基本描述：本品种为白菜型群体品种，包含有 10 多种植株类型。主要群体子叶为心脏形，幼茎绿色或紫色，幼苗半直立，基叶不发达，苔茎叶及分枝叶抱茎而生，色淡绿，叶端部有刺毛或光滑、薄被蜡粉，茎秆细软、光滑或有稀疏刺毛。

图 7-39　祁连八宝小油菜

一般株高 50～70cm，分枝性弱，在密植条件下，只有 1～2 个分枝，花较大，鲜黄色，单株结果数少，平均 24～35 个，果长 5.2～5.61cm，果宽 0.36cm。果喙长 1.64cm，每果粒数 16～20，种子扁圆球形，种皮黑褐色或红褐色。千粒重 3～3.6g，高的可达 4g。

该品种主要特性是春性很强，生育期短，出苗到成熟一般为 75～100d，即使 6 月初播种仍能成熟收获。抗逆性强，能耐低温阴湿、抗寒、抗风、耐涝、耐粗放栽培，雹后恢复生长快。可作为减灾避灾的良好作物。

2. 大黄菜籽

调查编号：2014631004（图 7-40）

物种学名：*Brassica campestris*

调查地点：青海贵德县。

种质用途：油用。

主要特性：耐盐碱、抗倒伏。

基本描述：子叶肥大，心脏形，色黄绿，幼苗直立生长，基叶为卵圆形，叶片大，

图 7-40　大黄菜籽

叶柄不明显。苔茎绿色，苔茎叶长椭圆形，叶色深绿，叶片较肥厚，中脉较宽，蜡粉多，无刺毛。主茎粗壮，直立，植株中等，群体整齐度高。株高105～135cm，分枝紧凑，分枝果序较短，单株结角100个左右。角果粗，果皮厚，籽粒节明显。每果平均14.5粒种子，种子近圆球形，种皮黄色，粒特大、千粒重5～7g。本品种春性较弱，为中晚熟品种。较耐盐碱、需水较多，抗病虫较差。抗裂果性和抗风性较强。

　　'大黄油菜'是当地群众十分喜欢种植的一种白菜型黄籽油菜，据群众介绍，这种油菜油质清香净亮，产量稳定，除作为良好的食用油外，这种油还主要用于寺院供佛油灯用。同时，该油菜种质的黄色性状已被油菜育种家所重视，用于甘蓝型油菜的粒色改良上，甘白杂交已取得一定的进展。

图 7-41　胡麻

3. 胡麻

调查编号：2011631018（图 7-41）

物种学名：*Linum usitatissimum*

调查地点：青海贵德县。

种质用途：油用、纤维、食品添加。

主要特性：抗旱、优质、耐贫瘠。

基本描述：胡麻在植物分类中属于亚麻科亚麻属，是主要以油用为主的一年生栽培草本植物。具有早熟、丰产、优质、抗枯萎病、抗倒伏、适应性广等特点。青海省胡麻资源主要分布于东部农业的山汉丘陵地区，该地同时也有野生亚麻资源的分布。20世纪栽培面积较大，由于耕地减少，产量不高，面积不断减少，大部分地区主要用于食品口味调节剂，在坡地、边角地、庭院地头等零星种植。青海省胡麻资源主要为油用型。有蛋黄色、金黄色、褐色3种类型，栽培种以褐籽品种较多。胡麻籽含油率为36%～45%，是品位较高的食用油，其中亚油酸16.7%、α-亚麻酸40%～60%，还含有人体必需的18种氨基酸、3种维生素（A、E、B_1）和8种微量元素。种子表皮含有10%果胶，茎秆纤维含量12%～30%，胡麻饼柏粗蛋白质含量23%～33.6%。目前胡麻产业开发的主导产品有：优质食用油、工业用油；亚麻胶、亚麻保健品、木酚素(用于制药)；亚麻纤维、板材、造纸等。

　　"饿不死的喇嘛，旱不死的胡麻"。胡麻是极适应于浅山旱地栽培的抗旱节水作物，是适播期较长(3月下旬至5月上旬)的作物。可抗旱避灾，具有提高水分的利用效率和抗灾减灾的能力，是经济效益高、市场开发潜力大、可增加山区群众收入的理想作物。青海省福来喜得生物科技股份有限公司立足于当地资源，近年来积极开展青海有机亚麻的产业化开发，目前拥有包括亚麻籽营养油、清脂康胶囊、亚麻籽营养粉、亚麻酸口服液等六款主打产品，产品先后获得《有机食品认证证书》《绿色食品证书》，以及国家重点新产品、青海高新技术产品等称号，成为新的产业亮点。

4. 微孔草

调查编号：2013631041（图 7-42）

物种学名：*Microula sikkimensis*

调查地点：青海门源县。

种质用途：保健、特种医用油。

主要特性：优质、高 γ-亚麻酸含量。

基本描述：为紫草科微孔草属二年生草本植物，其中 26 种为我国特有种，主要分布在青藏高原及其毗邻高寒地区。

图 7-42　微孔草

植株高 5～55cm。茎自基部起分枝，被短伏毛和开展刚毛。下部叶具长达 6cm 的柄；叶片卵形或卵状披针形，长 1.5～10cm，宽 0.8～2.8cm，先端微尖至渐尖，基部宽楔形至近心形，两面或多或少被短伏毛，并散生刚毛；中上部叶较小，线状披针形或卵状披针形，无柄。花序狭长或短而密集，腋生或顶生，常在花序下有一朵具长柄的花；苞片下部者叶状，明显，上部者不明显；花萼裂片线状披针形，长 2～3mm，果期增大，后期星状开展，外面及边缘被较密短毛和刚毛；花冠蓝色或白色，筒部长 2.5～3.5mm，檐部直径 4～11mm，附属物梯形，被毛。小坚果卵形，有小瘤状突起和短刺毛，背孔狭卵形或长圆形，长 1.5～3mm，位于背面中部之上，着生面位于腹面近中部。花果期 6～9 月。微孔草籽含油量高达 38%～45%。油中含有对人体有益的不饱和脂肪酸，其中 γ-亚麻酸(GLA)为 8.33%，α-亚麻酸(ALA)为 13.18%～13.60%，二十碳五烯酸(EPA)为 4.76%～5.50%；廿二碳六烯酸(DHA)为 1.60%～3.59%，另外含 4.94%～7.30%的十八碳四烯酸。

(四)豆类作物

1. 湟源马牙(蚕豆)

调查编号：2016631003(图 7-43)

物种学名：*Vicia faba*

调查地点：青海湟源。

种质用途：食用、饲用。

主要特性：优质、抗旱、抗病。

基本描述：幼苗直立，茎浅绿色，叶绿呈卵圆

图 7-43　湟源马牙(蚕豆)

形。株高 120～140cm，秆粗壮有弹力，株型较松散，有效分枝 3～4 个，成株时叶厚呈椭圆形，叶色浅绿。花大白色，结荚多集中在中下部，单株结荚 10～15 个，每荚 1.4～1.8 粒，高达 4 粒。荚半直立型，长 6.5～7cm，宽

1.7～2cm，单株结实 11～23 粒。种皮乳白色，有光泽，粒饱满均匀呈中厚型，籽粒似马齿。种脐黑色。百粒重 128～138g，为大粒型。属中熟品种。植株生长势强，根系发达，适应性广，具有耐寒、耐旱和耐肥等特性。粒大饱满，品质佳。

图 7-44　豌豆

2. 豌豆

调查编号：2013631001（图 7-44）

物种学名：*Pisum sativum*

调查地点：青海互助。

种质用途：食用、饲用。

主要特性：优质、抗旱、抗病。

基本描述：幼苗匍匐，紫红或淡紫红色。普通茎，近圆形，中等粗，节间长，株高 180～200cm，分枝中等或较多。复叶由 2～3 对小叶组成；小叶中等大小，绿色至深绿色，卵形至阔卵形，叶缘有锯齿。托叶较大。花中等大小，旗瓣淡紫红色，翼瓣深紫红色，龙骨瓣淡绿色。花柄上着生 1～2 朵花；第一花位于 19～23 节。去壳荚，直形，尖端钝。每株 5～8 荚，每荚 3～4 粒，双荚较多，种子光滑圆形或近圆形，种皮上带有大理石状褐色花纹或紫色斑点或大理石状花纹兼紫色斑点，子叶淡黄至橙黄色，种脐浅褐色或黑色，千粒重 180～240g。苗期生长较慢，现蕾开花后生长迅速。

该品种为晚熟品种。开花结荚以后易倒伏，苗期阶段抗旱力较强，现蕾开花以后抗旱性弱，耐瘠性较好，较抗根腐病，系青海省优良农家品种。目前在豆麦混作（主要是与青稞、黑麦混作）、粮饲兼用耕制改革方面产生了较大的效益。

3. 青海孖大豆（蚕豆）

调查编号：2013631115（图 7-45）

物种学名：*Vicia faba*

调查地点：互助县。

种质用途：食用、饲用。

主要特性：优质、抗旱、抗病。

基本性状：孖大豆是青海省山旱地区的优良农家品种，因籽粒小，群众统称为孖大豆，分白粒、紫粒两种类型。

植株较矮，株型紧凑，有效分枝 2～3 个。叶绿色，长卵圆形；花较小，白色，单株荚数 20～25 个，每荚结粒 2 粒左右，单株结实 40～45 粒，

图 7-45　青海孖大豆（蚕豆）

粒小均匀饱满，粒长 1.6cm，粒宽 1.2cm。种脐黑色，百粒重 115g。在青海一般 4 月上旬播种，8 月上中旬成熟，生育期 100～110d。

该品种为早熟品种，主要特点是适应性广，抗旱、耐寒性强；抗病虫，不倒伏，不易裂荚，一直为山旱区群众所青睐延种至今，亩产量 150～200kg。据测定：淀粉含量

47.6%，粗蛋白质 26%，粗脂肪 1.59%。

（五）薯类作物

下寨 65（马铃薯）

调查编号：2016631011（图 7-46）

物种学名：*Solanum tuberosum*

调查地点：青海互助。

种质用途：食用、饲用。

主要特性：优质、抗病。

基本描述：株高 90cm 左右。分枝 5 个以上，生长粗壮。顶小叶倒卵形，顶端尖锐，基部属中间型；侧小叶 3 对以上，排列紧密度中等，小叶叶片边缘平展，浓绿色，中等大小；复叶大，椭圆形；托叶属镰刀形。每花序 6～10 朵花，排列较紧密呈聚伞花序。花蕾有色椭圆形。萼片绿色披针形。花冠紫色中等大小，基部浅黄色。雌蕊花柱长，柱头中等三分裂。雄蕊浅黄色，中等大小，聚合成圆柱状，无花粉。薯块大，扁圆形。表皮光滑，浅黄色皮。浅黄色肉，致密度中等。芽眼浅，数目多，芽眉明显，呈弧形。脐部深度中等。

图 7-46　下寨 65（马铃薯）

该品种是互助县农科所于 1971 年通过有性杂交选育的优良品种，属晚熟丰产型品种。适应性比较广。结薯较集中，薯块较整齐。休眠期长，耐储藏。抗卷叶病，中抗晚疫病、黑胫病、环腐病，轻感花叶病。目前通过不断地脱毒复壮，该品种仍为该县及相似生态区脑山和半浅半脑地区的主栽品种之一，为马铃薯的主食化发挥了重大效益。

（六）果蔬类

本项目共收集到果类、蔬菜、油料作物等经济作物资源 265 份，其中油用类收集到白菜型油菜、芥菜型油菜、甘蓝型油菜、胡麻、微孔草等，果类收集到梨、苹果属、核桃、山杏、樱桃等，蔬菜类收集到菠菜、莴苣、刀豆、豇豆等，药用类收集到野胡萝卜、野葱、野海茄、狭叶五加、野亚麻等，纤维用类收集到白麻、罗布麻等（表 7-9）。

表 7-9　收集到的果类、蔬菜、经济作物资源

栽培种类	野生种类
1 份：沙枣、楸子、枣、荸荠、香豌豆、白菜、饭豇豆、韭菜、茼蒿、西葫芦、油麦、黑果枸杞、向日葵	1 份：茶藨子、花楸、猕猴桃、沙棘、文冠果、小果白刺、野生海棠、白麻、罗布麻、野海茄、狭叶五加
2 份：李子、桃、小苹果、樱桃、胡卢巴、苦马豆、扁豆、菜豆、赤小豆、葱、刀豆、豇豆、辣椒、香菜	2 份：山荆子、樱桃
3 份：花椒、杏、大豆、胡萝卜、萝卜	3 份：山杏、枸子
4 份：菠菜、莴苣	4 份：野芥菜、野亚麻、野胡萝卜
6 份：蚕豆、红花、大麻、微孔草、甘蓝型油菜、核桃	5 份：蔷薇
8 份：苹果属、芥菜型油菜	6 份：海棠、野葱
16 份：豌豆	7 份：白刺
19 份：胡麻	
23 份：梨	
34 份：白菜型油菜	

1. 地方果树资源状况

　　青海果树种质资源是青藏高原落叶果树带种质资源的一部分，地产果树和野生果树资源种类较为丰富，是我国果树种质资源天然的基因库。其中省内川水地区≥10℃的活动积温在 2679（乐都）～3071℃（循化），这些地区热量条件好，光照时间长，光照强度大，适宜多种温带落叶果树生长，地方果树品种栽培历史较为悠久。祁连山和青南高原山区，≥10℃的活动积温不足 1500℃，果树分布较少，但有大量的野生果树分布。果树资源调查主要从以上分布区开展。

　　依据果树资源分布进行实地调查，地产果树品种以村为单位，采用走访、询问、核查的方法开展资源调查工作。具体做法为根据历史资料和咨询相关地方部门，对有地产果树品种记载分布的乡村，采取访问和实地核查的方式开展调查工作。野生果树调查采用线路调查与典型样地调查相结合的方法，以上调查方法可保证调查数据的准确性和可靠性。调查内容包括该品种的地理位置、海拔、生长习性、形态特征等，并拍摄形态特征照片。

　　青海果树资源青海可利用的果树资源大约有 16 个属，50 多个种（表 7-10）。

表 7-10　青海果树资源普查表

序号	属名	种名	繁殖方式	分布区域
1	苹果属 Malus	苹果（绵苹果）	压条繁殖	贵德、尖扎、化隆、循化、乐都、民和等县
		山荆子	种子繁殖	
		楸子（主要有尖顶楸子和平顶楸子两种）	种子繁殖	
		花红（本种有 4 个栽培品种，即沙果、花檎、红檎、白檎）	压条繁殖	
		垂丝海棠	种子繁殖	
		花叶海棠	种子繁殖	
		三叶海棠	种子繁殖	
2	梨属 Pyrus	白梨：地方品种有冰糖梨、大黄梨、乐都香水梨、早甜果、萨拉梨、黄甜果、甜果、皮胎甜果、香果、民和热果、窝梨、金瓶、小冬果、大冬果、牛奶头 秋子梨：本系统地方品种有 7 个优良品种，即民和红霄梨、乐都红霄梨、红皮酥梅梨、黄皮酥梅梨、平顶软儿梨、蜡台软儿梨、红梨 新疆梨：地方品种有薄皮长把梨、厚皮长把梨、花皮长把梨 西洋梨：地方品种有窝窝梨、白果梨、饺团梨 木梨这类的有骚梨、酸麻梨、孟达野梨、酸梨、小黄果、麦梨、面弹子、沙圪塔、乐都红胶梨	压条繁殖	贵德、尖扎、化隆、循化、乐都、民和等县

序号	属名	种名	繁殖方式	分布区域
3	杏属 *Armeniaca*	普通杏:青海杏地方品种有胭脂杏、苦瓜杏、甜瓜杏、毛瓜杏、大接杏、单头大杏、双头大杏、荷包杏、马歪嘴、八宝杏、李子杏、库车杏、海东杏、大毛杏	压条繁殖	贵德、尖扎、化隆、循化、乐都、互助
		山杏	种子繁殖	
4	桃属 *Amygdalus*	普通桃:青海桃地方品种有六月黄、大红袍、二不楞、民和水桃、贵德肉桃、贵德水桃、绵桃、迟桃、蟠桃、乐都肉桃、乐都水桃、毛桃	压条繁殖	贵德、尖扎、化隆、循化、乐都、民和等县
		山桃	种子繁殖	
5	胡桃属 *Juglans*	胡桃:青海核桃地方品种有卡皮核桃、史纳大核桃、喇嘛核桃、大核桃、鸡蛋皮、圆鸡蛋皮、薄皮核桃、薄皮包子核桃、薄皮油核桃、包子核桃、圆包子核桃、史纳核桃、油核桃、花壳油核桃、垣坪油核桃、尖顶油核桃、长油核桃、离壳油核桃、厚皮核桃、离皮核桃、早核桃、开花树、迟核桃、麻子核桃、马牛耳、葫芦核桃、鹦哥抱蛋、千斤核桃、尕核桃、纸皮露仁、花窗核桃	压条繁殖	贵德、尖扎、化隆、循化、乐都、民和等县
6	樱桃属 *Cerasus*	毛樱桃	种子繁殖	贵德、尖扎、化隆、循化、乐都、民和等县
		微毛樱桃	种子繁殖	
		多毛樱桃	种子繁殖	
		裂叶樱桃	种子繁殖	
7	山楂属 *Crataegus*	山楂	压条繁殖	贵德、尖扎、化隆、循化、乐都、民和等县
		瓦特山楂	种子繁殖	
8	李属 *Prunus*	中国李(青海栽培的李约有4个品种)	压条繁殖	贵德、尖扎、化隆、循化、乐都、民和等县
		稠李	种子繁殖	
9	悬钩子属 *Rubus*	(青海约有11种)	扦插繁殖 种子繁殖	海东地区
10	扁核木属 *Prinsepia*	扁核木	种子繁殖	海东地区
11	榛属 *Corylus*	榛	种子繁殖	海东地区
		毛榛	种子繁殖	
		藏榛	种子繁殖	
12	桑属 *Morus*	桑	压条繁殖	海东地区
13	白刺属 *Nitraria*	白刺	种子繁殖	海西、海南地区
		唐古特白刺	种子繁殖	
		齿叶白刺	种子繁殖	
14	猕猴桃属 *Actinidia*	四萼猕猴桃	压条繁殖	互助、循化林区
		海棠猕猴桃	压条繁殖	
15	胡颓子属 *Elaeagnus*	沙枣	压条繁殖	海东地区
		牛奶子	种子繁殖	
		木半夏	种子繁殖	
16	枸杞属 *Lycium*	黑果枸杞	种子繁殖	海西柴达木盆地、海南地区
		红枝枸杞	种子繁殖	
		柱筒枸杞	种子繁殖	

(1)贵德长把梨

调查编号:2012630501(图7-47)

图 7-47　贵德长把梨

物种学名：*Pyrus sinkiangensis*

调查地点：青海贵德。

种质用途：食用。

主要特性：优质、广适。

基本描述：又名贵德甜梨，属于新疆梨种的地方品种，有健胃、化痰、止咳等功效，生长于海拔 1900～2400m 的河谷、阶地，是青海省当地重要的经济果木。落叶乔木，高 6～10m。树冠宽广，幼枝无毛，二年生枝黄灰至紫褐色，具稀疏皮孔。叶片卵形至宽卵形；伞形总状花序密集，具 5～7 花；花梗长 2～5cm，近无毛；花直径 2.5～3.5cm；萼筒外面无毛或微被绒毛；萼片 5，三角状披针形，边缘有腺齿，背面无毛，腹面密被绒毛；花瓣 5，白色，倒卵形，先端钝圆，基部具短爪；雄蕊 20，短于花瓣，花药紫色；花柱 5(4)，离生，长于雄蕊，近基部有稀疏柔毛。梨果倒卵形，果径 4～6cm，黄色或绿黄色，有褐色斑点，果肉含多数石细胞；果梗粗短，长 1～2.5cm，萼片宿存。花期 4～5 月，果期 9 月。

(2) 同仁黄果梨

调查编号：2016631013

物种学名：*Pyrus bretschneideri*

调查地点：青海省同仁县年都乎乡。

种质用途：食用。

主要特性：抗逆性强，适口性好，优良砧木。

基本描述：又名酸梨，大黄果(图 7-48)，属白梨类的地方品种，集中分布区主要在海拔 2600m 以下的隆务河谷地区，为当地特有的一个果树品种。果肉酸甜，含有 17 种氨基酸及微量元素，具

图 7-48　同仁黄果梨

有清凉、解毒、降压、镇咳、利肺等功效，在同仁县有悠久的种植历史，近年来，开展了黄果种植管理及系列产品的产业化开发，已成为当地重要的经济果木。

2. 地方蔬菜品种资源状况

本地蔬菜生产中的绝大多数品种逐步被引进的外来品种所取代。在发展过程中，原有的品种资源没有受到应有的重视，特别是在土地资源越来越有限、耕地面积越来越少的情况下，人们只单纯地关注了蔬菜的单位面积产量、品质，而忽略了地方品种的特异性，从而导致许多本地地方品种被逐步淘汰，甚至濒临灭绝。

项目组经过 2 年时间的调查、调研，初步明确了当前地方品种资源的现状。经过调查征集，收集到地方蔬菜品种资源 45 个品种。按照农业生物学分类，可分为七大类，即根菜类、白菜类、叶菜类、甘蓝类、豆类、茄果类和葱韭类，其中有些品种，目前仍是本地区菜田的主栽品种，有的已逐步被淘汰，退出蔬菜种子市场。而许多 20 世纪七八十年代有记录的老品种已难寻踪迹。

1）地方品种资源的收集、分布

2011～2013 年，项目组先后考察了西宁市郊、湟中、湟源、大通县三县的 18 个镇、36 个村，16 个蔬菜种子销售部，收集到各类蔬菜种质资源共计 45 个品种、119 份。按照蔬菜农业生物学类型划分为七大类，根菜类收集得到的资源最多，计 10 个品种、39 份，其次是叶菜类 9 个品种、34 份，白菜类 6 个品种、12 份，甘蓝类 5 个品种、12 份，豆类 5 个品种、12 份，葱韭类 6 个品种、6 份，茄果类 4 个品种、4 份。经鉴定，提供 45 份具有特殊使用价值的资源入库，见表 7-11。

表 7-11　西宁蔬菜种子销售部种质资源调查表

类别	品种	属	收集地点	海拔/m
根菜类	花缨萝卜	十字花科萝卜属	西宁	2290
	洋红萝卜	十字花科萝卜属	西宁	2290
	红旦旦	十字花科萝卜属	西宁	2290
	红头冬萝卜	十字花科萝卜属	西宁	2290
	乐都绿萝卜	十字花科萝卜属	乐都	1900
	青萝卜	十字花科萝卜属	民和	1860
	心里美	十字花科萝卜属	民和	1860
	紫红胡萝卜	伞形科胡萝卜属	民和	1860
	三红胡萝卜	伞形科胡萝卜属	民和	1860
	一品腊胡萝卜	伞形科胡萝卜属	民和	1860
白菜类	油白菜	十字花科芸薹属	西宁	2290
	黄芽白菜	十字花科芸薹属	民和	1860
	青麻叶	十字花科芸薹属	民和	1860
	牛腿棒	十字花科芸薹属	民和	1860
	太原 1 号	十字花科芸薹属	民和	1860
	翻心黄	十字花科芸薹属	民和	1860
叶菜类	春秋大圆叶	藜科菠菜属	民和	1860
	西宁 2 号菠菜	藜科菠菜属	民和	1860
	小叶茼蒿	菊科茼蒿属	西宁	2290
	花叶雪里蕻	十字花科芥菜属	西宁	2290
	香菜	伞形科芫荽属	西宁	2290
	散叶生菜	菊科莴苣属	西宁	2290
	油麦	菊科莴苣属	民和	2290
	西宁莴笋	菊科莴苣属	民和	1860
	实秆芹	伞形科芹属	西宁	2290
甘蓝类	北早甘蓝	十字花科芸薹属	西宁	2290
	六月黄	十字花科芸薹属	西宁	2290
	四片瓦	十字花科芸薹属	西宁	2290
	荷兰 48	十字花科芸薹属	西宁	2290
	切莲	十字花科芸薹属	西宁	1860

续表

类别	品种	属	收集地点	海拔/m
豆类	西宁菜豆	豆科菜豆属	西宁	2290
	刀豆	豆科刀豆属	西宁	2290
	花刀豆	豆科刀豆属	西宁	2290
	刀豆王	豆科刀豆属	西宁	2290
	香豆	豆科胡卢巴属	西宁	2290
茄果类	费洛雷特	茄科茄属	西宁	2290
	乐都长椒	茄科辣椒属	乐都	1900
	西宁 2 号辣椒	茄科辣椒属	乐都	1900
	循化线椒	茄科辣椒属	循化	1880
葱韭类	西宁韭菜	百合科葱属	西宁	2290
	小葱	百合科葱属	西宁	2290
	鸡腿红葱	百合科葱属	大通湟源	2380
	白皮大蒜	百合科葱属	乐都	1900
	红皮大蒜	百合科葱属	乐都	1900
	红皮洋葱	百合科葱属	都兰	2670

表 7-12 青海的野生蔬菜资源普查表

序号	科	种名	繁殖方式	使用方法
1	念珠藻科 Nostocaceae	地皮菜、发菜	藻丝繁殖	藻体食用
2	黑伞科 Agaricaceae	蘑菇	菌丝体	子实体食用
3	蕨科 Pteridiaceae	蕨	根茎繁殖	叶片食用
4	荨麻科 Urticaceae	狭叶荨麻、宽叶荨麻	种子繁殖	叶片食用
5	蓼科 Polygonaceae	肾叶山蓼、两栖蓼、扁蓄、珠芽蓼、酸模、邹叶酸模	种子繁殖	叶片食用
6	藜科 Chenopodiaceae	藜、地肤、盐地碱蓬、猪毛菜	种子繁殖	叶片食用
7	苋科 Amaranthaceae	苋、反枝苋	种子繁殖	叶片食用
8	石竹科 Caryophyllaceae	无心菜、娘娘菜、鹅肠菜、女娄菜、麦瓶草、繁缕、麦蓝菜	种子繁殖	叶片、茎秆
9	十字花科 Cruciferae	芥芥、紫花碎米荠、播娘蒿葶苈、独行菜、离蕊芥、风花菜、菥蓂	种子繁殖	叶片、茎秆
10	蔷薇科 Rosaceae	龙芽草、兰布政、鹅绒委陵菜、委陵菜、毛缨桃、地榆	根茎繁殖	块根
11	豆科 Leguminosae	紫苜蓿、山野豌豆、救荒野豌豆、歪头菜	种子繁殖	嫩叶
12	锦葵科 Malvaceae	冬葵	种子繁殖	叶片、茎秆
13	堇菜科 Violaceae	紫花地丁	种子繁殖	叶片、茎秆
14	伞形科 Umbelliferae	田页蒿、页蒿、野胡萝卜	种子繁殖	块根
15	萝摩科 Asclepiadaceae	地梢瓜、鹅绒藤	种子繁殖	菁葖果

续表

序号	科	种名	繁殖方式	使用方法
16	唇形科 Labiatae	薄荷、裂叶荆芥、甘露子、宝盖菜	种子繁殖	叶片、茎秆
17	茄科 Solanaceae	宁夏枸杞、北方枸杞、龙葵	种子繁殖	浆果
18	玄参科 Scrophulariaceae	婆婆纳、北水苦荬	种子繁殖	叶片、茎秆
19	车前科 Plantaginaceae	平车前、车前	种子繁殖	叶片、茎秆
20	茜草科 Rubiaceae	猪殃殃、蓬子菜	种子繁殖	叶片、茎秆
21	桔梗科 Campanulaceae	泡沙参	种子繁殖	叶片、茎秆
22	菊科 Compositae	牛蒡、艾蒿、飞廉、刺儿菜、苦菜、苣荬菜、苦荬菜、蒲公英	种子繁殖	叶片、茎秆
23	百合科 Liliaceae	镰叶韭、折被韭、天蓝韭、杯花韭、金头韭、碱韭、青甘韭、唐古韭、韭、山丹、玉竹、卷叶黄精、黄精	鳞茎繁殖	鳞茎
24	马齿苋科 Portulacaceae	马齿苋	种子繁殖	嫩叶嫩茎食用
25	五加科 Araliaceae	楤木	种子繁殖	嫩芽嫩茎食用
26	木贼科 Equisetaceae	问荆	种子繁殖	叶片、茎秆
27	紫草科 Boraginaceae	微孔草	种子、块根	块根
28	旋花科 Convolvulaceae	打碗花	种子	叶片、茎秆

2)野生蔬菜资源普查

青海省野菜资源丰富，根据普查结果，当地地产野生蔬菜共计 28 个科(表 7-12)，包括藻类 2 种、蕨类 1 种、黑伞科 1 种和种子植物 87 种，共计 91 种(因为野生蔬菜种子非常难以采集，或采集量很少，故未予编号)。

3)地方蔬菜品种资源的特点

地方品种对本地区冷凉的气候条件有较强的适应性，优良的地方品种在生产上表现为产量高、稳定，对早春寒冷气候适应力强。

地方品种拥有稳定的群众基础。在消费方面，市民对地方品种有一定的爱好，形成了饮食习惯(如牛腿棒、青麻叶、红旦旦、花樱萝卜等)，这是发展地方品种的群众基础。一些地方品种是一个多类型的混合群体，在这个群体中，随着个体的变异、分离和进化，包含了多种多样的个体类型。

4)青海重要的地方蔬菜品种

(1)红头冬萝卜

调查编号：2013630504(图 7-49)

物种学名：*Raphanus sativus* var. *longipinnatus*

调查地点：青海同德县。

种质用途：食用。

图 7-49　红头冬萝卜

主要特性：耐寒、优质。

基本描述：叶簇较直立，株高43cm，开展度38cm，叶12片左右；叶片花叶型，长倒卵圆形，绿色，叶长45cm，叶宽13cm；羽状深裂，叶面着生少量绒毛；叶柄紫红色、叶柄长3.5cm，宽2.1cm、叶柄紫红色。肉质根长圆柱，根长21.8cm，横径6.6cm，根肩淡紫红色，皮上半部呈紫红色，下半部白色。皮光滑，肉白色，平均单根重400g左右，种子千粒重9.4g。播种至收获70d左右，耐寒，肉质细腻、口感松脆，水分多，纤维少，产品品质好；采收过迟，易糠心，生食、熟食均适宜。

图7-50　乐都绿萝卜

（2）乐都绿萝卜

调查编号：2013630505（图7-50）

物种学名：*Raphanus sativus* var. *longipinnatus*

调查地点：青海乐都县。

种质用途：食用。

主要特性：耐储藏。

基本描述：植株半直立、植株高36cm，开展度36cm。花叶型，叶长倒卵型，叶正面绿色，背面浅绿色，叶片数13，叶片深裂，有小叶7～8对，叶面刺毛和茸毛密而短，较硬，叶脉浅绿色。肉质根长圆柱形，长20.2cm，粗8.1cm，约2/3露出地面，外皮绿色，入土部分外皮白色，肉色浅绿。肉质根单株净重400g左右，根肉松脆，不易糠心，种子千粒重9.3g。播种至收获70d左右。耐热性中等，耐裂根、耐储藏。

（3）一品腊胡萝卜

调查编号：2013630510（图7-51）

物种学名：*Daucus carota* var. *sativa*

调查地点：青海西宁市。

种质用途：食用。

主要特性：耐寒、耐旱、优质。

基本描述：叶簇半直立，株高38cm，株幅24cm，三回羽状复叶，叶绿色，叶片数15，叶柄长23cm，叶柄宽1.3cm，其上着生较密的白色绒毛。肉质根长圆柱形，尾部钝圆，纵径21cm，横径5.8cm，髓部直径1.6cm，皮肉部橘黄色，髓部黄色，表皮光滑，肉质根平均净重310g，千粒重2.0g。播种至收获120d左右。有较强的耐寒性和耐旱性，播种过早易抽薹。

图7-51　一品腊胡萝卜

（4）西宁莴苣（莴笋）

调查编号：2013630524（图7-52）

物种学名：*Lactuca sativa* var. *angustana*

调查地点：青海西宁。

种质用途：食用。

主要特性：抗寒、优质。

基本描述：株高46.8cm，开展度47.5cm。单株叶片数47片，叶披针形，浅绿色，叶长35.0cm，叶宽11.4cm、叶先端尖，叶面微皱，中肋白绿色，叶缘全缘。肉质茎长棍棒形，长42cm，横径最宽处5.6cm，节间长3.38cm。茎外皮绿白色，肉色浅绿。单株重1.23kg。早熟、生长期110d，喜冷凉、抗寒。肉质清香脆嫩，品质好，生熟均可食用。

图7-52 西宁莴苣（莴笋）

图7-53 西宁菜豆

（5）西宁菜豆

调查编号：2013630532（图7-53）

物种学名：*Phaseolus vulgaris*

调查地点：青海西宁市。

种质用途：食用。

主要特性：优质、抗病。

基本描述：植株蔓生，搭架栽培。株高300cm，开展度35cm。子叶肥大，基生叶为对生单叶，其余真叶由3片组成复叶，叶片绿色，心脏形。茎绿色，茎节数50～60节，节间长25cm，茎粗0.59cm。总状花序，花白色，蝶形花，花冠较小，果荚长条形，微弯，淡绿，荚长20cm，横径1.4cm，厚1.1cm，单株果荚数57个，单荚重16g。老熟后果荚呈棕黄色，种子白色，千粒重367g。适宜于春季播种，生长期100～130d。较耐炭疽病、锈病，不耐低温。

（6）乐都长辣椒

调查编号：2013630539（图7-54）

物种学名：*Capsicum annum* var. *longum*

调查地点：青海乐都县。

种质用途：食用。

主要特性：优质。

基本描述：俗名乐都猪大肠，中晚熟品种。株高63cm，开展度45cm，侧枝生长强，较开张。主茎茎粗0.93cm，绿色。叶片披针形，叶长7.4cm，宽2.8cm，叶柄长3.3cm，叶绿色，叶背面有稀疏绒毛。第10节着生第一朵花，花白色，果形长锥形，扭曲，果顶向下，果实下垂，果实纵径

图7-54 乐都长辣椒

23.5cm，横径 2.7cm，果肉厚 0.27cm，顶部渐尖，果实表面皱缩，有棱沟，果柄长 4.6cm，弯曲。单果重 46g，单株结果数 38 个。果皮软，风味香辣。千粒重 5.3g。播种育苗至青熟果采收期 160d，全生育期 250d，果实香辣适中，耐热耐寒性中等。

图 7-55　西宁韭菜

(7)西宁韭菜

调查编号：2013630541（图 7-55）

物种学名：*Allium tuberosum*

调查地点：青海西宁市。

种质用途：食用。

主要特性：优质。

基本描述：植株直立，株高 26cm，开展度 14cm；单株叶片数 5 片，叶窄而细长，深绿色，具蜡粉，叶长 23cm，宽 0.3cm，厚 0.1cm；叶面平滑，有少量蜡粉，叶鞘基部呈淡紫红色，分蘖力较弱，每株有分蘖 2～3 个。食之，辛香味浓。种子千粒重 4.3g。

(8)鸡腿红葱

调查编号：2013630543（图 7-56）

物种学名：*Allium fistulosum* var. *giganteum*

调查地点：青海大通县。

种质用途：食用。

主要特性：抗旱、耐寒、优质。

基本描述：植株直立，株高 51cm，开展度 25cm；单株叶片数 7 片，叶粗管状，绿色，具蜡粉，叶长 45cm，宽 1.5cm；葱白长 23cm，粗 1.5cm，基部膨大，其上渐细，呈鸡腿状，收获时外皮呈棕红色。伞状花序，花瓣白色，雄蕊 6 枚。种子盾形，内侧有棱，种皮黑色。单株重 128g。葱叶较直立，互生，生长期通常保持绿叶 4 片，清香辛辣味浓。种子千粒重 4.6g。播种至收获 150d。耐寒性强，较抗旱，耐储藏。较抗病，根蛆危害较轻。

图 7-56　鸡腿红葱

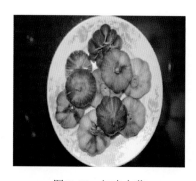

图 7-57　红皮大蒜

(9)红皮大蒜

调查编号：2013630544（图 7-57）

物种学名：*Allium sativum*

调查地点：青海乐都县。

种质用途：食用。

主要特性：优质。

基本描述：植株长势强，株高 56cm，开展度 31cm；单株叶片数 6 片，叶半直立，叶片狭长，叶面光滑，绿色，具蜡粉，叶长 32cm，宽 2.1cm；假茎紫红带绿色，蒜头高圆形，纵径 4.6cm，横径 5.4cm，外皮紫红色；内部蒜瓣 8 片左右，浅红白色，单个蒜头重 69g，辛辣味浓。播种至收获 130d 左右，蒜瓣大，辛辣味浓，耐储存，品质优。

（10）循化线椒

调查编号：2013630540（图 7-58，图 7-59）

物种学名：*Capsicum annuum* var. *longum*

调查地点：青海循化县。

种质用途：食用、加工。

主要特性：优质。

基本描述：是青海黄河谷地撒拉族人民在长期生产实践中，逐步培育筛选出的一个优良特色作物品种。其种质特征明显：浆果细长，三弯一勾，匀称得体，具有色红、肉厚、味香、耐储存、清香味醇、可口不辣和较好的观感性等特点，深得食用者喜爱，驰名省内外。种植历史悠久，区域在黄河沿岸一带，正常年景全县可产鲜辣椒 50 余万千克，一般亩产鲜辣椒在 1000kg 以上，是当地的一个极具产业开发前景的特异资源。目前已逐步实现了规模化系列产品的产业开发，成为当地社会经济发展和农民增收的一大支柱产业。

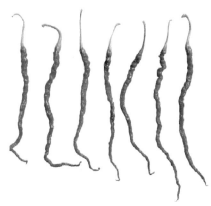

图 7-58　循化线椒

图 7-59　循化线椒的晾晒与食品制作

图 7-60　芜菁甘蓝

（11）芜菁甘蓝

调查编号：2012631246（图 7-60）

物种学名：*Brassica napus* var. *napobrassica*

调查地点：果洛州马珂河林区。

种质用途：菜用、饲用。

主要特性：抗寒耐旱、耐贫瘠。

基本描述：芜菁甘蓝俗称蔓菁，植株生长势旺，地下部分有大形肉质圆锥形或长形块根，块根肉为黄色；花黄色或淡黄色，角果喙短。青海本地品种有白蔓菁和黄蔓菁两个品种，目前主要以黄蔓菁栽培为主。蔓菁适应性强，抗寒耐旱、耐瘠薄，在农业区都有栽培，且种植历史悠久，分布区广泛，特别适合在高寒冷凉地区生长，4 月上旬至 5 月上旬种植，9 月中下旬收获，生长期 180～200d，亩产量 5000kg 左右；不易抽薹，耐储藏，可腌渍食用，也可作家畜饲料，是青海省青南高寒地区藏族群众的主要菜用作物。

（12）蕨麻（鹅绒委陵菜）

调查编号：2016631008（图 7-61）

物种学名：*Potentilla anserine*

调查地点：青海西宁市。

种质用途：食用、饲用。

主要特性：优质。

基本描述：委陵菜属，多年生匍匐草本。根延长，在中部或末端膨大呈纺锤形或椭圆形的块根，根皮棕褐色，里面粉白色。茎匍匐，紫红色，节上生根，并形成新植株。基生叶为间断的或不间断的奇数羽状复叶，具小叶 13～19，连叶柄长 5～30cm；小叶无柄，长椭圆形、倒卵状椭圆形，长 1～3cm，边缘具缺刻状锐齿，腹面绿色，疏被柔毛，背面密被紧贴银白色绢毛；茎生叶与基生叶相似，仅小叶对数少。花单生叶腋，直径 1.5～2cm；花梗长 1.5～5cm，疏被柔毛；萼片三角状卵形，先端尖，副萼片椭圆形或椭圆状披针形，常 2～3 裂或全缘，较萼片短小，与萼片背面一样，均被柔毛或近无毛；花瓣黄色，倒卵形，长为萼片的 1.5 倍；花柱侧生，柱头稍扩大，子房密被长柔毛。花果期 5～9 月。

图 7-61　蕨麻（鹅绒委陵菜）

蕨麻是青藏高原特有的野生经济植物，属蔷薇科委陵菜属，是鹅绒委陵菜的变种，多年生草本，块根膨大可食用，称为"蕨麻"。鹅绒委陵菜分布广泛，但只在青藏高原等高寒地区，块根才膨大发育，是我国医典中记载的药食同源的保健品。青海蕨麻分布最广，产量最高，品质最好。

蕨麻一直处于野生状态，长期无序采挖造成了蕨麻生长地区生态环境的严重破坏，品质良莠不齐，储量迅速减少。青海蕨麻资源是高原地区特有的财富，随着旅游产业的发展为广大国内外游客所接受和青睐。近年来青海民族大学李军乔教授课题组开展了"青藏高原蕨麻遗传多样性及系统亲缘关系研究"，对蕨麻的自然分布、种质资源、生物学特性、人工驯化、品种选育、标准制定等方面进行了系统的探索。首次从分子(基因)水平上对蕨麻进行了遗传多样性基础研究，并驯化培育出了蕨麻新品种'青海蕨麻1号'。该项目已通过成果评价。目前，蕨麻已实现人工种植。项目组采集了223份野生蕨麻样品，建立了128份蕨麻种质资源圃。

(七)牧草资源

牧草种类最多的禾本科有204种，有饲用价值的占99.5%，而且具有栽培价值的种类有数十种(表7-13)。其次为菊科、豆科、莎草科、蔷薇科、藜科等，有饲用价值的几乎均在65%以上。其中莎草科54个种，群体大分布广，是青海高寒地区草甸草场的优势植物，而且营养丰富，适口性好，在饲用牧草中占有重要地位。

表7-13　收集到的禾谷类栽培及野生牧草物种

栽培种类 202 份	野生种类 113 份
1 份：冷地早熟禾、毛稃羊茅、早熟禾、高粱	1 份：无芒稗、西北羊茅、虎尾草、假苇拂子茅、西伯利亚冰草、扁茎早熟禾、小株鹅观草、新麦草、藏异燕麦、布顿大麦、扭轴鹅观草、贫花鹅观草、青海固沙草、青海以礼草、羊草、羊茅、异针茅、单花新麦草、雀麦、短芒大麦草、疏花以礼草、紊羊茅、紫野麦草、针茅、中华鹅观草、黑麦、胎生早熟禾
2 份：披碱草、玉米	
4 份：糜子、圆柱披碱草	
7 份：老芒麦、芒颖大麦草、莜麦	
9 份：大颖草	2 份：白草、长芒草、臭草、芦苇、光穗鹅观草
10 份：谷子	3 份：星星草、柴达木赖草、旱雀麦
47 份：小麦	4 份：赖草、窄颖以礼草
19 份：垂穗披碱草	5 份：短柄草
80 份：青稞(大麦)	6 份：野燕麦、狗尾草
	14 份：冰草、糙毛以礼草、梭罗草

(八)其他物种

1. 藏药物种的调查收集

对藏药资源进行了考察和部分资源的收集，藏药材是青藏高原地区的优势生物资源，具代表性的野生物种有冬虫夏草(虫菌共生体)、秦艽、羌活、贝母、大黄、茵陈、雪莲、红景天等。藏医学是祖国医药学宝库的重要组成部分之一，对青藏高原地区藏民族宗教、文化、社会经济发展等都有着深远的影响。青海是藏药的主产区之一，青海藏药约一半为常用藏药，其中与中药交叉使用的有121种。由于青海山脉绵绵，地势高耸，高低悬殊，生态因子存在强烈区域异质性，药用植物在种类和分布上生态适应性变异明显，随海拔、纬度、坡向和温湿状况不同而形成不同优势种群及其区系分布特征。青海共有药用植物 1461 种，其中真菌植物门 6 科 10 属 15 种；地衣植物门 2 科 2 属 2 种；苔藓植物门 4 科 4 属 4 种；蕨类植物门 7 科 11 属 18 种；裸子植物门 5 科 6 属 26 种；被子植物门 90 科 424 属 1396 种。被子植物门中，双子叶植物纲 75 科 368 属 1258 种；单子叶植物纲 15 科 56 属 138 种。

2. 主要药用资源普查

主要药用资源普查名录见表 7-14。

表 7-14 主要药用资源普查名录

药名	生物学描述	分布地区
冬虫夏草	来源于真菌麦角菌科冬虫夏草菌的子座，寄生在蝙蝠蛾科昆虫幼虫的头部，单生、细长状	普遍分布在海拔 3000～4200m 的山地阳坡、半阴半阳灌丛和草甸之中，主产玉树、果洛两州
大黄	来源于蓼科大黄属的掌叶大黄(Rheum palmatum)和唐古特大黄(Rheum tanguticum)，市场上俗称"西宁大黄"，久负盛名，为多年生草本植物	掌叶大黄多为人工栽培，集中分布于东部农业区；唐古特大黄主要分布在果洛、玉树、海南、黄南等地
秦艽	源于龙胆科植物麻花艽、小秦艽、管花秦艽，以根入药。为多年生草本植物，以量大质优而闻名全国	青海省皆有分布。黄南、果洛、海北州草甸草原和山地草甸居多
甘松	败酱科甘松属的甘松，为多年生草本植物	分布于省内海拔 3200～5000m 的灌丛、山坡、高山草甸等潮湿处，尤其河南、泽库、久治、班玛等高寒牧区
羌活	源于伞形科植物羌活和宽叶羌活。为多年生草本植物	多生长于海拔 2600～4000m 的林缘、林下、高灌丛或潮湿的高山草甸。青海省皆有分布，以海南州为主产区，占总蕴藏量的 70%
甘草	源于豆科植物甘草，为多年生草本。多生长于土层深厚、干旱少雨的地区，抗寒抗旱力极强	主要分布于东部黄土高原地区，省内以共和、贵南两县及格尔木较集中
贝母	源于百合科植物甘肃贝母、梭砂贝母、康定贝母(又称川贝)、暗紫贝母，以鳞茎入药	康定贝母分布于玉树海拔 4400m 的山地阳坡和湿润草地。梭砂贝母分布于青海治多、称多、杂多、玉树、囊谦等县海拔 4400～4700m 的山坡顶部砾石处。甘肃贝母主产于东部农业区及黄南、海北、玉树、果洛等地海拔 2700～4000m 的山坡草丛或灌木丛中。暗紫贝母产于兴海、河南、玛沁、班玛、久治等县海拔 3200～4500m 的高山草甸和灌丛中
枸杞	源于茄科植物宁夏枸杞和北方枸杞，为多年生落叶灌木，以果入药	生长于海东、海西、海南等地，海拔 1890～3200m 的河岸、灌农区丛、山坡、荒地
红景天	源于景天科，包括唐古特红景天、大花红景天、小丛红景天、园丛红景天和狭叶红景天，为多年生草本	唐古特红景天主产于黄南、海南、海北、玉树、果洛及东部脑山地区；大花红景天产于囊谦、玉树等县；小丛红景天主产互助、乐都等地；园丛红景天主产门源、祁连、玉树、称多等县；狭叶红景天主产海北、黄南、海东、果洛、玉树等地。红景天普遍喜生于高海拔的高山砾石、岩屑、石缝等地带
唐古特莨菪	来自茄科植物山莨菪，以根入药，为多年生宿根草本	海拔 2300～4300m 地区皆有生长。以果洛州储量最丰，约为全省资源总量的 80%
唐古特瑞香	源于瑞香科植物唐古特瑞香、黄瑞香，分别为常绿灌木和落叶灌木，以果、皮、叶、根、花入药	黄瑞香主要分布在东部各县脑山地区；唐古特瑞香产于海东各县、黄南州的河南、同仁、尖扎，海北州的门源、祁连，玉树州的囊谦，果洛州的久治、玛沁，海南的兴海、贵德

续表

药名	生物学描述	分布地区
麻黄	源于麻黄科植物草麻黄、中麻黄、木贼麻黄，以茎入药，为直立小灌木	草麻黄主产于民和、贵南、海晏、久治及黄南州海拔 1700～3900m 的阴坡、干河滩；中麻黄产于民和、循化、同仁、尖扎、贵南、兴海、格尔木等地海拔 1800～3500m 的干旱荒漠或田边，其中以共和产量最大，占全省总储量的 72%。木贼麻黄主产于乐都、互助、共和、德令哈等地海拔 2100～3900m 的干旱山坡或石缝中
湿生扁蕾	源于龙胆科植物湿生扁蕾，为一年生草本，以全草入药，青海特产藏药	生长于青东、黄南、海北、海西、玉树、果洛等海拔 2500～4500m 的林下、河滩、半阴半阳坡草丛等潮湿处
沙棘	源于胡颓子科植物肋果沙棘、中国沙棘、藏沙棘	青海省各地
花锚	源于龙胆科植物椭叶花锚，为一年生草本，以全草入药	海拔 2600～4200m 的林下、林缘、高山草甸、河滩等潮湿地皆有分布，主产于黄南州，其次是海南州和海东地区
藏茵陈	源于龙胆科植物川西獐牙菜和抱茎獐牙菜，为一年生草本，以全草入药	抱茎獐牙菜生于海拔 2200～3600m 的林缘、河滩、山坡及灌丛，主产于海北、海南、黄南及东部农业区。川西獐牙菜生于海拔 3600～3800m 的山坡、灌丛、林缘及河滩地
雪莲	源于菊科植物雪莲，又名水母雪莲。多年生草本，以全草入药，具祛风湿、强筋骨、通经活血、促进子宫收缩之功效，为青海特产藏药	生长于祁连山，向南依次经西倾山、昆仑山、巴颜喀拉山、积石山到唐古拉山各大山系，海拔 3800～5000m 的高上山顶部流沙或砾石处
牛尾蒿	源于菊科植物牛尾蒿，为多年生草本，以全草入药，是青海重要植物药材之一	遍布青海省海拔 1800～2700m 的河谷坡地、田边、河岸、河滩地区，以海东、海南最为集中
杜鹃	源于杜鹃科植物，包括烈香杜鹃(黄花杜鹃)、头花杜鹃(黑香杜鹃)、黑鳞杜鹃、青海杜鹃(枇杷杜鹃)、百里香杜鹃、长管杜鹃、花蕊杜鹃，多属原生植物类型。为常绿灌木，以嫩枝入药。具清热解毒、止咳平喘、健胃消肿、强身抗老等功能	主要分布在祁连山东段的祁连、门源、海东、黄南和玉树等地海拔 2900～4700m 的山地阴坡，百里香和头花杜鹃主要分布在祁连山东段的祁连、门源、互助，西倾山东段的尖扎、同仁、河南，积石山地区的玛沁、久治，唐古拉山东段的玉树囊谦等地
黄芪	属豆科植物，多年生草本，以根入药，为最常用中药之一。有补气、固表、降血压、利尿退肿及生肌托毒等功效。以膜荚黄芪和内蒙古黄芪为正品。青海黄芪多为野生，包括多花黄芪和塘谷耳黄芪两种	主要分布在民和、互助、黄南、门源等地区
党参	属桔梗科，为多年生缠绕植物，以根入药，具补中益气、健脾止泄功效。适于人工栽培，技术较成熟	主产于民和、乐都、互助、循化、门源、同仁、尖扎、泽库等地
当归	原植物为伞形科植物当归，多年生草本，以根入药	海拔 1900～3000m 气候寒冷、阴湿，海拔较高、云雾较多、空气湿度较大的地区
百合	源于百合科细叶百合，为多年生草本，以肉质鳞叶入药，具润肺止咳、清心安神功效	东部农业区、门源、同仁、尖扎皆有生长。农业区有零星栽培
柴胡	为伞形科植物，多年生草本，以根入药	主产于大通、门源、祁连等地，喜生湿润之地
西红花	原植物为鸢尾科植物番红花，以柱头及花柱上部入药。西红花原产地在地中海沿岸，由于最初是从印度经西藏进口而来，故名"藏红花"。西红花喜生于温暖、凉爽、日照长、阳光充足、肥沃疏松的砂壤土环境中，怕炎热、较耐寒，忌阴湿	适于青海东部地区栽培

续表

药名	生物学描述	分布地区
红花	又名草红花。属菊科植物,一年生草本,以干燥花冠入药,具活血通经、去瘀止痛的功效。红花对环境条件适应性极强,抗旱、耐寒、耐盐碱、耐瘠薄,以沙壤微碱性土壤为最佳	青海农区广泛种植
雪灵芝	属石竹科植物,包括狐茅状雪灵芝、青藏雪灵芝、甘肃雪灵芝、印瓣雪灵芝、短瓣雪灵芝、团状雪灵芝、薄状雪灵芝等若干种,皆为多年生垫状草本	雪灵芝多生长于海拔 3000～5000m 的高山草甸和砾石流带,全部野生
紫堇	属于罂粟科植物,皆为多年生草本,以全草入药。主要种类有糙果紫堇、西藏高山紫堇、克什米尔紫堇、暗绿紫堇、草黄花紫堇、粗糙紫堇等	多生长于 3800～5000m 的高山草甸和流石滩,完全野生
风毛菊	属菊科植物,包括松潘风毛菊、拉萨风毛菊、大通风毛菊 3 种	多生长于海拔 3200～4300m 的高山草地、碎石地及灌丛中
虎耳草	属虎耳草科植物,有 5 种:篦齿虎耳草、瓜瓣虎耳草、青藏虎耳草、唐古特虎耳草、藏中虎耳草	多生长于海拔 3000～4000m 的林下、灌丛和岩壁石隙,完全野生
独一味	源于唇形科植物,为多年生无茎草本	多生长于 2700～4500m 的高山草甸、河滩草甸
点地梅	属报春花科植物,包括狭叶点地梅、西藏点地梅、葡茎点地梅、糙伏点地梅、石莲叶点地梅、昌都点地梅、玉门点地梅和裂叶点地梅等品种,仅仅以狭叶点地梅为正品。为多年生草本	藏医名嘎斗那保,生长于海拔 3600～4000m 的干旱山坡
锁阳	源于锁阳科植物锁阳,为肉质寄生草本,以全草入药。生长在荒漠地区的湿润沙土地带,寄生于白棘属植物的根部。完全野生	主产于海西及海南州共和县境内

图 7-62　桃儿七

3. 几个特殊种的介绍

(1) 桃儿七

调查编号:2012631244(图 7-62)

物种学名:*Sinopodophyllum hexandrum*

调查地点:青海格尔木。

种质用途:药用。

主要特性:优质、抗旱、耐贫瘠、耐盐碱。

基本描述:多年生草本,植株高 20～50cm。根状茎粗短,节状,多须根;茎直立,单生,具纵棱,无毛,基部被褐色大鳞片。叶 2枚,薄纸质,非盾状,基部心形,3～5 深裂几达中部,裂片不裂或有时 2～3 小裂,裂片先端急尖或渐尖,上面无毛,背面被柔毛,边缘具粗锯齿;叶柄长 10～25cm,具纵棱,无毛。花大,单生,先叶开放,两性,整齐,粉红色;萼片 6,早萎;花瓣 6,倒卵形或倒卵状长圆形,长 2.5～3.5cm,宽 1.5～1.8cm,先端略呈波状;雄蕊 6,长约 1.5cm,花丝较花药稍短,花药线形,纵裂,先端圆钝,药隔不延伸;雌蕊 1,长约 1.2cm,子房椭圆形,1 室,侧膜胎座,含多数胚珠,花柱短,柱头头状。浆果卵圆形,长 4～7cm,直径 2.5～4cm,熟时橘红色;种子卵状三角形,红褐色,无肉质假种皮。花期 5～6 月,果期 7～9 月。产青南 2800～3500m 高寒林区,根入药。

（2）楤木

调查编号：2012631245（图7-63）

物种学名：*Aralia chinensis*

调查地点：湟中群加林区。

种质用途：药用。

主要特性：抗旱、耐瘠。

基本描述：小乔木，高2～8m，树皮灰色，疏生粗壮、直的皮刺；小枝、伞梗、花梗密生黄

图7-63　楤木

棕色绒毛，小枝疏生小皮刺。二至三回羽状复叶，长60～110cm；小叶厚纸质至薄革质，卵形、宽卵形或长卵形，长5～12cm，宽3～8cm，边缘具细锯齿或不整齐的重锯齿。伞形花序组成大型、长30～60cm的圆锥花序。果球形，熟时黑色，宿存花柱离生或中部以下合生。

图7-64　罗布麻

（3）罗布麻

调查编号：2013631155（图7-64）

物种学名：*Apocynum venetum*

调查地点：青海格尔木。

种质用途：纤维用、药用、观赏用。

主要特性：优质、抗旱、耐贫瘠、耐盐碱。

基本描述：多年生草本，高约1m，茎直立；叶椭圆互生；圆锥状聚伞花序，顶生；花萼5裂，花冠杯状，外粉内紫色，直径2cm；蓇葖果，种子卵状长圆形，花果期7～8月。主产柴达木盆地海拔2900～3000m的沙地、盐碱地、湖泊边缘等。其茎皮纤维可供纺织和造纸；叶可作保健茶用，全草入药。

（4）荨麻

调查编号：2013631028

物种学名：*Urtica fissa*

调查地点：青海互助县。

种质用途：食用、食品添加。

主要特性：抗旱、优质。

基本描述：多年生草本，茎纤细，疏生刺毛，在节上密生细糙毛。叶近膜质、心形、卵形或披针形，长4～10cm，宽2～6cm，先端尾尖，基部圆形，宽楔形或心形，边缘有锐或钝的齿，两面疏生刺毛和细糙毛，钟乳体短杆状，有时点状，基出脉3；叶柄纤细，托叶每节4，离生或有时上部的多少合生，条状披针形或长圆形，长3～8mm。雌雄同株（希异株）。雄花序近穗状，纤细，生上部叶腋；近穗状，纤细，较短，小团伞花序稀疏着生于穗轴上。雄花近无梗，花芽直径约1mm；退化雌蕊近杯状，雌花具短梗。瘦果卵形，长近1mm，熟时灰褐色，多少有疣点；宿存花被外面疏生微糙毛，内面2枚椭圆状

卵形, 与果近等大, 外面 2 枚狭卵形, 较内面的短 3～4 倍。产海东、海北、黄南、玉树等地。生长于海拔 2000～3000m 地带。

种质用途: 荨麻营养价值很高。每 100g 嫩茎叶中含水分 77.88g、粗蛋白质 4.66g、脂肪 0.62g、粗纤维 4.34g、碳水化合物 9.64g, 还含有较高的铁、钙等无机盐及丰富的胡萝卜素和维生素 C, 它含有的叶绿素也高于其他任何蔬菜。

荨麻在青海有两种。一种是阔叶荨麻, 能食用; 另有一种狭叶荨麻, 其全草含多种维生素、鞣质。茎皮主要含蚁酸、丁酸及有刺激作用的酸性物质等。味甘寒, 有小毒, 一般都不食用。阔叶荨麻主要以地上嫩茎嫩叶供食用, 其营养丰富, 独具特色。国内外的科研成果证实, 荨麻是经济价值较高的野生植物和农作物, 可供纤维、食物、药物和优质饲料。荨麻的茎皮纤维韧性好、拉力强、光泽好、易染色, 可作纺织原料, 或制麻绳、编织地毯等。还可用荨麻的茎叶烹制加工成各种各样的菜肴, 如凉拌、汤菜、烤菜、荨麻汁、饮料和调料等。荨麻种子的蛋白质和脂肪含量接近大麻、向日葵和亚麻等油料作物。荨麻籽榨的油, 味道独特, 有强身健体的功能。

春季采摘荨麻嫩叶清洗、微煮后晾干磨成粉, 配以牛肉丁、青稞面和多种调料做成糊状, 用烙的薄饼卷起来吃, 这就是青海土族人家的小吃 "背口袋", 是当地的旅游风味小吃。也可采摘后冷藏, 也可腌渍、干制。

图 7-65　黑果枸杞(野生黑枸杞)

(5) 黑果枸杞(野生黑枸杞)

调查编号: 2014631021(图 7-65)

物种学名: *Lycium ruthenicum*

调查地点: 青海德令哈。

种质用途: 药用。

主要特性: 优质、抗旱、耐盐碱。

基本描述: 小灌木, 高 15～40cm, 多分枝。枝斜生, 皮白色, 坚硬, 小枝先端刺状, 具无叶短刺。叶 2～6 枚簇生于短枝上, 肉质, 线状圆柱形或线状披针形, 长 5～25mm, 宽 1～2mm, 先端钝, 基部渐狭, 近无柄。花 1～2 朵生于短枝上; 花梗细, 先端不膨大; 花萼筒状钟形, 长 3～5mm, 果时稍膨大, 2～4 浅裂, 边缘有疏缘毛; 花冠漏斗形, 浅紫色, 长 3～4mm, 5 浅裂, 裂片卵状长圆形, 长为筒部的 1/2, 无缘毛, 耳片不明显; 雄蕊着生于冠筒中部, 稍伸出花冠, 花丝基部有疏绒毛, 冠筒基部也有疏绒毛; 花柱不伸出花冠外, 与雄蕊等高。浆果完全成熟后黑紫色, 球形, 径约 4mm; 种子肾形, 褐色。花果期 6～8 月。

青海是继宁夏后的我国又一大新兴优质枸杞主产地。目前种植规模近 3.33 万 hm², 特别是当地野生黑果枸杞果大、色深、功能性物质含量等指标远高于其他地区, 随着驯化和人工栽培的发展, 已逐渐形成新型的特色枸杞产业, 规模逐渐做大, 成为当地新兴的支柱产业。

第四节 作物种质资源保护和利用建议

一、高原农作物种质资源的保护和利用策略

(一)强化生态立省的战略观念

青藏高原的特殊地理位置在国家总体生态建设战略占有重要的地位，生态立省也是国家对青海长远发展的要求和基本定位。具有高原特色的农业是青海生态农业发展的永恒主题，是青海高原农业可持续发展的保障，是生态稳定的基础。发挥高原地域特色，坚持生态立省，强化相应的资源保护与研究工作，将为青海省农牧并重、粮饲兼用的生态农业、有机农业重大课题的研究提供有效的资源保障。

在经济落后、农牧民收入普遍偏低的现实情况下，如何协调生态资源的保护和有效利用之间的矛盾，是需要长期探讨的重大课题。要实现资源的可持续利用，则必须要培养和健全全民的生物资源及生态环境的保护意识，将资源的有效保护利用变成各级政府、相关企业和广大农牧民群众的自觉行动。坚持生态立省的长期发展战略。

当前，气候和地域条件较好的耕地由于城镇扩建及其他基础设施建设已逐渐减少、逐步消失，传统作物的农耕重点逐步转向水资源和热量条件相对较差的山旱地区，相对于川水地区来说，山旱地区虽然单位面积产出量少且效益低，但山旱地恰恰又是青海省生态保护的重点地区。脆弱的生态决定了高原生物多样性保护的迫切性，而农林牧生物物种的多样性同样起着维系山旱地脆弱生态系统的显著作用，是发展生态农业的重要组成部分。作为高原大生态的一个重要环节，农业生态必须要放在全省生态建设大的格局之中去统筹考虑，要以物种的多样性来维持高原脆弱的生态平衡，以栽培物种的多样性来维系高原的特色生态农业可持续发展，并促进"供给侧"的种植业结构性调整，积极发展抗旱节水、耐盐碱、耐低温的生物种质资源为优先考虑的资源，避免单一物种的规模化产业一哄而上，遍地开花，而应提倡因地制宜的"多而全、少而精"。

"生态立省"是青海省的长期发展战略，而物种多样性是维系良好生态可持续发展的基础。妥善收集保护高原地区的特异物种种质资源，发展具有生态利用价值的、丰富多彩的特色植物种质资源，一方面有利于高寒干旱地区生态的维护，另一方面可利用有限的土地和水资源条件为社会提供具有高原特色和市场竞争力的农牧产业优良产品。坚持粮饲兼用、生态经济双赢的生物资源利用方向。

(二)发展特色粮油种植，丰富高原作物种类

青海特色粮油作物，是指除当地主栽作物外，具有地方特色及其适应当地土壤气候条件的小杂粮作物。在青海省主要集中于东部浅脑山旱地区，主要种类有：蚕豌豆、莜麦、胡麻、荞麦、糜谷、油菜、马铃薯等作物。

目前主要问题是：科技含量低、规范化栽培措施滞后，种植方式比较原始。青海省特色粮油作物的新品种选育严重滞后于生产和市场需求，许多作物仍沿用传统农家品种。

特色功能产品的研究与开发刚刚起步，市场拉动及企业龙头带动作用较小。单产水平普遍较低。特色粮油作物综合品质、专用性有待进一步界定和提高，特色粮油作物综合抗性急需进一步改良。特色粮油作物多数种植在贫瘠、干旱、高寒、盐碱等生境较差的条件下，需要比大作物更好的综合抗性。

特色粮油作物都是青海省黄、湟流域地区传统的栽培作物，其物种的多样性共同支撑着青海省的农业生产体系，不仅对青海省及西部地区各民族经济的发展起到至关重要的作用，而且在当前青海省的农业种植业结构及产业中扮演着重要的角色，具有不可替代性。

特色粮油作物是青海省区域粮食安全的重要组成部分，在青海省食物安全中占有重要地位。油料作物、杂粮作物、食用豆类、薯类作物的产品占城乡居民食品消费的三分之一，不仅是调剂生活、改善膳食结构不可或缺的特色副食作物，而且是人民生活重要的食物来源，还是饲料加工与工业淀粉的重要原料。

特色粮油作物环境适应性强，是种植业结构调整和高效利用农业资源的特色作物。具有耐旱、耐瘠、适应性广的突出特点，是典型的"间作套种、轮作倒茬、减灾避灾、救荒救急"的理想作物。所以它是雨养农区和半干旱贫瘠地区不可缺少的作物，同时也是维持作物多样性、保护与改善环境、实现农业可持续发展的基础作物。

特色粮油作物产品具有市场竞争力，是贫困地区农民增收的重要渠道，在我国农产品出口中占有重要的份额。蚕豆一直是青海省传统的面向中东地区及日本、韩国等国的主要出口作物。近年来国内外市场对青海省豌豆、胡麻、莜麦、荞麦的需求也有较大幅度增长。因此，种植特色粮油作物具有明显的比较优势，是贫困地区脱贫致富、解决农民增收问题的重要措施。

特色粮油作物是国家和政府实施扶贫战略、建立和谐社会的重要生物资源。特色粮油作物多分布在青海省干旱、半干旱及少数民族贫困地区，是当地的主栽作物和农业支柱产业，发展特色粮油作物种植可作为青海省扶贫支困的具体措施之一。

(三) 建立和规范资源保护及利用的有效机制

将来自不同渠道的种质资源及时妥善地交种质保护部门，进行注册登记编目和妥善保存。特别要注意将外省引进的、国外引进的、农家长期保存自种自留的、野外采集的资源进行统一的规范化管理，既要丰富青海省的资源储备、加大收集力度，又要在国家有关法律法规的规范下妥善实施。根据青海省农业地域特色和现代农业结构的调整，高原特色的生态农业将成为青海省今后的主要发展方向。目前可用于农牧结合、粮饲兼用的资源材料已有一定量的技术储备。

要坚持传统作物的适度规模发展和不可动摇性。传统作物——小麦、青稞、马铃薯、蚕豌豆、油菜等作物仍然要坚持作为高原区域粮食安全的重点作物来进行适度规模发展。高原粮油作物永远是区域粮食安全、维护区域生态安全的主流作物。国家将马铃薯作为主粮的发展战略无疑对西部地区的马铃薯优势产业产生了巨大的推动作用。特色农业的发展不能以牺牲主流作物为代价，要继续加强资源收集、引进、精准鉴定、创新利用在传统作物领域的研究力度。同时，要注重本省多民族地域的特点，逐步开拓生物资源与本地生态、民生、宗教等传统历史文化相关的研究领域，开展民俗生物学和高原生物学等方面的研究，为当地生物资源的可持续利用提供科学依据。

随着社会发展和科技进步，外来物种的输入将不可避免。青海高原生态脆弱，外来物种对高原生态的侵害及其潜在的生态危险，目前基本上还没有从事该方面的评估和研究工作。所以必须规范资源的引入程序，强化安全性评估，避免知识侵权及外来生物侵害的情况发生。

二、高原种质基因库的建设意见

(一)建设意义

建设高原生物种质基因库，是实现青海省农牧业和生态建设可持续发展的迫切要求。因为只有这样，才能使青海省基因资源多样性得到不断丰富和妥善保存，才能从精准鉴定中不断发掘优异种质基因资源，并源源不断地为青海省农牧业育种和生态建设提供丰富的资源创新的物质基础，促进青海省农业经济结构调整，提高农牧业科技进步和竞争力，从而改良高原生态环境、增加农牧业收入、实现农牧民增收和社会稳定。

(二)建设目标

立足于青藏高原，着眼于高原生态农牧业、生态林业、中藏药业、高原特色菌类等特异珍稀物种的种质资源保护。借助于国家种质复份库的平台优势，达到高原生物物种资源的高度富集。并与国内外资源保护体系相接轨，实现规范化、标准化的妥善保护和共享利用机制。同时组建高层次的资源创新研究队伍，最终建成保存设施一流、研究水平与国内先进水平同步、集科研教学和科普示范为一体、在国内外产生一定影响力的青藏高原生物基因库。

(三)四个中心、一个基地

(1)青藏高原植物基因资源中心。依靠现有的设施和资源优势，建成保存能力为 20 万份、保存期限为 20～50 年的现代化青藏高原植物基因资源保存库，承担起全省植物种子、试管苗和 DNA 等基因资源的中长期保存任务。

(2)青藏高原植物基因资源鉴定与评价中心。建成全国一流的耐寒、耐冷、抗旱、耐瘠的抗逆性鉴定、评价基地，为高原植物育种提供丰富的优异种质和科学理论依据。

(3)青藏高原植物基因资源国际合作与人才交流培训中心。充分利用拥有丰富的高原特色植物基因资源的优势，与世界有关国家开展高寒地区植物基因资源的国际合作和学术交流，使之成为我国高寒植物基因资源国际合作与人才培训的重要基地。

(4)青藏高原植物基因资源信息中心。利用先进的信息技术和网络服务系统，将植物基因资源的鉴定评价数据化，实现资源数据共享，为农业育种及其他相关学科研究及时地提供准确、翔实的种质资源信息服务，为政府决策提供参考。

(5)青藏高原农牧业、生态产业科普基地。通过文字记载，植物实物的标本、图片，多媒体等多种手段，展示高原植物的生物多样性，认知生态保护和人与自然和谐相处的必要性，普及植物科学知识，使之成为高原生物多样性保护的科普教育基地。

(四)统筹资源管理，完善和扩大保护功能

青藏高原生物基因库旨在最大限度地富集省内及周边地区的具有高原特色的生物种质资源，对本地区种质资源的掌控要有一定的引导作用和支配作用，在有关法规和政策的框架下达到共享利用。这就需要动员所属区域内方方面面的种质资源相关研究力量，强化收集保护意识，积极投身于高原生物资源的妥善保护和有效利用的工作中。首先对本系统的资源力量进行整合，保证系统内所有与种质资源工作相关的科研、教学、种子管理等方面的人员加入到资源研究的队伍中，形成一个保护及共享利用的种质资源保护利用工作者联盟。

在现有的工作基础上，需要对本地种质库加以功能改造和设施完善，青藏高原生物基因库的资源中心最后要形成种子库、种质圃、离体试管苗保存库、原生境保护区、DNA超低温保存库五大功能模块。涉及领域涵盖农业、畜牧业、林业、生态业等；保护物种涉及农作物(包括种子繁殖和无性繁殖)、牧草(包括多年生、一年生)、果树、蔬菜、花卉、经济林木和生态林木、药材、菌类及高原动物(养殖和野生)DNA的种质保存；保护类别包括地方种质资源、外来引进种质资源、野生种质资源及创新种质资源。根据物种类别、保存方式、行业领域、研究方向、分布区域的不同，建设以国家种质复份库为中心和平台的、放射状的青藏高原生物基因种质资源保护体系。

(五)加强基础研究

收集保护资源的最终目的是高效利用。目前从青海省乃至国内资源的保护研究现状来看，资源的精准鉴定一直是限制资源有效利用的最大短板，所以拥有资源数量的优势必须上升到质量的优势，从基础的表观形态学鉴定入手，进而利用现代先进的分子学分析手段，筛选和挖掘特异的功能基因，深入研究其表达的机制，为新种质的创制、新品种的培育提供物质基础和理论依据，这样才能真正地实现变种质资源优势为基因资源优势。

(六)重视特、珍、濒物种资源的收集、编目与入库

针对青海省保存资源少，野生物种资源原生环境破坏严重等突出问题，对分布于偏远、特别是极端环境下的地方濒危物种、野生种和稀有种种质资源进行抢救性收集，并在条件合适的地点实施原生境保护，进行重点种质资源的收集、编目和入库，为防止种质资源流失和持续发展奠定物质基础。针对现有种质资源保存体系中急需解决的主要问题，进行建立原生境、种质库、种质圃、试管苗和 DNA 库相配套的完整的现代化保存体系的前瞻性研究，初步开展和建立青藏高原特异种质资源分子指纹图谱数据库的工作。建议尽快建立高原块根、茎类抗逆种质资源的资源圃，纳入全国生物种质资源的保护体系中。

(七)明确指导思想，创建资源平台

按照"广泛收集、妥善保存、深入研究、积极创新、高效利用、共享服务、主权保护"的指导方针，有选择、有步骤地开展作物种质资源保护与利用的基础条件建设，构建共性的高原生物种质资源研究的物质和技术平台。加强青海作物种质资源团队建设，提高资源团队素质，防止被边缘化、弱质化、高龄化。加强资源保护与生态保护关联性的认知度，以及广大种子工作者对资源保护的参与度和自觉性，建立资源普查、收集的常态化。

参 考 文 献

蔡联斌. 2001. 以礼草的地理分布. 植物分类学报, 39: 248-259.

陈光游, 游承俐, 胡忠荣. 2010. 西双版纳少数民族地区主要作物地方品种调查与分析. 植物遗传资源学报, 3: 335-342.

董玉琛, 刘旭. 2008. 中国作物及其野生近缘植物. 北京: 中国农业出版社: 233-234.

方旅人, 王树林. 2008. 蔬苑. 西宁: 青海人民出版社: 158-159.

李芳第, 王舰, 王芳, 等. 2010. 马铃薯种质遗传多样性分析的 AFLP 反应体系优化与引物筛选. 分子植物育种, 8(1): 179-185.

李凤珍, 马晓岗. 2011. PEG 处理下青海栽培小麦萌发期及幼苗期抗旱性研究. 中国农学通报, (21): 44-48.

林汝法, 柴岩, 廖琴, 等. 2005. 中国小杂粮. 北京: 中国农业科学技术出版社: 125-126.

刘旭, 郑殿升. 2013. 云南及周边地区优异农业生物种质资源. 北京: 科学出版社: 178-179.

刘玉皎, 宗绪晓. 2008. 青海蚕豆种质资源形态多样性分析. 植物遗传资源学报, 9(1): 79-83.

刘尚武. 1999. 西宁植物志. 北京: 中国藏学出版社: 25-26.

李新, 肖麓, 杜德志. 2015. 青海大黄油菜 Brscl 基因的精细定位及图谱整合. 作物学报, 41(7): 1039-1046.

马晓岗. 2007. 青海药用植物资源调查. 青海科技, 4: 7-10.

马晓岗, 蒋礼玲, 许媛君, 等. 2015. 青海高原地区作物种质资源的收集保护和创新利用进展. 植物遗传资源学报, 6: 1272-1276.

马晓岗, 李凤珍. 2012. 青海省小麦种质材料醇溶蛋白的遗传多样性分析. 麦类作物学报, 32(6): 1060-1065.

彭敏. 2007. 青海主要药用野生植物资源分布规律及保护利用对策研究. 西宁: 青海人民出版社: 5-7.

青海省统计局. 2015. 青海统计年鉴. 西宁: 青海省统计局.

青海省农业资源区划办公室. 1995. 青海省农业与农村经济总览. 西宁: 青海人民出版社.

青海省科学技术协会. 2003. 青海生态建设与可持续发展论文集. 西宁: 青海人民出版社.

青海省政府. 2017. 青海省第一次全国地理国情普查公报. 西宁: 青海省政府.

任建东, 李凤珍, 许媛君, 等. 2016. 基于 EST-SSR 分子标记的青海高原以礼草属主要物种的遗传多样性分析. 植物遗传资源学报: 17(4): 663-670.

司海平, 刘俊辉, 马新明, 等. 2012. 农作物种质资源调查数据标准制定与共享. 植物遗传资源学报, 13(5): 704-708.

田正科. 2006. 青海春油菜的振兴. 西宁: 青海人民出版社: 256-257.

王晓辉, 李凤珍, 马晓岗, 等. 2013. 青海省小麦品种阿勃高分子量麦谷蛋白遗传多样性. 植物遗传资源学报, 15(01): 84-88.

王述民, 张宗文. 2011. 世界粮食和农业植物遗传资源保护与利用现状. 植物遗传资源学报, (03): 325-338.

吴昆仑. 2011. 青稞种质资源的 SSR 标记遗传多样性分析. 麦类作物学报, (06): 1030-1034.

吴玉虎, 梅丽娟. 2001. 黄河源区植物资源及其环境. 西宁: 青海人民出版社: 112-113.

相吉山. 2008. 青藏高原地区小麦族野生近缘植物天然杂种的遗传鉴定. 西宁: 青海大学硕士学位论文.

谢晓玲, 邓自发, 解俊峰. 2003. 巨穗小麦种质主要特异性状的遗传和相关性研究. 种子, (4): 12-13.

叶茵. 2002. 中国蚕豆学. 北京: 中国农业出版社: 346-347.

姚晓华, 吴昆仑. 2014. 青稞 *Hval* 基因的表达模式及表达载体的构建. 麦类作物学报, 34(11): 1459-1464.

杨庆文, 秦文斌, 张万霞, 等. 2013. 中国农业野生植物原生境保护实践与未来研究方向. 植物遗传资源学报, 14(1): 1-7.

张忠孝. 2009. 青海地理. 北京: 科学出版社: 189-190.

中国青藏高原研究会. 1996. 青海资源环境与发展研讨会论文集. 北京: 气象出版社: 101-102.

郑殿升, 李锡香, 陈善春, 等. 2013. 云南及周边地区野菜和野果资源. 植物遗传资源学报, 14(06): 985-990.

第八章　新疆维吾尔自治区抗逆农作物种质资源调查

第一节　概　　述

新疆地处亚欧大陆腹地，北纬 34°25′～49°10′、东经 73°40′～96°23′，陆地边境线 5600 多千米，周边与俄罗斯、哈萨克斯坦、吉尔吉斯斯坦、塔吉克斯坦、巴基斯坦、蒙古、印度、阿富汗斯坦八国接壤，历史上就是古丝绸之路的重要通道，也是第二座"亚欧大陆桥"的必经之地，具有不可比拟的资源优势和地缘优势。

一、地形地貌

新疆土地总面积 166.49 万 km^2，约为中国陆地面积的 1/6，其中山地面积(包括丘陵和高原)约 80 万 km^2，平原面积(包括塔里木盆地、准噶尔盆地和山间盆地)约 80 万 km^2，绿洲面积约 7 万 km^2。北部为阿尔泰山，南部为昆仑山系；天山横亘于新疆中部，把新疆分为南北两半，南部是塔里木盆地，北部是准噶尔盆地。山脉与盆地相间排列、盆地与高山环抱，俗称"三山夹两盆"。境内最低点是吐鲁番的艾丁湖，低于海平面155m(也是中国大陆的最低点)。最高点乔戈里峰位于克什米尔边境上，海拔 8611m。古尔班通古特沙漠(46°16.8′N、86°40.2′E)是陆地上距离海洋最远的地方。沙漠面积占据全国沙漠面积的 2/3，其中塔里木盆地中的塔克拉玛干沙漠面积为 33.67 万 km^2，是中国最大的沙漠，也是世界第二大流动沙漠。

二、人口与行政区划

新疆是一个多民族聚居的地区，共有 55 个民族成分，其中世居民族有维吾尔、汉、哈萨克、回、柯尔克孜、蒙古、塔吉克、锡伯、满、乌孜别克、俄罗斯、达斡尔、塔塔尔等 13 个。截至 2016 年末，新疆总人口 2398.08 万人，其中少数民族约占 60%。目前，全区辖有 14 个地级行政单位，其中包括 5 个自治州、5 个地区和乌鲁木齐、克拉玛依、吐鲁番、哈密 4 个地级市；有 68 个县、24 个县级市、13 个市辖区，其中包括 6 个自治县、9 个自治区直辖县级市、32 个边境县(市)；有 872 个乡镇，其中包括 42 个民族乡。新疆生产建设兵团是自治区的重要组成部分，辖有 14 个师、178 个农牧团场，总人口283.41 万人(http://www.xinjiang.gov.cn/ljxj/xjgk/index.html)。

三、气候条件

新疆地处欧亚大陆腹地，远离海洋，四周有高山环绕，境内沙漠浩瀚、草原辽阔、绿洲点布，气候极端干旱，属于温带大陆性气候，表现为干旱少雨，多大风；冬季寒冷漫长，夏季炎热短促，春秋气温变化剧烈等。北疆平原年均气温 6～8℃，属于干旱中温带；南疆平原年均气温 10～11℃，属于干旱暖温带。日振幅和年幅度都很大，全疆各地平均日振幅都在 11℃，最大的在 20℃ 以上，年幅度一般在 30℃ 以上。由于新疆地处内陆，又高山环抱，阻挡了海洋暖湿气流的进入，年降水量极少，全区年均降水量为 147mm，仅为全国平均年降水量的 23%，其中北疆平均一般在 300mm 以下，南疆在 100mm 以下（钟骏平，1984；周华荣和黄韶华，1999）。降水量分布不均，表现出北疆高于南疆，西部高于东部，山区高于盆地，盆地边缘高于盆地中心，山地迎风坡高于背风坡的分布规律。山区降水总量占全区年降水量的 84.3%。

四、生态资源

新疆的生态系统多样性丰富，主要包括森林生态系统、草原生态系统、荒漠生态系统、绿洲生态系统和湿地生态系统（李维东和卓丽菲亚，2002），但由于其地处欧亚森林亚区、欧亚草原亚区、中亚荒漠亚区、亚洲中部荒漠亚区和中国喜马拉雅植物亚区等多个地理区的交汇处，其植被类型较复杂，植物种质资源相对丰富，区系成分特殊，其植被类型主要包括荒漠、草原、森林、灌丛、草甸、沼泽和水生植被及高山植被，其中荒漠、草原和森林为主要地带性植被类型（中国科学院新疆综合考察队，1978；李小明，1988）；新疆野生植物种类 4000 余种，隶属于 161 科 877 属，多为单属科、单种属和寡种属，并且具有呈层片分布且种类繁多的短命植物，新疆特有种稀少，但塔什库尔干、天山、阿尔泰山、昆仑山及帕米尔高原的特有种特别丰富，中国仅分布于新疆的植物就有 1773 种（李学禹等，1998；李都和尹林克，2006）。新疆可利用的抗逆性种质基因资源植物如旱生植物、沙生植物、盐生植物、高寒及抗辐射植物资源多达 410 种（崔乃然和李学禹，1998）。此外，新疆农作物野生近缘种资源相当丰富，主要有谷类作物野生近缘种植物、油料作物的近缘植物和葱属植物的近缘种等（刘志勇等，2011）。

五、社会经济发展与农业

（一）社会经济发展

新疆地处偏远边疆，社会经济发展缓慢。1980 年，全区社会生产总值仅仅 53.24 亿元，1990 年之后，经济发展加快，2000 年之后，经济进入快速发展期，截至 2010 年，生产总值达到 5437.47 亿元，是 1980 年的 102 倍（《新疆统计年鉴》2015 年）（图 8-1，表 8-1）。

农业自古就是新疆国民经济中的重要支柱产业，随着新疆的改革开放，特别是土地承包责任制政策的落实，激发了全区各族人民的生产积极性，促进了生产要素向社会生产力的转化，加上科技进步、物化投入增加、作物种植结构调整，带动了农业的大发展，成效显著。

1980～1995 年，夯实发展基础、产业发展快速提高。在此期间，农业生产总规模保持相对稳定，但农业产值的增量及增速均十分突出，在国民经济中仍占有较大比重，连续 10 多年保持在 40% 左右，但 1990 年之后，工业及服务业的迅速崛起，农业、工业、服务业在 1995 年呈现出"三足鼎立"，均衡发展的情景。

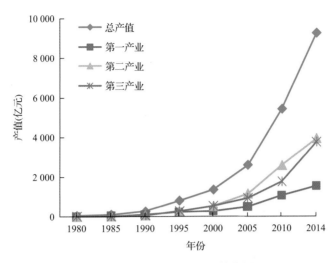

图 8-1　新疆社会经济发展趋势图

表 8-1　新疆社会经济发展一览表　　　　　　（单位：亿元）

类别	1980 年	1985 年	1990 年	1995 年	2000 年	2005 年	2010 年	2014 年
总产值	53.24	112.24	274.01	814.85	1363.56	2604.14	5437.47	9273.46
第一产业	21.53	42.89	94.62	240.71	288.18	510.00	1078.63	1538.60
第二产业	21.44	40.50	83.50	283.97	537.58	1164.80	2592.15	3948.96
第三产业	10.27	28.85	95.89	290.17	537.80	929.34	1766.69	3785.90

1995~2000 年，产业调整、谋求新发展。期间，农业产业增速明显下滑，5 年间，农业产值增加值 47.47 亿元，增幅仅仅 19.72%。农业在国民经济中的比重由 1990 年的 34.53%快速下滑至 2000 年的 21.13%，农业产业发展的规模扩张、种植结构调整、多元化发展需求更加紧迫。

2000 年至今，优化结构、重回快速发展轨道。2000 年之后，随着新开垦土地面积的增加、复播套种技术的优化、多类型新品种的研发推广等，作物种植面积逐步增加，与此对应，农业产值增加值及增速显著回升。尤其是 2005~2010 年，5 年间，播种面积增加 103.1 万 hm²，增幅达 27.64%，农业产值增量 568.6 亿元，增幅达 111.5%，农业产值首次突破千亿元大关（《新疆统计年鉴》1981 年，1986 年，1991 年，1996 年，2001 年，2006 年，2011 年）。

（二）农业

新疆光热资源丰富，适合种植生产瓜果、棉花等特色优质农产品。孔雀河下游古墓葬中考古发现的小麦粒经鉴定是普通小麦和圆锥小麦，和硕县考古发现了小麦籽粒及大型加工器具，足以证明 3500 年前甚至更早，新疆人民就已经从事农业生产（吴锦文等，1989）。但受生活习惯、生产投入的影响，农业发展又比较曲折、不平衡，改革开放以来，新疆农业发展迅速，粮食作物、经济作物及蔬菜瓜果稳步发展，农业经济效益显著提高（图 8-2，图 8-3）。

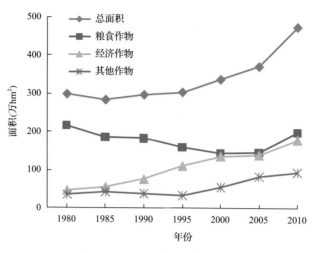

图 8-2　新疆农作物播种面积

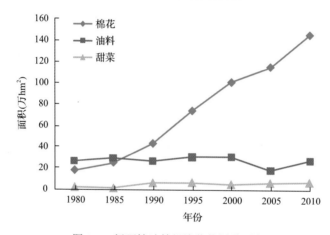

图 8-3　新疆棉油等经济作物播种面积

1. 粮食作物

　　小麦、水稻、玉米、大麦、豆类等是主要的粮食作物，也是人类赖以生存的物质基础。受生态条件、饮食习惯的影响，新疆各族人民以小麦、玉米作为主要的口粮来源。改革开放之前，新疆农业生产水平较低，一直不能有效解决各族人民的温饱问题，需要依赖于国家的粮食调拨，因此，粮食生产是农业发展的重中之重，粮食播种面积占比较大。改革开放政策激活了生产要素，大幅度提高了粮食生产能力，1980～1990 年，小麦、水稻、玉米、大麦等谷物种植面积由最初的 214.76 万 hm² 下滑至 181.32 万 hm²，但小麦、水稻、玉米单产增幅翻了一番，总产量稳中有升。1983 年成为新疆结束吃调进粮的历史转折点，1984 年粮食自给有余，1985 年开始粮食外调。1990 年之后，小麦、豆类种植面积波动幅度较大，其中小麦种植面积逐年递减，2005 年滑落至历史最低点 76.18 万 hm² 后，在政策引导下又迅速回升至 2010 年的 112.00 万 hm²；豆类种植面积在 1990～2000 年呈快速增加，增幅明显，2000 年之后，增长趋缓(表 8-2)，豆类单产波动较大；水稻、小麦单产均呈现逐年递增态势，其中 2000～2005 年增幅最低。2005～2010 年，水稻、大麦单产增加幅度分别为 12.3%、16.1%，小麦单产仅增加 5.8%，玉米、豆类单产逐年递减（表 8-3）。

表 8-2　新疆主要粮食作物 30 年间种植面积一览表　　　（单位：万 hm²）

年份	谷物	小麦	玉米	水稻	大麦	豆类
1980	214.76	135.48	55.58	9.84	2.32	1.48
1985	184.45	127.84	41.84	7.45	1.36	0.86
1990	181.32	118.01	44.24	8.41	4.29	1.35
1995	152.86	95.26	43.92	7.34	4.16	6.47
2000	135.40	83.90	38.25	7.82	3.35	9.18
2005	137.19	76.18	49.76	6.91	2.74	9.99
2010	187.94	112.00	65.38	6.69	2.89	11.23

表 8-3　新疆主要粮食作物 30 年间单产一览表　　　（单位：kg/hm²）

年份	谷物	水稻	小麦	玉米	大麦	豆类
1980	1789	2604	1574	2275	1506	1334
1985	2685	4111	2460	3331	1416	1739
1990	3713	5619	3312	4734	2449	2758
1995	4689	6575	4002	6074	3083	2061
2000	5782	7722	4837	7798	3507	2797
2005	6210	7844	5260	7643	3731	2525
2010	5969	8812	5567	6448	4333	2523

2. 经济作物

新疆经济作物主要以棉花、油料、甜菜为主。新疆光热资源丰富，适宜于棉花种植。在解决了粮食生产自给有余问题后，以棉花为代表的经济作物种植需求旺盛。棉花种植面积增加幅度最大，在国家的大力支持下，现已建成全国最大的优质商品棉生产基地，棉花产量占全国总产的 30%～40%。1990～1995 年，棉花种植面积增幅达到 70% 以上，是棉花快速发展的黄金期，2010 年棉花种植面积 146.06 万 hm²，较 1980 年的 18.12 万 hm² 扩增 7.1 倍（表 8-4）。棉花单产增长显著，2010 年棉花（皮棉）单产 1697kg/hm²，较 1980 年棉花单产 437kg/hm² 提高 2.9 倍（表 8-5），其中 1980～1990 年，单产增幅显著，2005～2010 年，单产保持稳定，增幅不明显。

表 8-4　新疆主要棉油等经济作物 30 年间种植面积一览表　　　（单位：万 hm²）

年份	棉花	长绒棉	油料	油菜	胡麻	葵花	甜菜
1980	18.12	3.85	26.94	10.75	8.19	5.01	2.43
1985	25.35	2.63	29.48	8.98	8.11	11.14	1.55
1990	43.52	6.27	26.93	11.74	4.60	9.61	6.69
1995	74.29	0.84	30.67	13.01	2.68	14.01	7.11
2000	101.24	4.93	31.01	9.62	2.46	15.71	5.58
2005	115.80	7.34	18.55	5.99	1.74	8.46	6.99
2010	146.06	9.68	27.34	7.02	0.88	16.49	7.53

表 8-5　新疆主要棉油等经济作物 30 年间单产一览表　　　（单位：kg/hm²）

年份	棉花	长绒棉	油料	油菜	胡麻	向日葵	甜菜
1980	437	452	653	520	632	917	15 871
1985	741	533	1 162	812	999	1 517	26 235
1990	1 077	555	1 447	1 037	1 373	1 891	33 553
1995	1 259	1 353	1 611	1 162	1 417	2 074	40 526
2000	1 482	1 250	1 940	1 533	1 465	2 259	52 493
2005	1 690	1 618	2 099	1 539	1 376	2 563	59 960
2010	1 697	1 346	2 437	2 158	1 509	2 675	64 696

　　油料作物主要是油菜、胡麻、向日葵(含油葵)等。30 年间，油料作物种植面积变幅较小，基本稳定在 26.9 万～31.0 万 hm²，仅在 2005 年有大幅下滑；油菜、胡麻种植面积逐步在缩减，其中胡麻面积缩减幅度最大，由 1980 年的 8.19 万 hm² 缩减为 2010 年的 0.88 万 hm²，仅为 1980 年的 10.7%，相反，向日葵种植面积逐步增加，2010 年已增加到 1980 的 3.3 倍。在单产方面，油菜、胡麻、向日葵单产提高均比较明显，分别较 1980 年提高 3.1 倍、1.4 倍、1.9 倍，但单产绝对值以向日葵最高，2010 年单产 2675kg/hm²，较油菜、胡麻分别高出 517kg/hm²、1166kg/hm²(表 8-4，表 8-5)。

　　新疆北部及山区气候冷凉，适宜种植甜菜，是当地农民的主要经济收入来源。1980～1990 年，甜菜种植面积增加明显，1990 年达到 6.69 万 hm²，此后，甜菜种植面积基本稳定在 7.0 万 hm² 左右；而甜菜单产水平提高幅度较大，2010 年甜菜单产 64 696kg/hm²，是 1980 年 15 871kg/hm² 的 4.1 倍，其中 1980～1985 年单产提高幅度达 65%，1985～2000 年，增幅达 100%，是保持单产连续提高的作物(表 8-4，表 8-5)。

　　3. 其他作物

　　新疆各地州县市根据气候条件选择适合本地的蔬菜、西甜瓜、薯类(马铃薯、红薯)、牧草等作物。2000 年之前，种植总面积在 34.0 万～43.0 万 hm²，各作物种植面积相对稳定，年际变化不大；但自 2000 年开始，蔬菜、瓜果、薯类种植面积明显增加。30 年间，蔬菜面积增加 5.5 倍，达到了 30.4 万 hm²，西甜瓜种植面积增加 2.1 倍，达 12.3 万 hm²，薯类面积仅增加 1.1 倍，为 3.7 万 hm²。蔬菜、西甜瓜、薯类单产均较 1980 年增加，增幅分别达到 2.7 倍、1.5 倍、2.0 倍。

　　近年来，以环塔里木盆地为重要基地的林果园艺业快速发展，总面积已超过 66.7 万 hm²，哈密瓜、葡萄、香梨等"名特优"产品享誉国内外，林果业已经成为新疆农业发展的新亮点。

第二节　作物种质资源普查

　　由于天山山脉、昆仑山、阿尔金山、塔里木盆地、准格尔盆地分布其间，形成了南疆、北疆和东疆不同的区域特色。沙漠、戈壁面积较大，干旱少雨，气候干燥，恶劣的自然生态条件形成了独特的生物资源及农业生产模式。

一、普查区域

根据新疆的生态环境条件、地理位置、农业生产特点，有针对性地选择一批偏远县市、具有一定的农业生产规模但仍留存有传统生产模式的乡村进行抗逆农作物种质资源普查，剔除相对气候湿润的伊犁地区和博尔塔拉蒙古自治州，突显干旱、抗逆、农家种种质资源普查特性，实际完成普查县 15 个，分别是北疆昌吉回族自治州的木垒县；塔城地区的裕民县；阿勒泰地区哈巴河县、青河县；南疆巴音郭楞蒙古自治州的焉耆县、若羌县、且末县；阿克苏地区的拜城县；克孜勒苏柯尔克孜自治州的乌恰县；喀什地区的泽普县、莎车县、伽师县、塔什库尔干县；和田地区的皮山县、策勒县。

二、气象与植被

新疆 15 个普查县气象及植被覆盖情况见表 8-6，新疆农作物种质资源普查县气象及森林覆盖情况见表 8-7 和表 8-8。

表 8-6　1985～2010 年新疆 15 个普查县气象及植被覆盖情况

项目	1985 年	1990 年	1995 年	2000 年	2005 年	2010 年
降水量(mm)	72.8	115.0	99.5	126.1	152.3	216.0
气温(℃)	8.5	10.3	9.1	9.6	9.0	9.3
森林覆盖率(%)	3.3	4.0	3.5	4.6	4.6	5.4
作物覆盖率(%)	4.05	3.76	3.52	3.66	3.95	6.27

表 8-7　新疆农作物种质资源普查县气象条件一览表

年均气温(℃)	≤5			>5			>10	
降水(mm)	≥200	≥100	<100	≥300	≥100	<100	<100	<50
个数	1	1	1	2	2	1	4	3
县市名称	哈巴河	青河	塔什库尔干	木垒、裕民	拜城、乌恰	焉耆	伽师、泽普、皮山、若羌	策勒、莎车、且末

表 8-8　新疆农作物种质资源普查县森林覆盖情况一览表

森林覆盖率(%)	≥15	≥10	≥5	≥1	<1
个数	0	2	3	6	2
县市名称		青河、裕民	伽师、轮台、木垒	拜城、策勒、莎车、且末、若羌、哈巴河	泽普、皮山

1. 气象条件

综合分析 15 个普查县的气象数据(年均气温、降水量)，年均气温低于 5℃的县市共有 3 个，其中年降水量大于 200mm 的有哈巴河 1 个县，介于 100～200mm 的有青河 1 个县，低于 100mm 的有塔什库尔干 1 个县；年均气温介于 5～10℃的有 5 个县，其中年降水量大于 300mm 的有木垒、裕民 2 个县，介于 100～200mm 的有拜城和乌恰县 2 个县，低于 100mm 的有焉耆县；年均气温大于 10℃的有 7 个县，其中年降水量低于 100mm 的有伽师、泽普、皮山、若羌 4 个县，不足 50mm 的有策勒、莎车、且末 3 个县。综合分析 15 县各时间节点的气象数据，降水量呈增加趋势，而年均气温差异不大，但均表现出地区间、年际的差异较大，可能与普查县的全境分布选点及生态差异较大有关。

2. 植被覆盖情况

从森林覆盖率分析各县，森林覆盖率大于 10% 的县有青河、裕民 2 个县，大于 5% 的有伽师、轮台、木垒 3 个县，介于 1%～5% 的有拜城、策勒、莎车、且末、若羌、哈巴河 6 个县，而泽普、皮山 2 个县不足 1%。就各时间节点的 15 县平均值，森林覆盖率呈逐渐增加，增加幅度不大，但各县的森林覆盖率有较大差异；作物覆盖率逐渐增加，2000～2010 年增加幅度较大，同时也反映出各县作物种植面积差距比较显著。

综上，邻近山区、纬度较高的县市，年均气温偏低，降水充沛，森林覆盖率较高，作物覆盖率低，如青河县；远离山区、纬度低的县市，年均气温较高，降水偏少，森林覆盖率较低，作物覆盖率高，如泽普县。

三、农作物种植

依据传统作物分类方法及新疆各族人民的生活饮食习惯，将小麦、玉米、水稻、大麦(青稞)、豆类作为粮食作物，棉花、油菜、向日葵、甜菜作为经济作物，蔬菜、西甜瓜、薯类等作为其他作物。按照作物种植面积大小划分为大宗作物、小宗作物等。两者结合，综合分析普查县在 1985～2010 年的农作物种植情况。

(一) 大宗作物

受新疆社会经济发展的限制，以及传统偏好畜牧业的民族聚居地区特点，以粮食作物为主的农业发展缓慢，不能解决粮食自给问题，因此，充分发挥生态条件优势，广泛种植小麦、玉米，加之 20 世纪 90 年代大力发展起来的棉花，这三大作物是普查县的大宗作物，种植面积均较大。小麦种植面积最大，历年平均 15 万 hm²，2000 年最低 13 万 hm²；玉米种植面积居其次，与小麦均呈现出先减后增的趋势；1985～2000 年，棉花种植面积持续快速增加，2000 年后有所缩减(图 8-4)。

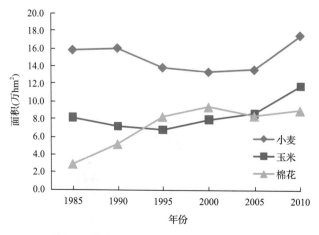

图 8-4　普查县 1985～2010 年大宗作物面积

（二）小宗作物

不同生态区条件差异较大，饮食喜好、生活习惯不尽相同，在小宗作物种植上，各普查县对水稻、大麦、豆类、油菜、胡麻、向日葵、薯类、蔬菜、西甜瓜等小宗作物的种植有差异，表现在种植面积变化不一致，在该县种植结构中的比重也不尽相同（图8-5～图8-7）。

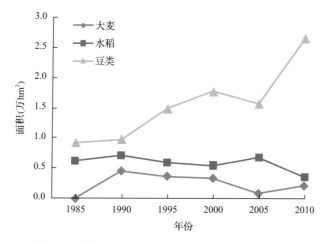

图8-5　普查县1985～2010年小宗作物（粮食）面积

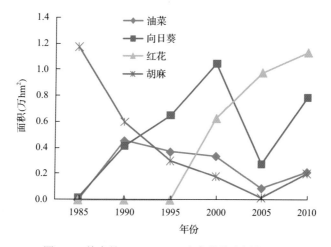

图8-6　普查县1985～2010小宗作物（油料）面积

（三）种植偏好

各普查县有共同的作物选择偏好，也有不同的地域性分化。在15个普查县中，小麦、玉米、豆类均有种植，说明小麦、玉米、豆类作物的广适性及各族人民的饮食及生活偏好；棉花、水稻、甜菜、籽瓜（打瓜）、红花仅在适宜生态区种植，但又存在明显的区别，棉花、水稻在15个普查县分布较广，而甜菜、籽瓜（打瓜）、红花分布较窄，显示作物种植选择与生态条件、产业链、种植偏好息息相关（图8-8）。

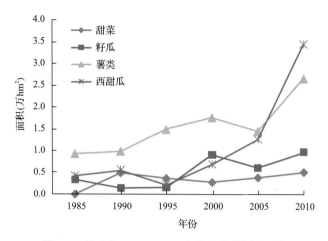

图 8-7　普查县 1985～2010 小宗作物(特色)面积

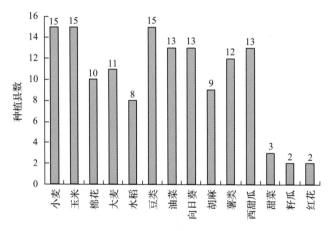

图 8-8　1985～2010 年普查县作物种植偏好

四、作物品种演替

　　良种是农业科技的重要载体,是农业生产中的核心,各县均十分重视良种的引进和推广(表 8-9)。以若羌县为例,进行作物品种种植相关数据分析,了解新疆农作物品种的

表 8-9　若羌县农作物新品种引进种植一览表

项目	1985 年	1990 年	1995 年	2000 年	2005 年	2010 年
小麦	巴冬 4 号 新春 2 号	唐山 6898 巴冬 4 号 新春 2 号 新春 6 号	京 411 京 437 新春 6 号	新春 6 号 唐山 L-639 唐山 6898 京 411	新春 6 号 京 411 唐山 L-639	新冬 22 号 新春 6 号
玉米	SC704	中单 2 号 和单 1 号	SC704 和单 1 号	登海 1 号 和单 1 号	SC704 新玉 9 号	新玉 9 号 石玉 905
棉花		新陆早 1 号 新陆 3 号	新陆早 3 号 新陆 4 号	军棉 1 号 中棉 35 号 鲁棉研 21 号 新陆中 8 号	新陆中 8 号 新陆中 35 号 鲁棉研 29 号	中棉 43 号 中棉 49 号 新陆中 45 号

引进、筛选、推广的变化规律，指导农业生产、种质资源创新及新品种选育。

（一）小麦

2005 年之前，小麦新品种以引进为主，新疆自育品种新春系列为辅；2005 年之后，逐步过渡为冬小麦、春小麦搭配发展，并以新疆自育的新冬系列为主，'新春 6 号'连续种植 20 年，长久不衰，显示其良好的生态适应性、丰产性及遗传稳定性。

（二）棉花

自 1990 年开始大面积种植后，一直以新疆自育的新陆早系列为主；2000 年以来，引进'中棉 35 号''鲁棉研 29 号'等品种，形成外引棉花新品种与新疆自育军棉系列、新陆中系列并行的局面；2010 年，以'中棉 43 号''中棉 49 号'为代表的中棉系列新品种与新疆自育品种新陆中系列同步推广种植，但新疆自育品种种植面积在各县并不均衡，突出显示了棉花新品种更替迅速、竞争激烈。

（三）玉米

2000 年以前，新疆玉米生产以国外引进品种'SC704'和内地品种'中单 2 号'等为主；2000 年之后，经过一个'登海 1 号'等内地品种与新疆自育品种'新玉 9 号'等品种的共同种植阶段；2010 年，形成以新疆自育品种为主的局面。

第三节　作物种质资源调查

一、禾谷类

新疆种质资源调查涵盖了新疆 7 个县，共收集到禾谷类种质资源 125 份，均为麦穗或籽粒样本。此次调查经纬度跨度大，经度横跨约 18°，纬度相差 8°；作物种植垂直分布带长，调查区域广。

通过对收集到的麦类资源进行整理、繁殖与初步鉴定，出苗收获的种质 125 份，包括小麦 73 份、大麦 11 份、青稞 41 份。从 2012 开始，在适宜的季节及时播种鉴定，采用田间观察和室内考种相结合。鉴定内容包括出苗期、抽穗期、成熟期、苗色、幼苗习性、叶耳色、花药色、穗型、秆色、芒形、壳色、旗叶角度、蜡质、株高、分蘖数、有效分蘖数、穗长、每穗小穗数、小穗粒数、穗粒数、穗粒重、单株生物学产量等 30 余项。遗传多样性较丰富，部分品种抗旱性、抗寒性较强。

（一）小麦

策勒春麦

属于普通小麦的一个地方品种。

采集编号：2012651015。

采集地点：新疆和田地区策勒县乌鲁克萨依乡。

基本特征特性：见表 8-10。

表 8-10　策勒春麦的基本特征特性鉴定结果(鉴定地点：乌鲁木齐市安宁渠镇)

种质名称	株高(cm)	饱满度	穗长(cm)	单株穗数	抗倒伏性	抗旱性	穗粒数	穗粒重(g)	千粒重(g)
策勒春麦	98	饱满	9.6	3.75	强	极强	51.75	2.09	35.64

注：抗旱鉴定结果为 2015 年新疆乌鲁木齐市安宁渠镇鉴定

优异性状：以'新春 6 号'作对照，抗旱性极强，籽粒饱满，抗逆性好(图 8-9)。

利用价值：现直接应用于当地山区大田生产，秸秆饲用，籽粒食用。可作为抗逆性育种亲本。

图 8-9　策勒春麦植株和籽粒

(二)大麦

1. 且末黑青稞

禾本科大麦属的一地方品种，因籽粒黑色而命名。

采集编号：2013651057。

采集地点：且末县阿羌乡阿羌村。

基本特征特性：见表 8-11。

表 8-11　且末黑青稞的基本特征特性鉴定结果(鉴定地点：乌鲁木齐市安宁渠镇)

种质名称	幼苗习性	穗粒数	单株穗数	粒色	株高(cm)	穗长(cm)	单株生物学产量(g)	穗姿	带壳性
且末黑青稞	半匍匐	34.1	3.7	黑	73.6	6.7	8.0	水平	裸

优异性状：黑青稞属于大麦种裸粒大麦变种。株高 73.6cm，六棱长芒裸大麦。粒大色黑，耐瘠薄，抗旱抗寒等抗逆性和丰产性好(图 8-10)。

利用价值：粮饲兼用。可作为青稞特色育种的亲本。

图 8-10　且末黑青稞植株和籽粒

2. 紫芒青稞

禾本科大麦属的一个地方品种，因芒色为紫色而命名。

采集编号：2013651225。

采集地点：且末县阿羌乡阿羌村。

基本特征特性：见表 8-12。

表 8-12　紫芒青稞的基本特征特性鉴定结果（鉴定地点：乌鲁木齐市安宁渠镇）

种质名称	幼苗习性	芒色	穗粒数	粒色	株高(cm)	穗长(cm)	单株生物学产量(g)	穗姿	带壳性
紫芒青稞	半匍匐	紫	37.3	黑	75.4	7.5	13.4	水平	裸

优异性状：紫色长芒裸大麦，籽粒黑色，株高 75.4cm，丰产性好（图 8-11）。

利用价值：可作为青稞特殊育种的亲本材料，粮饲兼用，适宜山区草场种植。

图 8-11　紫芒青稞穗型和籽粒

(三) 玉米

1. 和田黄

玉蜀黍属的一种硬粒型玉米地方品种。

采集编号：2011651001。

采集地点：新疆喀什地区莎车县。

基本特征特性：见表 8-13。

表 8-13　和田黄的基本特征特性鉴定结果 (鉴定地点：乌鲁木齐市安宁渠镇)

种质名称	株高(cm)	穗长(cm)	穗粗(cm)	穗型	粒型	粒色	穗行数(行)	行粒数(粒)	抗旱性
和田黄	201.4	17.1	37.2	柱形	硬粒	橘黄	12.8	29.7	1 级

注：抗旱鉴定结果为 2015 年甘肃敦煌鉴定

优异性状：硬粒型，果穗较长，早熟性好(图 8-12)。

利用价值：目前南疆部分县乡作为食用玉米小面积种植。作为馕食用，营养价值高。可作早熟育种亲本材料。

图 8-12　和田黄籽粒

2. 新和玉米

玉蜀黍属的一种硬粒型玉米地方品种。

采集编号：2013651004。

采集地点：新疆新和县大尤都斯乡。

基本特征特性：见表 8-14。

表 8-14　新和玉米的基本特征特性鉴定结果 (鉴定地点：乌鲁木齐市安宁渠镇)

品质名称	抽雄期(月-日)	吐丝期(月-日)	株高(cm)	穗位高(cm)	粒型	粒色	穗型	熟性	抗旱性
新和玉米	06-28	07-05	204	93.6	硬粒	橙黄	柱形	早熟	1 级 (早熟)

注：抗旱鉴定结果为 2015 年甘肃敦煌鉴定

优异性状：硬粒型，早熟性好(图 8-13)。

利用价值：目前南疆部分县乡作为食用玉米小面积种植。作为馕食用，营养价值高。可作早熟育种亲本材料。

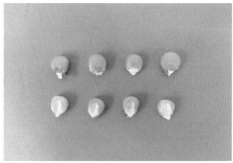

图 8-13 新和玉米果穗和籽粒

3. 黄玉米

玉蜀黍属的一种硬粒型玉米地方品种。

采集编号：2013651015。

采集地点：且末县塔特让乡赛日克布让村。

基本特征特性：见表 8-15。

表 8-15 黄玉米的基本特征特性鉴定结果(鉴定地点：乌鲁木齐市安宁渠镇)

种质名称	抽雄期(月-日)	吐丝期(月-日)	株高(cm)	穗位高(cm)	粒型	粒色	穗型	熟性	抗旱性
黄玉米	07-01	07-09	209.6	98	硬粒	黄	柱形	早熟	1 级(早熟)

注：抗旱鉴定结果为 2015 年甘肃敦煌鉴定

优异性状：硬粒型，早熟性好(图 8-14)。

利用价值：目前南疆部分县乡作为食用玉米小面积种植。作为馕食用，营养价值高。可作早熟育种亲本材料。

图 8-14 黄玉米果穗和籽粒

4. 若羌玉米

玉蜀黍属的一种硬粒型玉米地方品种。

采集编号：2013651017。

采集地点：新疆若羌县农业局。

基本特征特性：见表8-16。

表8-16　若羌玉米的基本特征特性鉴定结果（鉴定地点：乌鲁木齐市安宁渠镇）

种质名称	抽雄期（月-日）	吐丝期（月-日）	株高（cm）	穗位高（cm）	粒型	粒色	穗型	熟性	抗旱性
若羌玉米	07-14	07-20	219.8	87.6	硬粒	橘黄	柱形	晚熟	1级（晚熟）

注：抗旱鉴定结果为2015年甘肃敦煌鉴定

优异性状：硬粒型，口感好，香糯，耐瘠薄（图8-15）。

利用价值：目前南疆部分县乡作为食用玉米小面积种植。作为馔食用，营养价值高。可作晚熟育种亲本材料。

图8-15　若羌玉米果穗和籽粒

5. 若羌早熟玉米

玉蜀黍属的一种硬粒型玉米地方品种。

采集编号：2013651203。

采集地点：新疆若羌县农业局。

基本特征特性：见表8-17。

表8-17　若羌早熟玉米的基本特征特性鉴定结果（鉴定地点：乌鲁木齐市安宁渠镇）

种质名称	抽雄期（月-日）	吐丝期（月-日）	株高（cm）	穗位高（cm）	粒型	粒色	穗型	熟性	抗旱性
若羌早熟玉米	07-02	07-07	218	79.6	硬粒	橘黄	柱形	早熟	1级（早熟）

注：抗旱鉴定结果为2015年甘肃敦煌鉴定

优异性状：硬粒型，早熟性好，抗旱，抗寒（图8-16）。

利用价值：目前南疆部分县乡作为食用玉米小面积种植。作为馔食用，营养价值高。可作早熟育种亲本材料。

图 8-16　若羌早熟玉米果穗和籽粒

(四)黍稷(糜子)

哈巴河糜子

黍属一个北疆冷凉地区地方品种。

采集编号：2011651010。

采集地点：阿勒泰地区哈巴河县。

基本特征特性：见表 8-18。

表 8-18　哈巴河糜子的基本特征特性鉴定结果(鉴定地点：乌鲁木齐市安宁渠镇)

种质名称	株高(cm)	开花期(月-日)	成熟期(月-日)	主穗长(cm)	粒形	粒色	生育期(d)	熟性	抗旱性
哈巴河糜子	71.7	06-08	07-02	22.3	球	红	65	早熟	1级

注：抗旱鉴定结果为 2014 年新疆鉴定

优异性状：极早熟，2014 年鉴定为早熟一级(图 8-17)。

利用价值：粮饲兼用，是哈萨克牧民奶茶日常食用的必备食材。可作为荒滩戈壁治理先锋作物，复播种植，可作为抗寒、抗旱育种材料。

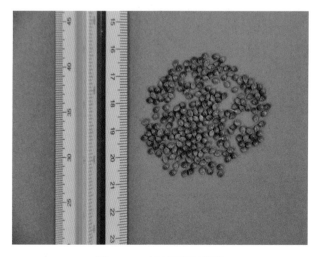

图 8-17　哈巴河糜子籽粒

二、食用豆类

本次豆类资源的调查覆盖了新疆南北疆种植区的部分乡村山区，共调查收集资源材料的样本数为 59 份，包括普通菜豆、豌豆、蚕豆等 7 个属的种质资源，为当地农牧民自留种。对收集样本进行了两年的田间试验鉴定，采用《普通菜豆、豌豆、蚕豆种质资源描述规范和数据标准》进行评价。性状描述和评价数据取值为试验年度间、重复间的平均值。

(一) 鹰嘴豆

拜城鹰嘴豆

鹰嘴豆属的一个地方品种，在新疆俗称诺胡提，又称羊角状鹰嘴豆。

采集编号：2012651069。

采集地点：新疆阿克苏地区拜城县黑英山乡。

基本特征特性：见表 8-19。

表 8-19　拜城鹰嘴豆的基本特征特性鉴定结果 (鉴定地点：乌鲁木齐市安宁渠镇)

种质名称	开花期(月-日)	花色	生长习性	茎形状	荚色	脐色	粒色	粒形	百粒重(g)
拜城鹰嘴豆	06-02	白	半蔓生	曲茎	灰褐	淡褐	黄	圆	24.62

优异性状：耐倒伏，新疆优异的地方品种，抗逆性好 (图 8-18)。

利用价值：可作为育种亲本材料，食药兼用材料。

图 8-18　拜城鹰嘴豆籽粒

(二) 豌豆

1. 裕民豌豆

豌豆属的一个地方品种。

采集编号：2011651012。

采集地点：新疆塔城市裕民县察汗托海牧场。

基本特征特性：见表 8-20。

表 8-20　裕民豌豆的基本特征特性鉴定结果（鉴定地点：乌鲁木齐市安宁渠镇）

种质名称	开花期(月-日)	花色	成熟期(月-日)	单株分枝数	粒形	脐色	粒色	百粒重(g)	单株产量(g)
裕民豌豆	06-11	白	07-22	4.4	扁球形	灰白	淡黄	14.7	31

优异性状：适于冷凉而湿润的气候，抗寒、耐瘠薄能力强。中熟地方种，分枝多、开花多，属蔓生型豌豆品种(图 8-19)。

利用价值：粮饲兼用，可用于高产和抗病性育种研究。

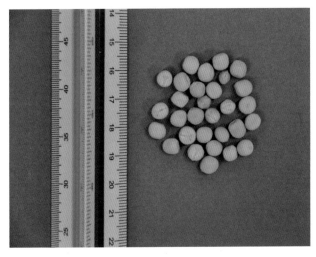

图 8-19　裕民豌豆籽粒

2. 塔什麻豌豆

豌豆属的一个地方品种。

采集编号：2012651023。

采集地点：新疆喀什地区塔什库尔干塔吉克自治县达布达尔乡。

基本特征特性：见表 8-21。

表 8-21　塔什麻豌豆的基本特征特性鉴定结果（鉴定地点：乌鲁木齐市安宁渠镇）

种质名称	开花期(月-日)	花色	成熟期(月-日)	生长习性	株高(cm)	单株荚数	粒色	百粒重(g)	抗旱性
塔什麻豌豆	06-14	紫	07-24	蔓生	79.33	59	绿	4.37	1 级

注：抗旱鉴定结果为 2015 年甘肃敦煌鉴定

优异性状：抗旱性极强，抗寒、耐瘠薄能力强(图 8-20)。是南疆优异地方品种。

利用价值：作为粮食与制淀粉用，常作为大田作物栽培和抗性育种材料。

图 8-20　塔什麻豌豆田间表现和籽粒

3. 达尔豌豆

豌豆属的一个地方品种。

采集编号：2012651051。

采集地点：新疆喀什地区塔什库尔干塔吉克自治县达布达尔乡达布达尔村。

基本特征特性：见表 8-22。

表 8-22　达尔豌豆的基本特征特性鉴定结果（鉴定地点：乌鲁木齐市安宁渠镇）

种质名称	开花期（月-日）	花色	成熟期（月-日）	生长习性	粒形	脐色	粒色	百粒重(g)	抗旱性
达尔豌豆	06-12	紫	07-18	蔓生	扁圆	褐	绿	6.2	1 级

注：抗旱鉴定结果为 2015 年甘肃敦煌鉴定

优异性状：适于冷凉而湿润的气候，抗寒、耐瘠薄能力强。中熟地方种，分枝多、开花多，属蔓生型豌豆品种（图 8-21）。

利用价值：粮饲兼用，可用于高产和抗病性育种研究。

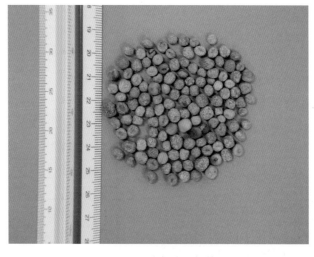

图 8-21　达尔豌豆籽粒

4. 那甫豌豆

豌豆属的一个地方品种。

采集编号：2012651054。

采集地点：喀什地区塔什库尔干塔吉克自治县提孜那甫乡三村。

基本特征特性：见表8-23。

表8-23　那甫豌豆的基本特征特性鉴定结果（鉴定地点：乌鲁木齐市安宁渠镇）

种质名称	开花期（月-日）	花色	成熟期（月-日）	生长习性	株高(cm)	单株荚数	粒色	百粒重(g)	抗旱性
那甫豌豆	06-11	紫	07-18	蔓生	73	29.7	绿	6.8	1级

注：抗旱鉴定结果为2015年甘肃敦煌鉴定

优异性状：抗旱性极强，抗寒、耐瘠薄能力强。是南疆优异地方品种(图8-22)。

利用价值：作为粮食与制淀粉用，常作为大田作物栽培和抗性育种材料。

图8-22　那甫豌豆籽粒

5. 塔什豌豆

豌豆属的一个地方品种。

采集编号：2012651055。

采集地点：喀什地区塔什库尔干塔吉克自治县提孜那甫乡四村。

基本特征特性：见表8-24。

表8-24　塔什豌豆的基本特征特性鉴定结果（鉴定地点：乌鲁木齐市安宁渠镇）

种质名称	开花期（月-日）	花色	成熟期（月-日）	生长习性	株高(cm)	单株荚数	粒色	百粒重(g)	抗旱性
塔什豌豆	06-12	紫	07-8	蔓生	76.2	47.2	绿	6.17	1级

注：抗旱鉴定结果为2015年甘肃敦煌鉴定

优异性状：抗旱性极强，抗寒、耐瘠薄能力强。是南疆优异地方品种(图8-23)。

利用价值：作为粮食与制淀粉用，常作为大田作物栽培和抗性育种材料。

图 8-23　塔什豌豆籽粒

三、野生近缘植物资源

(一)小麦的野生近缘植物

据资料记载，小麦野生近缘植物全国有 11 属 110 种，仅新疆就有 10 属 70 多个种，种的总量占全国近 2/3，且生态类型多样(张金波等，2011)，主要为山羊草属、冰草属、旱麦草属、大麦属、偃麦草属、披碱草属和赖草属等。调查中共收集了小麦野生近缘植物 31 种。

1. 山羊草属 *Aegilops* L.

节节麦 *Aegilops tauschii* Coss.

收集编号为：2012652015、2012652036、2012652049 和 2012652052，收集地点位于新源县的恰普河流域和则克台镇的路边、荒漠草原的下缘及山坡的顶部，海拔在 800～1100m，分布范围广，植株数多。

该物种为越年生草本，秆高 10～20cm，叶鞘平滑无毛而边缘具纤毛，叶片上面疏生柔毛，穗状花序顶生，圆柱形，成熟时逐节断落，小穗圆柱形，外稃具长芒，颖果饱满，花期 6 月中旬，果期 7 月初，该种是六倍体普通小麦的祖先种之一，D 染色体组的供者(图 8-24)。

在荒漠草原下缘其伴生种有胡卢巴、旱麦草和雀麦等，当其形成优势层片时，主要伴生植物是苦豆子。在小麦晾晒场中发现该种混于小麦中，说明该种也分布于麦田周围。

2. 冰草属 *Agropyron* Gaertn.

冰草属植物为多年生草本，是小麦和大麦的近缘种植物，异花传粉。在遗传上具有 P 染色体组。同时该属植物皆为优良牧草，具有耐旱的特点。本属约有 15 种，中国产 5 种，大都分布于欧亚大陆温寒带的草原和沙地上。

图 8-24　节节麦 *Aegilops tauschii*（2012652036）

1）冰草 *Agropyron cristatum*（L.）Gaertn.

收集编号为 2011652089、2013652028、2013652057 和 2014652030，分别采自于托里县、伊吾县、和静县和富蕴县的山地、荒漠草原及草原，海拔分布在 1400～2450m，是典型草原的建群种、亚建群种或主要伴生种。

该物种分布广、耐干旱贫瘠，多呈片状分布。植物秆呈疏丛状，被毛，直立或基部膝曲，高 20～50cm。叶片质地较硬而粗糙，边缘常内卷。穗状花序直立，较粗壮；小穗紧密地排列成两行，呈篦齿状；小穗含 4～7 花；花药黄色。颖果长 4mm。花果期 6～9 月（图 8-25）。

图 8-25　冰草 *Agropyron cristatum*（2013652057）

2）沙芦草 *Agropyron mongolicum* Keng

收集编号为 2014652046 和 2014652063，分别采自于阿勒泰市和布尔津县的草原化荒漠上的沙壤土或沙地。该植株的根外被沙套，具根状茎；秆呈疏丛，直立，高 20～60cm。叶片平滑无毛。穗状花序长 3～9cm，小穗斜向上排列于穗轴两侧；小穗含 3～8 花；颖两侧多不对称，边缘膜质；外稃无毛；内稃略短或等长于外稃；花药淡黄色或淡白色；

子房顶端有毛。颖果椭圆形。花果期 5～7 月（图 8-26）。

图 8-26　沙芦草 *Agropyron mongolicum*（2014652046）

3）篦穗冰草 *Agropyron pectinatum*（M. Bieb.）Beauv.

收集编号为 2012652050，收集地位于新源县的干山坡草原，多散生。植株秆呈密丛，高 20～75cm。叶片内卷。穗状花序紧密，卵状长圆形，篦齿状；小穗绿色，含 3～10 花；颖卵状披针形，平滑；外稃平滑；内稃稍短于外稃，脊上具短纤毛。花果期 6～9 月（图 8-27）。染色体 2*n*＝14、28、42。

图 8-27　篦穗冰草 *Agropyron pectinatum*（2012652050）

3. 旱麦草属 *Eremopyrum*（Ldb.）Jaub. et Spah

一年生草本，皆为早春短命植物。植株含蛋白质多而纤维束少，是家畜早春喜食的优良牧草。本属共有 8 种。从地中海到印度西北部均有分布；我国有 4 种，皆产于新疆。课题组仅收集到 2 种。

1）毛穗旱麦草 *Eremopyrum distans*（C. Kach.）Nevski

收集编号为 2012652039，收集地位于新源县。该种为一年生短命植物。秆平滑无毛，高 8～20cm。叶片条形，扁平，粗糙。穗状花序紧密，矩圆形或卵状长圆形，长 3～5.5cm，宽 1.4～2.5mm，密被长柔毛和易断的穗轴；小穗灰绿色或带紫色，含 3～5 花；颖等长于小穗或稍短，具长纤毛；外稃密被长绵毛，先端渐尖呈粗糙的芒；花药黄色。颖果。花果期 5～6 月（图 8-28）。染色体 2n＝14、28。

图 8-28　毛穗旱麦草 *Eremopyrum distans*（2012652039）

2) 旱麦草 *Eremopyrum triticeum*（Geartn.）Nevski

收集编号为 2012652017，收集地位于新源县。一年生短命植物。秆高 5～20cm。叶片扁平，两面粗糙或被微毛。穗状花序短小，卵状椭圆形，排列紧密；小穗草绿色，含 3～6 花，与穗轴几成直角，小穗轴扁平；颖无毛，披针形，先端渐尖；外稃上半部具 5 条明显的脉，被糙毛；内稃长约 3.8mm，先端微呈齿状，脊的上部粗糙；花药黄色；子房被柔毛。花果期 5～6 月（图 8-29）。染色体 2n＝14。生于天山以北的荒漠及荒漠草原、早春水分较好的生境中。集中分布于准噶尔盆地南缘、塔城谷地和伊犁谷地，是早春短命植物层片的主要组成成分之一。

图 8-29　旱麦草 *Eremopyrum triticeum*（2012652017）

4. 披碱草属 *Elymus* L.

均为多年生草本且大多是优良牧草，也是小麦和大麦的近缘种植物，异花或自花传粉，在遗传上具有 SHY 染色体组。本属有 160 余种，分布于北半球温带，我国有 82 种 23 变(亚)种 41 变型，新疆产 41 种 6 变种。课题组主要收集类群有如下几种。

1) 老芒麦 *Elymus sibiricus* L.

收集编号为 2011652023、2012652058、2012652089、2012652100、2013652006、2013652026、2013652041、2013652070 和 2014652015，收集地分别是木垒县、尼勒克县、新源县、巩留县、巴里坤县、伊吾县、布尔津县、和静县和富蕴县。在所调查的区域中均有分布，且为山地草甸和草甸草原的伴生种或亚优势种，在水渠边或林下有时成片生长，形成单一的老芒麦群落。该种秆单生或呈疏丛，高 60～90cm；叶片扁平。穗状花序较疏松而下垂，长 15～20cm，通常每节具 2 枚小穗；小穗灰绿色或稍带紫色，含 4～5 花；颖狭披针形，先端渐尖或具长达 5mm 的短芒；外稃披针形，具 5 脉；内稃几与外稃等长，先端 2 裂；花药黄色(图 8-30)。花果期 6～9 月。该种以耐旱、耐寒及种子产量高为特点。

图 8-30　老芒麦 *Elymus sibiricus*(2013652041)

2) 圆柱披碱草 *Elymus cylindricus*(Franch.) Honda

收集编号为 2011652030、2013652010、2013652027 和 2013652056，收集地分别是木垒县、巴里坤县、伊吾县及和静县。该物种多分布于 520～2300m 的前山沟谷及山麓地带的草甸中。

植株秆高 40～80cm。叶鞘无毛；叶片扁平。穗状花序直立，长 7～14cm，通常每节具有 2 枚小穗而接近先端各节仅 1 枚；小穗绿色或带紫色，通常含 2～3 小花，仅 1～2 小花发育；颖披针形至线状披针形，长 7～8mm，具 3～5 脉，先端渐尖或具长达 4mm 的短芒；外稃披针形，具 5 脉，顶端芒粗糙；内稃与外稃等长，先端钝圆；花药紫色或紫褐色。花果期 6～9 月(图 8-31)。

图 8-31 圆柱披碱草 *Elymus cylindricus*（左图为 2013652010、右图为 2013652027）

3）披碱草 *Elymus dahuricus* Turcz.

收集编号为 2011652058、2012652061、2012652096、2013652049、2013652020 和 2014652069，收集地分别是木垒县、新源县、巩留县、富蕴县、巴里坤县和布尔津县。该种广泛分布于平原绿洲及山地，海拔在 500～1700m，是山地草甸草原、山地草甸和平原草甸的伴生种，在绿洲上的田边地埂及水渠边常见。该种秆疏丛生，直立，高 70～140cm。叶鞘平滑无毛；叶片扁平。穗状花序直立，较紧密，长 14～18cm；小穗绿色，成熟后变为草黄色，含 3～5 花；颖披针形，先端具短芒；外稃披针形，具 5 条明显的脉，全部密生短小糙毛；内稃与外稃等长；花药黄色。花果期 6～10 月（图 8-32）。以植株穗状花序长、小穗朵花及分布广为特点。

1mm

图 8-32 披碱草 *Elymus dahuricus*（2011652058）

4）垂穗披碱草 *Elymus nutans* Griseb.

收集编号为 2013652055 和 2013652074，收集地均位于和静县境内。该种分布海拔较高，是组成高海拔高寒草原的优势种或主要伴生种，具有寒旱生的特点（崔乃然和钟骏平，1984；新疆植物志编辑委员会，1996）。植株秆直立，高 50～70cm。叶片扁平，两面粗糙，有时疏生柔毛。穗状花序紧密，小穗多偏生于穗轴一侧，通常曲折而先端下垂，通常每节具有 2 枚小穗；小穗绿色，成熟后带紫色；颖长圆形，先端渐尖或具短芒；外稃长披针形，具 5 脉，芒粗糙，向外反曲或稍展开；内稃与外稃等长脊上具纤毛；花药黑绿色。花果期 6～9 月（图 8-33）。染色体 $2n＝42$。

图 8-33　垂穗披碱草 *Elymus nutans*（左图为 2013652055、右图为 2013652074）

5. 赖草属 *Leymus* Hoch.

赖草属植物为多年生草本，多为优良牧草，也是小麦和大麦的近缘种植物。异花传粉，在遗传上具有 JX 染色体组。根据 *Flora of China* 记载（Chen and Zhu，2006），本属约有 50 种，主要分布在北半球温带地区，我国产 24 种。新疆有赖草属植物 15 种，该属植物具有穗大、花多、抗干旱和耐盐碱的特性。课题组在调查中，仅收集了以下种类。

1）大赖草 *Leymus racemosus*（L.）Tzvel.

收集编号为 2013652035、2014652077 和 2014652078，收集于布尔津县和哈巴河县低阶地的沙地与沙丘上。分布海拔在 400～500m。该种在我国仅产于新疆，以茎秆矮、粗壮而挺拔、穗状花序大、多花为特点，并具有耐旱、耐盐碱、耐瘠薄、抗病虫害等特性。植株具长的横走根茎；秆粗壮，直立，高 40～100cm，全株微糙涩。叶片略有扭曲，浅绿色，质硬。穗状花序直立，长 15～30cm，穗轴坚硬，扁圆形，每节具 4～7 枚小穗；小穗含 3～5 花；颖披针形，平滑，与小穗近等长；外稃背部被白色细毛；内稃比外稃短 1～2mm，两脊平滑无毛；花药黄色。花果期 6～9 月（图 8-34）。染色体 $2n＝28$。

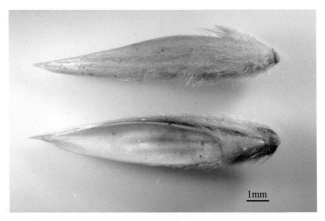

图 8-34　大赖草 *Leymus racemosus*（2014652078）

2) 多枝赖草 *Leymus multicaulis*(Kar. et Kir.) Tzvel.

收集编号为 2011652021、2012652063、2013652015、2013652076 和 2014652067，分别收集于木垒县、新源县、巴里坤县、和静县和布尔津县的平原绿洲的盐化低地和荒漠草甸。该种以耐盐碱为其特点。植株秆单生或呈疏丛，直立，高 50～80cm，平滑无毛或仅于花序下粗糙。叶片扁平或内卷。穗状花序长 5～12cm；小穗 2～3 枚生于每节，含 2～6 花；颖锥形，具 1 脉；外稃宽披针形，平滑无毛，顶端芒长 2～3mm；内稃短于外稃；花药黄色。花果期 5～8 月(图 8-35)。

图 8-35　多枝赖草 *Leymus multicaulis*(2014652067)

3) 卡瑞赖草 *Leymus karelinii*(Turcz.) Tzvel.

收集编号为 2011652069、2011652082、2011652085、2013652062 和 2014652004，收集于托里县、塔城市、裕民县、和静县与奇台县，多散生于海拔 1600～2100m 的山地草原带。植株具下伸的根茎；秆直立，形成密丛，高 60～120cm，平滑无毛。叶片蓝灰色，质硬。穗状花序直立，长 10～20cm；小穗 2 枚生于 1 节，含 2～3 花；颖线状披针形；外稃披针形，密被短柔毛，先端渐尖；内稃通常稍短于外稃；花药黄色。花果期 6～8 月(图 8-36)。

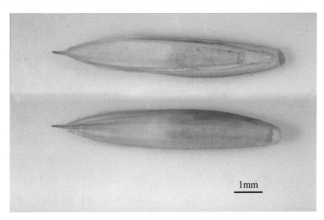

图 8-36　卡瑞赖草 *Leymus karelinii*(2011652069)

4) 窄颖赖草 Leymus angustus (Trin.) Pilger

收集编号为 2014652010 和 2014652013，收集地均位于富蕴县可可托海镇。该物种以茎秆坚硬挺拔和耐瘠薄为特点。分布海拔在 1200～2000m。植株具下伸的根茎；秆单生或丛生，高 60～100cm。叶片质地较厚而硬，粗糙。穗状花序直立，长 15～20cm，穗轴被短柔毛；小穗 2 枚生于 1 节，含 2～3 花，小穗轴节间被短柔毛；颖线状披针形；外稃披针形，密被柔毛；内稃通常稍短于外稃，脊之上部有纤毛；花药黄色。花果期 6～8 月（图 8-37）。染色体 $2n=28$、42、56、84。

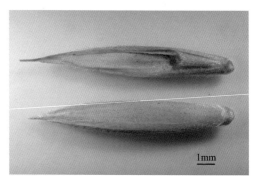

图 8-37　窄颖赖草 *Leymus angustus*（2014652010）

6. 偃麦草属 *Elytrigia* Desv.

多年生草本，皆为优良牧草，亦是小麦和大麦的近缘种。异花传粉，在遗传上具有 SX 染色体组，多被用于和小麦进行杂交，同时该属植物也是小麦秆、叶和条锈病、白粉病、条纹花叶病和腥黑穗病的重要抗原（新疆植物志编辑委员会，1996）。

1) 偃麦草 *Elytrigia repens* (L.) Nevski

收集编号为 2011652036、2011652074、2012652007、2013652003、2014652003、2014652021 和 2014652040，收集地分别位于木垒县、塔城市、巩留县、巴里坤县、奇台县、富蕴县和阿勒泰市。多分布在海拔 2500m 以下的山谷、荒地、田边、地埂和路旁等地。植株秆呈疏丛，直立，有时基部膝曲，平滑无毛，高 40～80cm。叶鞘平滑无毛，叶舌短小或不明显；叶片扁平。穗状花序直立，小穗含 5～7 花；颖披针形，具 5～7 脉，平滑无毛，边缘膜质；外稃长椭圆形至披针形，具 5～7 脉，顶端具短尖头；内稃稍短于外稃，边缘膜质，内折。花果期 6～9 月（图 8-38）。

2) 费尔干偃麦草 *Elytrigia ferganensis* (Drob.) Nevski

收集编号为 2011652064、2011652083、2012652062、2012652099、2013652001 和 2013652067，收集地分别位于托里县、塔城市、新源县、巩留县、木垒县及和静县。该种以纤细而坚韧、花多及耐干旱和耐瘠薄为特点（崔乃然和钟骏平，1984）。植株秆直立，丛生，基部膝曲，高 40～70cm。叶片质硬，紧缩。穗状花序稀疏，具 6～8 枚小穗；小穗长椭圆形，含 5～7 花；颖披针形，先端具短尖头，边缘膜质。外稃宽披针形，具 5 脉，边缘具短纤毛；内稃披针形，等长于外稃。花果期 6～8 月（图 8-39）。

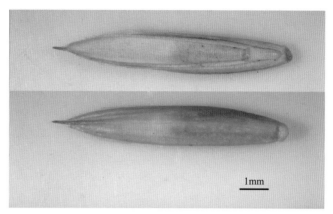

图 8-38　偃麦草 *Elytrigia repens*（2014652003）

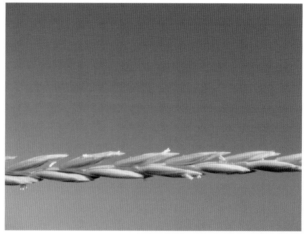

图 8-39　费尔干偃麦草 *Elytrigia ferganensis*（2013652067）

（二）大麦野生近缘种

大麦属 *Hordeum* L.

布顿大麦草 *Hordeum bogdanii* Wilensky

收集编号为 2014652018、2014652044 和 2014652076，收集地分别位于富蕴县、阿勒泰市和哈巴河县。该种多生长于平原绿洲中的河漫滩、水库和水渠边，是沼泽化低地草甸的优势种。

植株秆直立，高 50～80cm，密被灰毛。叶片长 6～15cm。穗状花序通常呈灰绿色，长 5～10cm，穗轴节间易断落；颖针状，先端具芒，内稃长约 6.5mm；花药黄色。花果期 6～9 月（图 8-40）。染色体 $2n=14$。

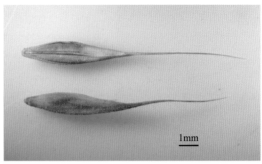

图 8-40　布顿大麦草 *Hordeum bogdanii*（2014652044）

（三）燕麦野生近缘种

燕麦属 *Avena* L.

野燕麦 *Avena fatua* L.

收集编号为 2011652007、2011652013、2011652081、2011652087、2012652022、2012652057、2013652004 和 2014652017，收集地分别在木垒县、塔城市、裕民县、新源县、尼勒克县、巴里坤县和富蕴县。该种广泛分布在海拔 700～1400m 的平原绿洲及山区，是常见的农田杂草，常混生于麦类、豌豆、油菜等作物中。

一年生草本。秆直立，光滑无毛，高 60～120cm。叶片扁平。圆锥花序开展。小穗长 18～25mm，含 2～3 花。小穗柄弯曲下垂，顶端膨胀；小穗轴密生淡棕色或白色硬毛。颖草质；外稃质地坚硬。芒自稃体中部稍下处伸出，膝曲。芒柱棕色、扭转。颖果被淡棕色柔毛。花果期 4～9 月（图 8-41）。

图 8-41　野燕麦 *Avena fatua*（2011652087）

（四）野生豆类

1. 野豌豆属 *Vicia* L.

1）广布野豌豆 *Vicia cracca* L.

收集编号为 2011652032、2011652054、2012652030 和 2012652114，收集地位于木

垒县和新源县。该种生于草甸、林缘、山坡、河滩草地及灌丛，海拔 420～2700m。多为水土保持绿肥作物。嫩时为牛羊等牲畜喜食饲料，花期早春为蜜源植物之一（新疆植物志编辑委员会，2001）。

多年生草本，高 40～150cm。茎攀缘或蔓生，有棱，被柔毛。偶数羽状复叶，叶轴顶端卷须有 2～3 分枝；小叶 5～12 对互生，线形、长圆形或披针状线形，全缘。总状花序与叶轴近等长，花多数，10～40 密集一面着生于总花序轴上部；花萼钟状，萼齿 5；花冠紫色、蓝紫色或紫红色。荚果长圆形或长圆菱形，先端有喙。种子 3～6，扁圆球形，种皮黑褐色。花果期 5～9 月（图 8-42）。

图 8-42　广布野豌豆 *Vicia cracca*（2011652032）

2）新疆野豌豆 *Vicia costata* Ledeb.

收集编号为 2011652029 和 2011652057，收集地位于木垒县。该种为多年生攀缘草本，高 20～80cm。茎斜升或近直立，多分枝，具棱，被微柔毛或近无毛。偶数羽状复叶顶端卷须分枝，小叶 3～8 对，长圆披针形或椭圆形。总状花序明显长于叶，微下垂；花萼钟状，被疏柔毛或近无毛；花冠黄色、淡黄色或白色，具蓝紫色脉纹。荚果扁线形，先端较宽。种子 1～4，扁圆形，种皮棕黑色。花果期 6～8 月（图 8-43）。

图 8-43　新疆野豌豆 *Vicia costata*（2011652029）

3)四籽野豌豆 *Vicia tetrasperma*(L.)Schreber

收集编号为2012652043,收集地位于新源县。生于耕地、河、湖岸边、渠边、山谷、草地阳坡及林下。为优良牧草,嫩叶可食。一年生缠绕草本,高20~60cm。茎纤细柔软有棱,多分枝,被微柔毛。偶数羽状复叶;小叶2~6对,长圆形或线形。总状花序,花冠紫白色。荚果长圆形,表皮棕黄色,近革质,具网纹。种子4,扁圆形。花期5~6月,果期6~8月(图8-44)。

图8-44 四籽野豌豆 *Vicia tetrasperma*(2012652043)

2. 苜蓿属 *Medicago* L.

1)紫花苜蓿(苜蓿、紫苜蓿)*Medicago sativa* L.

收集编号为2012652020、2013652063、2014652007和2014652016,收集地分别位于新源县、和静县、奇台县和富蕴县。多年生草本。茎高30~100cm,直立或斜升,基部多分枝。三出羽状复叶,小叶片长卵形、先端钝圆,基部狭窄,楔形,上部叶缘有锯齿,两面均有白色长柔毛。总状花序腋生,花冠紫色。荚果螺旋状盘曲2~4圈,种子卵状肾形,黄褐色。花果期6~9月(图8-45)。

图8-45 紫花苜蓿(苜蓿、紫苜蓿)*Medicago sativa*(2014652007)

生于北疆的山地草甸、草甸草原、山地和平原河谷灌丛草甸中,但不普遍。作为栽培牧草在南北疆广泛种植,已有2000年栽培历史,品种资源丰富,是重要的牧草和蜜源植物(新疆植物志编辑委员会,2001)。

2) 小苜蓿 *Medicago minima* (L.) Grufb.

收集编号为 2012652044、2012652093 和 2013652086，收集地分别位于新源县、巩留县和玛纳斯县。该种生于前山带山地草原和荒漠草原的沟谷或凹地，适生于干旱土壤和石质坡地。

一年生草本，高 10～30cm；茎直立或斜升，细弱。三出羽状复叶，小叶片倒卵形，先端圆或凹缺，基部楔形，仅上部边缘具细齿，两面均被毛。总状花序腋生，花冠黄色。荚果螺旋状盘曲 3～5 圈，球形或扁球形。种子肾形，黄色。花果期 5～8 月(图 8-46)。

图 8-46　小苜蓿 *Medicago minima*（2012652093）

3. 草木樨属 *Melilotus* Mill.

白花草木樨 *Melilotus albus* Medic. ex Desr.

收集编号为 2014652026 和 2014652041，收集地分别位于富蕴县和阿勒泰市。该种生于沿河低地、田野和荒地。

二年生草本，高 1～2m。茎直立，多分枝。羽状三出复叶，小叶片长椭圆形，先端截形，顶端微凹，边缘具细齿。总状花序腋生，短穗状；花冠白色。荚果卵圆形，灰棕色，具突起的网脉，无毛。种子肾形，黄褐色，平滑或具小疣状突起。花果期 6～8 月(图 8-47)。

图 8-47　白花草木樨 *Melilotus albus*（2014652041）

4. 胡卢巴属 *Trigonella* L.

弯果胡卢巴 *Trigonella arcuata* C. A. Meyer

收集编号为 2012652038 和 2013652060，收集地分别位于新源县及和静县。该种生于天山、阿尔泰山和准噶尔西部山地的低山及山前荒漠与荒漠草原，海拔 1500m 以下。

一年生草本，高 10～30cm。茎外倾或铺散。羽状三出复叶，小叶片倒三角状卵形，边缘有锯齿。花序伞状，腋生，4～7 花，无梗或具其很短的梗；花冠黄色。荚果圆柱状线条形，镰形弯曲，被柔毛，具网状皱纹，含种子多数。花果期 5～6 月（图 8-48）。

图 8-48 弯果胡卢巴 *Trigonella arcuata*（2013652060）

（五）野生果蔬类

1. 葱属 *Allium* L.

葱属植物具有很高的经济价值，是重要的食药用、观赏植物资源。新疆是百合科葱属植物的起源中心，种质资源十分丰富，有 50 种 1 变种（林辰壹，2010），新疆野生的葱、蒜和韭分布十分广阔，在高山、草原、草滩、荒漠和沙丘等生境条件下均可生长。课题组收集葱属植物资源 11 种 31 份，主要种类如下。

1）蒙古韭 *Allium mongolicum* Regel

收集编号为 2013652032 和 2014652064，收集地为布尔津县。该种多生于沙地及干旱山坡。多年生草本，地下鳞茎密集丛生，圆柱状；鳞茎外皮褐黄色，成纤维状。茎高 15～25cm，圆柱状，下部被叶鞘。伞形花序半球状至球状，具密集的小花；花淡紫色、淡红色至紫红色；子房倒卵状球形，花柱不伸出花被外。花期 6 月，果期 7～8 月（图 8-49）。

2）疏生韭 *Allium caespitosum* Siev. ex Bong. et Mey.

收集编号为 2013652034 和 2014652065，收集地位于布尔津县。该种多生于荒漠低地或沙丘附近。多年生草本植物，高 20～30cm。根状茎横走，鳞茎呈疏散的丛生状，圆柱形，茎下部外皮淡紫色或灰褐色，薄膜质，条状破裂。叶半圆柱状。伞形花序半球状，花少，松散；花白夹桃红色；花被片椭圆形至卵形；子房近球状，花柱比子房长，不伸出花被。花果期 6～8 月（图 8-50）。

图 8-49　蒙古韭 *Allium mongolicum*（2014652064）

图 8-50　疏生韭 *Allium caespitosum*（2013652034）

3）长喙葱 *Allium saxatile* Bieb.

收集编号为 2011652051、2011652090、2012652078、2012652106、2013652087、2014652029 和 2014652047，收集地分别位于木垒县、托里县、新源县、玛纳斯县、富蕴县和阿勒泰市。该种多生于山地砾石质坡地上。

多年生草本。鳞茎常数枚聚生，卵状圆柱形；鳞茎外皮褐色或红褐色，革质。茎高20～60cm，圆柱状，实心。叶 4～6 枚，半圆柱状。花葶圆柱状，实心，光滑；伞形花序球状，具多而密集的花，小花梗近等长。花紫红色或淡红色，稀白色；花被片具深色中脉，矩圆状卵形，先端具短尖头。花果期 7～9 月（图 8-51）。

4）棱叶韭 *Allium caeruleum* Pall.

收集编号为 2011652025、2011652056、2011652080、2012652092 和 2012652107，收集地分别位于木垒县、塔城市、巩留县和新源县。该种生于山地草原灌木丛中。

多年生草本植物。鳞茎近球状，鳞茎外皮暗灰色，纸质或膜质。叶 3～5 枚，条形，背面具 1 条纵棱，有时为三棱状条形，干时常扭卷，比花葶短，花期逐渐枯死。茎高 25～80cm，圆柱状。总苞 2 裂；伞形花序球状或半球状，具多而密集的花；小花梗近等长；花天蓝色，干后常变蓝紫色；花被片矩圆形至矩圆状披针形，长 3～5mm，内轮的较外轮的狭；花丝等长。花果期 6～8 月（图 8-52）。

图 8-51　长喙葱 *Allium globosum*（2014652029）

图 8-52　棱叶韭 *Allium caeruleum*（左图为 2012652107、右图为 2011652056）

5）山韭 *Allium senescens* L.

收集编号为 2011652038、2013652012 和 2013652023，收集地位于木垒县和巴里坤县。该种生长于海拔 1500～2500m 的山地草原和砾石质坡地中。

多年生草本。具粗壮的横生根状茎。鳞茎单生或数枚聚生，外皮灰黑色至黑色，膜质，有时带红色。茎高 10～50cm，下部被叶鞘，圆柱形，常具 2 纵棱。叶狭条形至宽条形，肥厚。总苞 2 裂，宿存；伞形花序半球状至近球状，具多而稍密集的花；小花梗近等长。花紫红色至淡紫色；花丝等长，从略长于花被片直至长 1.5 倍。花果期 7～9 月（图 8-53）。

6）辉韭 *Allium strictum* Schrad.

收集编号为 2011652079，收集地位于塔城市。

多年生草本。鳞茎单生，外皮黄褐色，呈网状形。茎高 35～60cm，圆柱状，光滑。叶条形，中空，短于茎，宽 2～4mm，边缘光滑，基部叶鞘抱茎。伞形花序球形或半球形，具密集的小花；花淡紫色至淡紫红色；花被片长 4～5mm；果期 7～8 月（图 8-54）。

图 8-53　山韭 *Allium senescens*（左图为 2013652012、右图为 2013652023）

图 8-54　辉韭 *Allium strictum*（2011652079）

7）滩地韭 *Allium oreoprasum* Schrenk

收集编号为 2011652061 和 2011652092，均收集于托里县。该种生长于海拔 1200～2700m 的砾石质戈壁及山地石质坡上。

多年生草本。鳞茎簇生，外皮黄褐色，成纤维网状。茎高 20～50cm。叶条形，宽 1～3mm。伞形花序近半球状，花松散，小花淡红色至紫红色；花被片具深紫色中脉，长 3.5～7mm，花丝短于花被片。蒴果开裂。花果期 6～8 月（图 8-55）。可直接食用。

图 8-55　滩地韭 *Allium oreoprasum*（2011652061）

8) 小山蒜 *Allium pallasii* Murr.

收集编号为 2013652059 和 2013652066，收集地位于和静县。该种多生于荒漠及干旱坡地上。

多年生草本。鳞茎近球形至卵球形；鳞茎外皮灰色或褐色，膜质或近革质。叶 3～5 枚，半圆柱状。茎圆柱状，高 15～65cm。伞形花序球状或半球状，具多而密集的花；花淡红色至淡紫色；花被片披针形至矩圆状披针形，等长；子房近球形，表面具细的疣状，具凹陷的蜜穴；花柱略伸出花被外；柱头稍增大。花果期 5～7 月(图 8-56)。

图 8-56　小山蒜 *Allium pallasii*(2013652059)

2. 蔬菜类野生近缘种

荠菜 *Capsella bursa-pastoris*(L.)Medic.

收集编号为 2011652002 和 2012652035，收集地分别位于木垒县和新源县。该种隶属于十字花科荠属，分布范围广，多生长在平原绿洲、草原带农业区的山坡农田及其附近。可食用。

一年生或越年生草本，高 12～45cm。茎直立或于基部分枝。基生叶多数，倒披针形或长卵状椭圆形，全缘或羽状裂；茎生叶无柄，条形或披针形，抱茎。总状花序顶生或腋生；花瓣白色。短角果倒三角形或倒心脏形。种子每室 2 行，多数，长椭圆形，黄褐色。花果期 5～7 月(图 8-57)。

图 8-57　荠菜 *Capsella bursa-pastoris*(2012652035)

(六)野生果树资源

1. 胡颓子科

沙棘 *Hippophae rhamnoides* L.

收集编号为 2012652076，收集于新疆新源县恰普河。该种多生长于河谷阶地、山坡和河滩。落叶灌木或小乔木，2～6m。嫩枝密被银白色鳞片，一年以上枝鳞片脱落，表皮呈白色，发亮；刺较多而较短。单叶互生，线形，顶端钝形或近圆形，两面银白色，密被鳞片。果实阔椭圆形或倒卵形至近圆形，干时果肉较脆。花期 5 月，果期 8～9 月(图 8-58)。

图 8-58　沙棘 *Hippophae rhamnoides*(2012652076)

2. 蔷薇科

1)蔷薇属 Rosa L.

腺齿蔷薇 *Rosa albertii* Regel

收集编号为 2012652074，收集地位于新疆新源县恰普河新源林场。

灌木，高 1～2m。小枝灰褐色或紫褐色，无毛，皮刺细直。小叶 5～11，小叶片椭圆形，卵形或倒卵形，先端钝圆，边缘有重锯齿；叶柄被绒毛。花常单生，或 2~3 朵簇生；花瓣白色，宽倒卵形，先端微凹；花柱头状，被长柔毛，短于雄蕊。果实卵圆形，椭圆形或瓶状，长 1～2cm，橘红色，果期萼片脱落。花期 5～6 月，果期 7～8 月(图 8-59)。生于海拔 1400～2300m 的中山带林缘、林中空地及谷地灌丛。果可入药，果皮富含维生素 C，抗坏血酸的含量在各种蔷薇果中居首位(新疆植物志编辑委员会，1995)。

图 8-59　腺齿蔷薇 *Rosa albertii*（2012652074）

2）山楂属 *Crataegus* L.

ⅰ. 黄果山楂（阿尔泰山楂）*Crataegus chlorocarpa* Lenne et C. Koch

收集编号为 2012652075、2012652102，收集于新疆新源县恰普河新源林场布鲁根管护站、巩留县莫乎尔白连。主要生长于林缘、谷地及山间台地。

乔木，高 3～7m。小枝粗壮，棕红色，有光泽。叶片阔卵形或三角状卵形，常 2～4 裂，边缘有疏锯齿；托叶大型，镰刀状，边缘有腺齿。复伞房花序，花多密集；花瓣近圆形，白色；雄蕊 20；花柱 4～5，子房上部有疏柔毛。果实球形，直径约 1cm，金黄色，无汁，粉质；小核 4～5，内面两侧有洼痕。花期 5～6 月，果期 8～9 月（图 8-60）。

图 8-60　黄果山楂 *Crataegus chlorocarpa*（左图为 2012652102、右图为 2012652075）

ⅱ. 红果山楂（辽宁山楂）*Crataegus sanguinea* Pall.

收集编号为 2012652073 和 2012652103，收集于新疆新源县恰普河新源林场布鲁根管护站、巩留县莫乎尔白连。该种生长于山地林缘或河边。

小乔木，高 2～4m；刺粗壮、锥形。叶片宽卵形或菱状卵形，基部楔形，边缘有 3～4 浅裂片；托叶镰刀形或卵状披针形，边缘有锯齿。伞房花序，花梗无毛；花瓣长圆形，白色；雄蕊 20，与花瓣等长；花柱常 3，稀 5，子房顶端被柔毛。果实近球形，直径约 1cm，血红色；小核 3，稀 5，两侧有洼点。花期 5～6 月，果期 7～8 月（图 8-61）。

3. 栒子属 *Cotoneaster* B. Ehrhart

少花栒子 *Cotoneaster oliganthus* Pojark.

收集编号为 2014652031，收集地位于新疆富蕴县可可托海喀依尔特林场管护站附近。

图 8-61　红果山楂 *Crataegus sanguinea*（左图为 2012652073、右图为 2012652103）

灌木，高达 1m。叶片椭圆形或卵圆形，上面鲜绿色，被疏毛或无毛，下面被绿灰色柔毛，先端圆钝，具短尖头，基部宽楔形或圆形；叶柄具绒毛。短聚伞花序，有花 2～4 朵，花梗被毛；花小；萼筒外被疏柔毛，萼片宽三角形，被疏毛或几无毛，边缘带紫色和具睫毛；花瓣粉红色；花柱 2，稀 3，离生。果球形或椭圆形，红色，直径 5～8mm，具 2 核，腹面扁平。花期 5～6 月，果期 8～9 月（图 8-62）。

1mm

图 8-62　少花栒子 *Cotoneaster oliganthus*（2014652031）

第四节　作物种质资源保护和利用建议

　　新疆位于欧亚大陆腹地，地处中国西北边陲，自古以来，就是重要的农牧业主产区，周边与俄罗斯、哈萨克斯坦等八国接壤，是古丝绸之路的重要通道，繁荣的商品贸易丰富和加强了地区间的物质文化交流，更带动了新疆农业和社会经济的发展。独特的地形地貌，干旱少雨、日照充足、气候变化剧烈的自然条件，使新疆拥有众多适应干旱、半干旱地区生态环境的植物群落，构成了荒漠地区特殊的植物类型。生态环境丰富多样，是多个植物区系的交汇和过渡地带，孕育了丰富而独特的植物资源，在物种基因、种群特征和生态类型上都具有显著特色，许多植物种类在我国仅分布于新疆。作物遗传资源主要有优质棉花资源、麦类地方品种资源、特色豆类资源、饲草种质资源；农作物野生近缘种资源主要包括谷类作物野生近缘种植物、水稻近缘植物、油料作物的近缘植物和葱属植物近缘种等；野生林果种质资源主要有野苹果、野杏、野生樱桃李、野核桃等，以及甘草、贝母、麻黄等药用植物资源及其他野生植物资源等。因此，特殊的地形地貌和民族传统文化，不仅保存了大量作物遗传资源和野生植物遗传资源，同时也保存有传统的栽培习惯，与国内其他省区相比有很大的差异，多样性和特异性突出。

　　长期以来，受地方社会经济发展水平所限，边疆贫困地区多以关乎地区社会经济发展的短、平、快项目为重心，优先发展和大力支持大宗农作物、经济作物的品种选育、栽培技术推广等，对基础性、公益性研究投入严重不足，导致新疆种质资源研究基础条件建设薄弱，对新疆生境内的农家种种质资源普查和调查不到位，尚未完全掌握真实的资源状况，还有很多珍稀农家种种质资源留存在民间，同时，气候剧变、土地盐渍化加剧、过度放牧、乱砍滥伐，以及城镇化的快速推进等导致了野生近缘植物原生境遭到破坏，许多野生植物资源面临灭绝的危险。因此，迫切需要在国家和自治区政府的大力支持下，加大对关乎社会长久发展的战略资源研究、保护的稳定支持，多措并举，保护新疆植物种质资源的生物多样性及野生植物种质资源的遗传多样性，推动新疆农作物种质资源及野生近缘植物资源的保护和种质资源的创新利用。

一、加强新疆的野生植物资源调查和原生境保护

　　新疆虽然地处西北干旱荒漠区，其植物种类稀少、植被单一，资源相对贫乏，但由于环境的特殊性和地域的辽阔，其植物资源具有显著的特色。例如，新疆是小麦近缘植物的遗传多样性中心之一，是中国小麦野生近缘植物分布最丰富的地区之一（刘旭等，2009），同时也是百合科葱属植物的起源中心，种质资源十分丰富（林辰壹，2010）。此外新疆还有具特异抗性基因的植物种质资源如抗旱植物、抗盐植物、短命植物和抗紫外线植物（崔乃然和李学禹，1998）。新疆小麦族野生近缘植物染色体倍性变化复杂，富含抗白粉病、抗锈病和抗麦蚜基因，是我国小麦种质资源的一个天然基因库，在未来的小麦品种改良中将会起到巨大作用（陆峻和刘志勇，1998）。保护好、利用好这些野生植物资源显得尤为重要。

　　加强本地区野生植物资源的保护和开发：第一，继续加强野生植物的种质资源调查，

包括种类、分布、利用价值，尤其是深入调查边远地区的植物种质资源，明确资源的分布及濒危状态。第二，合理开发利用，避免乱砍滥挖，特别是野生植物资源分布区。新疆为荒漠半荒漠干旱区，生态系统十分脆弱。过度的乱砍滥挖及水利土木工程的修建造成了许多植物濒临绝种，如新疆的甘草、麻黄曾一度遭到大量的乱挖，造成物种濒临绝种。在此次调查中发现，新源假稻、伊吾赖草及野生油菜等在其原产地已基本不存在。第三，在调查摸清濒临绝种的珍稀植物资源原生群落的基础上，有必要进一步建立原生境保护区，就地保护，从而避免人为干扰及社会经济发展(如水电、矿产开采、旅游、作物种植开垦及非法砍伐等)造成的物种灭绝。

二、加强野生近缘植物资源的异地保护和研究利用

首先，新疆由省级行政单位建立了大赖草、节节麦、披碱草等原生境保护区，但因归口管理等问题，科研单位对其保护利用现状如所在区域位置、资源特性、利用情况等并不了解，更无法进行利用研究。其次，众所周知，全球气候变暖进一步加剧，水汽分布更加不均，这些均对全球各生态区的气象及物候等产生了巨大影响。新疆也不例外，仅乌鲁木齐市各区县而言，近五年，春麦播种时间比过去提早 7～10d 及以上。暖冬造成了降水量急剧减少、植被越冬困难等；春季缩短、夏季高温又导致融雪性洪水等地质灾害频发；气候变化剧烈，冷害、冰雹等气象灾害日益频繁；夏秋季干旱少雨更进一步加剧了荒漠化、土壤盐渍化。再次，畜牧业的大发展，完全得益于草场的承包责任制，但承包制带来畜牧业大发展的同时，也伴生了过度放牧、草场退化等次生灾害。这均对野生近缘植物特别是禾本科小麦、大麦等野生资源赖以生存的环境造成了巨大破坏。在野生近缘植物调查中发现，禾本科野生居群已经在海拔的垂直分布上发生了变迁。因此，亟需在原生境保护基础上集中建立野生近缘植物资源圃，通过资源特性及创新利用研究来加强野生植物资源的保护和利用。

三、加强种质资源调查和收集，建立共享机制

在农业生产方面，种质资源是战略性资源。一方面种质资源可直接利用，保持作物种间和种内多样性，增强生产系统的稳定性，并利用田间多样性抵抗新病虫害的蔓延及气候的异常变化。另一方面种质资源支撑作物育种，提供各种特性和基因来源，包括高产、优质、抗病虫、抗除草剂等。为了适应不断变化的条件和需求，育种家需要丰富的资源材料。而世界上有一个共同的特点，即最丰富的作物遗传多样性通常出现在农业生产难度最大的地方，如沙漠边缘或高海拔地区，那里的环境差异巨大，生产水平低，资金投入和市场都很有限，很多地方品种仍在继续种植(王述民和张宗文，2011)。因此，一是应当加强对新疆边远山区及保持传统农业的各少数民族聚居区开展地方品种的资源调查，收集遗留在田间、地头、庭院内的农家种种质资源；二是借用省级种质资源中期保存库的资源优势，与各科研院所、育种家建立交流机制，收集和妥善保存育种单位及个人所保存的种质资源材料和品系，丰富种质资源库库存资源；三是探索新疆的种质资源研究利益分享机制，尊重种质材料原始保存者、种质资源基础研究者、社会育种家的劳动价值和共同利益，保证原始保存者能够放心提交种质资源入库保存，又能保证种质

资源创新研究者的利益和社会共享利用者的利益。

四、加强种质资源综合评价，推动种质资源保护和利用

改革开放推动了社会、经济的持续快速发展，在农业领域，重点解决了新疆粮食的自给有余问题后，向基本口粮生产与多元化商品生产并举迈进，不断提升综合生产能力和经济实力，追求经济效益最大化，由于比较效益突出，新疆棉花、林果等产业迅猛发展，2014 年，棉花面积达 242.1 万 hm^2，占新疆年度农业播种面积的 40.39%，林果(红枣、核桃等)产业面积达到 95.1 万 hm^2(《新疆统计年鉴》2015 年)，林果面积仍在持续增加。农业产业的大发展，得益于优质、高产农作物(林果)新品种的选育和推广。但是，在政府宏观调控和种植者、加工者、消费者利益最大化的共同驱使下，产业发展更趋区域化、规模化、集约化，使得作物种植种类更趋单一化，新品种的选择目标更趋向集中化，品种间的遗传基础更加狭窄，增加了主要农作物潜在危害的遗传脆弱性等问题，均对新疆的粮食、棉花、林果等主要农作物的战略安全构成严重隐患。另外，也极大地挤压了传统小宗作物的种植空间，特别是带有地方特点，各族人民偏好的诸如恰玛古、胡麻等作物种植面积更趋萎缩，如新疆的胡麻种植，曾经是新疆各地州普遍种植，满足新疆各族人民的日常使用所需，但随着大产业的开发，比较经济效益的驱使，目前种植面积严重缩减，仅为 1985 年的 10%左右，满足市场多元化需求的能力日趋不足，消费市场长期得不到满足，导致小宗作物品种的种植更是雪上加霜，品种流失严重，而新品种的选育严重停滞不前，专业育种家已逐步退出。因此，要在市场和政府的双重调控下，加强作物种质资源的综合评价和研究利用，从丰产、优质、抗病、抗旱、耐盐等多个指标增加新品种选育基础材料的储备和遗传多样性；同时一定要保留对小宗作物种质资源收集、鉴定评价和创新利用的稳定支持，确保种植结构多元化，调节地区生态平衡，满足市场多元化需求。

因此，面对人口激增与水土资源短缺、物质需求多元化与生产规模化集约化、产品质量安全与农业生产环境质量下降等多重压力和矛盾，必须高度重视植物资源研究工作，加强农作物种质资源基础研究力度，妥善保存和利用好新疆库存的 2 万余份农家种种质资源，既要加强大宗作物生产中，对多类型、优质、高产、抗逆等综合性状优异新品种，以及林果业发展对复播套种等短季、丰产、抗旱、耐阴等品种选育的新需求；又要加强对传统小宗作物种质资源的收集和评价研究，满足人们不断追求的多元化物质需求。同时，多措并举，加强新疆野生近缘植物资源的调查、保护和研究利用，充分挖掘野生近缘植物中的优异基因资源，改良农作物新品种选育。

参 考 文 献

崔乃然, 李学禹. 1998. 新疆极端环境条件下的植物种质资源. 石河子大学学报(自然科学版), (4): 303-319.

崔乃然, 钟骏平. 1984. 新疆谷类作物的野生近缘植物. 新疆八一农学院学报, (1): 11-37.

林辰壹. 2010. 新疆葱属植物资源研究. 乌鲁木齐: 新疆农业大学博士学位论文: 1-3.

李都, 尹林克. 2006. 中国新疆野生植物. 乌鲁木齐: 新疆青少年出版社: 10-11.

陆峻, 刘志勇. 1998. 新疆的小麦族野生植物资源. 作物品种资源, (2): 26-28.

李维东, 卓丽菲亚. 2002. 新疆生态系统的主要类型及分布研究. 新疆环境保护, 24(2): 5-8.

刘旭, 黎裕, 曹永生, 等. 2009. 中国禾谷类作物种质资源地理分布及其富集中心研究. 植物遗传资源学报, 10(1): 1-8.

李小明. 1988. 新疆植被分布规律与水热关系初探. 干旱区研究, (2): 41-46.

李学禹, 马淼, 崔大方, 等. 1998. 新疆植物物种多样性的特点分析. 石河子大学学报(自然科学版), (4): 289-303.

刘志勇, 张金波, 王威, 等. 2011. 保护新疆植物种质资源合理开展资源创新与利用. 新疆农业科学, 48(9): 1696-1700.

吴锦文, 沈仲荣, 陆有广, 等. 1989. 新疆的小麦. 乌鲁木齐: 新疆人民出版社: 2.

王述民, 张宗文. 2011. 世界粮食和农业植物遗传资源保护与利用现状. 植物遗传资源学报, 12(3): 325-338.

新疆植物志编辑委员会. 1995. 新疆植物志 第二卷 第二分册. 乌鲁木齐: 新疆科技卫生出版社: 85.

新疆植物志编辑委员会. 1996. 新疆植物志 第六卷. 乌鲁木齐: 新疆科技卫生出版社: 44-370.

新疆植物志编辑委员会. 2004. 新疆植物志 第三卷. 乌鲁木齐: 新疆科学技术出版社: 28-40, 265-270.

新疆统计年鉴编辑委员会. 1986. 新疆统计年鉴: 北京: 中国统计出版社: 45-63, 121-167.

新疆统计年鉴编辑委员会. 1991. 新疆统计年鉴: 北京: 中国统计出版社: 63-70, 116-188.

新疆统计年鉴编辑委员会. 1996. 新疆统计年鉴: 北京: 中国统计出版社: 47-56, 248-296.

新疆统计年鉴编辑委员会. 2001. 新疆统计年鉴: 北京: 中国统计出版社: 114-117, 318-368.

新疆统计年鉴编辑委员会. 2006. 新疆统计年鉴: 北京: 中国统计出版社: 77-79, 282-310.

新疆统计年鉴编辑委员会. 2011. 新疆统计年鉴: 北京: 中国统计出版社: 73, 314-347.

新疆统计年鉴编辑委员会. 2015. 新疆统计年鉴: 北京: 中国统计出版社: 83, 336-369.

中国科学院新疆综合考察队. 1978. 新疆植被及其利用: 北京: 科学出版社: 92.

周华荣, 黄韶华. 1999. 对新疆生态环境问题及其对策的若干思考. 干旱区资源与环境, 13(4): 1-8.

张金波, 王威, 肖菁, 等. 2011. 新疆小麦野生近缘种的研究进展. 中国农学通报, 27(5): 29-32.

钟骏平. 1984. 新疆自然生态环境特征. 新疆八一农学院学报, (1): 4-10.

Chen S L, Zhu G H. 2006. Triticeae. *In*: Chen S L, Li D Z, Zhu G H. Flora of China. Beijing: Science Press: 386-444.

第九章 西北干旱区野生大豆资源考察报告

第一节 概 述

野生大豆属于大豆属(*Glycine*)，以种子大小划分为两种类型，即百粒重 3g 及以下为典型的野生种(*Glycine soja*)和 3g 以上的半野生大豆(*G. gracilis*)。通常称呼的野生大豆是广义上的概念，泛指这两种类型。野生大豆在我国广泛分布，除了西北部的青海和新疆及南部的海南岛地区没有野生大豆分布以外各地区都有分布，但是，局部地区因为干旱或优良生境条件及气候因素也可能没有野生大豆分布。

本项目"西北地区抗逆农作物种质资源调查"地域范围包括山西、内蒙古、陕西、甘肃、青海、新疆，地域辽阔，生态、土壤和气候条件多样，自然条件复杂。本项目实施区域包含了我国北方大部分的干旱和半干旱农业区域，同时也包含了我国西北地区的主要水系，如黄河，黄河主要支流汾河及渭河，渭河主要支流的泾河、千河、藉河、葫芦河，长江主要支流的汉江和嘉陵江及支流西汉水、内蒙古东部赤峰市境内的西辽河及其主要支流老哈河、西拉木伦河、教来河，这些水系及流域构成了湿润的生态区域或小生境环境。

该项目实施区域由于复杂的地形地貌和干旱半干旱及湿润生态系统环境，造就和蕴藏了丰富的野生大豆遗传资源，为大豆育种和大豆起源演化研究提供了宝贵材料。本项目的实施完善了西北部地区野生大豆资源的补充搜集，有效地促进了西部地区野生大豆资源保护，对未来野生大豆资源利用提供了遗传基础保障。

第二节 考察搜集情况

一、考察总体结果概况

2011~2015 年考察了宁夏、陕西、甘肃、内蒙古等 52 个县(市、区、旗)116 个乡镇(场)146 个村(队)。本项目搜集野生大豆资源 192 份(表 9-1，表 9-2)，其中搜集到半野生大豆 2 份(编号宁夏 201107-4、201107-30)，耐旱野生大豆资源(居群)2 份(编号宁夏 201107-13、201107-14)。在内蒙古赤峰地区发现大豆胰蛋白酶抑制剂蛋白 Tih 和 Tim 两种变异。测定分析显示，西北部地区野生大豆含有 A 组、DDMP 组和 α 组 3 大组皂角苷的 13 种成分。蛋白质组学(胰蛋白酶抑制剂蛋白)和代谢组学(皂角苷)类型分析结果确认我国西北部甘陕地区的渭河流域及毗邻区域是最早栽培大豆的驯化地。

表 9-1　野生大豆资源搜集点

序号	搜集号	搜集点	面积(m^2)	生境
1	201107-1	银川市金凤区	1000	湿地
2	201107-2	银川市金凤区	20	林地
3	201107-3	银川市金凤区	20	林地
4	201107-4	银川市金凤区	20	林地
5	201107-5	银川市金凤区	50	水渠
6	201107-6	银川市金凤区	50	水渠
7	201107-7	贺兰县	30	水渠
8	201107-8	贺兰县	30	水渠
9	201107-9	贺兰县	50	水渠
10	201107-10	贺兰县	50	水渠
11	201107-11	贺兰县	50	水渠
12	201107-12	石嘴山市惠农区	2	水渠
13	201107-13	石嘴山市惠农区	50	干旱地
14	201107-14	石嘴山市惠农区	20	干旱地
15	201107-15	平罗县	20	水渠
16	201107-16	永宁县	30	水渠
17	201107-17	永宁县	10	水渠
18	201107-18	永宁县	10	水渠
19	201107-19	永宁县	5	水渠
20	201107-20	永宁县	5	水渠
21	201107-21	永宁县	100	公路沟
22	201107-22	永宁县	10	水渠
23	201107-23	青铜峡市	5	水田
24	201107-24	青铜峡市	5	水田
25	201107-25	青铜峡市	10	水渠
26	201107-26	青铜峡市	5	水渠
27	201107-27	青铜峡市	5	水田
28	201107-28	青铜峡市	5	水田
29	201107-29	青铜峡市	10	水渠
30	201107-30	青铜峡市	10	水渠
31	201107-31	青铜峡市	50	水渠
32	201107-32	青铜峡市	3	水渠
33	201107-33	青铜峡市	5	水渠

序号	搜集号	搜集点	面积(m²)	生境
34	201107-34	青铜峡市	20	湿地
35	201107-35	青铜峡市	5	水渠
36	201107-36	青铜峡市	100	林下
37	201107-37	青铜峡市	5	水渠
38	201107-38	青铜峡市	20	林下
39	201107-39	青铜峡市	5	水渠
40	201107-40	中宁县	10	水渠
41	201107-41	中宁县	5	水渠
42	201107-42	中宁县	5	水渠
43	201107-43	中宁县	10	水渠
44	201107-44	中卫市	5	水渠
45	201107-45	青铜峡市	5	水渠
46	201107-46	青铜峡市	10	水渠
47	201107-47	贺兰县	5	山沟
48	201210-1	天水市秦州区	20	小溪
49	201210-2	天水市秦州区	20	小溪
50	201210-3	天水市秦州区	20	小溪
51	201210-4	天水市秦州区	20	小溪
52	201210-5	天水市秦州区	100	小溪
53	201210-6	徽县	50	小溪
54	201210-7	徽县	100	小溪
55	201210-8	徽县	100	小溪
56	201210-9	徽县	30	小溪
57	201210-10	徽县	10	小溪
58	201210-11	成县	20	山脚
59	201210-12	成县	2	河岸
60	201210-13	成县	2	小溪
61	201210-14	康县	10	河岸
62	201210-15	成县	—	—
63	201210-16	两当县	—	—
64	201210-17	徽县	—	—
65	201210-18	两当县	—	—
66	201210-19	徽县	—	—
67	201310-1	华亭县	50	河岸

序号	搜集号	搜集点	面积(m²)	生境
68	201310-2	华亭县	100	河岸
69	201310-3	华亭县	300	河岸
70	201310-4	华亭县	200	河岸
71	201310-5	华亭县	100	河岸
72	201310-6	崇信县	100	水渠
73	201310-7	崇信县	7000	河岸
74	201310-8	泾川县	7000	河岸
75	201310-9	泾川县	100	河岸
76	201310-10	泾川县	300	河岸
77	201310-11	平凉市崆峒区	50	河岸
78	201310-12	平凉市崆峒区	200	河岸
79	201310-13	平凉市崆峒区	50	河岸
80	201310-14	华亭县	300	小溪
81	201310-15	华亭县	200	河岸
82	201310-17	清水县	1500	河岸
83	201310-18	清水县	2000	河岸
84	201310-19	清水县	100	沙地
85	201310-20	张家川县	50	河岸
86	201310-21	徽县	500	河岸
87	201310-22	徽县	500	路边沟
88	201310-23	徽县	6000	山沟
89	201310-24	徽县	80	河岸
90	201310-25	徽县	100	公路边
91	201310-26	两当县	200	山脚
92	201410-1	天水市麦积区	3200	河岸
93	201410-2	秦安县	100	河台地
94	201410-3	秦安县	2000	湿地
95	201410-4	秦安县	1000	湿地
96	201410-5	天水市麦积区	500	河岸
97	201410-6	灵台县	200	河岸
98	201410-7	灵台县	100	公路边
99	201410-8	泾川县	100	河岸
100	201410-9	泾川县	50	河岸
101	201410-10	泾川县	50	河岸

序号	搜集号	搜集点	面积(m²)	生境
102	201410-11	泾川县	50	河岸
103	201410-12	泾川县	50	水渠
104	201510-1	天水市秦州区	100	河岸
105	201510-2	天水市秦州区	100	河岸
106	201510-3	天水市秦州区	100	河岸
107	201510-4	天水市秦州区	100	河岸
108	201510-5	天水市秦州区	100	河岸
109	201510-6	天水市秦州区	100	河岸
110	201312-1	宝鸡市陈仓区	100	河岸
111	201312-2	凤翔县	200	河岸
112	201312-3	凤翔县	300	河岸
113	201312-4	凤翔县	400	河岸
114	201312-5	凤翔县	3000	河岸
115	201312-6	凤翔县	150	河岸
116	201312-7	千阳县	700	小溪
117	201312-8	千阳县	500	小溪
118	201312-9	千阳县	200	小溪
119	201312-10	千阳县	300	河岸
120	201312-11	陇县	300	河岸
121	201312-12	陇县	300	河岸
122	201312-13	陇县	2	河岸
123	201312-14	陇县	60	河岸
124	201312-15	陇县	50	河岸
125	201312-16	陇县	50	河岸
126	201312-17	陇县	200	河岸
127	201312-18	凤县	100	河岸
128	201312-19	凤县	7000	河岸
129	201312-20	凤县	200	河岸
130	201312-21	凤县	200	河岸
131	201412-1	凤县	200	河岸
132	201412-2	凤县	100	湿地
133	201412-3	凤县	100	路边
134	201412-4	凤县	50	路边
135	201412-5	宝鸡市陈仓区	200	路边

续表

序号	搜集号	搜集点	面积(m²)	生境
136	201412-6	宝鸡市陈仓区	10 000	河岸
137	201412-7	眉县	100	河岸
138	201412-8	麟游县	50	河岸
139	201412-9	麟游县	50	河岸
140	201412-10	麟游县	30	河岸
141	201412-11	麟游县	30	河岸
142	201412-12	麟游县	200	河岸
143	201412-13	麟游县	200	河岸
144	201412-14	长武县	80	河岸
145	201412-15	彬县	20	河岸
146	201412-16	旬邑县	10	河岸
147	201412-17	淳化县	30	河岸
148	201412-18	淳化县	30	河岸
149	201412-19	潼关县	20	河岸
150	201412-20	潼关县	50	河岸
151	201412-21	华阴市	50	水塘
152	201412-22	华阴市	50	公路沟
153	201412-23	华县	350	河岸
154	201412-24	渭南市	100	山沟
155	201412-25	蓝田县	150	河岸
156	201412-26	西安市灞桥区	50	河岸
157	201412-27	宜君县	200	小溪
158	201412-28	富县	20	小溪
159	201412-29	宜川县	300	小溪
160	201412-30	宜川县	150	小溪
161	201412-31	宜川县	100	小溪
162	201412-32	宜川县	30	河边
163	201412-33	宜川县	30	小溪
164	201412-34	宜川县	1000	河岸
165	201408-1	吉县	10	河岸
166	201408-2	乡宁县	20	小溪
167	201204-1	准格尔旗	100	河岸
168	201204-2	准格尔旗	100	河岸
169	201504-1	赤峰市红山区	2000	河岸

序号	搜集号	搜集点	面积（m²）	生境
170	201504-2	宁县	2000	河岸
171	201504-3	宁县	2000	河岸
172	201504-4	赤峰市元宝山区	1000	河岸
173	201504-5	赤峰市元宝山区	800	河岸
174	201504-6	赤峰市元宝山区	1000	河岸
175	201504-7	赤峰市红山区	1000	河岸
176	201504-8	赤峰市红山区	200	河岸
177	201504-9	敖汉旗	500	河岸
178	201504-10	敖汉旗	300	河岸
179	201504-11	敖汉旗	100	河岸
180	201504-12	敖汉旗	2000	林下
181	201504-13	敖汉旗	1000	林下
182	201504-14	敖汉旗	50	公路边
183	201504-15	敖汉旗	100	路边沟
184	201504-16	敖汉旗	1000	河岸
185	201504-17	敖汉旗	500	河岸
186	201504-18	敖汉旗	500	小溪
187	201504-19	敖汉旗	1000	河岸
188	201504-20	敖汉旗	500	大坝
189	201504-21	敖汉旗	500	小溪
190	201504-22	敖汉旗	200	河岸
191	201504-23	敖汉旗	200	河岸
192	201504-24	敖汉旗	1000	河岸

表 9-2　野生大豆资源考察搜集情况

省区	区县数	乡镇场数	村队数	搜集数	面积（m²）	目测居群面积			
						<100m²（%）	100~500m²（%）	>500~1000m²（%）	>1000m²（%）
宁夏	10	17	26	47	2~1000	46		1	
甘肃	14	38	48	62*	1~7000	24	31	1	6
陕西	21	42	47	55	2~10 000	23	28	1	3
山西	2	2	2	2	10~20	2			
内蒙古	5	17	23	26	50~2000	1	13	8	4
合计	52	116	146	192		96（50.00）	72（37.50）	11（5.73）	13（6.77）

*5 份资源面积未知

注：括号百分数为搜集居群大小的数目占总搜集居群数的百分数

二、考察地点

在宁夏回族自治区考察了银川市金凤区、贺兰县、石嘴山市惠农区、罗平县、永宁县、青铜峡市、中宁县、中卫市沙坡头区、贺兰山自然保护区等10县(市、区)17乡镇(场)26村(队)，搜集到野生大豆资源47份。

在甘肃省考察了秦安县、天水市麦积和秦州区、灵台县、泾川县、华亭县、崇信县、清水县、张家川县、平凉市崆峒区、徽县、两当县、成县、康县等14县(区)38乡镇48村，搜集到野生大豆资源62份。

在陕西省考察了宝鸡市陈仓区、凤翔县、千阳县、陇县、凤县、眉县、麟游县、长武县、彬县、旬邑县、淳化县、潼关县、华阴市、华县、渭南市、蓝田县、西安市灞桥区、宜君县、富县、宜川县21县(市、区)42乡镇47村，搜集到野生大豆资源55份。

山西省考察了吉县、乡宁县的2个乡2个村，搜集野生大豆资源2份。

内蒙古自治区考察了准格尔旗、赤峰市元宝山区和红山区、宁县、敖汉旗等5个县(区、旗)17个乡镇23个村，搜集野生大豆资源26份(表9-1)。

三、搜集资源生境分布

考察发现，我国西北部干旱地区的野生大豆几乎都生长在河岸和水渠等有水湿润的地方，干旱生境下几乎很难找到野生大豆分布。本项目野生大豆资源搜集点主要分布在河岸、小溪和水渠等环境，加之在水库、湖塘和湿地等生境下搜集的资源约占总数的88%(表9-3)。陕西省搜集点主要分布在黄河、渭河、千河和泾河、洛河等水系。甘肃省搜集点主要分布在渭河、藉河、葫芦河、清水河、汭河、马家河、后川河、牛头河、红崖河、嘉陵江等水系。内蒙古赤峰地区搜集点主要分布在敖汉河、教来河及其支流水系。宁夏搜集点主要都分布在农田引水渠。西北部野生大豆除了在局部的河岸边有较大居群分布外，半数居群(49.73%)分布面积为100m^{2}以下的小居群(表9-2)。资源搜集最高海拔在甘肃省徽县1602m，最低在陕西省华阴市323m。

表9-3　野生大豆资源搜集点生境情况

省区	资源数	公路边、沟	水库、湖塘	湿地	林下	水渠	小溪	河岸	农田	干旱地	山沟
宁夏	47	1		2	4	37				2	1
甘肃	62	3		2		2	14	37	1		3
陕西	55	4	1	1			10	38			1
山西	2						1	1			
内蒙古	26	2	1		2		1	20			
合计	192	10	2	5	6	39	26	96	1	2	5
百分率(%)		5.21	1.04	2.60	3.13	20.31	13.54	50.00	0.52	1.04	2.60

注：括号百分数为搜集各生境数占总搜集居群数的百分数

四、搜集到的野生大豆资源类型

(一)半野生类型

在宁夏搜集到 2 份半野生类型(编号 201107-4、201107-30),百粒重分别为 4.87g、5.46g,种皮色都为黄绿色(图 9-1)。

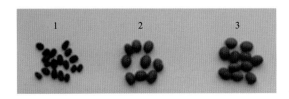

图 9-1　搜集到的野生大豆类型
1. 典型野生型; 2. 半野生 201107-4; 3. 半野生 201107-30

(二)典型野生型

搜集到 190 份典型野生大豆样本资源,2 份半野生大豆样本资源,平均种子百粒重 1.34g。种皮色有黑和双色,80.7%为黑色种皮。脐色有黑、褐色,68.8%资源为黑脐。约 53.1%的资源百粒重为 1~1.5g,30.7%为 1.5~2.0g,仅 4.7%资源百粒重超过 2g(表 9-4)。其中在陕西省和甘肃省搜集到 3 份种子较大的野生大豆,百粒重分别为 2.30g(陕 201312-12)、2.46g(甘 201310-1)、2.10g(陕 201412-15)。

表 9-4　搜集到的资源种子性状

省(自治区)	种皮色			脐色		百粒重(g)				
	黑	双	黄绿	黑	褐	≤1.0	>1.0~1.5	>1.5~2.0	>2.0	平均
宁夏	43	2	2	41	6		24	21	2(半野生)	1.49±0.20
甘肃	43	19		28	34	10	37	13	2	1.30±0.34
陕西	44	11		36	19	9	23	21	2	1.43±0.37
山西	2			1	1	1	1			1.10±0.28
内蒙古	23	3		26		2	17	4	3	1.38±0.38
总和	155	35	2	132	60	22	102	59	9	1.34±0.31
百分率(%)	80.7	18.2	1.0	68.8	31.3	11.5	53.1	30.7	4.7	

(三)晚熟生态型

在宁夏青铜峡市发现晚熟类型(宁夏 201107-34),采集时比该区域野生大豆明显晚熟(图 9-2),此时其他野生大豆都已经全部落叶。

图 9-2　青铜峡市晚熟野生大豆(201107-34)

第三节　特性与性状鉴定

一、耐旱鉴定

在大棚下盆栽鉴定宁夏两个搜集点的 67 株单株材料(宁夏 201107-13、201107-14)。设置正常浇水对照。每盆 5 粒种子，两次重复共计 134 盆。充分浇水后播种，以后每月浇水 1000ml，直到成熟。秋天全部以单株统计，由于多数材料两个重复及每盆存活株数不同，秋天全部以单株平均结果统计。

鉴定结果，67 个单株盆栽，全部死亡 12 个单株，其余 55 个单株存活(至少存活 1 个重复盆)。存活株高平均28.6cm，最高59cm，最低15cm。存活55单株中8个没结种子，其余 47 个单株结种子，最高结种子数 34 粒，最低 1 粒，平均 10.2 粒。结种子超过 15 个以上的 15 个单株，其中 20 个种子以上 5 个单株(图 9-3)。鉴定结果也说明野生大豆居群内个体之间耐旱性存在差异，通过本鉴定筛选到较强耐旱能力的单株材料，是大豆耐旱育种的有用基因资源。

图 9-3　野生大豆耐旱性鉴定

二、胰蛋白酶抑制剂蛋白电泳类型鉴定

大豆胰蛋白酶抑制剂(SKTI)是大豆种子中存在的一种能够抑制动物体内胰蛋白酶活性的蛋白质,可降低其分解蛋白质的能力。大豆和野生大豆中主要是 Tia 电泳类型,其次是 Tib 类型。Tia 是原始类型,Tib 是次生原始类型,两种类型在大豆驯化诞生之前就存在于野生大豆种内,两种类型之间差 9 个氨基酸或 10 个遗传密码(Wang et al.,2004)。栽培大豆还存在极少的 Tic 类型。中国农业科学院作物科学研究所野生大豆资源研究实验室在 2008 年北京第八届世界大豆研究大会上报告了中国的野生大豆存在一种特有的 Tib[i7] 类型。该类型是由 Tia 类型向 Tib 类型分化过程中的一种中间过渡类型,与 Tia 相差 7 个氨基酸(即 7 个氨基酸与 Tib 一致)。本项目启动之前还未全面地调查我国西北部地区野生大豆的 SKTI 类型分布。

本项目共计分析了 11 640 个单株,其中 Tia 型占 82.5%,Tib 表型占 17.47%。在 Tib 表型中,通过测序确认至少 14.6% 是 Tib[i7] 类型,实际比率可能更高,具有相当大的比例。在内蒙古赤峰地区存在稀有的 Tia[b1] 类型,并发现了两个新的变异 Tih 和 Tim 型,其频率极低(表 9-5)。Tih 型是 Tib[i7] 型第 178 号的赖氨酸(Lys)突变为谷氨酸(Glu),Tim 型是 Tia[b1] 型第 159 号的精氨酸(Arg)突变为色氨酸(Trp),同时第 169 号遗传密码发生一个无义碱基突变(TTA→CTA)。

表 9-5　西部区域野生大豆 SKTI 蛋白电泳类型

省区	样本数	胰蛋白酶抑制剂类型					
		Tia	Tib 表型		Tia[b1]	Tim(新变异)	Tih(新变异)
			Tib 或 Tib[i7]	Tib[i7] 基因*			
宁夏	128	128(100)					
甘肃	3 306	3 282(99.27)	7	17(70.83)			
陕西	5 506	4 522(82.13)	790	194(19.72)			
山西	72	72(100)					
内蒙古	2 628	1 596(60.73)	942	85(8.28)	2(0.008)	2(0.008)	1(0.004)
合计	11 640	9 600(82.47)	1 739	296(14.55)	2(0.002)	2(0.002)	1(0.001)

＊Tib 表型中确认 Tib[i7]

注:括号内为频率

从搜集点地理分布看,Tib[i7] 型主要分布在渭河流域及甘肃东部及周边的渭河一、二级支流的泾河、汭河、葫芦河、千河、牛头河等支流,在甘肃东南部的西汉水流域也发现了 Tib[i7] 类型分布;在内蒙古赤峰地区主要分布于老哈河、教来河等河流及支流水系。

三、皂角苷类型鉴定

大豆皂角苷具有降血脂、抗病毒、养肝、抗氧化、预防肥胖和记忆力损伤的功效(Kuzuhara et al.,2000;Rowlands et al.,2002;Ellington et al.,2005;Lee et al.,2005;Fenwick et al.,1991;Murata et al.,2005,2006;Yang et al.,2015;Hong et al.,2014)。

本项目又进行了野生大豆皂角苷种类调查。大豆皂角苷成分可归为六大类，即 A 组、DDMP 组、B 组、E 组、α 组和 β 组（频率极低）。DDMP 组具有较高的活性，不过 A 组成分被怀疑可能是大豆豆浆苦涩味的要因（Okubo et al.，1992）。

　　层析法对西部地区（不包括赤峰地区）搜集的野生大豆进行了皂角苷成分种类的调查。调查结果显示，西部地区（甘肃、宁夏、陕西、内蒙古西部）含有 A 组、DDMP 组和 α 组成分。A 组的 Aa 类型和 α 组成分频率较高（表 9-6，表 9-7）。

四、宁夏引黄灌区野生大豆资源农场保护系统的遗传多样性分析

　　本项目野生大豆资源搜集点在其他省份基本上都是分布在河岸等环境。然而，宁夏地区的野生大豆种群生境条件最具有特殊性，几乎完全依赖于引黄灌溉系统，种群主要生长在引黄灌溉网的各种水渠沟两侧，特别是农田的终端水渠。宁夏的这些灌溉水渠网络有效地保护了野生大豆种群，同时野生大豆种群也依赖于这些水渠网络传播和扩散。宁夏野生大豆种群片段化严重，几乎都是面积极小的小居群（表 9-8）。

表 9-6　我国野生大豆皂角苷 *Sg-1* 位点等位基因频率（%）

区域	样本数	频率		
		Sg-1ᵃ	*Sg-1ᵇ*	*Sg-1⁰*
东北	1617	74.46	25.23	0.31
华北	739	81.06	18.94	
西北	210	91.43	8.57	
华东北	422	83.89	16.11	
华中北	285	79.55	20.45	
华中南	209	72.25	27.75	
东南	161	77.02	22.98	
西南	110	83.74	16.36	
华南	52	80.77	19.22	
合计	3805	78.84	21.02	0.13

表 9-7　西北地区野生大豆皂角苷成分及百分率（%）

A 组		Ab 系列		DDMP 组		组 B		α 组			
Aa 系列				DDMP							
Aa	91.43	Ab	8.57	αg	100	Ba	100	H-αg	0.48	J-αg	0.48	K-αg	0.48
Ae	91.43	Af	8.57	βg	100						
Ax	32.86	Ad	1.43	βa	34.29						

　　注：共计 210 个单株，数字为百分率

表 9-8　宁夏引黄灌区野生大豆小居群遗传多样性

搜集号	搜集点	样本数	面积 (m²)	扩增带数		遗传多样性(H)	
				细胞核	细胞质	细胞核	细胞质
201107-13	石嘴山市惠农区	10	50	1.15	1.20	0.034	0.096
201107-14	石嘴山市惠农区	9	20	1.15	1.20	0.037	0.069
201107-15	平罗县	10	20	1.20	1.20	0.055	0.096
201107-47	贺兰县	6	5	1.05	1.00	0.011	0.072
201107-12	石嘴山市惠农区	10	2	1.15	1.20	0.036	0.096
201107-7	贺兰县	9	30	1.10	1.60	0.027	0.114
201107-8	贺兰县	10	30	1.20	1.60	0.043	0.152
201107-9	贺兰县	6	50	1.10	1.00	0.028	0
201107-10	贺兰县	8	50	1.10	1.20	0.030	0.044
201107-11	贺兰县	10	50	1.10	1.20	0.025	0.036
201107-1	银川市金凤区	10	1000	1.20	1.40	0.043	0.092
201107-2	银川市金凤区	10	20	1.05	1.40	0.009	0.092
201107-5	银川市金凤区	10	50	1.25	1.40	0.058	0.072
201107-6	银川市金凤区	9	50	1.10	1.20	0.032	0.040
201107-16	永宁县	9	30	1.20	1.40	0.062	0.114
201107-17	永宁县	10	10	1.15	1.40	0.027	0.108
201107-18	永宁县	9	10	1.20	1.00	0.054	0
201107-19	永宁县	10	5	1.20	1.40	0.043	0.072
201107-20	永宁县	9	5	1.15	1.20	0.037	0.040
201107-21	永宁县	10	100	1.20	1.20	0.050	0.036
201107-22	永宁县	9	10	1.10	1.40	0.027	0.128
201107-25	青铜峡市	10	10	1.10	1.20	0.018	0.036
201107-23	青铜峡市	9	5	1.20	1.20	0.035	0.040
201107-24	青铜峡市	8	5	1.10	1.00	0.022	0
201107-46	青铜峡市	10	10	1.15	1.20	0.031	0.036
201107-45	青铜峡市	10	5	1.10	1.00	0.030	0
201107-26	青铜峡市	10	5	1.15	1.40	0.034	0.100
201107-27	青铜峡市	9	5	1.05	1.20	0.017	0.069
201107-28	青铜峡市	10	5	1.15	1.00	0.027	0
201107-29	青铜峡市	9	10	1.20	1.20	0.040	0.069
201107-30	青铜峡市	9	10	1.00	1.20	0	0.069
201107-33	青铜峡市	9	5	1.20	1.20	0.054	0.099
201107-32	青铜峡市	10	3	1.10	1.00	0.018	0
201107-34	青铜峡市	10	20	1.10	1.20	0.018	0.036
201107-35	青铜峡市	9	5	1.15	1.20	0.030	0.040

续表

搜集号	搜集点	样本数	面积 (m²)	扩增带数		遗传多样性 (H)	
				细胞核	细胞质	细胞核	细胞质
201107-36	青铜峡市	9	100	1.15	1.20	0.037	0.099
201107-37	青铜峡市	10	5	1.05	1.40	0.017	0.109
201107-38	青铜峡市	8	20	1.20	1.20	0.038	0.040
201107-39	青铜峡市	9	5	1.05	1.20	0.009	0.036
201107-40	中宁县	9	10	1.10	1.40	0.030	0.136
201107-41	中宁县	10	5	1.25	1.20	0.072	0.040
201107-42	中宁县	10	5	1.10	1.20	0.020	0.040
201107-43	中宁县	9	10	1.15	1.00	0.046	0
201107-44	中卫市	9	5	1.25	1.20	0.044	0.036
总和/均值		408	42.39	1.14	1.23	0.033	0.062

使用 20 对细胞核 SSR 引物和 5 个细胞质 SSR 引物,对 44 个搜集的小居群样本进行 PCR 扩增,使用 PowerMarker(V3.25)软件(Liu and Muse,2005)对小居群样本进行遗传多样性分析。结果显示,细胞核和细胞质遗传多样性程度极低,细胞核 SSR 引物平均 1.14 个带和细胞质 1.23 个带。细胞核和细胞质的平均遗传多样性(H)分别只有 0.033 和 0.062,这个结果与宁夏野生大豆种群生境情况相对应,造成这种结果的原因为灌溉网渠的通道效应使种群间的交流容易,导致了遗传多样性较低的单一性。

STRUCTURE(V2.1)(Pritchard et al.,2000)分析还显示,宁夏引黄灌区野生大豆种群主要存在 3 种遗传成分,各成分个体之间有天然杂交存在(图 9-4)。

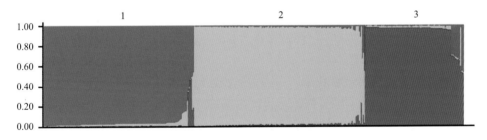

图 9-4　宁夏引黄灌区野生大豆小居群细胞核遗传成分分析

STRUCTURE 分析设定 1～20K(分组数),每个循环运行 20 次和 10 000 次重复使用无分组模型

第四节　讨论与建议

一、渭河流域农业文明与大豆起源

距今 13 000～12 000 年,末次冰期结束,人类进入全新世,气候转向温暖,此时出现了农业。长江中下游流域出现以水稻为代表的南方稻作农业文明和在黄河流域出现以黍粟为代表的北方旱作农业文明。距今一万多年前的江西万年县仙人洞和吊桶环遗址、

湖南道县玉蟾岩遗址出现了栽培的水稻(刘诗中，1996；袁家荣，2000)。粟黍在距今 8000 年前就已在我国北方栽培(陈雪香和方辉，2008)。距今一万年左右的北京东湖林遗址出土的粟是属于由狗尾草向栽培粟进化过程的过渡类型。我国北方新石器早期的内蒙古赤峰兴隆沟遗址(距今 8000～7500 年)、甘肃大地湾遗址(距今 7800～7200 年)、河南裴李岗遗址(距今 8000～7400 年)出土了黍和粟的炭化种子。

我国是大豆的起源地，然而具体起源地众所纷纭。目前有东北说、黄河流域说(包括黄淮海流域说、黄河中游说、黄河中下游说)、南方说、多地点说。还有学者认为大豆起源东亚多地点说。目前全国约有 40 个新石器时代的遗址(距今 9000～4000 年)出土了野生和栽培大豆的炭化种子，都分布在黄河流域，长江流域没有发现大豆遗存。人类食用野生大豆的证据早期出现在河南贾湖遗址(距今 9000～8000 年)、河南三门峡班村遗址(距今 7500 年)、山东月庄遗址(距今 8000～7500 年)。

中国大豆最早的初期驯化遗存出土在渭河流的仰韶中期(距今 5900～5500 年)的宝鸡扶风案板遗址。此后在龙山文化时期(距今 4800～4000 年)各地出土野生大豆及伴随出土了早期的初级大豆(渭河流域的甘肃东灰山遗址和陕西周原遗址、黄河流域的山东两城镇遗址、河南禹州瓦店遗址、河南登封王城岗遗址、河南博爱西金城遗址、河南皂角树村遗址、山西陶寺遗址)。距今 3900～3500 年夏代的山东照格庄遗址和距今 3400～3000 年商代的山东大辛庄遗址也出土了野生大豆和早期栽培大豆的炭化种子。张俊娜等(2014)认为大豆在龙山文化时期(距今 5000～4000 年)完成了从野生到栽培的驯化。

本项目调查野生大豆胰蛋白酶抑制剂多态性的结果清楚显示，我国各地分布的野生大豆都有 Tib^{i7} 类型，并且具有相当高的频率。根据我们的调查，渭河流域及甘肃东部地区和陇南地区大豆也存在 Tib^{i7} 类型，这就意味着全国其他地区早期的内蒙古赤峰地区小河西文化(距今 8500 年)和红山文化圈(距今 6000～5000 年)、黄河流域河南裴李岗文化(距今 8000～7000 年)和磁山文化(距今 10 300～8700 年)、黄河下游山东的后李文化(距今 8500～7500 年)及以后的北辛文化(距今 7540～6400 年)和大汶口文化(距今 6300～4500 年)及龙山文化圈(距今 4600～4000 年)古人没有最先开始驯化大豆，否则，野生大豆的 Tib^{i7} 基因也应该随着被驯化进入这些地区的栽培大豆中。

因此，最先驯化大豆的地方应该是我国西部的渭河流域及西汉水上游区域，即陕西宝鸡地区、甘肃省天水地区及毗邻区域。陕甘渭河流域是史前大地湾-老官台文化的中心(距今 8000～7000 年)，渭河上游的天水又是人文始祖伏羲文化的发祥地，宝鸡一带也是炎帝神农氏和黄帝轩辕文化的发祥地，历史悠久。Fuller(2007)认为大豆经过驯化发生种子大小明显变化的时间需要 2000～4000 年，那么把渭河流域的仰韶中期宝鸡扶风案板遗址(距今 5900～5500 年)出土的初级驯化的大豆遗存驯化时间上推 1500～2000 年，意味着以渭河中上游的甘肃省天水地区及其周边毗邻区域为中心开始驯化大豆，时间至少上溯到渭河流域大地湾文化(距今 8000～7000 年)的晚期和黄河流域仰韶文化(距今 7000～5000 年)的早期，即在距今 7500～7000 年可能就开始驯化种植野生大豆了。

西北部地区在距今 8000～7000 年时气候湿润，到了仰韶时期人口爆发式增长。张东菊等(2010)分析结果显示，黄河中游经历过距今 7300～6400 年的干旱事件。我们认为仰韶时期由于人口密度增长和气候变化，生存资源变得紧张，一部分古人往外迁移。驯化中的大豆伴随古人的迁移从渭河流域向四周传播。到了龙山时期在渭河流域、黄河中游的中原河南和下游的山东，以及北方的赤峰地区普遍种植，随之初级大豆基本诞生。

　　大豆起源地也与大豆皂角苷成分地理分布数据相吻合。α组皂角苷广泛存在于野生大豆，栽培大豆目前只在中国栽培大豆中发现，韩国和日本大豆目前还没有发现存在。可见，这种成分在我国大豆驯化过程中被从野生大豆纳入栽培大豆。在已分析的 2959 份我国栽培大豆中只发现 13 份品种含有 α 组成分(未显示)，其中 7 份分布在甘肃和陕西，其余 6 份分布在江苏(2 份)、浙江(1 份)、贵州(1 份)、重庆(1 份)、西藏(1 份)。这个结果暗示大豆在我国西北渭河流域被驯化，并在此过程中 α 组皂角苷成分有关基因也从野生大豆进入栽培种，其他地区个别含有 α 组皂角苷成分的品种是从甘陕地区传入或是通过基因扩散的。这也说明了韩国和日本等其他东亚国家没有发生大豆的驯化。

二、西北部野生大豆保护建议

　　本项目考察搜集到的野生大豆资源几乎都是在湿润环境中，在干旱的环境下很难发现野生大豆生长。从大的环境方面而言，加大西部的生态环境保护投入和恢复生态环境是保护野生大豆资源的根本。

　　宁夏回族自治区的引黄灌溉水渠生态环境是我国特殊的野生大豆资源农场保护系统，也是特有的农田生态景观生态系统。通过引黄灌溉水渠网的保湿作用有效地保护了野生大豆的生境，从而保护了野生大豆资源的生存。然而宁夏野生大豆面临一个现实威胁，即许多农田灌溉水渠用水泥硬化，没有了渗水特性，使原来水渠两侧的野生大豆种群逐渐消亡。

参 考 文 献

陈雪香, 方辉. 2008. 从济南大辛庄遗址浮选结果看商代农业经济. 东方考古(第 4 辑). 北京: 科学出版社.

刘诗中. 1996-1-28. 江西仙人洞和吊桶环发掘获得重要进展. 中国文物报.

袁家荣. 2000. 湖南道县玉蟾岩一万年稻谷和陶器//严文明, 安田喜宪. 稻作、陶器和都市的起源. 北京: 文物出版社.

张东菊, 陈发虎, Bettinger R L, 等. 2010. 甘肃大地湾遗址距今 6 万年来的考古记录与旱作农业起源. 科学通报, 55(10): 887-894.

张俊娜, 夏正楷, 张小虎. 2014. 洛阳盆地新石器-青铜器时期的炭化植物遗存. 科学通报, 59(34): 3388-3397.

Ellington A A, Berhow M A, Singletary K W. 2005. Induction of macroautophagy in human colon cancer cells by soybean B-group triterpenoid saponins. Carcinogenesis, 26: 159-167.

Fenwick G R, Price K R, Tsukamoto C, et al. 1991. Saponins. *In*: D'Mello J P F, Duffus C M, Duffus J H. Toxic Substances in Crop Plants. Cambridge: The Royal Society of Chemistry, Cambridge: 285-327.

Fuller D. 2007. Contrasting patterns in crop domestication and domestication rates: recent archaeobotanical insights from the old word. Annals of Botany, 100: 903-924.

Hong S W, Yoo D H, Woo J Y, et al. 2014. Soyasaponins Ab and Bb prevent scopolamine-induced memory impairment in mice without the inhibition of acetylcholinesterase. J Agric Food Chem, 62: 2062-2068.

Lee S O, Simons A L, Murphy P A, et al. 2005. Soyasaponins lowered plasma cholesterol and increased fecal bile acids in female golden Syrian hamsters. Exp Biol Med, 230: 472-478.

Liu K, Muse S V. 2005. PowerMarker: Integrated analysis environment for genetic marker data. Bioinformatics, 21: 2128-2129.

Kuzuhara H, Nishiyama S, Minowa N, et al. 2000. Protective effects of soyasapogenol. A on liver injury mediated by immune response in a concanavalin A-induced hepatitis model. Eur J Pharmacol, 391: 175-181.

Murata M, Houdai T, Morooka A, et al. 2005. Membrane interaction of soyasaponins in association with their antioxidation effect. Soy Protein Res, 8: 81-85.

Murata M, Houdai T, Yamamoto H, et al. 2006. Membrane interaction of soyasaponins in association with their antioxidation effect—analysis of biomembrane interaction. Soy Protein Protein Res, 9: 82-86.

Okubo K, Iizima M, Kobayashi Y, et al. 1992. Components responsible for the undesirable taste of soybean seeds. Biosci Biotech Biochem, 56: 99-103.

Pritchard J K, Stephens M, Donnelly P. 2000. Inference of population structure using multilocus genotype data. Genetics, 155: 945-959.

Rowlands J C, Berhow M A, Badger T M. 2002. Estrogenic and antiproliferative properties of soy sapogenols in human breast cancer cells *in vitro*. Food Chem Toxicol, 40: 1767-1774.

Wang K J, Yamashita T, Watanabe M, et al. 2004. Genetic characterization of a novel Tib-derived variant of soybean Kunitz trypsin inhibitor detected in wild soybean (*Glycine soja*). Genome, 47: 9-14.

Yang S H, Ahn E K, Lee J A, et al. 2015. Soyasaponins Aa and Ab exert an anti-obesity effect in 3T3-L1 adipocytes through downregulation of PPARγ. Phytother Res, 29: 281-287.